高等学校通识教育系列教材

大学计算机基础教程

第四版

徐红云 ◎ 主编

曹晓叶 解晓萌 郭芬 林育蓓 王亮明 ◎ 编著

清华大学出版社
北 京

内 容 简 介

本书是我社 2010 年 9 月出版的《大学计算机基础教程》一书的第四版。

本书参照教育部高等学校大学计算机基础课程教学指导委员会 2016 年提出的《大学计算机基础课程教学基本要求》的主要思想进行编写。全书共 11 章，主要内容包括计算机技术的发展过程及趋势、计算机系统的组成、数据的表示与运算、计算机硬件、计算机软件、操作系统、程序设计语言、数据结构与算法、数据库技术、计算机网络、信息安全、IT 前沿技术。另外，本书附录还给出了微型计算机选购指南以及华为 openGauss 数据库的安装，供有需要的读者朋友参考。

本书内容翔实，层次清晰，图表丰富，详略得当，结构完整，可作为高等学校非计算机专业本科生的大学计算机基础、计算机技术导论、计算机实用技术等课程的教材，也可以供其他读者学习参考。

图书在版编目(CIP)数据

大学计算机基础教程/徐红云主编. —4 版. —北京：清华大学出版社，2022. 8
高等学校通识教育系列教材
ISBN 978-7-302-61505-7

Ⅰ. ①大… Ⅱ. ①徐… Ⅲ. ①电子计算机－高等学校－教材 Ⅳ. ①TP3

中国版本图书馆 CIP 数据核字(2022)第 139340 号

责任编辑：刘向威
封面设计：文　静
责任校对：焦丽丽
责任印制：朱雨萌

出版发行：清华大学出版社
网　　址：http://www. tup. com. cn，http://www. wqbook. com
地　　址：北京清华大学学研大厦 A 座　　**邮　　编**：100084
社 总 机：010-83470000　　**邮　　购**：010-62786544
投稿与读者服务：010-62776969，c-service@tup. tsinghua. edu. cn
质量反馈：010-62772015，zhiliang@tup. tsinghua. edu. cn
课件下载：http://www. tup. com. cn，010-83470236
印 装 者：大厂回族自治县彩虹印刷有限公司
经　　销：全国新华书店
开　　本：185mm×260mm　　**印　张**：22　　**字　　数**：539 千字
版　　次：2010 年 9 月第 1 版　2022 年 8 月第 4 版　　**印　　次**：2022 年 8 月第1 次印刷
印　　数：1～6500
定　　价：69. 00 元

产品编号：091143-01

前　言

本书选材是在参照教育部高等学校大学计算机基础课程教学指导委员会2016年提出的《大学计算机基础课程教学基本要求》的基础上，结合华南理工大学计算机公共基础教学的教学计划和特点来进行组织，并针对大学一年级第一学期的大学计算机基础课程编写的。

计算机技术发展十分迅速，高等学校的计算机基础教育应该是教会学生学习的方法以及利用计算机的相关知识分析和解决问题的途径，而不是追求软件与工具的最新版本，所以，在内容选取上，本书以介绍计算机的基本理论知识和计算思维方式为主，而软件与工具则是以相关理论技术应用的实例形式出现。如Windows是在介绍了操作系统的概念、功能后，列举的一种具体的操作系统；又如，Photoshop是以应用中实现图片编辑的一种工具的形式出现的。这样可使读者对计算机的基本理论和技术有一个整体的概念和宏观的认识，利于软件和工具升级后的学习和拓展。

本书是2018年6月出版的《大学计算机基础教程》(第三版)的升级版，是2010年9月出版的《大学计算机基础教程》的第四版。与第三版相比，本书增加和修改的内容主要有以下几部分。

(1) 增加了国产软硬件的介绍。如第3章介绍了华为鲲鹏系列处理器；第4章除了介绍WPS办公软件之外，还引入了屏幕录像大师、屏幕录像专家、EV录屏等屏幕录制软件，飞书、钉钉会议、腾讯会议等音视频会议软件；第5章介绍了华为鸿蒙操作系统；第8章介绍了华为openGauss数据库。

(2) 增加了对计算机相关学科发展有重大贡献的人物介绍。以图灵以及图灵奖得主为主线，在第1～11章依次介绍了Alan Mathison Turing、Richard Wesley Hamming、John von Neumann、Robert W. Floyd、Kenneth Lane Thompson、Edsger Wybe Dijkstra、Donald Ervin Knuth、Edgar Frank Codd、Tim Berners-Lee、姚期智以及John McCarthy。

(3) 第5章增加了macOS；第6章拆分成两章，即第6章程序设计语言和第7章数据结构与算法，并增加了数据结构基础知识方面内容的介绍；第11章增加了区块链技术的介绍。

(4) 增加了课程讲授的微视频。

(5) 对前一版的一些不妥之处进行了修正。

采用本教材组织教学时，针对不同学科门类和专业的学生，可以在教学内容选取上有所侧重。比如，对理工类专业的学生来说，如果第二学期开设程序设计语言课，则第6章程序设计语言、第7章数据结构和算法的内容可以弱化；而对于文科类专业的学生来说，如果第二学期开设多媒体技术及应用或计算机网络技术及应用课程，则第4章计算机软件或第9章计算机网络的内容也可以不做重点讲授等。

全书共11章，文字部分由徐红云、曹晓叶、解晓萌、郭芬、林育蓓、王亮明共同编写完成。微视频录制工作除了前述文字部分的作者外，还有刘欣欣。全书由徐红云统稿。

与本书配套的教辅资料有由清华大学出版社出版的《大学计算机基础教程（第四版）实验指导与习题集》，另外还有电子课件和习题解答。有需要的读者，请与清华大学出版社联系；除正式出版物以外的其他教辅资料也可以直接与作者联系索取。

本书是2019年广东省第一批精品在线开放课程“大学计算机基础”课程的配套教材，课程已在清华大学“学堂在线”平台、“粤港澳大湾区高校在线开放课程联盟”平台上免费向社会开放。

本书的出版得到了2020年度广东省高等教育教学改革项目、2020年度华南理工大学本科精品教材专项建设项目、2021年度华南理工大学课程思政校级示范课程项目的资助。

本书在编写过程中参考了相关书籍和网页，在此对这些书籍和网页的作者表示感谢，同时也感谢清华大学出版社编辑及其他相关人员对出版本书所付出的辛勤劳动。

由于编者水平有限，书中难免有错误或不妥之处，欢迎专家朋友和广大读者给予批评指正。

编　者

2022年3月于广州

目　录

第 1 章　概述 …… 1

1.1　计算机的诞生和发展 …… 1

1.1.1　计算机的诞生 …… 1

1.1.2　计算机的发展 …… 3

1.1.3　未来的新型计算机 …… 7

1.2　计算机的分类 …… 11

1.2.1　计算机的类型 …… 12

1.2.2　微型计算机的类型 …… 13

1.3　计算机的应用领域 …… 14

1.4　计算机系统的组成 …… 16

1.4.1　计算机系统的基本组成 …… 16

1.4.2　计算机系统的层次模型 …… 18

1.5　计算思维 …… 19

1.5.1　计算思维的定义 …… 20

1.5.2　计算思维的特点 …… 20

1.5.3　计算思维的应用案例 …… 21

本章小结 …… 22

本章人物 …… 22

习题 1 …… 23

第 2 章　数据的表示与运算 …… 25

2.1　进位记数制 …… 25

2.1.1　十进制 …… 26

2.1.2　二进制 …… 26

2.1.3　八制进和十六进制 …… 26

2.1.4　数制之间的相互转换 …… 27

2.2　计算机中数值数据的表示 …… 29

2.2.1　整数的机器数表示 …… 29

2.2.2　含小数信息的机器数表示 …… 31

2.2.3　BCD 格式表示法 …… 33
2.3　数据之间的运算…… 34
2.3.1　算术运算 …… 34
2.3.2　运算溢出及判断 …… 35
2.3.3　逻辑运算 …… 36
2.4　非数值型数据在计算机中的编码…… 37
2.4.1　ASCII 编码 …… 38
2.4.2　Unicode 编码 …… 40
2.4.3　汉字编码 …… 42
2.5　数据校验编码…… 47
2.5.1　奇偶校验码 …… 47
2.5.2　汉明校验码 …… 48
2.5.3　CRC 校验码 …… 49
本章小结 …… 49
本章人物 …… 50
习题 2 …… 50

第 3 章　计算机硬件 …… 53

3.1　CPU …… 53
3.2　存储器…… 55
3.2.1　存储单元和地址 …… 55
3.2.2　存储器分类 …… 56
3.2.3　cache 的工作原理 …… 58
3.2.4　虚拟存储器原理 …… 59
3.2.5　存储器的层次结构 …… 60
3.3　外部设备…… 61
3.3.1　输入设备 …… 61
3.3.2　输出设备 …… 62
3.4　接口电路…… 64
3.4.1　接口电路的工作原理 …… 64
3.4.2　计算机常见的外设接口 …… 65
3.5　总线…… 67
3.5.1　总线的功能 …… 67
3.5.2　计算机中常用的总线 …… 68
3.5.3　计算机硬件的组装及启动过程 …… 68
3.6　计算机常用的性能指标…… 70
3.7　嵌入式计算机…… 71
3.7.1　嵌入式系统的概念 …… 71
3.7.2　嵌入式系统的基本组成 …… 71

3.7.3 冯·诺依曼体系结构与哈佛体系结构的区别 …… 73
3.7.4 嵌入式系统的特点及应用领域 …… 73
3.8 多媒体计算机 …… 74
3.8.1 多媒体计算机的概念 …… 74
3.8.2 多媒体计算机的组成 …… 74
3.8.3 多媒体计算机的应用领域 …… 75
本章小结 …… 76
本章人物 …… 76
习题 3 …… 77

第 4 章 计算机软件 …… 80

4.1 软件的分类 …… 80
4.1.1 系统软件 …… 81
4.1.2 应用软件 …… 82
4.2 软件的工作模式 …… 83
4.2.1 命令驱动 …… 83
4.2.2 菜单驱动 …… 84
4.3 软件的安装方法 …… 85
4.3.1 操作系统的安装 …… 85
4.3.2 驱动程序的安装 …… 86
4.3.3 应用软件的安装 …… 86
4.4 软件工程与软件开发方法 …… 87
4.4.1 软件生命周期 …… 87
4.4.2 开发过程模型 …… 89
4.5 常用软件介绍 …… 94
4.5.1 办公软件 …… 94
4.5.2 多媒体创作软件 …… 99
4.5.3 网页制作软件 …… 108
4.5.4 压缩软件 …… 112
4.5.5 即时通信软件 …… 113
4.5.6 音视频会议软件 …… 113
本章小结 …… 114
本章人物 …… 115
习题 4 …… 116

第 5 章 操作系统 …… 117

5.1 操作系统概述 …… 117
5.1.1 操作系统的概念 …… 117
5.1.2 操作系统的功能 …… 118

5.1.3 操作系统的分类…… 118
5.2 Windows 操作系统 …… 119
5.2.1 Windows 操作系统的发展历史 …… 119
5.2.2 Windows 基本操作 …… 121
5.2.3 Windows 文件管理 …… 126
5.2.4 Windows 程序管理 …… 131
5.2.5 Windows 系统安全 …… 132
5.2.6 Windows 计算机管理 …… 135
5.2.7 Windows 常用软件介绍 …… 138
5.3 MS-DOS 及常用命令介绍 …… 139
5.3.1 MS-DOS 介绍 …… 139
5.3.2 MS-DOS 的常用命令 …… 140
5.4 Linux 操作系统 …… 141
5.4.1 Linux 操作系统介绍 …… 141
5.4.2 常见的 Linux 操作系统 …… 141
5.5 macOS 操作系统 …… 142
5.6 常见的手机操作系统 …… 142
5.6.1 iOS 操作系统 …… 143
5.6.2 Android 操作系统 …… 145
5.6.3 HarmonyOS 鸿蒙操作系统 …… 146
5.7 虚拟机及 VMware 介绍 …… 148
5.7.1 虚拟机概念及作用…… 148
5.7.2 VMware 介绍…… 149
本章小结…… 151
本章人物…… 151
习题 5 …… 152

第 6 章 程序设计语言…… 155

6.1 程序设计语言分类 …… 155
6.1.1 机器语言…… 155
6.1.2 汇编语言…… 156
6.1.3 高级语言…… 156
6.2 程序设计过程 …… 157
6.3 程序设计方法 …… 158
6.3.1 结构化程序设计方法…… 158
6.3.2 面向对象的程序设计方法…… 159
6.4 程序设计语言的基本要素 …… 160
6.4.1 Python 语言简介 …… 160
6.4.2 Python 开发环境配置 …… 161

6.4.3 Python程序的运行方式 …… 163
6.4.4 数据类型 …… 164
6.4.5 常量和变量 …… 165
6.4.6 运算符与表达式 …… 165
6.4.7 输入和输出 …… 167
6.4.8 流程控制语句 …… 168
6.4.9 函数 …… 170
6.4.10 注释 …… 171
6.5 应用举例 …… 171
本章小结 …… 173
本章人物 …… 174
习题6 …… 174

第7章 数据结构与算法 …… 176

7.1 数据结构 …… 176
7.1.1 数据结构的概念 …… 176
7.1.2 简单数据结构 …… 180
7.2 算法基础 …… 183
7.2.1 算法的概念 …… 183
7.2.2 算法的表示 …… 184
7.2.3 简单算法 …… 185
7.2.4 算法的评价 …… 188
7.3 应用举例 …… 189
本章小结 …… 190
本章人物 …… 191
习题7 …… 191

第8章 数据库技术 …… 193

8.1 数据库技术概述 …… 193
8.1.1 数据、信息和数据处理 …… 193
8.1.2 数据管理技术的发展 …… 194
8.1.3 数据库技术的发展历史 …… 199
8.1.4 数据库技术的发展现状与趋势 …… 199
8.1.5 数据库技术的相关学科 …… 200
8.2 数据库管理系统 …… 200
8.2.1 数据库管理系统的功能 …… 201
8.2.2 数据库管理系统的层次结构 …… 201
8.2.3 常见的数据库管理系统及其特点 …… 202
8.3 数据库系统 …… 203

8.3.1 数据库系统的组成…… 203
8.3.2 数据库系统的体系结构…… 205
8.3.3 数据库系统的分类…… 208
8.3.4 数据库系统的特点与功能…… 209
8.4 关系数据库的建立与应用 …… 210
8.4.1 关系数据库的基础…… 210
8.4.2 关系数据库的实现…… 214
8.4.3 数据查询与 SQL …… 220
8.4.4 关系数据库在 openGuass 中的实现 …… 228
本章小结…… 242
本章人物…… 242
习题 8 …… 242

第 9 章 计算机网络…… 245

9.1 概述 …… 245
9.1.1 网络的定义…… 245
9.1.2 网络的发展历史…… 246
9.1.3 网络的基本组成…… 247
9.2 网络分类 …… 248
9.2.1 按覆盖范围划分…… 248
9.2.2 按网络的工作模式划分…… 248
9.3 数据传输 …… 249
9.3.1 传输介质…… 249
9.3.2 带宽…… 251
9.3.3 协议…… 252
9.4 网络拓扑结构 …… 253
9.5 网络体系结构 …… 255
9.6 网络互联 …… 257
9.7 Internet 基础 …… 259
9.7.1 TCP/IP 的结构 …… 260
9.7.2 TCP/IP 协议簇 …… 260
9.7.3 IP 地址 …… 261
9.7.4 域名系统…… 263
9.7.5 Internet 的基本服务 …… 265
9.7.6 Internet 的接入 …… 268
本章小结…… 272
本章人物…… 273
习题 9 …… 273

第 10 章　信息安全 …… 276

10.1　信息安全的基本概念 …… 276
10.1.1　信息安全特征 …… 276
10.1.2　信息安全保护技术 …… 277
10.2　密码技术及应用 …… 278
10.2.1　基本概念 …… 278
10.2.2　对称密钥密码系统 …… 279
10.2.3　公开密钥密码系统 …… 279
10.2.4　计算机网络中的数据加密 …… 280
10.2.5　数字签名 …… 282
10.3　防火墙技术 …… 283
10.3.1　防火墙的基本概念 …… 283
10.3.2　防火墙的功能 …… 283
10.3.3　防火墙的基本类型 …… 284
10.3.4　防火墙的优、缺点 …… 285
10.4　恶意程序 …… 286
10.4.1　病毒及相关的威胁 …… 286
10.4.2　计算机病毒的防治 …… 289
10.5　入侵检测技术 …… 291
10.5.1　入侵者 …… 291
10.5.2　入侵检测 …… 292
10.6　道德规范与社会责任 …… 296
10.6.1　道德规范与法律 …… 296
10.6.2　知识产权保护 …… 297
10.6.3　预防计算机犯罪 …… 299
本章小结 …… 300
本章人物 …… 300
习题 10 …… 301

第 11 章　IT 前沿技术 …… 303

11.1　云计算 …… 303
11.1.1　云计算的概念 …… 303
11.1.2　云计算的特点 …… 304
11.1.3　云计算的主要服务模式 …… 305
11.1.4　云计算的主要部署方式 …… 305
11.2　大数据 …… 305
11.2.1　大数据的概念 …… 306
11.2.2　大数据的相关技术 …… 306

11.2.3 大数据的应用 …… 308
11.2.4 大数据思维 …… 310
11.3 物联网 …… 311
11.3.1 物联网的概念 …… 312
11.3.2 物联网的关键技术 …… 312
11.3.3 物联网的应用领域 …… 315
11.4 机器学习与人工智能 …… 316
11.4.1 机器学习的概念 …… 316
11.4.2 机器学习能解决的问题及常用算法 …… 317
11.4.3 机器学习的分类 …… 319
11.4.4 机器学习的应用 …… 319
11.4.5 机器学习的入门之路 …… 320
11.4.6 人工智能 …… 321
11.5 区块链 …… 322
11.5.1 区块链的概念 …… 322
11.5.2 区块链的特征 …… 323
11.5.3 区块链的核心技术 …… 323
11.5.4 区块链的类型 …… 325
11.5.5 区块链的应用领域 …… 325
本章小结 …… 326
本章人物 …… 326
习题 11 …… 327

附录 A 微型计算机选购指南 …… 329

A.1 选购原则 …… 329
A.2 买什么类型的计算机 …… 330
A.3 兼容机配件的选购 …… 331
A.4 注意事项 …… 333

附录 B Windows 10 下 openGauss 的安装 …… 334

B.1 openGauss 简介 …… 334
B.2 安装步骤 …… 334

参考文献 …… 339

第1章 概　　述

计算机是一种处理信息的工具，它能自动、高速、精确地对信息进行存储、加工和传送。计算机的广泛应用推动了人类社会的发展与进步，对人类社会的生产和生活产生了极其深远的影响。今天，计算机已经融入社会生活的各个领域，成为人们工作和生活不可缺少的部分，深刻影响着人们的计算思维方式和计算思维习惯。在高度信息化的今天，每个人都迫切需要学习计算机知识，掌握计算机的应用，了解计算机的工作方式，培养计算思维能力。

本章主要介绍计算机的诞生与发展、计算机的种类、计算机的应用领域、计算机系统的组成以及计算思维的基本概念。

1.1 计算机的诞生和发展

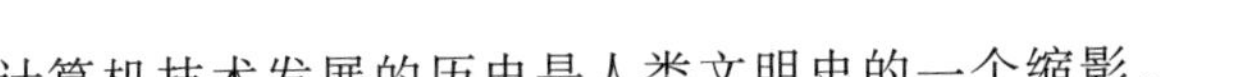

计算机技术发展的历史是人类文明史的一个缩影。

1.1.1 计算机的诞生

从远古时代人们采用手指、石头或结绳进行简单计算，到我国唐代发明和使用算盘进行计算，到中世纪欧洲发明了加法计算器、分析机等，再到今天的电子计算机，这些发明无不记录了人类计算工具的发展历史。

古时候牧民用石子(如图 1.1 所示)或在绳子上打结(如图 1.2 所示)来记录羊的头数。早晨放牧前，牧民将一头羊对应到一颗石子或者一个结。晚上放牧归来，如果还能够一一对应，就表明羊的数目没有少。

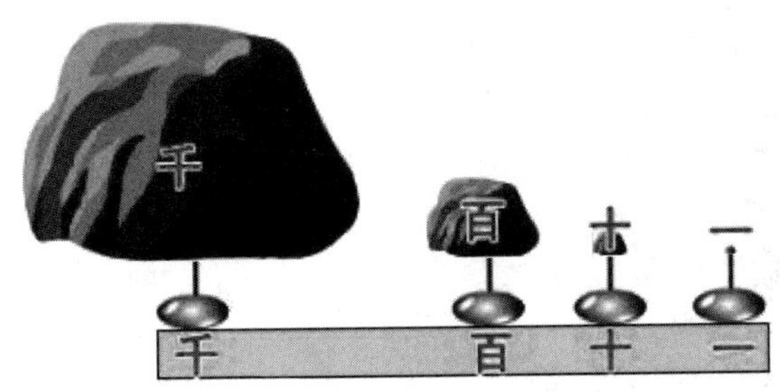

图 1.1　石头计数

图 1.2　结绳计数

2500 多年前的春秋战国时期，人们使用算筹来计数，用树枝或竹条来表示数字，如图 1.3 所示。图中，1 用一根枝条来表示，2 用两根枝条来表示，依此类推。1000 多年前，中国人发明了算盘，如图 1.4 所示。算盘曾经被广泛使用，还传到了日本、朝鲜等一些周边国家。

图 1.3　算筹

图 1.4　算盘

公元 1642 年，法国数学家布莱士・帕斯卡(Blaise Pascal)发明了第一台能自动进行加法运算的机器，称为加法计算器。如图 1.5 所示，它的外壳由黄铜材料制作，面板上有一列显示数字的小窗口，旋紧发条后齿轮可转动，然后用专业的铁笔拨动来完成计算。19 世纪 30 年代，英国数学家、发明家查尔斯・巴贝奇(Charles Babbage)设计了分析机，如图 1.6 所示。分析机的一些计算思想沿用至今，其存储和碾磨就非常类似于今天的内存和处理器。

图 1.5　加法计算器

图 1.6　分析机

但是，第一台真正意义上的电子计算机是1946年2月在美国宾夕法尼亚大学诞生的，其名称是电子数字积分计算机(electronic numerical integrator and calculator，ENIAC)，如图1.7所示。

图1.7 世界上第一台电子计算机ENIAC

ENIAC采用穿孔卡片记录数据，每分钟可输入125张卡片，输出100张卡片。其内部安装了17 468个电子管，7200个二极管，七万多个电阻器，一万多个电容器，六千多个继电器，电路的焊接点多达五十多万个，表面则布满了电表、电线和指示灯。机器安装在一排2.75m高的金属柜里，占地面积约为170m²，总重量达到三十多吨，耗电量超过174kW，电子管平均每隔7分钟就被烧坏一个，必须不停地更换。

ENIAC的运算速度达到每秒5000次加法，可以在0.003s内完成两个十位数的乘法。仅用20s就能算完一条炮弹的轨迹，比炮弹本身的飞行速度还要快。ENIAC的问世，标志着人类进入了电子计算机时代。

ENIAC虽然是第一台正式投入运行的电子计算机，但还不具备现代计算机可“存储程序”的思想。1946年6月，美籍匈牙利数学家约翰·冯·诺依曼(John von Neumann，如图1.8所示)，发表了题为《电子计算机装置逻辑结构初探》的论文，并设计出第一台可“存储程序”的离散变量自动电子计算机(electronic discrete variable automatic computer，EDVAC)，1952年正式投入运行，其运行速度是ENIAC的数百倍。

图1.8 现代计算机之父——冯·诺依曼

冯·诺依曼提出的EDVAC计算机结构为人们普遍接受，该计算机结构称为冯·诺依曼型结构。现代计算机大都是基于冯·诺依曼型结构的，因此冯·诺依曼被称为现代计算机之父。

1.1.2 计算机的发展

计算机硬件的性能与电子开关、器件的性能密切相关。按所用逻辑元件的不同，计算机的发展经历了四代变迁。

第一代是电子管计算机，它指1946年到20世纪50年代中期的计算机。电子管计算机的主要特征是采用电子管作为计算机的逻辑元件，如图1.9所示，其主存储器采用磁鼓、磁芯，而外存储器采用卡片、纸带、磁带等；存储容量只有几 KB，运算速度为每秒几千次，主要使用机器语言来编写程序。这一代的计算机体积大、价格高、维修困难，使用上也不方便，只应用在军事或科研领域，主要用于科学计算。

第二代是晶体管计算机，它指 20 世纪 50 年代中期到 20 世纪 60 年代中期的计算机。晶体管计算机的主要特征是采用晶体管作为计算机的逻辑元件，如图 1.10 所示，其主存储器使用磁芯，外存储器使用磁带、磁盘；在软件方面开始使用 FORTRAN、COBOL、ALGOL 等高级程序设计语言。第二代计算机不仅用于科学计算，还用于数据处理、事务处理以及工业控制。相对于第一代计算机而言，这一代计算机的运算速度更快，体积更小，功能更强。

图 1.9　电子管

图 1.10　晶体管

第三代是集成电路计算机，它指 20 世纪 60 年代中期到 20 世纪 70 年代初期的计算机。集成电路计算机的主要特征是采用中小规模的集成电路作为计算机的逻辑元件，如图 1.11 所示，其主存储器逐渐使用半导体元件，外存储器采用磁盘；存储容量可达几 MB，运算速度可达每秒几十万次到几百万次；体积进一步缩小，性能进一步提高，成本进一步降低；在软件方面开始使用操作系统，功能越来越强。从此，计算机进入普及阶段，广泛应用于科学计算、数据处理、过程控制等各个领域。

图 1.11　集成电路

第四代是大规模集成电路计算机，它指 20 世纪 70 年代初期至今的计算机。大规模集成电路计算机的主要特征是采用了大规模集成电路(large scale integration，LSI)和超大规模集成电路（very large scale integration，VLSI）作为计算机的逻辑元件，如图 1.12 所示，其主存储器采用 LSI/VLSI 半导体芯片，外存储器采用磁盘和光盘；存储容量大为增加，运算速度更快。

由于 LSI/VLSI 的使用使得计算机的体积进一步缩小，从而促成了微处理器和微型计算机的诞生。

1971 年，美国英特尔公司(以下简称 Intel)推出了第一个微处理器芯片 Intel 4004，如图 1.13 所示。它将中央处理器(central processing unit，CPU)集成在一块芯片上，以 Intel 4004 为核心的电子计算机就是微型计算机(microcomputer)，简称微机。

图 1.12 大规模集成电路

图 1.13 第一个微处理器芯片 Intel 4004

1981 年,国际商业机器公司(以下简称 IBM)推出了第一台个人计算机(personal computer,PC)——IBM PC 5150,如图 1.14 所示。这台计算机采用 Intel 的 8088 作为 CPU,工作频率为 4.77MHz,内存为 16MB;采用 160KB、5.2 英寸的软盘驱动器以及 11.5 英寸的单色显示器,没有硬盘;操作系统采用微软公司(以下简称 Microsoft)的磁盘操作系统(disk operating system,DOS)DOS 1.0,价格约为 3045 美元。

1983 年 3 月,IBM 发布了改进型 IBM PC/XT,它采用 Intel 8086 作为 CPU,在主板上预装了 256KB 的 DRAM(dynamic random access memory,动态随机存取存储器,可扩展到 640KB)和 40KB 的 ROM(read only memory,只读存储器),总线扩展槽从 5 个增加为 8 个。此外,IBM PC/XT 还带有一个容量为 10MB 的 5 英寸硬盘,这是硬盘第一次成为 PC 的标准配置。IBM PC/XT 微机预装了 Microsoft 的 DOS 2.0 操作系统。DOS 2.0 支持“文件”的概念,并以“目录树”结构存储文件。

1984 年 8 月,IBM 推出了 IBM PC/AT 微机,它支持多任务和多用户,系统采用 Intel 80286 作为 CPU,工作频率为 6MHz,操作系统采用 Microsoft 的 DOS 3.0,并增加了网络连接能力,IBM PC/AT 在软件上第一次采用了与以前 CPU 兼容的设计思想。这里的“兼容”指几种不同的计算机部件(比如 CPU、主板、显卡等)在工作的时候能够相互配合,稳定地工作。

1985 年 6 月,长城 0520 微机研制成功,这是中国大陆第一台自行研制的兼容微型计算机,如图 1.15 所示。

图 1.14 IBM PC 5150 微机

图 1.15 长城 0520 微机

与此同时，Intel 不断推出功能更强、性能更好、集成度更高的 CPU 芯片。图 1.16 展示了 Intel 芯片的发展过程。进入 20 世纪 90 年代后，每当 Intel 推出新型 CPU 产品后，立即就会有新型的 PC 推出。

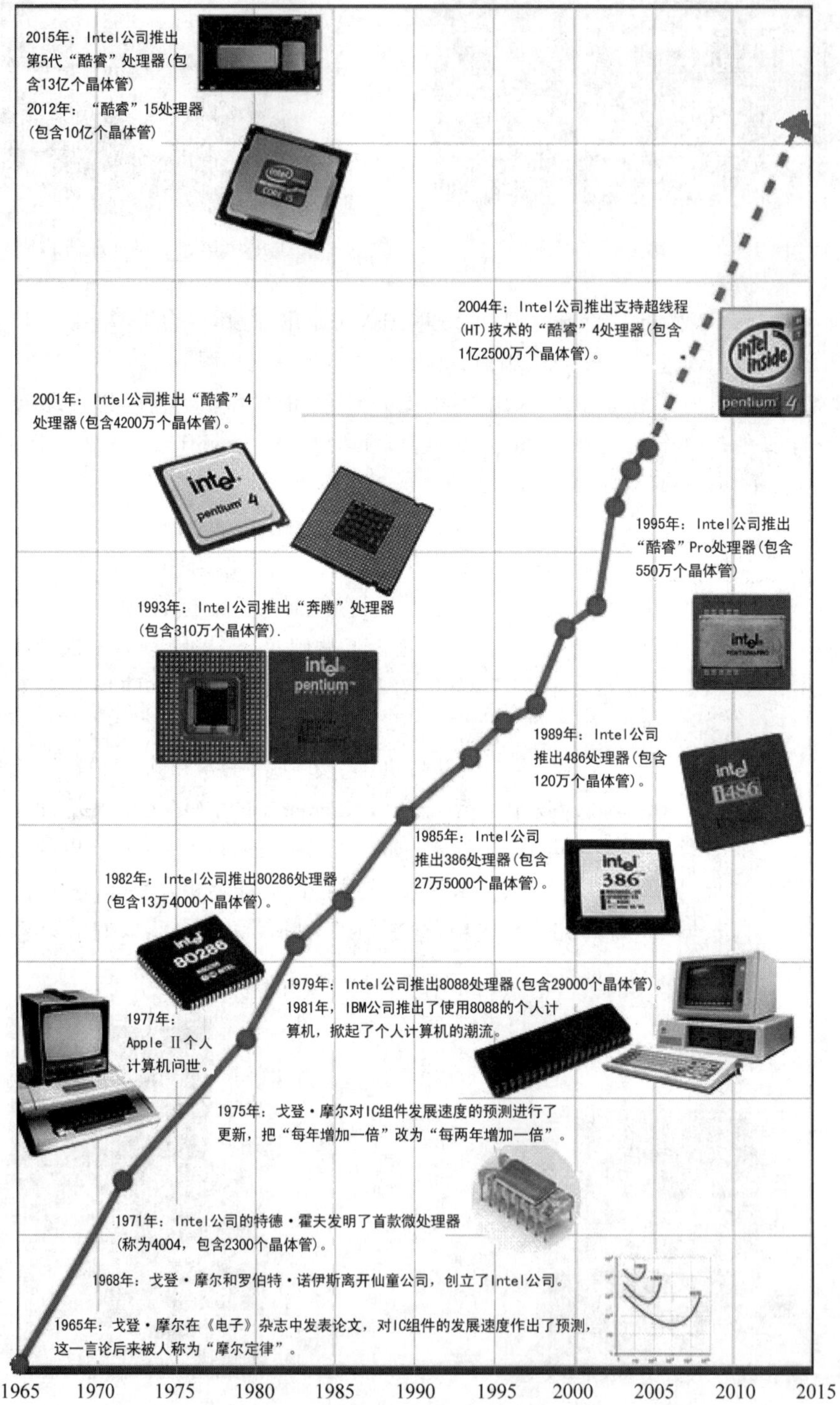

2015年：Intel公司推出第5代“酷睿”处理器（包含13亿个晶体管）
2012年：“酷睿”I5处理器（包含10亿个晶体管）
2004年：Intel公司推出支持超线程（HT）技术的“酷睿”4处理器（包含1亿2500万个晶体管）。
2001年：Intel公司推出“酷睿”4处理器（包含4200万个晶体管）。
1995年：Intel公司推出“酷睿”Pro处理器（包含550万个晶体管）
1993年：Intel公司推出“奔腾”处理器（包含310万个晶体管）.
1989年：Intel公司推出486处理器（包含120万个晶体管）。
1985年：Intel公司推出386处理器（包含27万5000个晶体管）。
1982年：Intel公司推出80286处理器（包含13万4000个晶体管）。
1979年：Intel公司推出8088处理器（包含29000个晶体管）。
1981年，IBM公司推出了使用8088的个人计算机，掀起了个人计算机的潮流。
1977年：Apple Ⅱ个人计算机问世。
1975年：戈登·摩尔对IC组件发展速度的预测进行了更新，把“每年增加一倍”改为“每两年增加一倍”。
1971年：Intel公司的特德·霍夫发明了首款微处理器（称为4004，包含2300个晶体管）。
1968年：戈登·摩尔和罗伯特·诺伊斯离开仙童公司，创立了Intel公司。
1965年：戈登·摩尔在《电子》杂志中发表论文，对IC组件的发展速度作出了预测，这一言论后来被人称为“摩尔定律”。
1965 1970 1975 1980 1985 1990 1995 2000 2005 2010 2015

图 1.16　Intel 芯片发展过程

PC 除了台式机外，还有笔记本型、掌上型等微机。笔记本电脑与台式计算机的功能相当，但其体积更小、重量更轻、价格更贵，显示器采用液晶显示器，便于携带，适应于移动工作的需要。掌上电脑比笔记本电脑更小、更轻，但其功能也相对较弱，适用于一些特殊应用的场合。

随着微电子、计算机和数字化声像技术的发展，多媒体技术得到了迅速发展，逐步形成了集文字、图形、图像、声音为一体的多媒体计算机系统。多媒体技术的运用使得计算机的应用更接近于人类习惯的信息交流方式，并且逐渐开拓出很多新的应用领域。

计算机与通信技术的结合，使得计算机应用从单机走向网络，由独立网络走向互联网络，再到 Internet。Internet 将世界各地的计算机连接在一起，从此进入了互联网时代。计算机网络彻底改变了人类世界，人们通过互联网进行沟通、交流（如使用 QQ、微信等社交软件），实现教育资源共享（如文献查阅、远程教育等）和信息资源共享（如使用百度、Chrome 等浏览器）等。特别是无线网络的出现，极大地提高了人们使用网络的便捷性。未来计算机将会进一步向网络化方向发展。

计算机人工智能化是未来发展的必然趋势。现代计算机具有强大的功能和运行速度，但与人脑相比，其智能化和逻辑能力仍有待提高。人类在不断探索如何让计算机能够更好地反映人类思维，使计算机能够具有人类的逻辑思维判断能力，可以通过思考与人类沟通交流，抛弃以往通过编码程序来运行计算机的方法，直接对计算机发出指令。

1.1.3 未来的新型计算机

Intel 公司创始人之一的戈登·摩尔（Gordon Moore）于 1965 年在总结存储芯片的增长规律时指出：微芯片上集成的晶体管数目约每隔 18～24 个月便会增加一倍，性能也将提升一倍。这种表述没有经过论证，只是一种现象的归纳。但是后来集成电路工业的发展却很好地验证了这一说法，该言论也被称为“摩尔定律”。

20 世纪 70 年代，人们发现能耗会导致计算机中的芯片发热，极大地影响了芯片的集成度，从而限制了计算机的运行速度。当代集成电路在制造技术中采用了光刻技术，集成电路内部的导线宽度达到了几十纳米。但是，当晶体管元器件尺寸小到一定程度时，将发生电子漂移现象，单个电子将会从线路中“跳”出来。这种单电子的量子行为即量子效应，会产生一定的干扰作用，晶体管将无法控制电子的进出，从而导致集成电路芯片无法正常工作。目前，计算机集成电路内部线的尺寸将接近这一极限，这就要求科学家们必须进行新型计算机方面的研究。

1. 量子计算机

1）概念

量子计算机（quantum computer）是可以实现量子计算的机器，是一个通过量子力学规律来实现数学和逻辑运算以及处理和存储信息的系统。

量子计算机和经典计算机一样，都是由硬件和软件组成的，软件方面包括量子算法、量子编码等；硬件方面包括量子晶体管、量子存储器、量子效应器等。量子晶体管就是通过电子高速运动来突破物理的能量界限，从而实现晶体管的开关作用。这种晶体管控制开关的速度很快，比普通的芯片运算能力强很多，而且对使用的环境条件适应能力很强。所以在未来的发展中，晶体管是量子计算机不可缺少的部分。量子存储器是一种存储信息效率很高的存储器,它能够在非常短的时间里对海量计算信息进行赋值,是量子计算机不可缺少的组成部分,也是量子计算机最重要的组成部分。量子效应器是一个大型的控制系统,能够控制各部件的运行。

在经典计算机中,每个晶体管存储单元只能存储一位二进制数据(0 或 1),基本信息单位是比特(bit),运算对象是各种比特序列。在量子计算机中,数据采用量子比特(qubit)存储,基本信息单位是昆比特(qubit),运算序列是量子比特序列。量子具有叠加效应,一个量子位可以存储一位二进制数据,也可以存储两位二进制数据。因此,采用同样数量的存储单元存储信息时,量子计算机存储的信息量比经典计算机存储的信息量要大。

2) 研究进展

20 世纪 80 年代初期,美国物理学家保罗·贝尼奥夫(Paul Benioff)首先提出了量子计算的思想。他设计了一台可执行的量子图灵机,即量子计算机的雏形。

1982 年,Feynman 发展了 Benioff 的设想,提出量子计算机可以模拟其他量子系统。为了仿真模拟量子力学系统,Feynman 提出了按照量子力学规律工作的计算机概念,这被认为是最早的关于量子计算机的思想。

1985 年,牛津大学教授 David Deutsch 在发表的论文中,证明了任何物理过程原则上都能很好地被量子计算机模拟。他提出了基于量子干涉的计算机模拟,即"量子逻辑门"这一新概念,指出量子计算机的通用化以及量子计算错误的产生和纠正等问题。

1994 年,AT&T 公司的 Perer Shor 博士发现了因子分解的有效量子算法。1996 年,S. Loyd 证明了 Feynman 的猜想。他指出模拟量子系统的演化将成为量子计算机的一个重要用途,量子计算机可以建立在量子图灵机的基础上。从此,随着计算机科学和物理学之间跨学科研究的突飞猛进,量子计算的理论和实验研究蓬勃发展,量子计算机的发展开始进入新时代,各国政府和各大公司也纷纷制订了针对量子计算机的一系列研究开发计划。

美国的高级研究计划局先后于 2002 年 12 和 2004 年 4 月制定了一个名为"量子信息科学和技术发展规划"的研究计划,详细介绍了美国发展量子计算的主要步骤和时间表。在该计划中,美国曾表示争取在 2007 年研制成 10 个物理量子位的计算机,2012 年研制成 50 个物理量子位的计算机。

欧洲在量子计算及量子加密方面也做了积极的研发,已经完成了第 5 个框架计划中对不同量子系统(如原子、离子和谐振)的离散和纠缠研究,以及对量子算法和信息处理的研究。在第 6 个框架计划中,欧洲着重进行量子算法和加密技术的研究,计划到 2008 年研制成功高可靠、远距离量子数据加密技术。

日本于 2000 年 10 月开始了为期 5 年的量子计算与信息计划,重点研究量子计算和量子通信的复杂性、设计新的量子算法、开发健壮的量子电路、找出量子自控的有用特性以及开发量子计算模拟器。

2007 年,加拿大 DWave 公司成功研制出一台具有 16 昆比特的"猎户星座"量子计算机,并于 2008 年 2 月 13 日和 2 月 15 日分别在美国加州和加拿大温哥华展示了该量子计算机。

2009 年 11 月 15 日,美国国家标准技术研究院研制出了可处理两个昆比特数据的量子计算机。

2015 年 6 月 22 日,DWave 公司宣布其突破了 1000 量子位的障碍,开发出了一种新的处理器,其量子位为上一代 DWave 处理器的两倍左右,远超其他任何同行开发的产品的量子位。

2017 年 3 月 6 日，IBM 宣布将于年内推出全球首个商业“通用”量子计算服务——IBMQ。IBM 表示，此服务配备有直接通过互联网访问的能力，在药品开发以及各项科学研究上有着变革性的推动作用，已开始征集消费用户。除了 IBM，Intel、谷歌（以下简称 Google）以及 Microsoft 等公司也在量子计算机领域进行探索。

2017 年 5 月 3 日，中国科学院潘建伟团队构建的光量子计算机实验样机的计算能力已超越早期计算机。此外，中国科研团队完成了 10 个超导量子比特的操纵，成功打破了目前世界上最大位数的超导量子比特的纠缠和完整的测量记录。

2020 年 6 月 18 日，中国科学院宣布，中国科学技术大学潘建伟、苑震生等在超冷原子量子计算和模拟研究中取得了重要进展——在理论上提出并实验实现原子深度冷却新机制的基础上，在光晶格中首次实现了 1250 对原子高保真度纠缠态的同步制备，为基于超冷原子光晶格的规模化量子计算与模拟奠定了基础。

2020 年 12 月 4 日，中国科学技术大学宣布，该校潘建伟等人成功构建了 76 个光子的量子计算原型机“九章”，求解数学算法高斯玻色取样只需 200 秒，而目前世界最快的超级计算机要用 6 亿年。这一突破使中国成为全球第二个实现量子优越性的国家。

2021 年 2 月 8 日，中国科学院量子信息重点实验室的科技成果转化平台——合肥本源量子科技公司，发布了具有自主知识产权的量子计算机操作系统——本源司南。

3）主要优点

（1）能够进行并行计算，加快了程序的运行速度。

（2）存储能力大大提高。

（3）基本上解决了计算机中的能耗问题，计算机的发热量极小。

（4）可以对任意物理系统进行高效率的模拟。

4）面临的问题

（1）对微观量子态进行操纵过于困难。

（2）受环境影响较大。量子进行并行计算的本质是利用量子的相干性，但因受到环境的影响，在实际系统中，这些相干性很难保持。

（3）量子编码效率不高，纠错也很复杂。

2. 光子计算机

1）概念

光子计算机是一种由光信号进行数字运算、逻辑操作、信息存储和处理的新型计算机。它由激光器、光学反射镜、透镜、滤波器等光学元件和设备构成，靠激光束进入反射镜和透镜组成的阵列进行信息处理。

光子计算机以光子代替电子，以光互联代替导线互联，以光硬件代替电子硬件，以光运算代替电运算，利用激光来传送信号，并由光导纤维与各种光学元件等构成集成光路，从而进行数据运算、传输和存储。在光子计算机中，不同波长、频率、偏振态及相位的光代表不同的数据，这远胜于电子计算机中通过电子“0”“1”状态变化进行的二进制运算，可以对复杂度高、计算量大的任务实现快速的并行处理。

计算机的处理能力主要由两方面来决定：一是计算机部件的运算速度，二是部件排列的紧密程度。从这两方面比较，光比电更具有优越性。光子是宇宙中运动速度最快的物质，可达 30 万 km/s，并且光束可以相互穿越而不产生干扰；而电子在半导体内的运行速度约为 60～500km/s，达不到光速的十分之一。另外，在超大规模集成电路中，一些片状元器件的引脚数量已超过 300，排列密度受到限制，而光束的互不干扰性使科学家们可以在极小的空间内开辟极多的信息通道。

2）研究进展

1990 年初，美国贝尔实验室研制出世界上第一台光子计算机。它采用砷化镓光学开关，运算速度达每秒 10 亿次。尽管这台光学计算机与理论上的光学计算机还有一定距离，但已显示出强大的生命力。人类利用光缆传输数据已经有几十年的历史了，用光信号来存储信息的光盘技术也已广泛应用，然而想要制造出真正的光子计算机，还需要开发出可以用一条光束来控制另一条光束变化的光学晶体管这一基础元件。一般说来，科学家们虽然可以实现这样的实验装置，但是所需的条件（如温度）等仍较为苛刻，尚难以进入实用阶段。

3）主要优点

（1）不需要导线。

（2）只需要很少的能量就能驱动，从而大大减少了芯片产生的热量。

（3）并行处理能力强，具有超快的运算速度。

（4）工作不受环境温度的影响，而高速电子计算机只能在常温下工作。

（5）信息存储量大，抗干扰能力强。

（6）具有与人脑相似的容错性。当系统中某一元件损坏或出错时，不会影响最终的计算结果。

4）面临的困难

（1）随着无导线计算机能力的提高，要求有更强的光源。

（2）严格要求光线对准，全部元件和装配精度必须达到纳米级。

（3）必须具有功能完备的基础元件开关。

3. 生物计算机

1）概念

生物计算机是以核酸分子作为“数据”，以生物酶及生物操作作为信息处理工具的一种新型计算机。

生物计算机也称仿生计算机，主要原材料是生物工程技术产生的蛋白质分子，并以此作为生物芯片来替代半导体硅片，利用有机化合物存储数据。在生物计算机中，信息以波的形式传播，当波沿着蛋白质分子链传播时，会引起蛋白质分子链中单键、双键结构顺序的变化；运算速度是当今最新一代计算机的十万倍，它具有很强的抗电磁干扰能力，并能彻底消除电路间的干扰；能量消耗仅相当于普通计算机的十亿分之一，且具有巨大的存储能力；具有生物体的一些特点，如能发挥生物本身的调节机能，能自动修复芯片上发生的故障，还能模仿人脑的机制等。

生物计算机是全球高科技领域最具活力和发展潜力的一门学科。该种计算机涉及多种学科领域，包括计算机科学、脑科学、分子生物学、生物物理、生物工程、电子工程等有关学科。

2）研究进展

1959 年，诺贝尔奖获得者 Feynman 提出利用分子尺度研制计算机。

20 世纪 70 年代以来，人们发现脱氧核糖核酸（DNA）处在不同的状态下，可产生有信息

和无信息的变化；生物元件可以实现逻辑电路中的 0 与 1、晶体管的导通或截止、电压的高或低、脉冲信号的有或无等。因此，经过特殊培养后制成的生物芯片可作为一种新型高速计算机的集成电路。

1994 年，图灵奖获得者 Adleman 提出了基于生化反应机理的 DNA 计算模型。

2007 年，北京大学在生物计算机方面取得了突破性进展，提出了并行 DNA 计算模型，将具有 61 个顶点的一个 3-色图的所有 48 个 3-着色全部求解出来，其算法复杂度为 3^{59}。而此搜索次数，即使是当年最快的超级电子计算机，也需要 13 217 年才能完成。该结果预示着生物计算机时代即将来临。

2021 年 3 月，西班牙庞培法布拉大学的研究小组研制出了生物计算机，能够在纸片上打印细胞。

生物计算机是人类期望在 21 世纪完成的伟大工程，是计算机世界中最年轻的分支。目前的研究方向大致是两个：一是研制分子计算机，即制造有机分子元件去代替目前的半导体逻辑元件和存储元件；二是深入研究人脑的结构、思维规律，再构想生物计算机的结构。

3）主要优点

（1）体积小，功效高。

用蛋白质制造的计算机芯片，$1mm^2$ 可容纳数亿个电路。它的一个存储点只有一个分子大小，所以存储容量可达电子计算机的 10 亿倍。蛋白质构成的集成电路大小只相当于硅片集成电路的十万分之一，并且运算速度快，只有 10^{-11}s，大大超过了人脑的思维速度。生物计算机元件的密度是大脑神经元密度的 100 万倍，传递信息的速度也是人脑思维速度的 100 万倍。

（2）具有自我修复能力，可靠性高。

当人们在运动中不小心碰伤了身体，上点儿药或者不上药，过几天，伤口就会愈合。这是因为人体具有自我修复功能。同样，生物计算机也有这种功能。当其内部芯片出现故障时，不需要人工修理，就能实现自我修复。所以，生物计算机具有永久性和很高的可靠性。

（3）能耗低，没有信号干扰。

生物计算机的元件是由有机分子组成的生物化学元件，它们是利用化学反应工作的，只需很少的能量就可以工作，因此不会像电子计算机那样，工作一段时间后，机体会发热。另外，它的电路间也没有信号干扰。

4）面临的问题

（1）蛋白质受环境干扰大，在干燥的环境下会停止工作，在冷冻时又会凝固，且加热时会使机器不稳定或不能工作。

（2）高能射线可能会打断化学键，从而分解蛋白质分子机器。

（3）蛋白质分子容易丢失，不易操作。

1.2 计算机的分类

计算机的种类很多，按照不同的分类方法可以得到不同的分类结果。按照性能来分，可将计算机分为巨型计算机、大型计算机、中型计算机、小型计算机和微型计算机；按市场主要产品来分，可将其分为大型计算机、微型计算机、嵌入式系统等。

1.2.1 计算机的类型

早期的计算机按照它们的计算能力进行分类，将每秒运行亿次以上的计算机称为巨型计算机，而每秒运行亿次以下的分别称为大型计算机、中型计算机、小型计算机和微型计算机。随着技术的进步，目前微型计算机的速度已达到每秒几十亿次以上，巨型计算机达到了每秒百万亿次以上，并且这种差距在不断缩小。如果根据运算速度来进行划分，就必须随着技术的发展和运算速度的提高随时改变计算机的分类，这显然是不可行的。此外，随着计算机相关技术的不断发展，中型计算机、小型计算机由于没有技术优势，已逐步被市场淘汰。目前，计算机正朝着巨型化和微型化两个方向发展。

按照目前计算机市场的产品分布情况来分，大致可将其分为大型计算机、微型计算机、嵌入式系统三类，如图 1.17 所示。

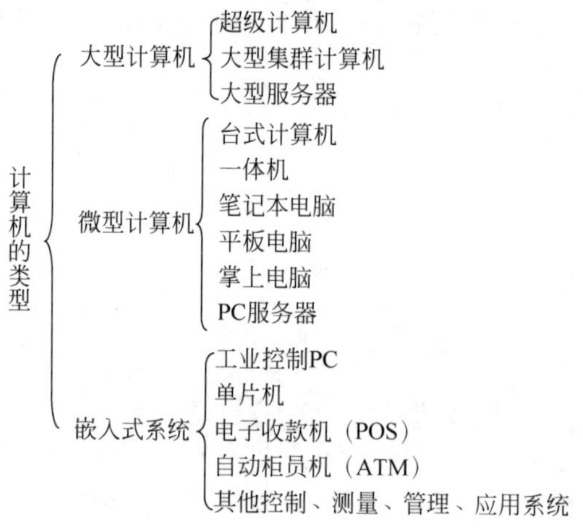

图 1.17 计算机的类型

1. 大型计算机

大型计算机包括超级计算机、大型集群计算机、大型服务器等。国际上每年都进行计算机 500 强测试，凡是能够入围的产品都可以称为超级计算机。超级计算机主要用于科学计算、军事领域以及国家大型项目等。大型集群计算机是利用许多台单独的计算机组成一个计算机群，使多台计算机能够像一台计算机那样工作。大型集群计算机一般采用专用操作系统和软件实现并行计算，而价格只是专用大型机的几十分之一。大型集群计算机具有可增长的特性，可以不断向集群系统中加入计算机，从而使集群计算机系统具有超强的处理能力。大型集群计算机提高了系统的稳定性和数据处理能力，许多超级计算机也采用了集群技术。大型集群计算机主要用于大型工程项目。大型服务器一般采用专用的系统结构，主要用于通信、网络和工程计算等领域。

2. 微型计算机

微型计算机包括台式计算机、一体机、笔记本电脑、平板电脑、掌上电脑、PC 服务器等产品。微型计算机是生活中最常用的，1.2.2 节将进行详细介绍。

3. 嵌入式系统

嵌入式系统包括工业控制PC、单片机、电子收款机、自动柜员机等。嵌入式系统是将微机核心部件安装在某个专用的设备内,并对这个设备进行控制和管理,使设备具有智能化操作的特点。例如,在手机里嵌入CPU、存储器、图像音频处理芯片、微型操作系统等软硬件,就使手机具有了摄影、上网、播放音频、收听广播等功能。

1.2.2 微型计算机的类型

微型计算机简称微机,俗称电脑,其特点是体积小、灵活性大、价格便宜、使用方便。按产品范围和特点,微型计算机可以分为如下几类。

1. 台式计算机

1981年,IBM推出了个人计算机,它使用Intel的CPU作为计算机的中央处理器。以后,凡是能够兼容IBM PC的微型计算机都称为PC。目前,大部分微机都是采用Intel和AMD公司的CPU产品。这两个公司的CPU与早期的80x86系列产品兼容,因此人们也将使用这些CPU产品的微机称为x86系列微机。

台式计算机的主机箱在外观上有立式和卧式两种,它们在性能上没有区别。台式微机主要用于家庭应用或企业办公,要求有较好的图形和多媒体功能。台式计算机主要采用Microsoft的Windows系列操作系统,应用软件也十分丰富,且具有较好的性价比。

2. 一体机

由于显示器体积的关系,早期计算机系统主要由三部分组成:显示器、主机和输入设备。随着显示器体积的缩小和超大规模集成电路的应用,计算机厂商开始把主机集成到显示器中,从而形成一体机(all in one,AIO)。图1.18所示是苹果公司推出的一体机。

图1.18 一体机

一体机与传统台式机相比,有着连线少、体积小的优势,集成度更高,价格也并无明显变化,可塑性更强,厂商可以设计出极具个性的产品。

3. 笔记本电脑

笔记本电脑主要用于移动应用和办公,所以对计算机的体积和重量有一定的限制,要求便于携带。笔记本电脑在软件上与台式计算机完全兼容,在硬件上虽然按照PC的规范设计和制造,但是由于受体积、重量的限制,不同厂家设计、制造出来的产品部件一般是不能互换的。在与台式计算机配置相同的情况下,笔记本电脑的性能要低于台式计算机,价格却比台式计算机要高。笔记本电脑采用液晶屏幕器,其大小有9~15、17、19、21英寸等多种尺寸。笔记本电脑的重量一般在4千克以下,超薄的笔记本重量不到1千克,携带起来十分方便。随着技术的不断发展,笔记本电脑的性价比不断提高,价格也逐渐降低。笔记本电脑已被广泛运用到工作、生活、学习、娱乐等各个方面。

4. 平板电脑

平板电脑(tablet personal computer,Tablet PC),也称为Flat PC、Tablet、Slates,是一种小型、方便携带的个人电脑,以触摸屏作为基本的输入设备。用户可以通过内嵌的手写识别、屏幕上的软键盘、语音识别或者一个真正的键盘(如果该机型配备的话)来实现输入。平板电脑由比尔·盖茨提出,支持来自Intel、AMD和ARM的芯片架构。平板电脑是一款无须翻盖、没有键盘、小到可以放入女士手袋但功能完整的 PC。

除了通常计算机具有的功能外，平板电脑还可以用于打电话。可打电话的平板电脑通过内置的信号传输模块，即 WiFi 信号模块和 SIM 卡模块（即 3G/4G/5G 信号模块）实现打电话功能。按拨打方式的不同，平板电脑又可分为 WiFi 版和 3G/4G/5G 版。平板电脑 WiFi 版是通过 WiFi 连接宽带网络至外部电话实现通话功能的。这种平板电脑需要安装网络电话软件，通过网络电话软件将语音信号数字化后，再通过因特网连接到其他电话终端，实现打电话功能。平板电脑 3G/4G/5G 版，其实就是插入支持 3G/4G/5G 高速无线网络的 SIM 卡，通过 3G/4G/5G 信号接入运营商的信号基站，从而实现打电话功能。通常 3G/4G/5G 版的平板电脑具备 WiFi 版所有的功能。

5. 掌上电脑

掌上电脑（personal digital assistant，PDA）是一种运行在嵌入式操作系统和内嵌式应用软件之上的、小巧、轻便、易带、实用、价廉的手持式计算设备，如图 1.19 所示。掌上电脑分为工业级 PDA 和消费级 PDA。

图 1.19　掌上电脑

工业级 PDA 主要应用在工业领域，常见的有条码扫描器、RFID（radio frequency identification，射频识别）读写器、POS 机等；消费级 PDA 包括智能手机、平板电脑、手持的游戏机等。

消费级 PDA 除了用来管理个人信息（如通讯录、计划等）外，还可以用于上网浏览页面、收发 Email，另外还具有录音机功能、英汉汉英词典功能、全球时钟对照功能、提醒功能、休闲娱乐功能、传真管理功能等。掌上电脑的电源通常采用普通的碱性电池或可充电锂电池。

在掌上电脑基础上加上手机功能，就成了智能手机（smartphone）。智能手机除了具备手机的通话功能外，还具备了 PDA 功能，特别是个人信息管理以及基于无线数据通信的浏览器和电子邮件功能。智能手机为用户提供了足够的屏幕尺寸和带宽，既方便随身携带，又为软件运行和内容服务提供了广阔的舞台，很多增值业务可以就此展开，如股票、新闻、天气、交通、商品、应用程序下载、音乐图片下载等。

6. PC 服务器

PC 服务器一般采用机柜式或刀片式。机柜式 PC 服务器体积较大，便于日后扩充某些 I/O 设备；刀片式 PC 服务器体积较小，采用标准化的尺寸，扩充时在机柜中插入一个刀片式服务器即可。PC 服务器的硬、软件都与其他 PC 兼容，处理器采用 Intel 的高性能 CPU，操作系统采用 Microsoft 的 Windows Server。因为大部分的服务器要求不间断地工作，因此往往采用冗余的电源。另外，PC 服务器一般用作网络服务器，对系统的稳定性和数据处理能力要求较高，但是对图形和多媒体功能要求较低或根本没有要求。

1.3　计算机的应用领域

从 1946 年第一台计算机诞生至今的几十年中，计算机技术迅速发展，人类社会已经进入了信息时代，计算机已被广泛运用到了各个领域。下面介绍计算机的部分典型应用领域。

1. 科学计算

科学计算即数值计算，指应用计算机处理科学研究和工程技术中所遇到的数学计算。在现代科学和工程技术中，经常会遇到大量复杂的数学计算问题。这些问题用一般的计算工具来解决非常困难，而用计算机来处理却非常容易。

早期的计算机主要用于科学计算。目前，科学计算仍然是计算机应用的一个重要领域，如在高能物理、工程设计、地震预测、气象预报、航天技术等方面。因为计算机具有较高的运算速度和精度以及逻辑判断能力，所以出现了计算力学、计算物理、计算化学、生物控制论等新的学科。

2. 过程控制

过程控制也称实时控制，指利用计算机及时地采集检测数据，并按最佳值迅速地对控制对象进行自动控制和自动调节。采用计算机进行过程控制，不仅可以大大提高控制的自动化水平，而且可以提高控制的及时性和准确性，从而改善劳动条件，提高产品质量及合格率。

计算机过程控制已在机械、冶金、石油、化工、纺织、水电、航天等领域得到了广泛的应用。例如，在汽车工业方面，利用计算机控制机床和整个装配流水线，不仅可以实现精度要求高、形状复杂的零件加工自动化，还可以使整个车间或工厂实现自动化。

3. 信息管理

信息管理又称为数据处理，是对数据的采集、存储、检索、加工、变换和传输。数据是对事实、概念或指令的一种表达形式，可由人工或自动化装置进行处理。数据的形式可以是数字、文字、图形或声音等。目前，数据处理已广泛地应用于办公自动化、计算机辅助管理与决策、情报检索、图书管理、电影电视动画设计、会计电算化等行业。

4. 计算机辅助技术

计算机辅助技术已被广泛运用，下面列举几个经典的应用。

1）计算机辅助设计

计算机辅助设计(computer aided design，CAD)指利用计算机系统帮助设计人员进行工程或产品设计，以实现最佳设计效果。它已广泛地应用于飞机、汽车、机械、电子、建筑和轻工等领域。例如，在计算机的设计过程中，利用CAD技术可以进行体系结构模拟、逻辑模拟、插件划分、自动布线等，从而大大提高了设计工作的自动化程度。又如，在建筑设计中，可以利用CAD技术计算力学结构、绘制建筑图纸等，这样不仅可以提高设计速度，而且可以大大提高设计质量。

2）计算机辅助制造

计算机辅助制造(computer aided manufacturing，CAM)是指利用计算机系统进行生产设备的管理、控制和操作的过程。例如，在产品的制造过程中用计算机控制机器的运行，处理生产过程中所需的数据，控制和处理材料的流动以及用计算机对产品进行检测等。使用CAM技术可以提高产品质量，降低成本，缩短生产周期，提高生产率和改善劳动条件。将CAD和CAM集成，实现设计生产自动化，被称为计算机集成制造系统(computer integrated manufacturing system，CIMS)。CIMS可以真正实现无人化工厂(或车间)。

3）计算机辅助教学

计算机辅助教学(computer aided instruction，CAI)指在计算机辅助下进行各种教学活动，以对话的方式与学生讨论教学内容、安排教学进程、进行教学训练的方法与技术。CAI

综合应用多媒体、超文本、人工智能和知识库等计算机技术，克服了传统教学方式单一、片面的缺点，为学生提供了一个良好的个性化学习环境。它的使用能够有效地缩短学习时间，提高教学质量和教学效率，实现最优化的教学目标。

5. 人工智能

人工智能(artificial intelligence，AI)指计算机模拟人类的智能活动，诸如感知、判断、理解、学习、问题求解和图像识别等。当前人工智能的研究已取得不少成果，有些已开始走向实用阶段。例如，能模拟高水平医学专家进行疾病诊疗的专家系统，具有一定思维能力的智能机器人等。

6. 网络应用

计算机技术与现代通信技术的结合形成了计算机网络。计算机网络的建立，不仅解决了一个单位、一个地区、一个国家中计算机与计算机之间的通信和各种软硬件资源的共享，也促进了全球文字、图像、声音、视频等各类数据的传输与处理。

1.4 计算机系统的组成

计算机系统由硬件系统和软件系统组成。硬件系统是借助电、磁、光、机械等原理构成的各种物理部件的有机组合，是计算机系统赖以工作的实体；软件系统指各种程序和文件，用于控制计算机系统按要求进行工作。

1.4.1 计算机系统的基本组成

一个完整的计算机系统包括硬件(hardware)系统和软件(software)系统两大部分，如图 1.20 所示。

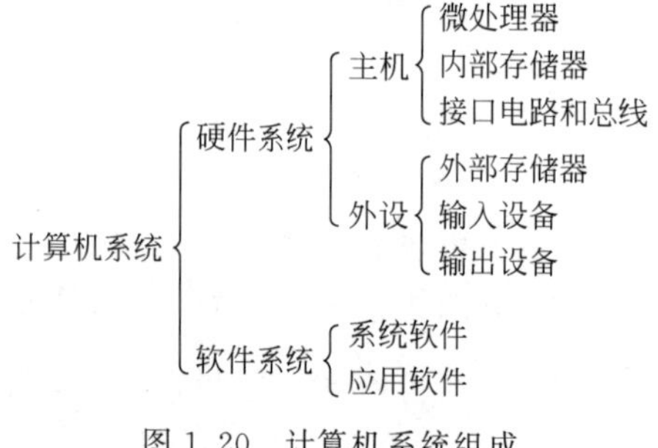

图 1.20　计算机系统组成

1. 硬件系统

计算机硬件系统指计算机系统中看得见、摸得着的物理实体，即构成计算机系统的各种物理部件的总称。计算机硬件是一大堆电子设备，它们是计算机进行工作的物质基础。微型计算机系统中的硬件主要包括微处理器、内部存储器、外部存储器、输入输出设备、各种接口电路以及总线。

1）微处理器

微处理器(micro processor，MP)也称为中央处理单元，即 CPU，它是微型计算机硬件系统的核心部件。微处理器由运算器、控制器和一些寄存器组成，并采用超大规模集成电路(VLSI)工艺将它们集成在一块集成芯片(integrated chip，IC)上。每种微处理器都有自己的指令系统，从而决定了使用该种微处理器芯片的微型计算机的基本功能。

2）存储器

存储器是计算机的记忆部件。计算机中的全部信息，包括输入的原始数据、计算机程序、中间运行结果和最终运行结果都保存在存储器中。它根据 CPU 中控制器指定的位置存入和取出信息。存储器分为内部存储器和外部存储器。

内部存储器(简称内存)是 CPU 可以直接读写访问的存储器,用于存放当前正在运行的程序和数据以及运算的中间结果。内存通常采用由大规模集成电路工艺制成的半导体存储器,容量较小,但读写速度较快。

外部存储器(简称外存或辅存)是 CPU 不能直接访问的存储器,存放的信息必须先由接口电路读入内存中,才能被 CPU 访问。它主要用于长久存放大量的暂不使用的程序和数据。外存包括硬盘、软盘、光盘、U 盘、磁带等。

3) 输入输出设备

根据作用的不同,输入输出设备(input output device,I/O 设备)可以分为输入设备和输出设备,它是用户和计算机交互的桥梁。

用户使用输入设备可将程序和原始数据输入内存,或向计算机发出操作命令。在输入过程中,输入设备还要将输入的内容转换成计算机能够识别和存储的二进制机器码,存入内存中指定的地址处。常用的输入设备有键盘、鼠标等。

程序运行的结果以二进制形式存在计算机内存中,这些数据可以通过输出设备输出。在输出过程中,需要将运算结果由二进制形式转换为用户可理解的形式。常用的输出设备有显示器和打印机。

4) 接口

由于计算机的外围设备品种繁多,大多数是光电、机电传动设备,因此,CPU 在与 I/O 设备进行数据交换时存在速度和操作时序不匹配、数据类型和通信格式不一致等问题。CPU 通常通过接口(interface)电路来控制外部设备。接口电路是 CPU 与 I/O 设备通信的中转站,显卡、声卡和网卡都是常见的接口电路。

5) 总线

总线(bus)是连接计算机内部多个功能部件的一组公共信息通路。在微型计算机中,CPU、内存和各种接口电路之间采用系统总线来连接。总线在计算机中通常以多股平行导线形式存在。

在计算机硬件中,CPU、内存、接口和总线构成了计算机的主机部分,而外部存储器和输入输出设备构成了计算机的外设部分。有关计算机硬件系统的详细介绍参见本书第 3 章。

2. 软件系统

计算机软件系统是为了运行、管理和维护计算机所编制的各种程序、数据及其他相关资料的总称。软件是用户和计算机沟通的桥梁。计算机只有配备了各种软件,才能变成可供用户使用并具有各种功能的计算机系统。计算机用户主要通过操作计算机软件来使用计算机。

按照在计算机中作用的不同,计算机软件可以分为系统软件和应用软件两大类。

1) 系统软件

系统软件一般是由计算机软件和硬件厂家提供的,为了管理和充分利用计算机资源,方便用户使用和维护,发挥和扩展计算机功能,提高使用效率的通用软件。用户在使用计算机时通常都要用到系统软件。系统软件主要包括以下四类。

(1) 操作系统(operating system,OS)。它是管理计算机软硬件资源的软件。

(2) 语言处理程序。包括汇编程序、各种高级语言的解释程序、编译程序、集成开发环境等。

(3) 系统服务程序。包括系统诊断程序、测试程序、编辑程序、装配链接程序等。

(4) 大型数据库管理系统。大型数据库管理系统是用于管理、操作和维护数据库的软件。数据库可存储大量的数据，并可实现对指定数据的快速查找、增加、删除等操作。

2) 应用软件

应用软件是用户在各个领域中为解决本领域实际问题而开发的软件，例如工程设计软件、文献检索软件、人事管理软件、教务管理软件等。

计算机硬件、软件和用户之间的关系如图 1.21 所示。裸机（硬件）使用效率低，难以完成复杂的任务；操作系统是对裸机的扩充，也是其他软件运行的基础；应用软件的开发和运行要有系统软件的支持；用户直接使用的是应用软件。

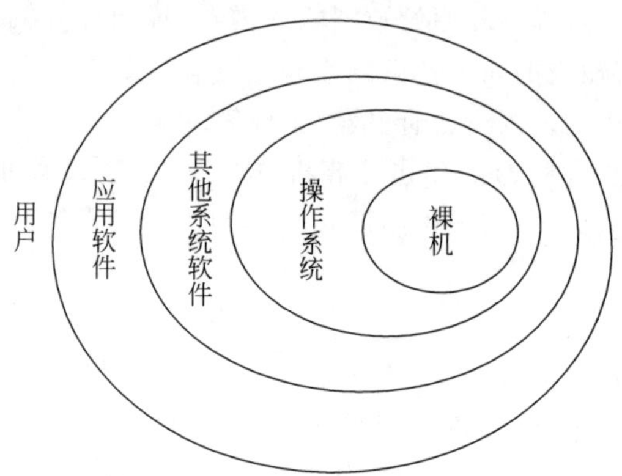

图 1.21　用户、软件和硬件的关系

有关计算机软件的详细介绍参见本书第 4 章。

1.4.2　计算机系统的层次模型

使用计算机的人可以分为多种角色，如硬件设计人员、软件设计人员以及普通计算机用户等。每种角色都从不同角度，使用不同语言在计算机上进行开发，因此，计算机系统是一个层次结构的系统。从功能上看，现代计算机系统可分为五个层次，每层都有不同的角色人使用不同语言工具进行程序设计，如图 1.22 所示。

1. 微程序层

微程序层由硬件直接实现，是计算机系统最底层的硬件系统，由机器硬件直接执行微指令(micro instruction)。每条微指令都可以指示计算机完成诸如打开或关闭计算机内部某个逻辑门的简单动作，一个复杂的功能可以用一系列微指令来实现。只有采用微程序设计的计算机系统才有这一层。它是微程序设计人员所能看到的计算机层次。

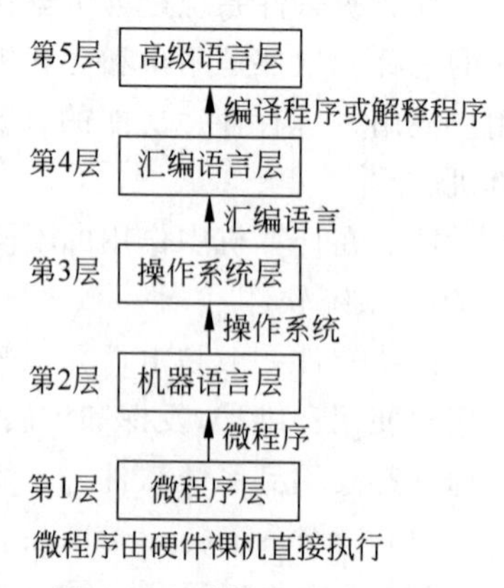

图 1.22　计算机层次结构图

2. 机器语言层

机器语言层由微程序解释机器指令系统。一条机器指令表现为 0 和 1 组成的二进制序列，可以完成诸如两数相加、相减、读写内存数据等稍复杂一点的功能（与微指令相

比较)，一条机器指令是通过许多微指令构成的微程序(micro program)的执行来实现其功能的。硬件系统的操作由此层控制，软件系统的各种程序必须转换成此层的形式(即机器指令)才能执行。所以，该层是计算机软件系统和硬件系统之间的纽带。计算机硬件系统设计人员工作在这一层。

3. 操作系统层

操作系统层由操作系统程序实现。这些程序由机器指令和广义指令组成，广义指令是操作系统定义和解释的软件指令，所以这一层也称为混合层。计算机系统中硬件和软件资源由该层统一管理和调度，它支撑着其他系统软件和应用软件，使计算机能够自动运行，发挥高效率的特性。计算机操作系统及系统软件开发人员工作在这一层。

4. 汇编语言层

汇编语言层用助记符(英文单词的缩写字母)代替机器指令的 0、1 数字串，从而给程序开发人员提供了一种符号语言，以减少程序编写的复杂性，提高软件的可读性和可维护性。这一层由汇编程序支持和执行。如果应用程序采用汇编语言编写，则机器必须要有这一层。用汇编语言开发软件，程序执行速度快，内存占用少，可以充分发挥计算机的硬件特性。低层应用软件开发人员工作于这一层。

5. 高级语言层

高级语言层是为方便软件开发人员编写应用程序而设置的层次。这一层由多种高级语言，如 C++、BASIC、Java、Pascal、Python 等的编译程序(compiler)或解释程序(interpreter)支持和执行。在该层进行软件开发效率高，程序可读性好。高层应用软件开发人员工作在这一层。

计算机系统各层次之间的关系十分紧密，上层是下层的功能扩展，下层是上层的功能基础。除第 1 层外，其他各层都得到下一层的功能支持。第 1～3 层编写程序采用的语言基本是二进制形式的数字化语言，机器执行和解释容易，但用户难以理解和记忆。第 4、5 两层编写程序所采用的语言是符号语言，用英文字母和符号来表示程序，有助于大多数不了解硬件特性的用户使用计算机。这些语言虽然方便人们开发软件，但必须先经过编译程序翻译为计算机所能识别的二进制数字化语言(即机器语言)，才能被计算机所识别和执行。

计算机是一个由硬件和软件结合而成的整体，但在计算机中并没有一条明确的软硬件分界线。因为任何操作可以由软件来实现，也可以由硬件来实现；任何指令的执行可以由硬件来完成，也可以由软件来完成，这就是计算机软件和硬件的等价性。随着大规模集成电路技术的发展和软件"硬化"的趋势，计算机系统软硬件的界限已经变得越来越模糊，并且软硬件的分界线逐步向高层移动。

某个功能是采用硬件方案还是软件方案实现，取决于器件价格、速度、可靠性、存储容量、系统开发周期等多种因素。当研制一台新计算机的时候，设计者必须明确分配每一层的任务，确定哪些功能是用硬件实现，哪些功能是用软件实现，但无论如何分配，硬件层始终位于软件层下面。

1.5 计算思维

人类通过思考自身的计算方式，研究是否能由外部机器模拟、代替实现计算的过程，从而诞生了计算工具，并且在不断的科技进步和发展中发明了现代电子计算机。在此思想的指引下产生了人工智能，用外部机器模仿和实现我们人类的智能活动。随着计算机的日益“强大”，它在很多应用领域中所表现出的智能也日益突出，成为人脑的延伸。与此同时，人类所制造出的计算机在不断强大和普及的过程中，反过来对人类的学习、工作和生活都产生了深远的影响，同时也大大增强了人类的思维能力和认识能力。早在1972年，图灵奖得主迪杰斯特拉(Dijkstra)就曾说：“我们所使用的工具影响着我们的思维方式和思维习惯，从而也深刻地影响着我们的思维能力。”计算思维(computational thinking)就是相关学者在审视计算机科学所蕴含的思想和方法时被挖掘出来的。

1.5.1 计算思维的定义

数学、物理是每个现代人都熟悉的学科。数学以推理和演绎为特征，学习数学主要是培养人们的理论思维或逻辑思维。物理以观察和总结自然规律为特征，学习物理学科主要是培养人们的实验思维或实证思维。理论思维和实验思维深深地影响着人们的生活和解决问题的方式。例如，人们准备出门旅行时，首先要计划出门时间的长短，然后要规划旅行的线路和选用的交通工具，再计算大概需要携带的现金数量等。这里面包含了大量的数学计算、权衡与优化。又如，人们购物时，自然会根据冰箱的大小来决定是否购买需要低温保存的鲜肉、鲜奶等食物。

计算机的出现也影响着人们的生活和解决问题的思维方式。例如，人们要撰写文章、查找资料、汇总数据时，自然会想到应该使用计算机。但是，这还远远不够，只有当人们了解计算机能够做什么和不能够做什么时，才会在遇到需要解决的问题时，有更多的选择。即使是很复杂的问题，也可以通过分解这些问题，并借助计算机来完成任务。如果人们具有了这种能力，则可以说具有了“计算思维”能力。

计算思维的概念是由美国卡内基-梅隆大学计算机科学系主任周以真(Jeannette M. Wing)教授在美国计算机权威期刊 *Communications of the ACM* 上给出的。计算思维指运用计算机科学的基础概念进行问题求解、系统设计以及人类行为理解等涵盖计算机科学之广度的一系列思维活动。计算思维建立在计算过程的能力和限制之上，由人或机器执行。计算思维的本质是抽象和自动化。所谓抽象就是要求能够对问题进行抽象表示和形式化表达，所设计的问题求解过程精确、可行，并用软件作为方法和手段对求解过程予以“精确”地实现，即抽象的最终结果是能够机械式地一步一步自动执行。

就像人们通过学习数学来培养理论思维或逻辑思维能力，通过学习物理来培养实验思维或实证思维能力一样，人们通过对计算机学科的学习来理解计算机处理问题的能力也应该成为一种常识，即成为一种自觉、自然的思维方式，这样就可以使计算机为人类社会的发展发挥更大的作用。

1.5.2 计算思维的特点

周以真教授在论文中指出计算思维具有以下特质。

1. 计算思维是概念化的，不是程序化的

计算机科学涵盖计算机编程，但是远不止计算机编程。人们具有计算思维能力，即具备计算机科学家的思维，不仅能为解决某个问题编写计算机程序，还能够在抽象的多个层次上思考问题。

2. 计算思维是基本的思维方式,不是机械式的思维方式

基本的思维方式指每个人为了能在现代社会中发挥作用所必须具备的思维方式。机械式的思维方式即像机械一样的重复思维方式。计算思维不是一种简单地、机械式的、重复的思维方式。

3. 计算思维是人的思维方式,不是机器的思维方式

计算思维指人类求解问题的途径,但绝非要使人类像计算机那样思考。计算机是机器,枯燥且沉闷,人类聪颖且富有想象力。人类为计算机设计各种软件,才能发挥计算机的作用,否则只有计算机硬件,那就是废铁一堆。是人类赋予了计算机"生命"。人类借助计算机等计算设备,可以用智慧去解决那些在计算时代之前不敢尝试的问题。

4. 计算思维是思想,不是人造品

软硬件等人造品是计算思维的呈现。除此之外,人们还可以基于计算思维来求解问题、管理日常生活、与他人交流和沟通。

5. 计算思维是数学和工程融合的思维方式

像所有科学一样,计算机科学的形式化基础也是建立于数学之上的,所以其具有数学思维的特质。但是,计算机是人们制造的能够与现实世界互动的系统,所以也具有工程思维的特质。计算机系统中基本计算设备的限制迫使计算机科学家必须融合数学思维和工程思维来使计算机工作,从而形成了计算思维。

6. 计算思维面向所有人、所有领域

计算思维不只是面向计算机科学家的思维,而是面向所有人的思维。计算思维不只是计算机专业领域的人应具有的思维,而是所有专业领域的人都应具备的思维。

1.5.3 计算思维的应用案例

汉诺塔(tower of Hanoi)问题。印度有一个古老的传说:在印度北部的圣庙里,一块黄铜板上插着三根宝石针,分别用 A、B、C 表示,如图 1.23 所示。印度教的主神梵天在创造世界的时候,在其中一根针上从上到下穿好了由小到大的 64 个金片,这就是所谓的汉诺塔。不论白天黑夜,总有一个僧侣在按照下面的法则移动这些金片:一次只能移动一片,始终保持小片在大片的上面,最终要将所有的金片移到另外一根针上。僧侣们预言,当所有的金片都从梵天穿好的那根针上移到另外一根针上时,世界就将在一声霹雳中消灭,汉诺塔、庙宇和众生也都将同归于尽。

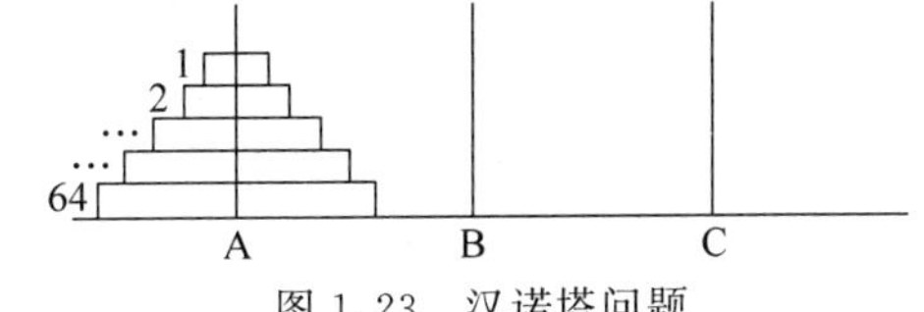

图 1.23 汉诺塔问题

解决该问题,可以这样分析,设 $f(x)$ 表示 x 个金片需移动的次数,则有:

$f(1)=1=2^1-1$ 只有一个金片时移动的次数为一次,即直接从 A 针移到 C 针。

$f(2)=2f(1)+1=3=2^2-1$ 只有两个金片时移动的次数为三次,即将第一个金片从 A 针移到 B 针,然后将第二个金片从 A 针移到 C 针,再将 B 针上的金片移到 C 针。

$f(3)=2f(2)+1=7=2^3-1$ 只有三个金片时移动的次数为七次:先将最上面两个金片从 A 针移动到 B 针的次数为 $f(2)$,即三次;再将第三个金片从 A 针移动到 C 针的次数为一次;最后将 B 针上的两个金片移动到 C 针的次数为 $f(2)$,即三次。

…

$f(k+1)=2f(k)+1=2^{k+1}-1$

…

$f(n)=2^n-1$

当 $n=64$ 时，$f(64)=18\,446\,744\,073\,709\,551\,615$。按移动一次花费一秒计算，平年 365 天有 31 536 000 秒，闰年 366 天有 31 622 400 秒，平均每年为 31 556 952 秒，则需要约 5845 亿年才能完成移动。而地球存在至今不过 45 亿年，太阳系的预期寿命据说也就是数百亿年。过 5800 多亿年后，不说太阳系和银河系，至少地球上的一切生命，连同汉诺塔和庙宇等，都早已经灰飞烟灭了。所以这样的问题在现实中几乎是无法实现的，但我们可以借用计算机的超高速在计算机中模拟实现。由此可见，借助现代计算机超强的计算能力，有效地利用计算思维，就能解决之前令人类望而却步的很多大规模计算问题。

本章小结

第一台计算机是 1946 年诞生的，其名称为 ENIAC。

第一台具有“存储程序”思想的计算机是由冯・诺依曼提出的，其名称为 EDVAC。

计算机的发展经历了电子管、晶体管、集成电路和大规模的集成电路四代变迁。

大规模的集成电路促成了微处理器和微型计算机的诞生。微处理器由控制器、运算器和一些寄存器组成。

第一台个人计算机是由 IBM 在 1981 年推出的。

未来计算机可能朝着量子计算机、光子计算机和生物计算机等方向发展。

计算机的种类很多，按市场主要产品来分，有超级计算机、微型计算机、嵌入式系统等。

微型计算机按产品范围和特点可以划分为台式计算机、一体机、笔记本电脑、平板电脑、掌上电脑、PC 服务器等类型。

计算机的应用领域十分广泛，如科学计算、过程控制、信息管理、计算机辅助技术、人工智能、网络应用等。

计算机系统由硬件系统和软件系统两部分组成。

现代计算机系统分为微程序层、机器语言层、操作系统层、汇编语言层、高级语言层 5 个层次。

人们应该像培养数学思维、物理思维那样去认识和培养计算思维，运用计算机科学的基础概念、基本知识进行问题求解和系统设计。计算思维的本质是对问题进行抽象表示，并通过形式化表达使问题的求解达到精确、可行的目标。

本章人物

艾伦・麦席森・图灵（Alan Mathison Turing，1912 年 6 月 23 日—1954 年 6 月 7 日），英国数学家、逻辑学家，被称为计算机科学之父和人工智能之父。1931 年，图灵进入剑桥大学国王学院，毕业后到美国普林斯顿大学攻读博士学位。第二次世界大战爆发后图灵回到剑桥大学，后曾协助军方破译德国的著名密码系统 Enigma，帮助盟军取得了“二战”的胜利。

图灵对于人工智能的发展有诸多贡献,提出了一种用于判定机器是否具有智能的试验方法,即“图灵测试”。此外,图灵提出的著名的图灵机模型为现代计算机的逻辑工作方式奠定了基础。

艾伦·麦席森·图灵

图灵在科学,特别在数理逻辑和计算机科学方面取得的一些研究成果,构成了现代计算机技术的基础。

为纪念他对计算机科学的巨大贡献,美国计算机协会(Association of Computing Machinery,ACM)于1966年设立了图灵奖,一般每年仅授予一名计算机科学家,旨在奖励对计算机事业做出的突出贡献。图灵奖被誉为“计算机界的诺贝尔奖”。

习 题 1

1.1 选择题

1. 美国宾夕法尼亚大学1946年研制成功的一台大型通用数字电子计算机的名称是( )。

   A. Pentium　　B. IBM PC　　C. ENIAC　　D. Apple

2. 1981年,IBM推出了第一台( )位个人计算机IBM PC 5150。

   A. 8　　B. 16　　C. 32　　D. 64

3. 中国大陆1985年自行研制成功了第一台PC兼容机,即( )0520微机。

   A. 联想　　B. 方正　　C. 长城　　D. 银河

4. 摩尔定律的主要内容是微型芯片上集成的晶体管数目每( )个月翻一番。

   A. 6　　B. 12　　C. 18　　D. 36

5. 第四代计算机采用大规模和超大规模( )作为主要电子元件。

   A. 电子管　　B. 晶体管　　C. 集成电路　　D. 微处理器

6. 计算机中最重要的核心部件是( )。

   A. DRAM　　B. CPU　　C. CRT　　D. ROM

7. 将微机或某个微机核心部件安装在某个专用设备之内,这样的系统称为( )。

   A. 大型计算机　　B. 服务器　　C. 嵌入式系统　　D. 网络

8. 从市场产品来看,计算机大致可以分为大型计算机、( )和嵌入式系统三类。

   A. 工业PC　　B. 服务器　　C. 微型计算机　　D. 笔记本

9. 大型集群计算机技术是利用许多台单独的( )组成的一个计算机系统,该系统能够像一台机器那样工作。

   A. CPU　　B. 计算机　　C. ROM　　D. CRT

10. 计算思维的本质是对求解问题的抽象和实现问题处理的( )。

    A. 高速度　　B. 高精度　　C. 自动化　　D. 可视化

1.2 填空题

1. 计算机的发展经历了________、________、________和________四代变迁。
2. 未来的计算机可能朝着________、________、________等方向发展。
3. 计算机系统是由________、________两部分组成的。

4. 从目前市场主要产品来看，微机包括________、________、________、________、________和 PC 服务器等几种。

5. 微处理器由________、________和________组成。

6. 运用计算机科学的基础概念和知识进行问题求解、系统设计以及人类行为理解等一系列思维活动称为________。

1.3 简答题

1. 什么是摩尔定律？你认为摩尔定律会失效吗？为什么？

2. 什么是硬件？计算机主要由哪些硬件部件组成？

3. 请描述计算机硬件、软件和用户的关系。

4. 什么是计算思维？有什么特点？

第2章　数据的表示与运算

要使用计算机进行计算，首先要解决数据在计算机中的表示问题。本章主要介绍进位记数制、计算机中数值数据的表示、计算机中非数值数据的编码、数据校验码以及数据之间的运算。

2.1　进位记数制

进位记数制是一种数值大小表示方法。计算机行业中常用的进位记数制有十进制、二进制、八进制和十六进制。在日常生活中，人们最常用的是十进制，输入给计算机的原始数据通常以十进制格式输入，计算机的运算结果通常也转换成十进制在屏幕上显示输出。但各种数据在计算机内部都采用二进制格式进行存储和运算。做底层数据分析时可以用八进制和十六进制对计算机内部的二进制数据进行表示和分析，因为它们与二进制之间有一种简单的对应关系。在其他行业也用到三进制、七进制、六十进制等进位记数制。

在 R 进位记数制系统中，R 通常称为该记数制的基数。该记数制的进位规则为“逢 R 进 1”，任何一个数字都可以用 0，1，…，$R-1$ 共 R 个数元和最多一个小数点的排列组合来表示。小数点左边每个数字位的权重依次为 R^0、R^1、R^2 等，右边每个数字位的权重依次为 R^{-1}，R^{-2}，R^{-3} 等。同一个数元在不同数字位上由于权重不同，表示的数值大小也不同。

例如，R 进位记数制中某个数 a 若表示为$(a_ia_{i-1}\cdots a_1a_0)_R$，则每个数位 $a_k(0\leqslant k\leqslant i)$ 必须为 0 到 $R-1$ 之间的 R 个基本数元之一方为合法的 R 进制表示。在该表示法中，括号外右下角的 R 表示这是一个 R 进制数。

根据每个数位的权重可以算出该数据的真值为

$$a=(a_ia_{i-1}\cdots a_1a_0)_R=a_i\times R^i+a_{i-1}\times R^{i-1}+\cdots+a_1\times R^1+a_0\times R^0$$
$$=\sum_{k=0}^{i}a_k\times R^k \tag{2.1}$$

式(2.1)也称为基数权重展开式，它是求一个 R 进制数真值的常用方法。

下面具体介绍计算机系统中经常用到的十进制、二进制、八进制和十六进制 4 种进位记数制。

2.1.1 十进制

十进制是人们最熟悉的进位记数制，该记数制的基数为 10，其进位规则是“逢 10 进 1”，共有 0,1,2,3,4,5,6,7,8,9 十个数元。任何一个合法的十进制数都由这 10 个数元和最多一个小数点的排列组合来表示，其中小数点左边每个数据位的权重依次为 10^0，10^1，10^2 等，右边每个数据位的权重依次为 10^{-1}，10^{-2}，10^{-3} 等。由于每个数位的权重不同，因此 $(123)_{10}$ 和 $(321)_{10}$ 是两个大小不同的十进制数。

对于一个十进制数，可以根据公式(2.1)求其真值。

【例 2.1】 把十进制数$(953.78)_{10}$表示为基数权重展开式。

$$(953.78)_{10}=9\times10^2+5\times10^1+3\times10^0+7\times10^{-1}+8\times10^{-2}$$

通常在一个数字的右下角标注一个 10 或 D 表示这是一个十进制数。

2.1.2 二进制

虽然我们在日常生活中经常使用十进制，但十进制的运算规则太多，不利于计算机硬件实现，因此计算机内部不采用十进制进行数据的运算和存储。

计算机内部数据的运算和存储通常采用二进制。二进制的基数为 2，其进位规则是“逢 2 进 1”，共有 0 和 1 两个数元。任何一个合法的二进制数都是由这两个数元和最多一个小数点的排列组合来表示的，其中小数点左边每个数据位的权重依次为 2^0，2^1，2^2 等，右边每个数据位的权重依次为 2^{-1}，2^{-2}，2^{-3} 等。

电子计算机是一个十分复杂的数字系统，其基本构成单位为晶体管。晶体管通常工作在导通或者截止状态，可以用这两种状态分别表示 0 和 1，正好表示二进制的两个数元。此外，还可以用一系列晶体管状态来表示更大的数据。计算机内部采用二进制可以大大简化运算器的复杂度。

对于一个二进制数，可以根据公式(2.1)求其真值。

【例 2.2】 求二进制数 110.01 对应的真值。

$$(110.01)_2=1\times2^2+1\times2^1+0\times2^0+0\times2^{-1}+1\times2^{-2}=(6.25)_{10}$$

也就是说二进制数$(110.01)_2$等于十进制数 6.25。

通常，在一个数字的右下角标注一个 2 或 B 表示其为二进制数。

2.1.3 八制进和十六进制

虽然二进制数有利于计算机内部的运算和存储，但任何一个二进制数都是由一系列的 0 和 1 组成的，书写冗长，很难记忆，表示法也不直观。为了使人们能方便地阅读、书写二进制数，引入了八进制和十六进制数。它们和二进制数之间有一个简单的对应规则，很容易实现相互转换。

八进制的基数为 8，其进位规则是“逢 8 进 1”，有 0,1,2,3,4,5,6,7 共 8 个数元，任何一个合法的八进制数都是由这 8 个数元和最多一个小数点的排列组合来表示的。八进制数每个数位的权重为 8^i。书写八进制数时在右下角用 8 或 O 来标识。

同理，十六进制的基数为 16，其进位规则是“逢 16 进 1”，有 0,1,2,3,4,5,6,7,8,9,A,B,C,D,E,F 共 16 个数元，任何一个合法的十六进制数都是由这 16 个数元和最多一个小数

点的排列组合来表示的。十六进制数每个数位的权重为 16^i。书写十六进制数时在右下角用 16 或 H 来标识。

十六进制的 A,B,C,D,E,F 六个数元分别代表十进制数的 10,11,12,13,14,15。书写十六进制数时既可以采用大写字母,也可以采用小写字母,其含义一样。

八进制数或十六进制数也可以根据式(2.1)求其对应真值。

表 2.1 总结了四种进制的基本信息,表 2.2 给出了四种进制数的对照关系。

表 2.1 计算机常用进位记数制

进位记数制	十 进 制	二 进 制	八 进 制	十 六 进 制
数元	0,1,2,…,9	0,1	0,1,2,…,7	0,1,…,9,A,B,C,D,E,F
基数	10	2	8	16
权重	10^i	2^i	8^i	16^i
右下角标识	10 或 D 或不写	2 或 B	8 或 O	16 或 H
例子	$(123)_{10}$	$(110)_2$	$(177)_8$	$(1AF)_{16}$

表 2.2 进位记数制对照关系表

十 进 制	二 进 制	八 进 制	十 六 进 制
0	0000	0	0
1	0001	1	1
2	0010	2	2
3	0011	3	3
4	0100	4	4
5	0101	5	5
6	0110	6	6
7	0111	7	7
8	1000	10	8
9	1001	11	9
10	1010	12	A
11	1011	13	B
12	1100	14	C
13	1101	15	D
14	1110	16	E
15	1111	17	F

2.1.4 数制之间的相互转换

若需要将一个 R 进制(例如二进制、八进制、十六进制)的数转换为十进制,只需要按照式(2.1)进行基数权重展开,再相乘相加即可得到转换结果。

【例 2.3】 将二进制数 11011 转换为十进制。

$$(11011)_2 = 1 \times 2^4 + 1 \times 2^3 + 0 \times 2^2 + 1 \times 2^1 + 1 \times 2^0 = (27)_{10}$$

所以 $(11011)_2 = (27)_{10}$。

【例 2.4】 将八进制数 177 转换为十进制。

$$(177)_8 = 1 \times 8^2 + 7 \times 8^1 + 7 \times 8^0 = (127)_{10}$$

所以$(177)_8=(127)_{10}$。

【例 2.5】 将十六进制数 1AF 转换为十进制。

$$(1AF)_{16}=1\times16^2+10\times16^1+15\times16^0=(431)_{10}$$

所以$(1AF)_{16}=(431)_{10}$。

若要将一个十进制数转换为 R 进制数，需要对这个十进制数的整数部分和小数部分别转换，再将转换结果拼接起来，得到最终结果。对于整数部分，常用的方法是除 R 取余法。每次除法所得余数为 $0\sim R-1$，最先得到的余数是转换结果整数部分的最低位，最后得到的余数是转换结果整数部分的最高位，直到被除数为 0 为止，即可得到整数部分的转换结果。对于小数部分，采用的方法是乘 R 取整法。每次乘法所得整数部分为 $0\sim R-1$，最先得到的整数是转换结果小数部分的最高位，接着用剩下的小数部分继续乘 R 取整，直到小数部分为 0 或达到转换精度为止。

【例 2.6】 将十进制数 82 转换为二进制。

82/2=41，余 0（最低位）	产生	0
41/2=20，余 1		10
20/2=10，余 0		010
10/2=5， 余 0		0010
5/2=2， 余 1		10010
2/2=1， 余 0		010010
1/2=0， 余 1（最高位）		1010010

所以$(82)_{10}=(1010010)_2$。

【例 2.7】 将十进制数 123 转换为八进制。

123/8=15，余 3（最低位）	产生	3
15/8=1， 余 7		73
1/8=0， 余 1（最高位）		173

所以$(123)_{10}=(173)_8$。

【例 2.8】 将十进制数 300 转换为十六进制。

300/16=18，余 12（最低位）	产生	C
18/16=1， 余 2		2C
1/16=0， 余 1（最高位）		12C

所以$(300)_{10}=(12C)_{16}$。

【例 2.9】 将十进制数 13.625 转换为二进制。

整数部分 13 用除 2 取余法转换的结果是 1101，小数部分 0.625 用乘 2 取整法转换。

0.625×2=1.25	整数为：1（小数部分最高位）	小数为：0.25
0.25×2=0.50	整数为：0	小数为：0.50
0.50×2=1.00	整数为：1（小数部分最低位）	小数为：0.00

所以$(0.625)_{10}=(0.101)_2$，$(13.625)_{10}=(1101.101)_2$。

注意：*并不是所有十进制小数都能完全转换为精确的 R 进制小数，在乘 R 取整过程中小数部分可能永远得不到 0，这时就只能算到一定精度的位数为止。因此十进制小数在计算机中存储时通常会产生一些截断误差。*

由于二进制与八进制、十六进制之间有一种简单的对应关系，因此若需要将一个二进制数转换为八进制数，只需要将该二进制数以小数点为界，小数点左边每3位分1段，若左边数据位数不是3的整数倍则最左边补0；小数点右边每3位分1段，若右边数据位数不是3的整数倍则最右边补0。然后每3个二进制位按照表2.3所示的对应关系可转换为1个八进制位，即可得到转换结果。

表2.3　二进制-八进制对应表

二进制	000	001	010	011	100	101	110	111
八进制	0	1	2	3	4	5	6	7

若需要将一个二进制数转换为十六进制数，只需要将该二进制数以小数点为界，小数点左边每4位分1段，若左边数据位数不是4的整数倍则最左边补0；小数点右边每4位分1段，若右边数据位数不是4的整数倍则最右边补0。然后每4个二进制位按照表2.2的对应关系可转换为1个十六进制数，即可得到转换结果。

【例2.10】 将二进制数$(1101110.001)_2$转换为八进制和十六进制。

$$(1101110.001)_2=(\underset{1}{\underline{001}}\ \underset{5}{\underline{101}}\ \underset{6}{\underline{110}}.\ \underset{1}{\underline{001}})_2=(156.1)_8$$

$$(1101110.001)_2=(\underset{6}{\underline{0110}}\ \underset{E}{\underline{1110}}.\ \underset{2}{\underline{0010}})_2=(6E.2)_{16}$$

所以$(1101110.001)_2=(156.1)_8=(6E.2)_{16}$

若要将八进制数和十六进制数转换为二进制数，可以按照上述过程的逆过程来实现，即每个八进制数位转换为3个二进制数位，每个十六进制数位转换为4个二进制数位，最后去掉最左边的前导0和最右边的后继0即得到转换结果。

【例2.11】 将$(175.2)_8$和$(6AB.4)_{16}$转换为二进制。

$$(175.2)_8=(\underline{001}\ \underline{111}\ \underline{101}.\underline{010})_2=(111101.01)_2$$

$$(6AB.4)_{16}=(\underline{0110}\ \underline{1010}\ \underline{1011}.\ \underline{0100})_2=(11010101011.01)_2$$

所以，$(175.2)_8=(111101.01)_2$，$(6AB.4)_{16}=(11010101011.01)_2$。

2.2　计算机中数值数据的表示

计算机经常用于存储和处理银行存款、员工工资、学生成绩等信息。这些信息有大、小、正、负之分，并且需要进行加、减、乘、除等运算，称之为数值型数据。数值型数据在计算机中都以一串一定长度的0和1组成的二进制数串来表示、存储和运算。当计算机需要存储一个数值型数据时，除了要将其转换为二进制形式外，还需要额外的二进制信息来表示这个数的正负以及小数点所在位置。通常将存储的二进制数串称为数值型数据的机器数，而将该二进制数串对应的数值型数据的大小称为真值。

2.2.1　整数的机器数表示

对于整数，计算机常用的机器数格式有原码、反码、补码和移码4种，下面具体介绍。

1. 整数的原码表示

一个整数的原码表示格式规定如下：整数的原码格式由符号位和数值位两部分构成，符号位占一位，表示该数据的正负；剩余位为数值位，表示数据绝对值的大小。通常机器数中最高位(最左位)为符号位，0 表示正数，1 表示负数，机器数中的数值位用该整数的绝对值的二进制格式填充。通常用$[X]_{原}$表示 X 的原码。

例如，若机器数长度为 8 位，则下列数据的原码表示分别为：

$[+0]_{原}=00000000$，$[1]_{原}=00000001$，$[2]_{原}=00000010$，…，$[127]_{原}=01111111$，
$[-0]_{原}=10000000$，$[-1]_{原}=10000001$，$[-2]_{原}=10000010$，…，$[-127]_{原}=11111111$

根据原码表示规则，整数 0 当作正数时有一种表示格式，当作负数时又有一种表示格式，因此其表示法不唯一。

原码表示法规则简单易懂，机器数和真值之间容易转换。两个数若全部采用原码表示，则这两个数的乘除运算比较容易用硬件实现，但原码数的加减运算比较难用硬件实现。另外原码中 0 表示不唯一，增加了运算规则的复杂性，因此原码表示法通常在浮点数运算器中使用。

若机器数原码的二进制数串长度为 n 位，则该机器数可以表示的数据真值范围为 $-2^{n-1}+1\leqslant N\leqslant 2^{n-1}-1$。如机器数长度为 8 位，则原码可以表示的真值范围是 $-127\sim127$，超出该数据范围的整数就无法用 8 位长度的原码来表示。

2. 整数的反码表示

一个整数的反码表示格式规定如下：整数的反码格式由符号位和数值位两部分构成，符号位占一位，剩余位为数值位。通常最高位(最左位)为符号位，0 表示正数，1 表示负数。正数机器数中的数值位用该整数的绝对值的二进制格式填充；而负数机器数中的数值位用该整数的绝对值的二进制格式每位取反后的结果填充，即 0 变 1，1 变 0。简单来说，正整数的反码表示与其原码表示相同，负整数的反码表示由其原码表示中所有数值位取反得到。通常用$[X]_{反}$表示 X 的反码。

例如若机器数长度为 8 位，则下列数据的反码表示分别为：

$[+0]_{反}=00000000$，$[1]_{反}=00000001$，$[2]_{反}=00000010$，…，$[127]_{反}=01111111$，
$[-0]_{反}=11111111$，$[-1]_{反}=11111110$，$[-2]_{反}=11111101$，…，
$[-127]_{反}=10000000$，

由上例可知整数 0 的反码表示法也不唯一。

若机器数长度为 n 位，则采用反码表示法时，该机器数可以表示的数据真值范围也为 $-2^{n-1}+1\leqslant N\leqslant 2^{n-1}-1$。当数据采用反码表示时，其加减乘除运算都很难用硬件来实现，因此计算机中数值数据在存储和运算时很少用反码表示，但可以根据一个数的反码来求取其补码，而补码在计算机中大量采用。

3. 整数的补码表示

一个机器数的补码格式由最左边一个符号位和剩余的数值位组成，符号位为 0 表示正数，为 1 表示负数。正数补码的数值位和其原码数值位相同。负数补码的数值位可由其反码数值位末位加 1 得到；或者将其原码数值位每位取反，再在末位加 1 得到。通常用$[X]_{补}$表示 X 的补码。

例如，若机器数长度为 8 位，则下列数据的补码表示分别为：

$[+0]_补=00000000$，$[1]_补=00000001$，$[2]_补=00000010$，…，$[127]_补=01111111$，

$[-0]_补=00000000$，$[-1]_补=11111111$，$[-2]_补=11111110$，…，

$[-127]_补=10000001$，$[-128]_补=10000000$

当采用补码时，无论把0当作正数还是负数其表示法相同，即都是00…0，因此0在补码中有唯一表示格式。若机器数长度为 n 位，则采用补码表示法时，该机器数可以表示的数据真值范围为 $-2^{n-1}\leqslant N\leqslant 2^{n-1}-1$，也就是说负数可以比正数多表示一个，例如8位长度的机器数补码表示范围为-128～$+127$。当两个数都采用补码表示时，这两个数的减法运算可以转换为加法来实现(见2.3.1节)。由于补码有上述特点，因此计算机中大量采用补码来存储整数和进行整数运算。这样大大简化了计算机运算器的硬件实现。

4. 整数的移码表示

整数的移码可以由其补码变换得到。无论正数还是负数，其移码都是将其补码表示中的符号位取反得到。在移码表示中，符号位为0表示是负数，为1表示是正数。通常用$[X]_移$表示 X 的移码。

例如，若机器长度为8位，则下列数据的移码表示分别为：

$[+0]_移=10000000$，$[1]_移=10000001$，$[2]_移=10000010$，…，$[127]_移=11111111$，

$[-0]_移=10000000$，$[-1]_移=01111111$，$[-2]_移=01111110$，…，

$[-127]_移=00000001$，$[-128]_移=00000000$

在移码表示法中，0也有唯一表示格式。当机器数长度为 n 位时，移码表示的数据真值范围也为 $-2^{n-1}\leqslant N\leqslant 2^{n-1}-1$，负数可以比正数多表示一个。将两个数值数据的移码机器数当作无符号二进制数相比较时，可以直接判断其真值的大小，这样可以简化浮点数运算时指数部分的对阶运算。因此在浮点运算器中，指数部分通常采用移码表示。

8位机器数的原码、反码、补码、移码表示如表2.4所示。

表2.4　8位机器数的原码、反码、补码、移码对照表

真　值	原码表示	反码表示	补码表示	移码表示
127	01111111	01111111	01111111	11111111
126	01111110	01111110	01111110	11111110
1	00000001	00000001	00000001	10000001
+0	00000000	00000000	00000000	10000000
−0	10000000	11111111	00000000	10000000
−1	10000001	11111110	11111111	01111111
−127	11111111	10000000	10000001	00000001
−128	无法表示	无法表示	10000000	00000000

2.2.2　含小数信息的机器数表示

含有小数信息的数值数据有两种表示方法：定点小数表示法和浮点数表示法。

1. 定点小数表示法

定点小数表示法只能表示纯小数(即整数部分为0)，具体又分为定点小数原码表示、定点小数反码表示、定点小数补码表示和定点小数移码表示4种形式。这4种定点小数表示法和2.2.1节介绍的整数原码、反码、补码、移码表示法类似，用最左边一个位表示该定点小

数的正负，称为符号位；剩余位表示该小数的大小，称为数值位。符号位和数值位与前述4种格式的规定相类似。例如对于二进制小数＋0.101和－0.101，设机器数长度为8位，则4种定点机器数表示如下：

$[+0.101]_2=[+0.1010000]_2$， $[-0.101]_2=[-0.1010000]_2$

$[+0.101]_原=01010000$， $[+0.101]_反=01010000$， $[+0.101]_补=01010000$，

$[+0.101]_移=11010000$

$[-0.101]_原=11010000$， $[-0.101]_反=10101111$， $[-0.101]_补=10110000$，

$[-0.101]_移=00110000$

注意：定点小数机器数表示法中最左一位表示符号位，后边都是数值位。定点小数真值中的小数点以及小数点左边的0在其机器数中并不需要存储。

2. 浮点数表示法

计算机中既要能够存储和处理整数，也要能够存储和处理浮点数。所谓浮点数，即机器数表示法中小数点位置不固定的数，通常既有整数部分又有小数部分的数值数据都用浮点数格式表示。

任何一个二进制数 N 都可以表示为下列指数形式

$$N=2^E\times S$$

其中：E 是一个二进制纯整数，称为 N 的阶码，也称为指数；S 是一个二进制纯小数，称为 N 的尾数；2称为 N 的基数。E 和 S 都可正、可负。

计算机中一个浮点数的表示格式由两部分构成：指数部分 E 和尾数部分 S，如图2.1所示。指数部分又包括阶符 E_f 和阶码 E_e 两部分，可以采用整数补码或整数移码表示，通常用移码表示。阶符 E_f 表示指数是正数还是负数，阶码 E_e 表示指数的大小或者小数点的位置。尾数部分也包括尾符 S_f 和尾数 S_e 两部分信息，可以采用定点小数补码或原码表示，通常用原码表示。尾符 S_f 表示整个浮点数是正数还是负数，尾数 S_e 表示尾数部分有效数据的信息。计算机真正存储浮点数时通常将尾符 S_f 放置到最左边，根据这一位可方便判断整个浮点数的正负。

阶符E_f（1位）	阶码E_e	尾符S_f（1位）	尾数S_e
指数部分E		尾数部分S	

图2.1 浮点数在计算机中的表示格式

在浮点数表示中，阶符 E_f 和尾符 S_f 各占1位，而阶码 E_e 和尾数 S_e 需占用多位。当浮点机器数总位数固定不变(通常为32位或者64位)时，阶码 E_e 占用的位数越多，则能表示的浮点数范围越广；尾数占用的位数越多，则能表示的数据精度越高。在设计一款计算机时应合理分配阶码和尾数所占的位数。为了方便软件移植，计算机行业浮点数表示格式应该要有统一标准，IEEE 754标准是由国际电气和电子工程师协会(IEEE)制定的浮点数表示格式，有兴趣的读者可查阅相关文献。

对于一个具体的浮点数，其指数格式可以有多种表示。计算机中存储浮点数时，通常先转换为浮点数的规格化形式再存储。所谓浮点数的规格化，就是通过移动尾数并相应加减指数，使尾数 S 的最高数字位为1，即满足 $0.5\leqslant|S|<1$。在机器字长一定的情况下，规格化的浮点数精度最高。

例如，二进制数$(110.1)_2=2^{011}\times0.1101=2^{100}\times0.01101=2^{101}\times0.001101$，但只有$2^{011}\times0.1101$才是这个数字的规格化形式。

【例 2.12】 设浮点数总长度为 16 位，其中尾数为 8 位，阶码为 6 位，尾符和阶符各一位，尾数部分采用定点小数原码表示，指数部分采用整数补码表示，请写出$(-1100.001)_2$的规格化浮点数的表示形式。

由于$(-1100.001)_2=2^{100}\times(-0.1100001)$，所以该数的规格化浮点数表示形式如下。

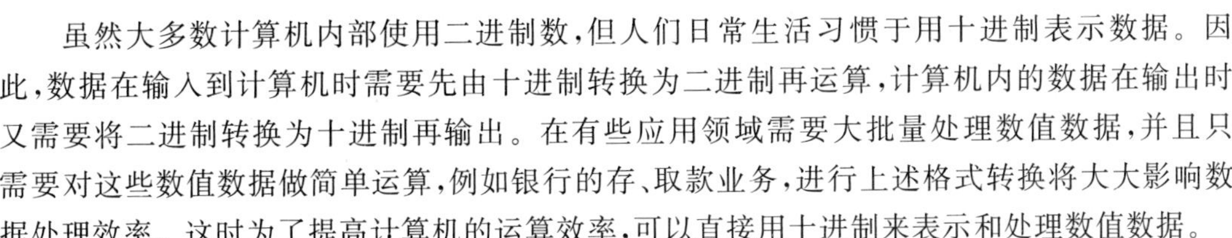

0	000100	1	11000010
阶符	阶码	尾符	尾数

2.2.3 BCD 格式表示法

虽然大多数计算机内部使用二进制数，但人们日常生活习惯于用十进制表示数据。因此，数据在输入到计算机时需要先由十进制转换为二进制再运算，计算机内的数据在输出时又需要将二进制转换为十进制再输出。在有些应用领域需要大批量处理数值数据，并且只需要对这些数值数据做简单运算，例如银行的存、取款业务，进行上述格式转换将大大影响数据处理效率。这时为了提高计算机的运算效率，可以直接用十进制来表示和处理数值数据。

当计算机采用十进制来表示和处理数值数据时，每个十进制数位还是用若干二进制数位来表示。在计算机行业，通常用 4 位二进制代码的不同组合来表示一个十进制数码，这种编码方法称为二-十进制编码，简称 BCD 码(binary coded decimal)。这种编码通常作为十进制转换成二进制的中间过渡形式，例如奔腾系列计算机也直接支持 BCD 数的存储和运算。

4 位二进制代码有 0000～1111 共 16 种排列组合，十进制数码只有 0～9 共 10 个数码，可以从 16 种二进制组合中任意选取 10 种编码组合来表示 0～9 这 10 个数码。采用不同的选取方法就可以编制出不同的 BCD 编码方案，对一种合法编码方案的唯一要求是每个十进制数码的二进制表示形式唯一。在将一个十进制数转换成 BCD 编码形式时，只需将每个十进制数字替换成对应的编码即可。表 2.5 给出了常用的 BCD 编码方案。例如，937 用余 3 码表示为 110001101010，用 8421 码表示为 100100110111。

表 2.5　常用 BCD 编码方案

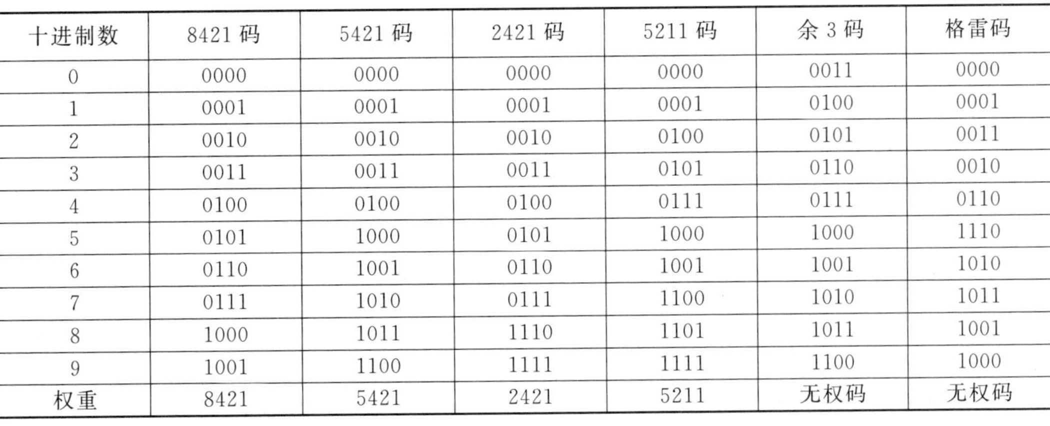

十进制数	8421 码	5421 码	2421 码	5211 码	余 3 码	格雷码
0	0000	0000	0000	0000	0011	0000
1	0001	0001	0001	0001	0100	0001
2	0010	0010	0010	0100	0101	0011
3	0011	0011	0011	0101	0110	0010
4	0100	0100	0100	0111	0111	0110
5	0101	1000	0101	1000	1000	1110
6	0110	1001	0110	1001	1001	1010
7	0111	1010	0111	1100	1010	1011
8	1000	1011	1110	1101	1011	1001
9	1001	1100	1111	1111	1100	1000
权重	8421	5421	2421	5211	无权码	无权码

BCD码可分为带权码和无权码。带权码的4个二进制位有各自权重。若4位权重分别是 w_3、w_2、w_1 和 w_0，则编码 $a_3a_2a_1a_0$ 表示的十进制数码 N 是

$$N = w_3a_3 + w_2a_2 + w_1a_1 + w_0a_0 \tag{2.2}$$

在表2.5中，8421码、5421码、2421码、5211码都是带权码，编码名字分别是对应位的权重。根据式(2.2)，1001在8421码中是9的编码，在5421码中是6的编码。余3码和格雷码是无权码。当使用无权BCD码时，不能通过简单公式计算出某个编码对应的十进制数，只能查表得出。余3码可以通过给8421码中每个编码加3(0011)获得。格雷码具有这样的特性：连续两个十进制数的格雷码中只有1位不同。这种编码的优点是：从一个编码变到下一个编码时只有1位的状态发生改变，这有利于保证代码变换的连续性，在模拟/数字转换等场合特别有用。

2.3 数据之间的运算

二进制的数值运算包括算术运算和逻辑运算。计算机CPU中的ALU(arithmetic logical unit，算术逻辑单元)主要用于执行算术运算和逻辑运算功能。

2.3.1 算术运算

算术运算包括加、减、乘、除、递增、递减和算术移位运算，本节介绍补码表示中的加、减和移位运算。

计算机中整数的存储以及加、减和移位运算大多采用补码来实现。补码运算把符号位和数值位一起进行处理，即把符号位当作普通数值位一起参与运算。

根据补码的定义，当丢弃运算过程中最高位产生的进位时，可以证明两个数和的补码等于这两个数补码的和，即

$$[X+Y]_{补} = [X]_{补} + [Y]_{补} \tag{2.3}$$

同样可以证明，当丢弃运算过程中最高位产生的进位时，两个数差的补码等于被减数补码加上减数取负号后的补码，即

$$[X-Y]_{补} = [X]_{补} + [-Y]_{补} = [X]_{补} + (\sim [Y]_{补}) \tag{2.4}$$

其中，$[-Y]_{补}$ 即 $\sim[Y]_{补}$。可以由以下运算得到：将 $[Y]_{补}$ 的符号位和数值位全部取反再在末位加1即可得到，这种运算称为求补运算。

从式(2.3)和式(2.4)可以看出，采用补码进行加减运算十分简单。通过对负数补码进行处理，允许符号位和数值位一起参与运算，可以把减法运算转换成加法运算。这样ALU只要能实现加法和求补运算(加法和求补运算很容易用硬件实现)，即可完成任意两个数的加减运算，并且运算过程中无须考虑这两个数值的正负号，也不用比较这两个数的绝对值(原码加减运算需要判断两数的正负号及绝对值大小才能采取相应的运算)，从而极大地简化了ALU的硬件设计。

【例2.13】 设机器数长度为8位，且 $X=10$，$Y=14$，用补码运算求 $X+Y$ 和 $X-Y$ 的结果。

根据补码规则可知 $[X]_{补}=00001010$，$[Y]_{补}=00001110$，$[-Y]_{补}=11110010$。

再根据式(2.3)和式(2.4)可得

$$[X+Y]_补=[X]_补+[Y]_补=00001010+00001110=00011000=[24]_补$$

所以 $X+Y=24$，补码运算结果正确。

$$[X-Y]_补=[X]_补+[-Y]_补=00001010+11110010=11111100=[-4]_补$$

所以 $X-Y=-4$，补码运算结果正确。

【例 2.14】 设机器数长度为 8 位，且 $X=-10$，$Y=-14$，用补码运算求 $X+Y$ 和 $X-Y$ 的结果。

根据补码规则可知 $[X]_补=11110110$，$[Y]_补=11110010$，$[-Y]_补=00001110$。

再根据式(2.3)和式(2.4)可得

$$\begin{aligned}[X+Y]_补&=[X]_补+[Y]_补=11110110+11110010\\&=111101000=11101000=[-24]_补\end{aligned}$$

运算过程中最高位的进位 1 将无条件丢弃。所以 $X+Y=-24$，补码运算结果正确。

$$[X-Y]_补=[X]_补+[-Y]_补=11110110+00001110=00000100=[4]_补$$

所以 $X-Y=4$，补码运算结果正确。

由例 2.13 和例 2.14 可知，当采用补码运算时，只需要把符号位和数值位按照普通二进制数的数值位进行加法运算，通常都能得到正确的结果，运算中不需要考虑两数的正、负号和大小；若运算中最高位有进位则无条件丢弃。

移位运算分为算术移位和逻辑移位，算术移位又分为算术左移和算术右移。计算机中的算术移位通常对数据的补码进行移位来实现。补码中最高位为符号位，0 表示正数，1 表示负数。

算术左移的规则是所有位向左移 1 位，最高位丢弃，最低位补 0。一个数算术左移 1 位相当于该数乘 2，左移 n 位相当于乘 2^n。

算术右移的规则是所有位向右移 1 位，最低位丢弃，最高位补符号位。一个数算术右移 1 位相当于该数整除 2，右移 n 位相当于整除 2^n。

表 2.6 给出了算术移位的示例。

表 2.6 8 位机器称的算术移位示例

移位操作	机器数(8 位补码)	真　值	效　果
+28	00011100	28	28 补码
+28 左移一位	00111000	56	28 乘 2
+28 左移两位	01110000	112	28 乘 4
+28 右移一位	00001110	14	28 整除 2
+28 右移两位	00000111	7	28 整除 4
−28	11100100	−28	−28 补码
−28 左移一位	11001000	−56	−28 乘 2
−28 左移两位	10010000	−112	−28 乘 4
−28 右移一位	11110010	−14	−28 整除 2
−28 右移两位	11111001	−7	−28 整除 4

2.3.2 运算溢出及判断

按照式(2.3)和式(2.4)对两个补码数进行加、减运算和算术移位并不是所有情况下结

果都正确，当发生溢出时结果不正确。2.2.1 节讲到，当机器数长度为 n 位时，补码能够表示的数据范围是 $-2^{n-1}\leqslant N\leqslant 2^{n-1}-1$，超出这个范围的数在 n 位长度中是无法用补码表示的。当进行算术加、减或移位运算时，若运算结果超出字长所能表示的数据范围，则称该运算发生了溢出，结果错误。计算机内部有相关硬件一直在进行溢出检测，一旦发现溢出则立即进行异常处理。

可以按照下述方法判断是否发生溢出。在加法运算中，若两个正数相加得到一个负数，或者两个负数相加得到一个正数，则说明发生了溢出。一正一负两数相加永远不会溢出。在算术左移中，若一个负数移位后变为一个正数，或者一个正数移位后变为一个负数（符号位发生改变），则发生了溢出。

计算机内部判断是否有溢出通常采用双符号位法，即将待运算数据的符号位用两位表示，正数用 00，负数用 11。当运算结果的两个符号位相同时则没有溢出，运算结果双符号位为 00 表示运算结果为正数，为 11 表示运算结果为负数。当运算结果的两个符号位不同时则发生了溢出，若运算结果双符号位为 01，则说明运算结果为正数，但超出了所能表示的最大正数，此时称为上溢；若运算结果双符号位为 10，则说明运算结果为负数，但小于所能表示的最小负数，此时称为下溢。

【例 2.15】 设机器字长为 8 位，且 $X=89$，$Y=54$，用双符号位法补码运算求 $X+Y$ 并判断是否有溢出。

$$[X]_{补}=00\ 1011001,\quad [Y]_{补}=00\ 0110110,\quad [X+Y]_{补}=01\ 0001111$$

由于运算结果双符号位为 01，所以发生上溢，结果错误；运算结果（+143）为正数，但超出了 8 位字长补码所能表示的最大正数 +127，所以发生溢出。

【例 2.16】 设机器字长为 8 位，且 $X=-80$，用双符号位法补码运算求 X 算术左移一位的结果并判断是否有溢出。

$[X]_{补}=11\ 0110000$，X 算术左移一位后的运算结果为 10 1100000。

由于运算结果双符号位为 10，所以发生下溢，结果错误；运算结果（−160）为负数，但超出了 8 位字长补码所能表示的最小负数 −128，所以发生溢出。

2.3.3 逻辑运算

计算机中二进制数的逻辑运算有逻辑与（也称逻辑乘）、逻辑或（也称逻辑加）、逻辑非（也称逻辑取反）、异或运算、同或运算、逻辑移位运算。逻辑运算有两种应用场合。

(1) 根据一些子条件的成立与否来判断总体条件是否成立，主要用到与、或、非三种运算，常在高级语言中的判断语句和循环语句中用于表示判断表达式，这种运算称为狭义的逻辑运算。

(2) 将一个二进制数据中的某些位清 0、置 1 或者取反，这些运算又称为位运算。大多数程序设计语言都支持位运算。

逻辑与运算的规则为：$0\wedge 0=0$，$0\wedge 1=0$，$1\wedge 0=0$，$1\wedge 1=1$。

在逻辑运算中，0 称为逻辑假，1 称为逻辑真，所以逻辑与运算可以简单描述为只有当两个逻辑数都为逻辑真时，逻辑与运算结果为真，其他情况时运算结果为假。

逻辑或运算的规则为：$0\vee 0=0$，$0\vee 1=1$，$1\vee 0=1$，$1\vee 1=1$。

逻辑或运算可以简单描述为当两个逻辑数有一个为逻辑真时，逻辑或运算结果即为真。

逻辑非运算的规则为：$\overline{1}=0$，$\overline{0}=1$。

逻辑非运算可以简单描述为逻辑真取反后结果为逻辑假，逻辑假取反后结果为逻辑真。

逻辑异或运算的规则为：$0\oplus0=0$，$0\oplus1=1$，$1\oplus0=1$，$1\oplus1=0$。

逻辑异或运算可以简单描述为当两个逻辑数不同时异或结果为逻辑真，相同时异或结果为逻辑假。

逻辑同或运算的规则为：$0\odot0=1$，$0\odot1=0$，$1\odot0=0$，$1\odot1=1$。

逻辑同或运算结果和异或结果正好相反，当两个逻辑数不同时同或结果为逻辑假，相同时同或结果为逻辑真。

逻辑移位分为逻辑左移和逻辑右移，逻辑左移时所有位左移一位，最高位丢弃，最低位补0，逻辑右移时所有位右移一位，最低位丢弃，最高位补0。

逻辑运算和算术运算的最大区别在于，算术运算中数据有正负之分，有大小之分，多个二进制位作为一个整体来处理，加法运算时位与位之间会产生进位，减法运算时位与位之间会产生借位。而逻辑运算时数据没有正负之分，机器数中也不区分符号位和数值位，位与位之间相互独立运算得到结果位，不会产生进位和借位。

【例2.17】 计算11010001和01010000两个数据逻辑与、逻辑或、逻辑异或、逻辑同或结果。

根据逻辑运算规则，四种运算结果如下：

$$\begin{array}{r} 11010001 \\ \wedge\ 01010000 \\ \hline 01010000 \end{array} \qquad \begin{array}{r} 11010001 \\ \vee\ 01010000 \\ \hline 11010001 \end{array}$$

$$\begin{array}{r} 11010001 \\ \oplus\ 01010000 \\ \hline 10000001 \end{array} \qquad \begin{array}{r} 11010001 \\ \odot\ 01010000 \\ \hline 01111110 \end{array}$$

【例2.18】 分别计算11010001逻辑非、逻辑左移一位、逻辑右移两位的结果。

11010001逻辑非的结果为00101110

11010001逻辑左移一位的结果为10100010

11010001逻辑右移两位的结果为00110100

用计算机处理数据时，若需要把数据中某些位变为0(清0)其他位保持不变可用与运算来实现；若需要把数据中某些位变为1(置1)其他位保持不变可用或运算来实现；若需要把数据中某些位取反其他位保持不变可用异或运算来实现。

2.4　非数值型数据在计算机中的编码

早期计算机主要用于科学计算，而现代计算机不仅需要处理数值领域的科学计算问题，而且要处理大量非数值问题，例如各种文字、英文字母、数字符号、标点符号、图形符号等信息在计算机内部的表示、存储、传输等。这些非数值信息统称为字符。对于数值数据，计算机通常对其要做加、减、乘、除、取模等算术运算和与、或、非、异或等逻辑运算；对于非数值

数据，计算机要进行复制、粘贴、比较、查找、连接等处理。随着信息时代的到来，计算机将更多地进行字符等非数值信息的处理。

所有的非数值型信息，例如大小写英文字母、阿拉伯数字 0～9、各种标点符号等也需要按照一定的编码规则转换为二进制格式，才能被计算机识别、存储、传输和处理。为每个字符指定一个唯一的二进制数称为一种编码方案。编码方案中为一个字符所指定的二进制数称为该字符的编码或代码。为了使信息在不同国家、不同地区、不同品牌计算机之间互相传输而不造成混乱，产生了多种通用字符信息编码方案。编码方案中统一规定了每种常用符号应该用哪些二进制数来编码。

字符等非数值型信息经过编码所得到的二进制数是一种非结构化二进制数，它没有正负和大小之分，仅仅是某个字母或符号的代号而已，就像学生的学号一样。在每一种编码方案中，不同的字母需要用不同的编码来表示，即用不同的二进制数串来表示。

2.4.1 ASCII 编码

ASCII 码（American Standard Code for Information Interchange，美国标准信息交换码）是由美国国家标准协会（American National Standard Institute，ANSI）制定的标准单字节字符编码方案，主要用于英文字母、数字、各种标点符号等西文文本数据的表示。它起始于 20 世纪 50 年代后期，于 1967 年定案。ASCII 最初是美国国家标准，供不同计算机在相互通信时用作共同遵守的西文字符编码标准，现已被国际标准化组织（International Organization for Standardization，ISO）定为国际标准，称为 ISO 646 标准，适用于所有拉丁字母。

ASCII 码使用指定的 7 位或 8 位二进制数组合来表示 128 种或 256 种可能的字符。标准 ASCII 码也称为基本 ASCII 码，它使用 7 位二进制数来表示所有的大写和小写英文字母、数字 0～9、各种标点符号以及在美式英语中使用的特殊控制字符，共能编码 2^7 种符号，即 128 种符号，如表 2.7 所示，其中各控制符号含义如表 2.8 所示。

表 2.7 标准 ASCII 编码表

低 4 位	高 3 位							
	000	001	010	011	100	101	110	111
0000	NUL	DEL	SP	0	@	P	.	p
0001	SOH	DC1	!	1	A	Q	a	q
0010	STX	DC2	"	2	B	R	b	r
0011	ETX	DC3	#	3	C	S	c	s
0100	EOT	DC4	$	4	D	T	d	t
0101	ENQ	NAK	%	5	E	U	e	u
0110	ACK	SYN	&	6	F	V	f	v
0111	BEL	ETB	'	7	G	W	g	w
1000	BS	CAN	(	8	H	X	h	x
1001	HT	EM	)	9	I	Y	I	y
1010	LF	SUB	*	:	J	Z	j	z

续表

<table>
<tr><td rowspan="2">低 4 位</td><td colspan="8">高 3 位</td></tr>
<tr><td>000</td><td>001</td><td>010</td><td>011</td><td>100</td><td>101</td><td>110</td><td>111</td></tr>
<tr><td>1011</td><td>VT</td><td>ESC</td><td>+</td><td>;</td><td>K</td><td>[</td><td>k</td><td>{</td></tr>
<tr><td>1100</td><td>FF</td><td>FS</td><td>,</td><td><</td><td>L</td><td>\</td><td>l</td><td>|</td></tr>
<tr><td>1101</td><td>CR</td><td>GS</td><td>-</td><td>=</td><td>M</td><td>]</td><td>m</td><td>}</td></tr>
<tr><td>1110</td><td>SO</td><td>RS</td><td>.</td><td>></td><td>N</td><td>↑</td><td>n</td><td>~</td></tr>
<tr><td>1111</td><td>SI</td><td>US</td><td>/</td><td>?</td><td>O</td><td>↓</td><td>o</td><td>DEL</td></tr>
</table>

表 2.8　ASCII 控制符号含义

NUL：空字符	VT：垂直制表符	SYN：同步空闲
SOH：标题开始	FF：换页	ETB：结束传输块
STX：正文开始	CR：回车	CAN：取消
ETX：正文结束	SO：不用切换	EM：纸尽
EOT：传输结束	SI：启用切换	SUB：换置
ENQ：请求	DLE：数据链路转义	ESC：换码
ACK：确认	DC1：设备控制 1	FS：文件分隔符
BEL：振铃	DC2：设备控制 2	GS：组分隔符
BS：退格	DC3：设备控制 3	RS：记录分隔符
HT：水平制表符	DC4：设备控制 4	US：单元分隔符
LF：换行	NAK：拒绝接收	DEL：删除

代码 0～31 及 127(共 33 个)是控制字符或通信专用字符，通常无法显示，如控制符 LF(换行，代码为 10)、CR(回车，代码为 13)、FF(换页，代码为 12)、DEL(删除，代码为 127)、BS(退格，代码为 8)、BEL(振铃，代码为 7)等，以及通信专用字符 SOH(标题开始，代码为 1)、EOT(传输结束，代码为 4)、ACK(确认，代码为 6)等。在 ASCII 码中，退格、制表、换行和回车等字符并没有特定的图形显示，当在屏幕或打印机输出时会根据不同的应用程序显示相应的结果。

除上述 33 种控制和通信专用符号外，ASCII 中还编码了 95 种可显示字符(代码为 32～126)，包括大小写英文字母、0～9 共 10 个数字字符、各种标点和运算符号等。其中代码 32 表示空格，代码 48～57 表示 0～9 共 10 个阿拉伯数字，代码 65～90 表示 26 个大写英文字母。代码 97～122 表示 26 个小写英文字母，其余代码表示一些常用标点符号、运算符号等。

记住下列 ASCII 码编码规律对学习计算机很有用：

(1) 0～9 的代码小于 A～Z 的代码，A～Z 的代码小于 a～z 的代码。

(2) 数字 0～9 的 ASCII 代码依次递增 1，数字 0 的代码为十六进制$(30)_{16}$。

(3) 字母 A～Z 的 ASCII 代码依次递增 1，字母 A 的代码为十六进制$(41)_{16}$。

(4) 字母 a～z 的 ASCII 代码依次递增 1，字母 a 的代码为十六进制$(61)_{16}$。

(5) 同一个字母的大写字母 ASCII 要比小写字母 ASCII 小 32 或十六进制$(20)_{16}$。

(6) 空格符、回车符、换行符的 ASCII 分别为十六进制$(20)_{16}$、$(0D)_{16}$、$(0A)_{16}$。

标准 ASCII 代码只用到 7 个二进制位，但计算机中的基本存储单位为字节，因此计算机中存储一个 ASCII 字符需要占用一个字节。一个字节是 8 个二进制位，这个字节的低 7

位存放该字符的 ASCII 代码。通常情况下最高位永远是 0，在有些特殊应用领域最高位存放低 7 位的奇偶校验位。

使用 8 位二进制数进行编码的 ASCII 码称为扩展 ASCII 码，共能对 $2^8=256$ 种符号进行编码。扩展 ASCII 码中的前 128 种代码（代码为 0～127）和标准 ASCII 码完全相同，后 128 种代码（代码为 128～255）通常表示的是一些特殊符号字符、希腊字母等外来语字母和一些图形符号。目前许多基于 x86 的计算机系统都支持使用扩展 ASCII 码。

当给一个文本文件输入字符信息时，计算机会依次自动保存这些字符对应的 ASCII 码。以后在读取该文件时，每读到一个字节，通过查找 ASCII 表，计算机就可以知道读到了什么字符。

英文字母符号编码除 ASCII 码外，还有 EBCDIC（extend binary decimal interchange code）编码。它采用 8 位二进制，可以对 256 种符号编码。这种编码在 IBM 的大型机上广泛使用。同一个字符的 ASCII 码和 EBCDIC 编码是不相同的。

2.4.2 Unicode 编码

Unicode 编码也称为统一码、万国码或单一码，是一种在计算机上广泛使用的多字节字符编码。它为每种语言中的每个字符设定了统一且唯一的二进制编码，以满足跨语言、跨平台进行文本转换和处理的要求。Unicode 编码于 1990 年开始研发，1994 年正式公布。随着计算机性能的增强，Unicode 在面世十多年后逐步得到普及，现在许多操作系统和软件产品都支持 Unicode。

Unicode 编码系统可分为编码方式和实现方式两个层次。

1. Unicode 的编码方式

Unicode 是国际组织制定的可以容纳世界上所有文字和符号的多字节字符编码方案。Unicode 字符集可以简写为 UCS。早期的 Unicode 有 UCS-2 和 UCS-4 两种编码标准。UCS-2 用两个字节对各种常用符号进行编码，UCS-4 用 4 个字节对所有可能的符号进行编码。UCS-4 字符集采用四维编码空间，整个空间有 128 个组，每个组再分为 256 个平面，每个平面有 256 行，每行有 256 列，即 256 个代码点。代码点就是可以分配给字符的数字，每个代码点可以编码一个符号。每个平面有 256×256＝65 536 个代码点。每个符号的 UCS-4 编码有 4 个字节，这 4 个字节分别表示这个符号的代码点在该四维空间所在的组、平面、行和列。由于只有 128 个组，所以 UCS-4 编码中最高字节的最高一位永远为 0。在书写 Unicode 代码点时使用十六进制数表示，并且在数字前加上前缀“U＋”。

第 0 组的第 0 个平面被称作 BMP（basic multilingual plane，基本多文种平面）。该平面的 65 536 个代码点用于对常用的各国文字字母、标点符号、图形符号等进行编码，基本可满足各种语言的使用。实际上目前 Unicode 的版本尚未填满这个平面，保留了大量空间作为特殊使用或将来扩展。BMP 平面的 Unicode 编码表示为 U＋hhhh，其中每个 h 代表一个十六进制数字。UCS-2 只用于对 BMP 平面符号进行编码，将 UCS-4 的 BMP 代码点去掉前面的两个零字节就可得到 UCS-2 编码。UCS-2 的两个字节分别表示代码点在 BMP 平面的行和列。BMP 平面代码点的 UCS-4 编码与其 UCS-2 编码完全相同，只是最高两个字节为 0，表示该代码点在第 0 组第 0 平面，即 BMP 平面。

除 BMP 平面外，最新的 Unicode 版本定义了 16 个辅助平面，这些辅助平面用于对一些

不常用到的符号进行编码，两者合起来至少需要占据 21 位编码空间，其对应的 Unicode 编码范围为(000000)h～(10FFFF)h。UCS-4 是一个更大的尚未填充完全的 31 位字符集，理论上最多能表示 2^{31} 个字符，可以涵盖一切语言所用的符号。

2. Unicode 的实现方式

UCS-4 和 UCS-2 只规定了每种符号所在的代码点，即规定了怎么用多个字节表示各种文字符号，但并没有规定这个代码点在计算机内的表示、存储和传输格式，它是由 UTF (UCS transformation format，Unicode 转换格式）规范规定的。常见的 UTF 规范包括 UTF-8、UTF-16 和 UTF-32 三种实现方式。

所有字符的 Unicode 编码都是 32 位二进制串，但计算机存储这些字符时并不是直接存储该二进制串，而是先对其进行转换，再存储转换后的结果。转换的目的是节省存储空间。常见的字符用比较短的二进制串存储，生僻的字符用较长的二进制串存储，但这些二进制串在读出时又要能够互相区分而不至于混淆。UTF-8 以字节为单位对 Unicode 进行编码转换，17 个平面所有字符转换后的长度为 1～4 字节不等，如表 2.9 所示。

表 2.9　UTF-8 编码方式(H 表示十六进制数)

Unicode 的编码范围(十六进制)	UTF-8 对应的字节流(二进制)
$(000000)_H$～$(00007F)_H$	0xxxxxxx 占用 1 字节
$(000080)_H$～$(0007FF)_H$	110xxxxx 10xxxxxx 占用 2 字节
$(000800)_H$～$(00FFFF)_H$	1110xxxx 10xxxxxx10xxxxxx 占用 3 字节
$(010000)_H$～$(10FFFF)_H$	11110xxx 10xxxxxx10xxxxxx 10xxxxxx 占用 4 字节

UTF-8 的特点是对不同范围的字符使用不同长度的编码。对于$(00)_H$～$(7F)_H$ 之间的字符，UTF-8 编码与 ASCII 编码完全相同。UTF-8 编码的最大长度是 4 个字节。从表 2.9 可以看出，4 字节模板有 21 个 x，即可以容纳 21 位二进制数字。Unicode 的最大码位 $(10FFFF)_H$ 也只有 21 位。

例如，“汉”字的 Unicode 编码是 U+6C49。U+6C49 在 $(0800)_H$～$(FFFF)_H$ 之间，使用了 3 字节模板：1110xxxx 10xxxxxx 10xxxxxx。将 6C49H 写成二进制是 0110 1100 0100 1001。用这个二进制位依次代替模板中的 x，可得到 11100110 10110001 10001001，即“汉”的 UTF-8 编码为 E6 B1 89。所以在采用 UTF-8 编码的文件中，存储“汉”这个字需要占用 3 个字节。

再例如，Unicode 编码 U+20C30 在$(010000)_H$～$(10FFFF)_H$ 之间，使用了 4 字节模板 11110xxx 10xxxxxx 10xxxxxx 10xxxxxx。将 20C30H 写成 21 位二进制数字(不足 21 位就在前面补 0)为 0 0010 0000 1100 0011 0000。用这个二进制位依次代替模板中的 x，可得到 11110000 10100000 10110000 10110000，即 U+20C30 的 UTF-8 编码为 F0 A0 B0 B0，该字符在存储时需要 4 个字节。

有兴趣的同学可查阅相关资料了解 UTF-16 和 UTF-32 的编码实现。目前 UTF-8 和 UTF-16 被广泛使用，而 UTF-32 由于太浪费存储空间而很少被使用。

字节序指一个包含多字节的数据在计算机中存储时，多个字节存储的先后次序。字节序有两种，一种叫大序(big-endian，也叫大端格式)，存放时高位字节在前，低位字节在后。

另一种叫小序(little-endian,也叫小端格式),存放时低位字节在前,高位字节在后。例如,x86计算机的内存中都采用小序格式存储数据。

UTF-8以字节为编码单元。一个UTF-8编码是多个字节构成的字节流,存放时按先后顺序存放,没有字节序的问题。而UTF-16以两个字节为编码单元。例如"奎"的Unicode编码是594E,有些文件用59和4E两个顺序的字节存储"奎",这就是大序格式;而有些文件用4E和59两个顺序的字节来存储,这就是小序格式。UTF-32以四个字节为编码单元,也存在字节序问题。当打开文件时,必须知道其字节序,才能正确解释文件的内容。

Unicode标准建议用BOM(Byte order mark,字节顺序标记)字符来区分字节序,即在传输字节流或保存文件时,先传输或者写入被作为BOM的字符以指示其字节序,如表2.10所示。

表2.10　UTF编码BOM标识

UTF编码	Byte order mark(BOM)	UTF编码	Byte order mark(BOM)
UTF-8	EF BB BF	UTF-32LE	FF FE 00 00
UTF-16LE	FF FE	UTF-32BE	00 00 FE FF
UTF-16BE	FE FF		

Windows就是用BOM来标记文本文件的编码方式以及字节序的。当用Windows自带的"记事本"软件保存文件时,可以选择ANSI、Unicode(UTF16-LE)、Unicode big endian(UTF16-BE)和UTF-8四种文件编码格式。ANSI就是普通的ASCII编码。

2.4.3　汉字编码

任何信息在计算机中都以二进制形式存储。汉字若想被计算机存储和处理,也必须进行二进制编码,为每个汉字分配唯一的一个二进制代码。汉字信息处理系统一般包括汉字的编码、输入、存储、编辑、输出和传输。整个汉字处理过程涉及多种编码,包括如何将汉字输入计算机的汉字输入码,如何在计算机中存储汉字的汉字机内码,如何将汉字在屏幕显示或在打印机上打印的汉字字形码。

1. 汉字输入码

汉字的输入编码用于解决如何通过英文键盘输入汉字的问题,主要包括以下四类。

(1) 区位输入法。每个汉字有唯一的区位码。要输入一个汉字,直接输入该汉字的区位码即可。由于汉字种类繁多,人们不可能记下所有汉字的区位码,只能通过查表获得并输入,因此速度很慢,很少有人使用区位输入法。

(2) 字形输入法。字形输入法指按照汉字的字形进行编码的方法。它将汉字按照笔画形状分解成若干偏旁、部首及字根,然后将分解后的偏旁、部首及字根与键盘上的26个英文字母对应,从而实现通过键盘按字形输入汉字的方法。字形输入法输入汉字时具有重码率低、输入速度快等优点。这种方法受到专业汉字录入人员的普遍欢迎,五笔字型输入法是字形输入法的典型代表。

(3) 拼音输入法。拼音输入法以汉语拼音作为汉字编码,从而可以通过输入拼音字母实现汉字和词组的输入。对于学习过汉语的人,不用专门训练即可掌握拼音输入法,也不需要记忆字形输入法中的字根,因此使用较普遍。但由于汉字同音字较多,输入时要选择具体

待输入的汉字，因此拼音输入法输入速度较慢。常用的拼音输入法有全拼输入法、全拼双音输入法、双拼双音输入法等。

(4) 混合输入法。混合输入法是一类将汉字字形输入法和拼音输入法相结合的编码方法，也称为音形码。这种编码方法通常以拼音输入为主，辅助以字形输入法，音形结合、取长补短，既降低了重码率，又不需要记忆大量字根，输入速度和效率较高。常用的混合输入法有自然码、郑码等。

除上述四类输入法外，目前汉字手写输入法和语音输入法技术也很成熟。

2. 汉字字形码

汉字字形码(也称字模)是汉字的输出码，主要用于解决汉字的屏幕显示和打印输出问题。字形码记录了汉字的形状信息，每一个汉字都有相应的字模。通常把存放字模的文件称为字库，把存储汉字字模的文件称为汉字库。当要显示汉字时，根据待显示汉字的机内码检索汉字库中该汉字的字模信息，再控制屏幕上相应像素显示或者隐藏即可显示该汉字。汉字库主要分为点阵字库和矢量字库两种。

所谓点阵汉字字模，就是将每个汉字(包括一些特殊符号)看成一个矩形框内一些横竖排列的点的集合，有笔画的位置用黑点表示，没有笔画的位置用白点表示。在计算机中用一组二进制数来表示汉字点阵信息，用 0 表示白点，用 1 表示黑点。一般的汉字系统中汉字字形点阵规格有 16×16、24×24、48×48 几种。点阵规格越大，每个汉字的笔画越清晰，打印质量也就越高，但需要占用更多的磁盘空间和内存。每个汉字字模字节数=点阵行数×(点阵列数/8)。假如用 16×16 点阵来存储汉字字模，每一行上的 16 个点需用两个字节表示，一个 16×16 点阵的汉字字模需要 16×2=32 个字节。这 32 个字节中的信息是汉字的数字化信息，即汉字字形码。如果用 24×24 点阵，则每个汉字字模要用到 72 字节。

下面以“华”字为例，说明其字形码在 16×16 点阵库中是如何存放的。宋体字中“华”的外观形状如图 2.2 所示。如果把这个图形的实心黑点处用 1 代替，空心点处用 0 代替，则每个点可以用一个二进制位表示其形状信息，一行就需要两个字节，即 16 位来存储。整个字形有 16 行，所以总共需要 32 个字节。该例子中如果左边的点存放在字节的高位，右边的点存放在字节的低位，并且按照从左到右、从上到下的顺序存放这 32 个字节，就可以得到“华”的 32 个字节的字形码为(H 表示前面的数字是十六进制数)：

08H,80H,0CH,88H,10H,9CH,30H,E0H,
53H,80H,90H,84H,10H,84H,10H,7CH,
11H,00H,01H,00H,7FH,FEH,01H,00H,
01H,00H,01H,00H,01H,00H,01H,00H。

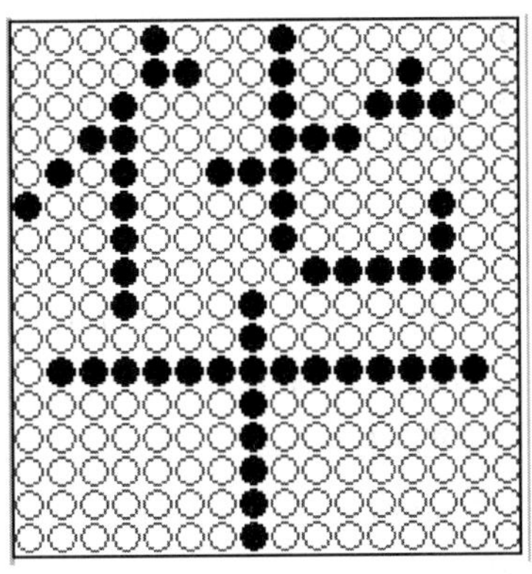
图 2.2　16×16 点阵字

计算机要输出某个汉字时，首先会根据该汉字的机内码找到字库中该汉字字形码所在的偏移位置；然后根据字形码(要用二进制)，通过显卡控制显示器的电子扫描枪在屏幕上依次扫描，其中二进制代码中是 0 的地方空扫，是 1 的地方在屏幕上打出亮点；最后在屏幕上就可以看到该汉字的形状。按构成字模的字体和点阵，可将字模分为宋体字模、楷体字模、扁体字模、粗体字模等。由于汉字有简体和繁体两种，因此汉字字模也有简体字模和繁体字模之分。

点阵字库是用多个点的虚实来表示汉字的轮廓形状信息,常用作显示字库或针式打印机字库使用。点阵字库最大的缺点是汉字不能缩放,一旦放大后就会显示出汉字边缘的锯齿,缩小后则汉字显示不清晰。与点阵字库不同,矢量字库是把每个字符的笔画分解为各种直线和曲线的组合。字库里记录这些直线和曲线的参数信息;显示时再根据具体的尺寸大小,计算并画出这些线条,就还原了原来的字符。矢量字库最大优点是字符可以随意放大或缩小而不失真,并且字模所需的存储量和字符大小无关。激光打印机和绘图仪上使用的字库多为矢量字库。Windows 使用的字库也分为以上两类。在 FONTS 目录下,如果字体扩展名为 FON,表示该文件为点阵字库;扩展名为 TTF 则表示矢量字库。目前 Windows 和 Word 软件中普遍采用矢量字库显示各种文字,单片机系统和早期的 DOS 系统多采用点阵字库。

汉字字库可分为软字库和硬字库。软字库以文件的形式存放在硬盘上,构成字库文件,现在计算机上多用这种字库;硬字库则将字库先固化在一个单独的存储芯片中,再和其他必要的器件组成接口卡,插接在计算机总线上,通常称为汉卡,在早期计算机中使用较多。

3. 汉字机内码

汉字也是一种字符符号。当汉字输入到计算机中时,也需要用一个二进制代码来存储或表示,将这个二进制代码称为汉字的机内码或汉字内码。由于汉字被多个国家和地区所使用,因此存在多种汉字机内码编码标准,常用的汉字机内码有 GB 2312—1980、GBK、GB 1803 以及 BIG5 等编码。Unicode 字符集也包括常用的汉字。

1) GB 2312—1980

GB 2312—1980 码也称为国标交换码或者 GB 码,是中华人民共和国国家汉字信息交换用编码,全称为《信息交换用汉字编码字符集》,由国家标准总局于 1980 年发布,适用于中国大陆。新加坡等地也使用此编码。

GB 2312—1980 字符集共收录 7445 个常用的简化汉字和图形字符,其中汉字有 6763 个,各种图形符号有 682 个。GB 2312—1980 规定“对任意一个汉字或图形字符都采用两个字节表示,每个字节均采用七位编码表示”,习惯上称第 1 个字节为高字节,第 2 个字节为低字节。

GB 2312—1980 将字符集分为 94 个区,每个区 94 位,将所收录的 7445 个汉字和图形符号分别放入到 94 区×94 位的大表格里,每个字符有唯一的区位码。区位码即该字符所在的区号和位号,用 4 位十进制数表示。根据汉字的区位码可得到其国标码。每个汉字的国标码占两个字节,分别由区号和位号计算而得。国标码与区号、位号的关系可用下式表示:

$$\text{国标码第 1 字节} = \text{区号} + (20)_H$$

$$\text{国标码第 2 字节} = \text{位号} + (20)_H$$

由于区号和位号最大为 94,加上$(20)_H$(即十进制 32)也小于 128,所以国标码的两个字节都小于 128,也就是字节最高位为 0。而 ASCII 编码也是 0~127,在计算机中经常将汉字与英文字母混合排版和存储。为了能够将汉字与 ASCII 码区分开,计算机存储汉字时并不是存储其国标码,而是存储汉字的 GB 2312—1980 机内码。此时需要将国标码两个字节各

加上$(80)_H$，其目的在于将两个字节的最高位都变为“1”，这样就可以防止将一个汉字机内码误认为是两个 ASCII 码。国标码最高位变 1 后得到的编码称为汉字的 GB 2312—1980 机内码。汉字 GB 2312—1980 机内码与汉字国标码的关系如下。

GB 2312—1980 机内码第 1 字节 = 国标码第 1 字节 + $(80)_H$ = 区号 + $(A0)_H$

GB 2312—1980 机内码第 2 字节 = 国标码第 2 字节 + $(80)_H$ = 位号 + $(A0)_H$

汉字的国标码和机内码通常用 4 位十六进制数表示。例如，汉字“华”的区号是 27，位号是 10，因此其区位码是 2710。将区号和位号各变为十六进制再加上$(20)_H$，可得到其两字节的国标码 3B2A，给这两个字节各加$(80)_H$ 可得到其 GB 2313—1980 机内码 BBAA。计算机存储汉字“华”时占用两个字节，第 1 字节的值为 BB，第 2 字节的值为 AA。

当在计算机中打开文件输入一个汉字时，这个文件就保存了这个汉字的机内码；当输入一个英文字母时，文件中就保存了这个字母的 ASCII 码。当读取一个文件内容时，通常是从前向后按字节顺序依次读取每个字节，若读取到的字节为$(00)_H$～$(7F)_H$，计算机就知道这是一个 ASCII 码，然后查 ASCII 码表即可知道该显示什么字母。若读取到的字节为$(80)_H$～$(FF)_H$，计算机就知道这不是一个 ASCII 码，而应该是汉字机内码的第 1 个字节；然后再读取下一个字节，这两个字节就是要显示汉字的机内码，经过转换后就可知道该显示 GB 2312—1980 编码表中哪个区、哪个位所在的汉字。

【例 2.19】 打开 Windows 的记事本程序，在其中输入英文字母 A、B、C；然后按 Enter 键，在下一行继续输入数字 1、2、3、汉字“华南”，保存该文件为 test.txt。文件内容如图 2.3 所示。

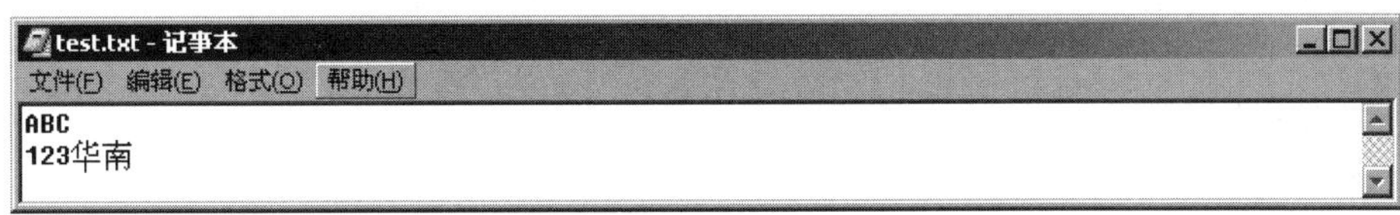

图 2.3　test.txt 文件内容

用软件 UltraEdit-32 打开刚才编辑的文件 test.txt 并切换到十六进制显示模式，显示效果如图 2.4 所示。

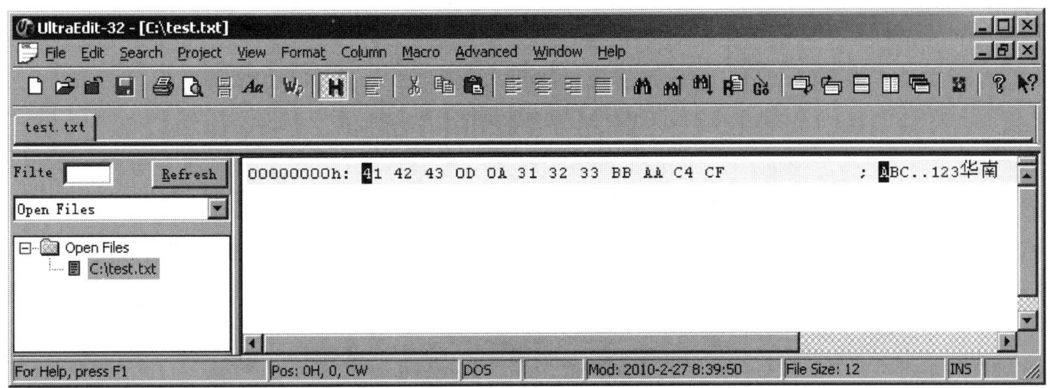

图 2.4　test.txt 文件内容

在图 2.4 中，41、42、43 分别为英文字母 A、B、C 的 ASCII 码；0D、0A 分别为“回车”“换行”的 ASCII 码，当在键盘上输入 Enter 键时，Windows 在文件中会保存“回车”和“换行”两个符号；31、32、33 分别为数字 1、2、3 的 ASCII 码；BB、AA、C4、CF 分别为汉字“华南”的机内码。从这个例子可以看到，当在文件中输入英文字母或汉字时，英文字母会保存为其对应的 ASCII 码，每个 ASCII 码占 1 字节；汉字会保存为其 GB 2312—1980 机内码，每个汉字占 2 字节。查询文件 test.txt 的属性可以证实该文件的大小为 12 字节，正好等于以上字母符号及汉字的字节数之和。

2）GBK

GB 2312—1980 编码仅收录汉字 6763 个，这大大少于现在日常生活中经常用到的汉字。随着时间的推移及汉字文化的不断延伸推广，有些原来很少用的字，现在变成了常用字，而这些汉字在 GB 2312—1980 编码表中并未收录。当出版印刷行业用到这些生僻字时，就无法输入和显示，这使得表示、存储、输入、处理这些生僻字都非常不方便。

为了解决这些问题，并配合 Unicode 的实施，中国信息技术标准化技术委员会于 1995 年 12 月 1 日颁布了《汉字内码扩展规范》，即 GBK 编码标准。GBK 编码是 GB 2312—1980 编码的超集，向下完全兼容 GB 2312—1980。GBK 编码也采用双字节表示，即每个汉字的 GBK 机内码占用两个字节，其中第 1 个字节的最高位总是 1，而第 2 个字节的最高位可能是 1，也可能是 0。

GBK 共收入 21 003 个汉字和 883 个图形符号，包括：

- GB 2312—1980 中的全部汉字、非汉字符号。
- BIG5 中的全部汉字。
- 与 ISO 10646 相应的国家标准 GB/T 13000—2010 中的其他 CJK 汉字。
- 其他汉字、部首、符号等。

Microsoft 中文版的 Windows 95、Windows 98、Windows NT 以及 Windows 2000、Windows XP、Windows 7 等都支持 GBK 编码方案。

3）GB 18030—2000

GB 18030—2000 是最新的汉字编码字符集国家标准，向下兼容 GBK 和 GB 2312—1980 标准。它根据 Unicode 标准对 GBK 进行了扩充，在双字节基础上对生僻字采用 4 字节编码，共收录 27533 个汉字，还收录了日语、朝鲜语和中国藏族、蒙古族等少数民族语言的文字。

GB 18030 编码是 1、2、4 字节变长编码，对英文和标点符号采用 1 字节编码，其编码与 ASCII 编码完全相同；对于 GBK 中收录的汉字采用 2 字节编码，其编码与 GBK 编码完全相同；对于新收录的生僻汉字及少数民族文字采用 4 字节编码。

GB 18030 有两个版本：GB 18030—2000 和 GB 18030—2005。GB 18030—2000 是全文强制性标准，市场上销售的汉化操作系统和软件必须完全支持 GB 18030—2000。2005 年发布的 GB 18030—2005 在 GB 18030—2000 的基础上增加了 42 711 个汉字和多种我国少数民族文字的编码，增加的这些内容是推荐性的。目前市场上的大多数简体中文操作系统和软件里的汉字都采用 GB 18030—2000 编码标准。

4）BIG5

BIG5 是通行于我国台湾省、香港和澳门特别行政区的一个繁体汉字编码方案，也称为大五码。由于 GB 2312—1980 只支持简体汉字，为了对繁体汉字进行统一编码，1984 年，台

湾省为五大中文套装软件(宏碁、神通、佳佳、零壹、大众)一起制定了一种繁体中文编码方案,即 BIG5。BIG5 码是双字节编码方案,其中第 1 个字节的值取值范围是$(81)_H \sim (FE)_H$,第 2 个字节在$(40)_H \sim (7E)_H$ 和$(A1)_H \sim (FE)_H$ 之间。因此 BIG5 编码中每个汉字编码的第 1 个字节最高位总是 1,而第 2 个字节的最高位可能是 1,也可能是 0。

BIG5 共收录了 13 053 个繁体汉字和 408 个符号。BIG5 与 GB 18030—1980 不兼容。因此一个文件中的繁体汉字和符号要么采用 BIG5 编码,要么采用 GB 18030—1980 编码,否则会出现乱码问题。

2.5 数据校验编码

计算机在进行信息传输时,可能会受到电磁干扰等原因而出现错误,这种情况在远距离或高速通信时更容易出现。为了提高计算机数据通信的可靠性,除了提高计算机硬件的可靠性外,还需要在数据的编码上想办法,以尽量减少出错环节。例如对要传输的数据先进行编码,使编码后的数据具有检测或者更正错误的功能,再将编码后的数据传输到对方,这将对提高数据通信的可靠性有十分重要的作用。这种具有发现错误甚至能够更正少量错误的数据编码称为数据校验码。在现代计算机硬件制造和数据通信领域广泛采用数据编码校验技术来提高可靠性。常用的校验技术有奇偶校验码、循环冗余校验码(cyclic redundancy check,CRC)和汉明校验码等。其中奇偶校验码和循环冗余校验码主要用于检测数据错误,奇偶校验码主要用于单个字符的错误检测,循环冗余校验码主要用于批量数据的错误检测;而汉明校验码不但可以检测数据错误,还可以纠正错误。

2.5.1 奇偶校验码

奇偶校验码是奇校验码和偶校验码的统称,是一种最基本的检错码。它是在被传输的 n 位二进制信息上增加 1 位额外的二进制校验位组成的。如果是奇校验码,在附加上一个校验位后,码长为 $n+1$ 位的码字中 1 的个数为必须保证为奇数个;如果是偶校验码,在附加上一个校验位后,码长为 $n+1$ 位的码字中 1 的个数必须保证为偶数个。当采用奇偶校验码时,通信双方必须采用统一的校验方式(奇校验或偶校验)才可正常通信。表 2.11 给出了几个奇偶校验码的例子。

表 2.11 奇偶校验码举例

原始数据	奇校验编码结果	偶校验编码结果
01011100	101011100	001011100
00000000	100000000	000000000
00100011	000100011	100100011

表 2.11 中编码结果的最高位为附加的校验位,低 8 位为有效数据位。在数据传输和存储前计算校验信息时,有效数据位中的信息要保持不变。

奇偶校验码可以检测出被传输的数据在传输过程中是否出现了差错。当数据进行通信时，需要将由 n 位有效数据和 1 位校验位构成的 $n+1$ 位数据码字一起发送，接收方收到数据后重新计算所收到数据中 1 的个数，由此可知道数据是否正确。例如，某通信系统双方约定采用奇校验，发送方发送的每个码字中 1 的个数一定都是奇数。如果某次通信时因受到外界干扰发生错误，数据中某个位由 0 变 1，或者由 1 变 0，则接收到的数据中 1 的个数就变成了偶数，接收方即可知道数据通信出错。

奇偶校验码是一种检测 1 位或者奇数个位出错的方法，但无法判断错误出现的位置。当偶数个位同时出错时，$n+1$ 位数据码字中 1 的总个数保持不变，奇偶校验码无法检测这种错误。现代数字通信系统中 1 位出错的概率要比 2 个或多位同时出错的概率大得多。因此，采用奇偶校验码来检测单个错误，在低速、小批量数据通信情况下会取得良好的效果。另外，奇偶校验码的编码效率很高，$n+1$ 的码字中有 n 位有效数据，其通信效率可达到 $n/(n+1)$，并且随 n 的增大而趋近于 100%。

在数字信息传输中，奇偶校验码的编码生成以及编码校验可以用软件实现，也可用异或门电路实现。

假设 n 位有效数据为 $X=X_0X_1\cdots X_{n-1}$，校验位为 C，则 C 可以由下式计算生成：

$$C = X_0 \oplus X_1 \oplus \cdots \oplus X_{n-1} \qquad \text{偶校验}$$

$$C = X_0 \oplus X_1 \oplus \cdots \oplus X_{n-1} \oplus 1 \qquad \text{奇校验}$$

其中$\oplus$表示异或运算。

接收方收到数据后，可以用下列验证方程进行校验，若满足方程，则数据正确；若不满足方程，则接收到的数据有错误。

偶校验方程：　$C\oplus X_0\oplus X_1\oplus\cdots\oplus X_{n-1}=0$

奇校验方程：　$C\oplus X_0\oplus X_1\oplus\cdots\oplus X_{n-1}=1$

奇偶校验码目前广泛应用于计算机中内存数据的读写校验以及单个 ASCII 码字符传输过程中的数据校验，例如异步串行通信中的数据校验。磁盘冗余阵列 RAID5 中也采用奇偶校验技术提高磁盘可靠性。

2.5.2 汉明校验码

汉明校验码是由 Richard Hamming 于 1950 年提出且目前仍被广泛采用的一种有效的校验方法。它只要增加少数几个校验位，就能检测出 2 位同时出错、亦能检测出 1 位出错并能自动纠错的方法。

一般数据校验的基本原理是在合法的数据编码之间加入一些非法数据编码，发送时只发送合法的数据编码；如果数据传输过程中出错，将变为非法数据编码，这样接收方即可检测出来。合理地安排非法编码数量和编码规则，可以提高检测错误能力，甚至可以达到纠正错误的目的。

汉明校验码的实现原理是在 k 个数据位之外加上 r 个校验位，从而形成一个 $k+r$ 位的新码字，使新码字的码距比较均匀地拉大；然后把数据的每个二进制位分配在几个不同的偶校验位的组合中，当某一位出错后，就会引起相关的几个校验位的值发生变化。这不但可以发现出错，还能指出是哪一位出错，为进一步自动纠错提供了依据。

假设为 k 个数据位设置 r 个校验位，则校验位能表示 2^r 个状态，可用其中的一个状态表示没有发生错误，用其余的 2^r-1 个状态分别指出错误发生在哪一位。

虽然汉明校验码可靠性高，但编码效率较低。为了能检测并纠正单个位错误，当有效数据位 $k=4$ 时，校验位 r 至少需要 3 位；当 $k=7$ 时，r 至少需要 4 位，造成存储空间和传输带宽的浪费。因此，汉明校验码通常用于可靠性要求很高的场合，例如硬盘冗余阵列 RAID2。

2.5.3 CRC 校验码

CRC 即循环冗余校验，它利用二进制模 2 除法得到余数的原理来实现错误检测。其过程为：在发送端根据要传送的 k 位二进制有效数据序列，用一定条件的生成多项式产生一个校验用的 r 位校验码(即 CRC 码)，并附在信息后边，构成一个新的二进制编码序列数，共 $k+r$ 位，最后一起发送出去。接收方使用相同的生成多项式进行校验，用接收到的数据除以生成多项式，如果能够除尽(余数为 0)，则数据正确；如果不能除尽，则数据错误，并且余数给出了出错位的有关信息，可以用于纠正错误。

CRC 校验中最关键的是找到满足一定条件的生成多项式，下面列出了国际上常用的循环冗余校验标准生成多项式

$\text{CRC-8}=X^8+X^2+X+1$

$\text{CRC-12}=X^{12}+X^{11}+X^3+X^2+X+1$

$\text{CRC-16}=X^{16}+X^{15}+X^2+1$

$\text{CRC-CCITT}=X^{16}+X^{12}+X^5+1$

$\text{CRC-32}=X^{32}+X^{26}+X^{23}+X^{16}+X^{12}+X^{11}+X^{10}+X^8+X^7+X^5+X^4+X^2+X+1$

用 CRC-8 生成的 CRC 码为 8 位，CRC-12 生成的 CRC 码为 12 位，CRC-16 和 CRC-CCITT 生成的 CRC 码为 16 位，CRC-32 生成的 CRC 码为 32 位。假若采用 CRC-16 多项式，则用有效数据左移 16 位构成的二进制串对$(18005)_{16}$ 进行模 2 除法所得的 16 位余数即为对应的校验码结果。CRC 校验可以 100%地检测出所有奇数个随机错误和长度小于或等于 k(生成多项式的阶数)的突发错误。所以 CRC 的生成多项式的阶数越高，误判的概率就越小，当然复杂性也随之增加。

CRC 校验在硬盘、磁带、光盘数据块校验等数据存储领域以及 IP 数据包校验等计算机高速通信领域都得到了广泛应用。例如，著名的通信协议 X.25 的 FCS(帧校错序列)采用的是 CRC-CCITT，ARJ 和 LHA 等压缩工具软件采用的是 CRC-32，磁盘驱动器的读写采用 CRC-16，通用的图像存储格式 GIF、TIFF 等也都用 CRC 作为检错手段。

关于汉明校验码和 CRC 校验码的更多资料，有兴趣的读者可以查阅相关文献。

本章小结

本章介绍了进位记数制表示法，二进制、十进制、八进制和十六进制数的表示及相互转换；整数的原码、反码、补码、移码表示法，定点小数、浮点数表示法与 BCD 表示法。

二进制数的算术运算包括加、减、乘、除以及算术左移、算术右移。

二进制数的逻辑运算包括逻辑与、逻辑或、逻辑非、逻辑异或、逻辑同或、逻辑移位。

当进行算术运算时，运算结果可能在有限的机器字长内放不下，产生溢出，导致运算结果错误。可以通过双符号位法检测运算是否有溢出。

ASCII 码是国际通用的英文字符编码标准；Unicode 也称为统一码，是一种在计算机上广泛使用的多字节字符编码；汉字处理方面要用到汉字输入码、汉字机内码、汉字字形码等。GB 2312—1980、GBK、GB 18030—2000 和 BIG5 是常用的汉字机内码编码标准。

数据在存储或传输时可能会出错，数据校验码可以检测甚至纠正这些错误。常用的校验码有奇偶校验码、CRC 校验码和汉明校验码。奇偶校验码和 CRC 校验码主要用于检错，汉明校验码一般用于纠错。

本章人物

理查德·卫斯里·汉明（Richard Wesley Hamming，1915 年 2 月 11 日—1998 年 1 月 7 日），美国数学家，他对计算机科学和通信领域的贡献包括汉明校验码（Hamming Code），Hamming Window，Hamming numbers，Sphere-packing（或称之为 Hamming Bound）和 Hamming Distance。

理查德·卫斯里·汉明

1937 年获芝加哥大学学士学位，1939 年获内布拉斯加大学硕士学位，1942 年获伊利诺伊大学香槟分校博士学位。“二战”期间，在路易斯维尔大学当教授，并于 1945 年参加“曼哈顿计划”，负责编写程序及计算物理学家所提供方程的解，以判断引爆核弹会否燃烧大气层，结果是不会，于是核弹便开始试验。1946—1976 年，在贝尔实验室工作。他曾和杜奇、香农合作。1956 年，他参与了 IBM 650 的编程语言开发工作。

1968 年，他因在 AT&T 贝尔实验室从事关于错误校正码的工作而荣获图灵奖，以表彰他在数字方法、自动编码系统、检测及错误纠正方面的杰出贡献。

习　题　2

2.1　选择题

1. 下面整数补码机器数真值最大的是（　　）。

   A. $(10000000)_2$　　B. $(11111111)_2$　　C. $(01000001)_2$　　D. $(01111111)_2$

2. 下面最小的数字是（　　）。

   A. $(123)_{10}$　　B. $(136)_8$　　C. $(10000001)_2$　　D. $(8F)_{16}$

3. 整数在计算机中通常采用（　　）格式存储和运算。

   A. 原码　　B. 反码　　C. 补码　　D. 移码

4. 计算机中浮点数的指数部分通常采用（　　）格式存储和运算。

   A. 原码　　B. 反码　　C. 补码　　D. 移码

5. 下面不合法的数字是（　　）。

   A. $(11111111)_2$　　B. $(139)_8$

C. $(2980)_{10}$　　D. $(1AF)_{16}$

6. −128 的 8 位补码机器数是(　　)。

A. $(10000000)_2$　　B. $(11111111)_2$　　C. $(01111111)_2$　　D. 无法表示

7. 8 位字长补码表示的整数 N 的数据范围是(　　)。

A. −128～127　　B. −127～127　　C. −127～128　　D. −128～128

8. 8 位字长原码表示的整数 N 的数据范围是(　　)。

A. −128～127　　B. −127～127　　C. −127～128　　D. −128～128

9. 8 位字长补码运算中,(　　)的运算会发生溢出。

A. 96+32　　B. 96−32　　C. −96−32　　D. −96+32

10. 补码数$(10000000)_2$算术右移一位和逻辑右移一位的结果分别是(　　)。

A. $(11000000)_2$ 和$(01000000)_2$　　B. $(01000000)_2$ 和$(11000000)_2$

C. $(01000000)_2$ 和$(01000000)_2$　　D. $(11000000)_2$ 和$(11000000)_2$

11. 汉字在计算机中存储所采用的编码是(　　)。

A. 区位码　　B. 输入码　　C. 字形码　　D. 汉字机内码

12. 下列 BCD 编码中,(　　)是无权编码。

A. 8421 码　　B. 2421 码　　C. 5211 码　　D. 格雷码

13. 若采用偶校验,(　　)的数据校验错误。

A. $(10101010)_2$　　B. $(01010101)_2$

C. $(11110000)_2$　　D. $(00000111)_2$

14. 国际上最常用的英文字符编码是(　　)。

A. ASCII　　B. Unicode　　C. GB 2312　　D. GBK

15. 5421BCD 编码中 1100 是(　　)的编码。

A. 6　　B. 7　　C. 8　　D. 9

16. 硬盘数据块检错通常采用(　　)。

A. BCD 码　　B. 奇偶校验码　　C. CRC　　D. 汉明校验码

17. 不能对汉字字符进行编码的是(　　)。

A. BIG5　　B. ASCII　　C. Unicode　　D. GBK

2.2 填空题

1. 设字长为 8 位,则整数−1 的原码表示为________,反码表示为________,补码表示为________,移码表示为________。

2. 设字长为 n 位,则原码表示范围为________,补码的表示范围为________。

3. $(200)_{10}$=$\underline{\qquad\qquad}_2$=$\underline{\qquad\qquad}_8$=$\underline{\qquad\qquad}_{16}$。

4. $(326.2)_8$=$\underline{\qquad\qquad}_2$=$\underline{\qquad\qquad}_{16}$。

5. $(528.0625)_{10}$=$\underline{\qquad\qquad}_{16}$。

6. 溢出产生的根本原因是________。

7. 一个 R 进制数转换为十进制数常用办法是________。一个十进制数转换为 R 进制数时,整数部分的常用方法是________,小数部分的常用方法是________。

8. 计算机中一个浮点数的表示格式由两部分构成:________和________。

9. 浮点数表示中数据的表示范围取决于________,数据精度取决于 ________。

10. 3 的 8421BCD 编码是________，余 3 码是________。

11. 国际上常用的英文字符编码是________，它采用 7 位编码，可以对________种符号进行编码。

12. 若字母 A 的 ASCII 编码是 65，则字母 B 的 ASCII 编码是________，字母 a 的 ASCII 编码是________。

13. 一个汉字的 GB 2312—1980 机内码在计算机中存储时占用________字节。

14. 若一个汉字的区位码是 2966，则其国标码是________，其 GB 2312—1980 机内码是________。

15. 在 24×24 点阵字库中，一个汉字的字模信息存储时占用________字节。

16. 字库有两种形式：________和________。

17. ________是通行于台湾省、香港和澳门特别行政区的一个繁体汉字编码方案。

18. 常用的校验编码有________、________和________。

19. ________常用于检测单个字符的通信错误，________常用于检测批量数据的通信错误，________主要用于检测并纠正数据错误。

20. 奇校验中要求数据位和校验位中为 1 的位数必须是________个。

21. 真值－0.1101 的 8 位字长定点小数补码机器数是________。

2.3 计算题

1. 设字长为 8 位，分别用原码、反码、补码和移码表示－127 和 127。

2. 将 63 表示为二进制、八进制、十六进制数。

3. 将$(3CD.6A)_{16}$转换为二进制和八进制数。

4. 设字长为 8 位，$X=-96$，$Y=33$，用双符号位补码计算 $X-Y$，并判断是否发生溢出。

5. 设某汉字的区位码为 2966，求该汉字的国标码和 GB 2312—1980 机内码。

6. 设字长为 8 位并采用补码表示，分别求 16 和－16 算术左移两位、算术右移两位、逻辑左移两位和逻辑右移两位的运算结果。

7. 设字长为 8 位，$X=10100101$，$Y=11000011$，求 $X\wedge Y$、$X\vee Y$、$X\oplus Y$ 的运算结果。

2.4 简答题

1. 什么是 ASCII 码？它有什么特点？

2. 汉字输入码、机内码和字模码（字形码）在计算机汉字处理中各有什么作用？

3. 常用的数据校验码有哪些？各有什么特点？

第3章　计算机硬件

计算机硬件指计算机内部那些看得见、摸得着的物理装置，是计算机存在的物质基础。如果没有计算机硬件，上层软件就成了空中楼阁，无法安装和运行。

计算机硬件通常由CPU、存储器、输入设备、输出设备、接口电路和计算机主板（总线）组成，其中存储器又分为内部存储器（内存）和外部存储器（外存）。通常将CPU、内存、接口电路和总线称为主机部分，将外存和输入输出设备称为外设部分。计算机硬件组成如图3.1所示。

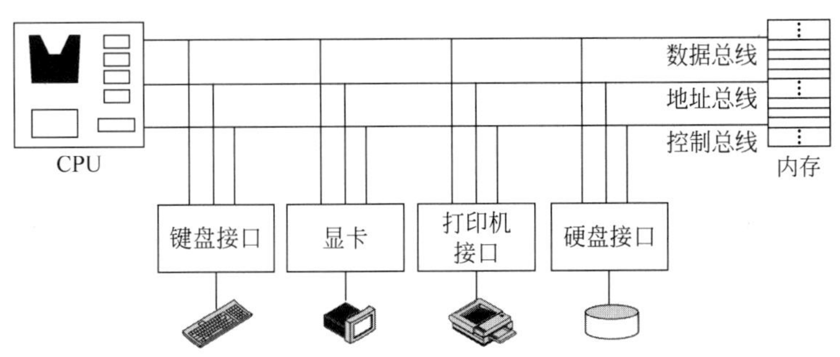

图3.1　计算机硬件组成的逻辑示意图

3.1　CPU

CPU即中央处理器，是计算机系统的指挥控制核心，主要由运算器、控制器和一些寄存器组成，如图3.2所示。

1. 运算器

运算器（arithmetic logic unit，ALU）的主要功能是在控制器的指挥下，进行算术运算和逻辑运算，从而实现对数据的加工和处理。

2. 控制器

控制器的功能是指挥计算机的各个部件协调一致地自动运行，具体功能包括程序控制、操作控制和时间控制。程序控制是保证计算机按照程序规定的顺序执行，即指令的执行顺

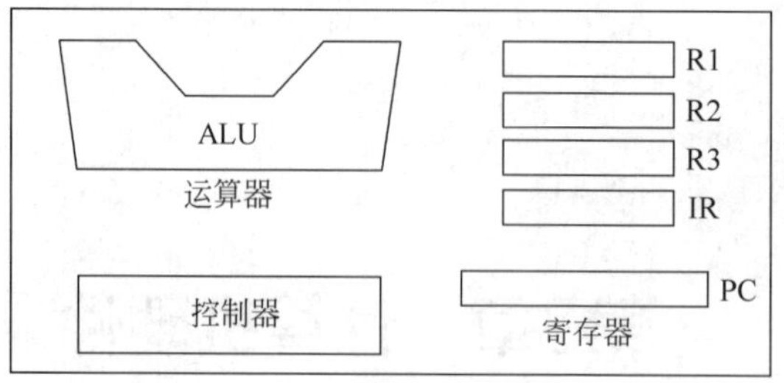

图 3.2　CPU 组成示意图

序不能任意颠倒;操作控制是管理并产生实现每条指令功能所需的操作信号,并将这些信号发送到相应的部件;时间控制是控制计算机按规定的时序发出各种信号,使计算机有条不紊地工作。

3. 寄存器

寄存器是 CPU 内临时存放信息的部件。按照功能的不同,寄存器可分为数据寄存器、指令寄存器和程序计数器。

(1) 数据寄存器(data register,DR)。用于暂存从内存中读出或将写入内存中的数据。图 3.2 中 R1、R2 和 R3 都是数据寄存器。大家日常使用的微型计算机和笔记本电脑里面大多安装的是 Intel 的奔腾 CPU,其内部就有 8 个通用数据寄存器。

(2) 指令寄存器(instruction register,IR)。用于保存 CPU 正在执行的指令的二进制码。图 3.2 中 IR 所表示的是指令寄存器。

(3) 程序计数器(program counter,PC)。用于跟踪 CPU 下一条将要执行的指令的内存地址。图 3.2 中 PC 即是程序计数器。

图 3.3 所示的是 Intel 至强 CPU 芯片以及主板上预留的 CPU 插座实物图。在组装计算机硬件时,只需要把 CPU 放入主板插座内再用边上的卡扣卡紧,CPU 底下数百条引脚就和主板内部的总线相连接,这样 CPU 便可通过总线访问主板上的内存和接口了。为了使 CPU 稳定运行,安装好 CPU 后,还需要在 CPU 上用散热胶贴紧安装一个风扇,用于给 CPU 散热降温。

图 3.3　CPU、CPU 插座以及散热风扇实物图

CPU 性能对计算机整机性能有决定性作用。以前主要是通过提高 CPU 主频和字长来提高计算机性能,例如主频由 5MHz 提高到 3GHz 以上,字长由 4 位提高到 64 位。但目前摩尔定律越来越受到一些物理极限的制约,采用传统方法,计算机性能很难再以每隔 18 个月速度提高一倍的规律继续增长下去。当代计算机更多的是从体系结构方面挖掘并行性以

提高计算机性能，例如 cache、流水线结构、超标量结构、多线程 CPU、多核 CPU、机群系统等，采用多个运算部件、多个内核（每个内核相当于早期的单个 CPU）、多台独立计算机合作完成一项复杂任务。

在个人计算机市场，目前主流的 CPU 厂商有 Intel 和 AMD，这两家公司的 CPU 大多采用 x86 架构，在指令系统和体系结构方面兼容，占有大部分市场份额。龙芯是我国拥有自主知识产权的通用高性能微处理芯片，主要用于个人计算机、服务器和工控机等领域。兆芯国产 x86 处理器由上海兆芯集成电路有限公司生产，是完全自主研发的 x86 通用处理器。

智能手机市场的主要 CPU 厂家有 Intel、德州仪器、高通、三星和华为等。海思麒麟（Kirin）系列是属于华为集团的手机处理器芯片产品，最新的麒麟 990 处理器采用 7nm 工艺，集成 103 亿个晶体管；内置 5G 基带芯片，可以实现真正的 5G 上网；内部包含 8 核 CPU 和 16 核 GPU（graphics processing unit，图形处理单元），在性能上领先美国高通骁龙 845 处理器。

我国的集成电路工业起步较晚，CPU 成为最受制于他人的关键环节。但由于国家高度重视以及财政大力支持，现在与国外先进 CPU 技术之间的差距越来越小。除前面提到的龙芯、麒麟外，我国自主研发的飞腾、鲲鹏、昇腾等 CPU 也取得巨大进步，已经在成熟的商业产品中广泛使用。飞腾 CPU 有嵌入式、桌面以及服务器全系列产品。由国防科技大学自主研发的天河 1A 超级计算机内部就采用了 2048 个 8 核飞腾 CPU 和 14 336 个 6 核至强 CPU，峰值运算速度达到每秒千兆次以上，连续多年处于世界超级计算机 500 强榜单之首。鲲鹏和昇腾系列处理器都是深圳华为公司的产品。鲲鹏系列基于 ARM（acorn RISC machine，进阶精简指令集机器）架构，属于 RISC（reduced instruction set computing，精简指令集）的处理器，是华为在 2019 年 1 月发布的高性能数据中心处理器。华为自主的数据中心泰山服务器和华为云服务都使用了鲲鹏系列处理器。昇腾系列处理器是华为公司发布的人工智能处理器，采用华为开放式“达·芬奇架构”。昇腾处理器不单独对第三方销售，而是通过 AI（artificial intelligence，人工智能）加速模块、AI 加速卡、AI 服务器等形式对第三方销售，例如知名的华为 Atlas 系列 AI 模块、AI 服务器和 AI 集群内部都使用了昇腾处理器。此外，华为公司自动驾驶技术也采用鲲鹏＋昇腾系列芯片的组合。

3.2 存储器

存储器是计算机的重要硬件之一，是计算机中的记忆部件。计算机中的全部信息，包括输入的原始数据、计算机程序、中间运行结果和最终运行结果都以二进制形式保存在各种存储器中。冯·诺依曼型计算机的基本原理是“存储程序”，其核心思想是将编制好的程序和待加工的数据预先输入到计算机的内存中。计算机在控制器的控制下可以从内存中自动高速地按顺序取出、分析和执行相应指令，从而完成程序设定的操作。

3.2.1 存储单元和地址

存储器的最基本组成单位是存储元。一个存储元只能存储一个二进制位，即一个 0 或者 1，一般以 bit 为单位。存储元通常是根据电子原理或磁电转换原理实现信息保存。一个存储元所能存储的信息量很少，计算机中通常把多个存储元作为一个整体来表示更大的数据单位。8 位存储元组成的单位叫作一个字节(Byte,B),由多个字节可以组成更大的数据单位。计算机中常用的数据存储单位有:

$$1\text{Byte}=1\ \text{B}=8\text{bits}$$
$$1\text{KB}=1024\text{B}=2^{10}\text{Bytes}$$
$$1\text{MB}=1024\text{KB}=2^{20}\text{Bytes}$$
$$1\text{GB}=1024\text{MB}=2^{30}\text{Bytes}$$
$$1\text{TB}=1024\text{GB}=2^{40}\text{Bytes}$$

地址	存储单元	
00000H	0011	0100
00001H	0101	1101
00002H	0111	0110
00003H	0010	1011
⋮	⋮	⋮
FFFFDH		
FFFFEH		
FFFFFH		

图 3.4 存储单元示意图

一个内部存储器由许多存储单元组成,每个存储单元由多个存储元组成,可以存放一个存储字(Word)。现在计算机存储单元的长度通常是 8 位、16 位或者 32 位。存储器中的所有存储元构成一个二维存储元阵列,该二维阵列的每一行称为一个存储单元,所有存储单元构成了一个一维线性结构,如图 3.4 所示。每个存储单元在整个存储器中的位置都有一个编号,这个编号称为该存储单元的地址,一般用十六进制(H)表示。整个内部存储器就好像是一座大楼,存储单元是大楼的房间,存储单元的地址就相当于房间号。一个存储器中所有存储单元的总数量称为它的存储容量。图 3.4 示例中的存储器结构地址范围是$(00000)_H \sim (FFFFF)_H$,共有 2^{20} 个存储单元,每个存储单元的长度为 8 位。左边一列列出了每个存储单元的地址,右边给出了每个存储单元保存的内容。例如,3 号单元的内容是 00101011B,也就是说 3 号单元存储的数据为 4BH。

CPU 根据存储单元的地址来访问存储单元的内容。从一个存储单元读出或写入数据的时间称为读写时间,CPU 连续启动两次对存储器读或写操作之间的最小间隔称为存取周期。这两项是衡量存储器存取速度的重要指标。

存储器和 CPU 最主要的连接线有地址线、数据线和读写控制线。地址线用于从 CPU 向存储器发送待访问存储单元的地址信息;数据线用于在 CPU 和存储器之间传输数据信息;读写控制线用于指明对存储器的操作性质。信息从 CPU 传向存储器称为写入,反之称为读出。地址线的条数决定了存储器的存储单元数量,数据线的条数决定了存储器一次可以和 CPU 传输的数据量。例如,8086 CPU 和存储器之间有 20 条地址线和 16 条数据线,因此 8086 CPU 最多可以访问 $2^{20}=1\text{MB}$ 内存,在一个存储周期内通过数据线可以和内存传输 16 位数据。

当代计算机的内存都制作成独立的集成电路模块,称为内存条。主板上预留有内存插槽,这样有利于计算机内存的替换和容量扩充。图 3.5(a)为内存条实物图,图 3.5(b)圆圈处为内存插槽。组装计算机时只需将内存条插入插槽中,CPU 就可通过主板内部的连线访问内存条中的数据了。内存条有多种规格,计算机发展历史上出现过 FPM、EDO、SDRAM、DDR(double data rate,双倍速率同步动态随机存储器)等种类内存条,目前最主流的是 DDR4 内存条,即第 4 代 DDR 内存。

3.2.2 存储器分类

按照存储介质和使用特性的不同,存储器可以有多种分类方法。

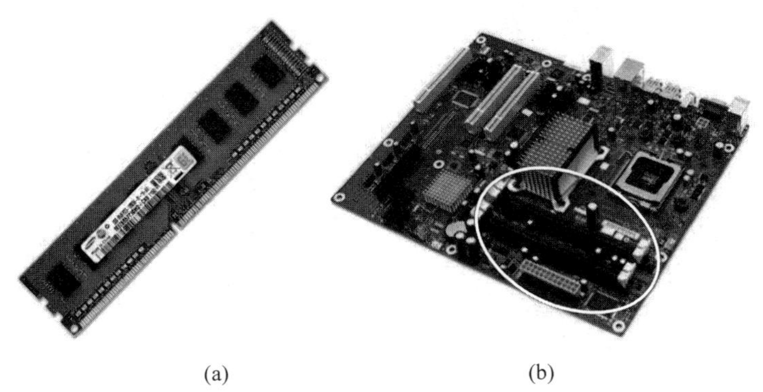

(a) (b)

图 3.5 内存条主板内存插槽及实物图

1. 按照存储介质分类

按照存储介质的不同,存储器主要可分为磁介质存储器、半导体存储器和光介质存储器。

磁介质存储器(例如软盘、硬盘、磁带等)是利用磁性材料剩磁状态的不同来表示二进制信息。该类存储器的信息可以长久保存,即使断电后信息也不丢失,但 CPU 无法直接访问该类存储器。

半导体存储器是利用电子元件的两种稳定状态来表示二进制的 0 和 1。CPU 可以直接访问该类存储器并且访问速度很快,计算机的主存一般都属于该类存储器。

光介质存储器(例如光盘)利用光的反射信号的强弱来表示二进制信息。

2. 按照存储器分类

按照存储器存取方法的不同,存储器主要分为随机访问存储器和只读存储器两类。

随机访问存储器(random access memory,RAM)指 CPU 可以按照存储单元地址通过指令直接读写的存储器。CPU 对 RAM 中的所有存储单元访问时间基本一样。

只读存储器(read only memory,ROM)是一种对其内容只可读出不可写入的存储器,在计算机中通常存放固定不变的程序和数据,例如 BIOS(basic input/output system,基本输入输出系统)中的系统自检测程序和字库等。ROM 根据采用的半导体技术又可分为掩模式只读存储器(MROM,mask ROM,出厂时数据固定,用户不可更改)、可编程的只读存储器(PROM,programmable ROM,出厂时数据全为 1,用户可以通过专用设备将 1 改为 0,但只能改写一次)、可擦除可编程的只读存储器(EPROM,erasable programmable ROM,用户可以多次改写和擦除数据,但必须通过特别设备和方法才可实现)、EEPROM(也称为 E^2PROM,可多次在线编程和擦除)和 Flash 存储器(大容量 EEPROM,可多次在线编程和擦写)。

注意: 将数据写入 ROM 中称为编程,它所需要的时间是将数据写入 RAM 时间的数百倍,并且需要特殊的时序操作甚至需要特殊的设备。因此在 CPU 正常运行时,CPU 在一个存储周期内对 ROM 只能读取而不能写入,但对 RAM 可读可写。

3. 按信息的存储原理分类

按信息的存储原理,存储器可分为动态存储器和静态存储器两类。

动态存储器(dynamic memory,DRAM)是根据电容充电原理来存储信息的。因为电容会漏电，所以必须对里面的信息定期更新才不会丢失信息，这个过程称为动态存储器刷新。动态存储器功耗小，集成度高，现代计算机的主存主要由 DRAM 构成。

静态存储器(static RAM，SRAM)是根据电子器件的双稳态原理来存储信息的。在不断电的情况下，SRAM 里的信息不会丢失，因此不需要刷新。静态存储器功耗大、集成度低，但运行速度比 DRAM 快，一般用来做高速缓冲存储器(cache)。

4. 按照存储器所处位置和作用分类

根据存储器在计算机中所处位置和作用的不同，存储器可以分为内部存储器、外部存储器和缓冲存储器等。

内部存储器简称为内存或主存，它读取速度快，但价格高，容量小，主要用来存放计算机在运行期间正在执行的程序和操作的数据。内存和 CPU 通过系统总线直接相连，CPU 可以直接按照内存单元的地址读写内存。内存通常由 SRAM 或 DRAM 类型的半导体存储器构成。

外部存储器也称为辅助存储器或辅存，它读写速度慢，但容量大、单位价格便宜，主要用来存放计算机的文件系统，例如操作系统代码、所有用户程序、大型数据库信息等需要长期保存的程序和数据。外部存储器中的信息必须经接口电路首先调入主存中，才能被 CPU 访问。

高速缓冲存储器也称为 cache，位于 CPU 和主存之间，里面保存的是主存中最活跃的信息副本。设置 cache 的目的是解决 CPU 和主存速度不匹配的矛盾。

3.2.3 cache 的工作原理

cache 技术是 20 世纪 60 年代发展起来的一种旨在提高主存访问速度的存储技术。cache 是介于 CPU 和主存之间的一个小容量存储器，其主要目的是解决 CPU 和主存速度不匹配的问题。主存虽然速度比其他种类存储器速度快，但比 CPU 的速度还是慢得多，目前已成为制约计算机系统性能的主要瓶颈。当代高性能 CPU 的工作主频可以达到几 GHz，而且普遍采用超标量和超流水线等技术，在一个 CPU 周期内能并行执行多条指令。然而，这些指令和待处理的数据都来自主存。一般主存采用 DRAM 实现，其工作速度比处理机慢很多。只有采用 cache 技术，才能高速地向 CPU 提供指令和数据，充分发挥 CPU 的性能。

cache 具有如下特点。

(1) 处于存储器层次结构的“CPU-主存”之间。

(2) 容量比主存小很多。

(3) 速度比主存快 5 倍以上，通常由双极型静态存储器 SRAM 构成。

(4) 存放的是主存中最活跃、访问最频繁的数据的副本。

(5) cache 中可以存储指令，也可以存放数据。

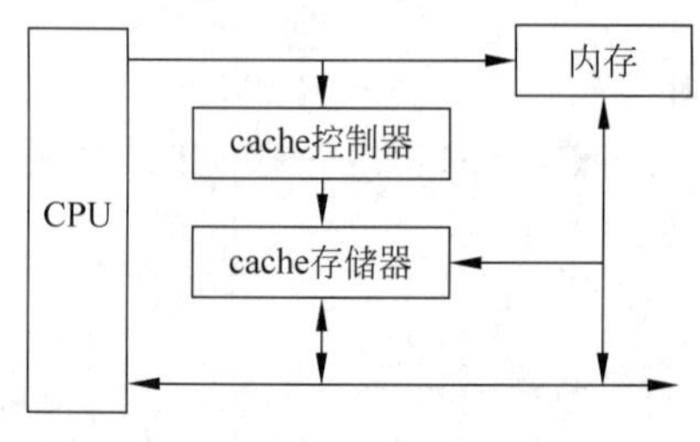

图 3.6 cache 工作原理图

(6) cache 全部功能通过硬件实现，对软件开发人员透明，即软件开发人员无须知道计算机里有没有 cache，有多大容量 cache。

(7) cache 容量越大，内存平均访问速度越接近于 CPU 速度。

cache 的工作原理如图 3.6 所示。cache 主要由 cache 存储器和 cache 控制器两部分组成，cache 存储

器用于存储内存的信息副本，cache 控制器主要用于在 cache 中快速查找和替换信息。当 CPU 要访问内存时，CPU 把访问请求同时发送给内存和 cache。由于 cache 速度很快，若 cache 中缓存有待访问数据，则由 cache 直接把数据发送给 CPU 并结束此次内存访问。若 cache 中没找到访问数据，则经过一个内存周期后，内存会把相关数据送给 CPU，并通过 cache 控制器把该数据保存到 cache 中，以便下次访问它时可以在 cache 中快速找到。若 cache 中没有足够空间存放数据，则 cache 控制器会根据一定的替换算法淘汰 cache 中的部分原有数据，以便给新数据让出存储空间。

若在 m 次内存访问中有 n 次数据在 cache 中找到，则我们称该 cache 的命中率为 n/m。命中率越接近 1，CPU 访问内存的平均速度越快。命中率与 cache 控制器的替换算法和 cache 容量有关。一般情况下 cache 容量越大，命中率越高。

目前 cache 技术广泛应用于从嵌入式系统到巨型机的各种计算机上。高性能处理机上通常有多级 cache，根据存储信息不同又分为指令 cache 和数据 cache，最接近 CPU 的一级 cache 容量最小，速度最快。一台计算机 cache 容量越大，通常性能越好。现在市场上采用奔腾 CPU 的个人计算机都普遍配置了三级 cache，其中一级 cache 集成于 CPU 内部，二级和三级 cache 集成于主板之上。

3.2.4 虚拟存储器原理

虚拟存储器（virtual memory，VM）简称为虚存，指操作系统采用“虚拟存储”技术并结合一定的硬件措施，将内存与辅助存储器（如硬盘）结合使用，把辅助存储器当作内存的一部分来用，给用户提供一个比实际内存容量大得多的存储器。该存储器工作速度接近于主存速度，每位成本又接近于辅存成本，称之为虚拟存储器。

在没有虚拟存储器之前，应用程序要全部装入内存之后才能启动运行。若内存空间不足，则无法运行应用程序。有了虚拟存储器后，用户编写可运行的程序不再受制于实际内存大小，程序也不再需要事先全部装入内存才可运行。虚拟存储器已成为计算机系统中非常重要的组成部分。

虚拟存储器是由硬件和操作系统自动实现存储信息的调度和管理的，其工作原理如下。

程序并不是均匀地被 CPU 访问，有些代码会被频繁访问，例如通用子程序，而有些代码很少被访问，例如错误处理代码只在程序出错时才执行。根据程序局部性原理，一个刚被访问过的数据在不久的将来再次被访问的概率很高（称为时间局部性），一个刚被执行过的指令附近的指令被执行的概率也很高（称为空间局部性），因此运行一个程序时没必要把这个程序的所有代码都装入物理内存后再执行。可以把待运行程序的一部分代码调入内存而大部分代码留在辅存上，接着启动运行。当程序运行到没有调入内存的代码部分时，由操作系统从辅存把这部分代码调入主存（称为页面调入）并继续运行。如果调入时内存空间不够，可以根据一定的内存替换算法把内存中暂时不用的代码写回到辅存（称为页面调出），再把当前要执行的代码调入主存。程序就以这种走走停停的方式运行，使其代码在内存和辅存之间调入调出。整个运行过程中只有少量代码在主存中，大部分代码在辅存中。由于调入调出由操作系统自动实现，时间也很短，用户感觉自己的程序是在内存中连续运行的。

虚拟存储器有以下的功能特点。

（1）虚拟存储器的主要目的是解决计算机内存不够用的问题。

（2）虚拟存储器处于存储器层次结构的“主存-辅存”之间。

（3）虚拟存储器使计算机的虚存容量达到辅存的容量，访问速度接近主存的速度，平均位成本接近辅存的成本。

（4）虚拟存储器以页（页的大小一般为 512B 到几 KB）为单位进行调入调出。

（5）虚拟存储器由操作系统自动实现调入调出。

当代主要的 CPU 都支持虚拟存储器功能，其内部的 MMU（memory management unit，内存管理单元）部件主要负责对虚拟存储器进行管理。虚拟存储器在 Windows 系统中，可以把硬盘的一部分作为虚拟存储器的页面对换区。Windows 的虚拟内存对应系统盘根目录下的系统文件 pagefile. sys。该文件即 Windows 系统的虚拟内存页面文件，它的大小可以通过控制面板来更改，通常设置为计算机实际内存的 1 至 2 倍大小。

3.2.5 存储器的层次结构

用户对存储器的追求目标是容量越大越好，速度越快越好，成本越低越好，但这些目标是相互矛盾、相互制约的。SRAM 速度最快，但价格贵且容量有限；磁盘容量够大，但访问速度太慢。显然采用单一存储器无法同时满足容量、速度、价格这三方面的需求。可行的途径是在计算机中同时采用多种存储器，充分发挥每种存储器的优势，在计算机的软硬件控制下把它们按照一定的层次结构结合成一个有机整体，这样才能解决计算机存储器容量、价格、成本之间的矛盾。计算机存储器的层次结构如图 3.7 所示。

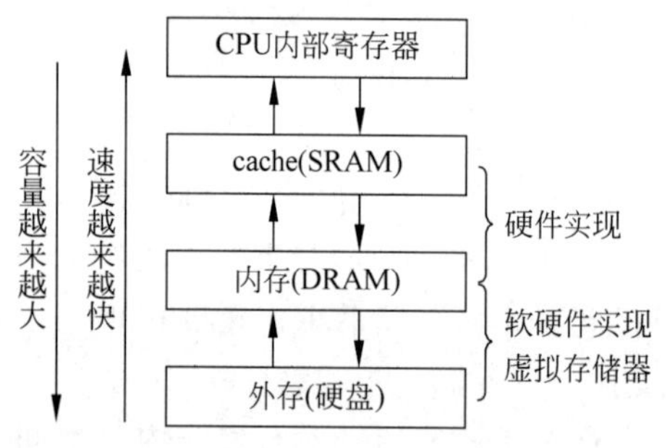

图 3.7　存储器层次结构

计算机系统中可以存储用户数据的器件是：寄存器、cache、内部存储器、外部存储器。它们离 CPU 越来越远，速度越来越慢，但容量越来越大，价格也越来越便宜。

寄存器在 CPU 内部，处于层次结构最上层，其访问速度最快但容量最小。通常 CPU 只有几个到几十个寄存器。在编写软件时应该尽量利用寄存器，尽量把数据放在寄存器中处理，才能获得最高执行速度。有些书本所讲的存储器层次结构不包含这一级。

cache 位于 CPU 和内存之间，一般由 SRAM 组成，其访问速度是内存的 10 倍以上，容量可达几百 KB 到几 MB，里面存储的是内存中使用最频繁的程序和数据的副本。当 CPU 要访问内存数据时先到 cache 中找，找到就使用，找不到再从内存中读取。这个过程通常由硬件自动实现，对程序员透明。

内部存储器简称内存，通常由 DRAM 组成。与 SRAM 相比，DRAM 集成度更高、容量更大且价格更便宜。目前的计算机都配置有几 GB 的内存。内存与 CPU 通过系统总线相连，里面的程序和数据可以被 CPU 直接访问，CPU 通过内存地址来访问内存。由于 CPU 的速度比内存速度快许多倍，而内存又是 CPU 的主要数据加工场，因此，如何提高内存的访问速度成为存储器设计的关键。通常的做法是在 CPU 与内存之间增加 cache，以缓解 CPU 与内存速度不匹配的矛盾。

硬盘通常用作计算机的外部存储器。硬盘容量很大且价格便宜，但硬盘是一种机械装

置，属于外部设备范畴，读写速度慢且 CPU 无法直接读写里面的数据。硬盘通常用来存放计算机中的操作系统代码、各种应用程序和需要长期保存的数据。硬盘中的数据必须首先调入内存才能被 CPU 访问。

为了解决内存容量不够用的问题，使可运行的程序代码大小不再受限于计算机实际物理内存大小，现代计算机系统通过软硬件方法，把内存和辅存相结合构成虚拟存储器。用户运行程序时不再需要全部装入内存，可以边运行边装入。该功能由操作系统自动实现。

层次存储器结构有如下特点。

(1) 存储体系中各层之间的信息流动由辅助硬件或操作系统自动完成。

(2) 层次存储结构可以提高计算机的性价比，在速度方面接近最高层存储器，在容量和价格方面接近最底层存储器。

(3) 层次存储器体系访问数据的顺序：CPU 先访问 cache；若在 cache 中未找到，则存储系统通过辅助硬件在内存中找；若还未找到，则存储系统通过辅助硬件和软件到辅助存储器中找；找到后再把数据逐级上调，没有空间时需将页面调出以让出空间。

3.3　外部设备

计算机外部设备种类繁多，大部分是机械、光电低速设备，它们的通信速度、工作方式、信息格式、工作电压、信号类型千差万别，因此无法直接和系统总线相连，计算机用接口(interface)电路作为外部设备和 CPU 之间的中转站，每个接口里都有少量可供 CPU 读写的寄存器，称为端口(port)。CPU 通过对接口中的端口读写数据实现对外部设备的间接控制，接口收到 CPU 发来的命令就会按要求驱动外部设备完成指定功能。

计算机中外部设备可分为输入设备、输出设备和外部存储器三大类。输入设备包括键盘、鼠标、光笔、麦克风、游戏杆、摄像机、扫描仪、传真机等；输出设备包括显示器、打印机、绘图仪、音箱等；外部存储器包括硬盘、软盘、光盘、U 盘、磁带等。除此之外，计算机通常还连接大量网络通信设备(例如调制解调器 modem、交换机、路由器等)、多媒体设备(例如数码相机、投影仪等)、工业控制设备(例如 A/D 转换器、D/A 转换器、数据采集设备等)，这些设备也属于外部设备。

3.3.1　输入设备

1. 键盘

键盘是计算机中使用最普遍的输入设备。用户通过键盘可以向计算机输入各种数据和命令。目前常见的键盘有 101 键和 104 键两种标准。键盘上布有 26 个英文字母键、10 个阿拉伯数字键、$F_1 \sim F_{12}$ 功能键以及 Ctrl 键、Shift 键、Alt 键等。

按工作原理的不同，可将键盘分为机械式和电容式两种。机械式键盘结构简单，成本低，手感好，但寿命低。电容式键盘功耗低，成本低，寿命长，是目前主流键盘。

按插头形式的不同，可将键盘分为 PS/2 和 USB(universal serial bus，通用串行总线)两种键盘。图 3.8(a)为 USB 插头，图 3.8(b)为 PS/2 插头。目前大部分键盘配 USB 插头。

2. 鼠标

鼠标是计算机中常用的手持式坐标定位部件。用户通过该设备可以向计算机发送操作命令，在计算机中选取操作对象等。当用户移动鼠标时，鼠标会将其相对坐标发送给主机。

按工作原理的不同，可将鼠标分为机械式和光电式两种。机械式鼠标通过鼠标垫与 X、Y 轴方向的滚动杆之间的摩擦来检测相对位移量。光电式鼠标根据光的反射原理来检测相对位移量。

按插头形式的不同，可将鼠标分为 PS/2 鼠标和 USB 鼠标。如图 3.8 所示，目前市面上大部分鼠标都是 USB 插头鼠标。新式的无线鼠标通过无线方式将坐标数据传输给主机，主机端的无线接收器也采用 USB 插头。

(a) (b)

图 3.8　USB 及 PS/2 设备插口实物

3.3.2　输出设备

1. 显示器

显示器是使用最广泛的人机通信设备，用于将计算机存储器中的数据以人可理解的方法显示出来。显示器通常连接到显卡上，显卡再插入计算机系统总线的扩展槽里。CPU 通过显卡控制显示器的显示模式和显示内容。

按显示内容的不同，可将显示器分为字符显示器、图形显示器和图像显示器。

按工作原理的不同，可将显示器分为 CRT（catchode ray tube，阴极射线管）显示器、LCD（liquid crystal display，液晶显示器）显示器、等离子显示器等。

按插头形式的不同，可将显示器分为 VGA（video graphics array，视频图形阵列）显示器（见图 3.9(a)）、HDMI（high defination multimedia interface，高清晰度多媒体接口）显示器（见图 3.9(b)）、DVI（drgital visual interface，数字视频接口）显示器（见图 3.9(c)），最流行的是 VGA 显示器。

(a) (b) (c)

图 3.9　VGA、HDMI、DVI 设备插头实物图

显示器的分辨率指图形显示器中像素点的个数或者字符显示器中字符窗口的个数，是显示器的重要技术指标之一。分辨率越高，画面越清晰，但所需要的显存容量也越大。刷新频率指显示器屏幕信息每秒更新的次数，刷新频率越高，显示的画面越稳定，同样要求显卡的数据传输率也越高，目前市场上显示器的刷新频率可达 75Hz 以上。

2. 打印机

打印机是使用最广泛的输出设备，用于将信息打印在纸上，可长期保存。

按插口形式的不同，可将打印机分为 DB9M 串口打印机（图 3.10(a)）、DB25F 并口（图 3.10(b)）打印机和 USB 口打印机，目前 USB 口打印机最流行。

按工作原理的不同，可将打印机分为针式打印机、喷墨打印机和激光打印机。针式打印

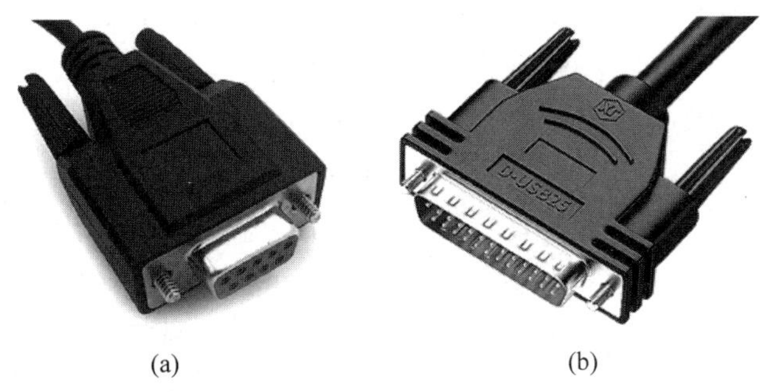

(a)　　　　(b)

图 3.10　DB9M 串口和 DB25F 并口实物图

机利用机械相互作用，使印字机构与色带和打印纸相击，从而在纸上印出字符，主要用于银行、税务等票据打印；喷墨打印机是利用喷墨头将墨水加热汽化后喷到纸上形成字符和图形，既可以黑白打印，也可以彩色打印；激光打印机利用静电原理，将碳粉吸附到打印纸上再加热定影得到图案，具有打印效果清晰、速度快、噪声低等特点，主要用于商务办公领域。

3. 外部存储器

外部存储器又称为外存或者辅存，是 CPU 不能直接访问的存储器，里面的信息必须先经外存接口电路读入内存，才能被 CPU 访问。外存主要包括磁带、软盘、硬盘和光盘等，其中最常用的是硬盘和光盘。

1）硬盘

硬盘通常将几个盘片以驱动器轴为轴线组装在一起，每个盘面都有一个读写磁头，如图 3.11 所示。

每个盘面由许多称为磁道的同心圆组成，如图 3.12 所示，所有磁道的存储容量都相同。所有盘面上相同编号的同心圆就组成许多圆柱面，每个磁道又分为多个容量大小相等的扇区。数据在磁盘上的存储地址由柱面号、磁头号和扇区号确定。为了提高硬盘的读写速度，计算机通常以扇区为单位对硬盘进行读写，一个扇区的大小为 512B 到几 KB。

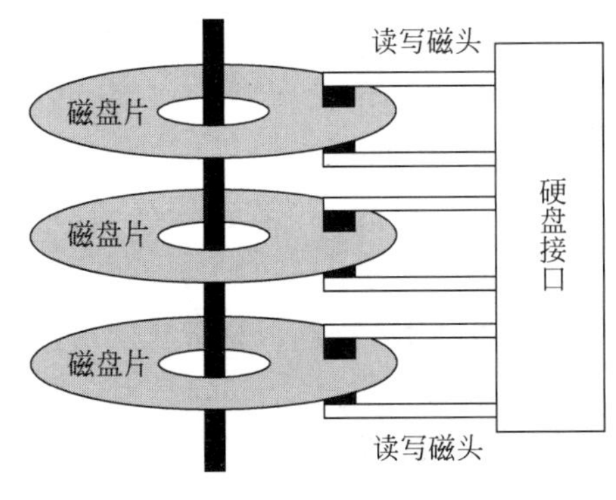

图 3.11　硬盘内部结构示意图

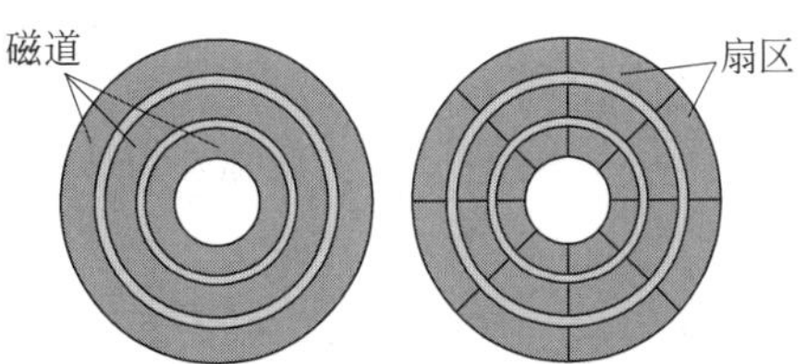

图 3.12　磁道和扇区示意图

硬盘常用的技术指标有存储容量、转速以及数据传输率等。硬盘的存储容量指硬盘可以存储的信息总量，目前市场上硬盘的存储容量可达几百 GB 或几 TB。硬盘容量可按下式计算。

硬盘容量 = 盘面数(磁头数) × 柱面数(每面磁道数) × 每磁道扇区数 × 每扇区字节数

根据接口类型，硬盘可分为 IDE（integrated drive electronics，电子集成驱动器）（ATA 或 PATA）硬盘、SATA 硬盘、SCSI 硬盘等。IDE 硬盘也叫并口硬盘，采用 40 芯扁平电缆线将硬盘和主板连接，前几年比较流行。SATA 硬盘也叫串口硬盘，用 7 芯电缆和主板相连接，数据传输率更高，目前越来越流行。SCSI 硬盘主要用于性能要求比较高的服务器上。

上面所讲的硬盘模型是前几年比较流行的硬盘，一般称为机械硬盘，里面有复杂的机械装置，重量较重且体积较大。目前市场上出现一种新式硬盘——固态硬盘，它利用大容量 Flash ROM 芯片存储信息，读写数据时没有移动磁头、转动盘片等机械动作，其速度主要取决于 ROM 芯片的读写速度，比机械硬盘快得多。固态硬盘重量轻、体积小，但由于成本高等因素，目前固态硬盘的容量普遍比机械硬盘小很多。

2）光盘

光盘存储器是利用光学反射原理读写信息的外部存储器，由光盘片和光盘驱动器组成。光盘片用于存储信息，光盘驱动器用于对光盘片上的信息进行读写。

按照物理格式的不同，可将光盘分为 CD-ROM 和 DVD 光盘。CD-ROM 光盘存储容量可达 650MB，主要用于保存可靠性要求较高的程序和数据；DVD 容量可达几 GB，主要用于存储音频、视频等数据量大但可靠性要求不高的信息。

按照读写限制的不同，光盘可分为只读型光盘、写一次型光盘和可多次读写型光盘。CD 格式的这三种类型光盘分别称为 CD-ROM、CD-R、CD-RW；DVD 格式的这三种类型光盘分别称为 DVD-ROM、DVD-R、DVD-RW。光盘驱动器常用的接口形式有 IDE、SATA、SCSI 等，和硬盘类似。

3.4 接口电路

3.4.1 接口电路的工作原理

现代计算机的外部设备（以下简称外设）种类繁多，其工作速度、信号类型、操作时序和 CPU 以及系统总线无法匹配，因此外部设备无法直接挂接在系统总线上，CPU 也无法直接和外部设备通信。各种外部设备通过接口电路连接到计算机系统中，CPU 通过控制接口电路间接实现对外部设备的控制。显卡、声卡、网卡都是典型的接口电路。

所谓接口就是 CPU 与外设的连接电路，是 CPU 与外设进行信息交换的中转站。接口通常也称为适配器（adapter），其主要作用有以下三点。

（1）信息变换。信息变换包括信息种类变换（例如 A/D 或 D/A）和信息格式变换（例如串并转换）。

（2）速度协调。CPU 速度很快，而外设通常是机械式慢速设备，接口可以协调快速 CPU 与慢速外设之间的工作。

（3）辅助和缓冲功能。辅助和缓冲功能包括中断处理、电平转换、信号放大、功率匹配等。

图 3.13 所示为接口工作原理图。外设接口是 CPU 和外设的信息中转站。接口一边通过系统总线与 CPU 连接，一边通过外设连线与外设相连。外设接口电路中通常有多个寄存器，每个寄存器也像内存单元一样有地址，CPU 可以通过向该地址写入数据实现对接口的控制，当然也间接地实现了对外设的控制。接口中可供 CPU 读写操作的这些寄存器称

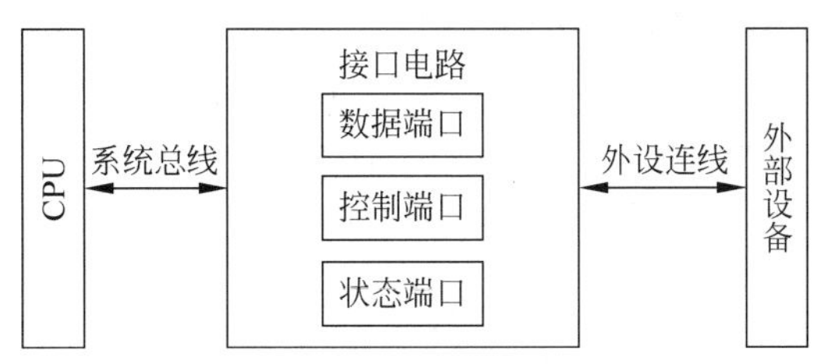

图 3.13 接口工作原理

为端口(port),这些寄存器的地址称为端口地址。

按存放信息的类型不同,端口可分为数据端口、状态端口和控制端口,分别存放数据信息、状态信息和控制信息。CPU 通过状态信息了解外设的工作情况,通过控制端口向外设发送控制命令,通过数据端口实现和外设的信息交换。

接口的工作过程如下:当 CPU 需要和外设交换数据时,会通过系统总线将数据写入相应接口的数据端口中,再将操作命令写入接口的控制端口中。接口收到 CPU 发送来的命令和数据后,再通过外设连线按照外设需要的数据格式、操作时序、信号电压等将数据传送给外设。操作完成时接口将完成情况写入状态端口中,CPU 通过系统总线读取状态端口即可获知命令执行是否成功,再决定下一步操作。

3.4.2 计算机常见的外设接口

1. 并行接口

并行接口(简称并口)指与外设以并行方式传输信息的接口,是计算机中的标准接口,主要用于连接并口打印机或扫描仪,使用的连接头是 25 针 D 形接头。所谓并行,指 8 位数据同时通过 8 根并行线进行传送,这样数据传送速度大大提高,但并行传送的线路长度受到限制,只适合 10 米以内的数据通信。随着连线长度增加,干扰随之增加,数据通信也就容易出错。因此并行接口适合于高速、短距离通信。

目前计算机主板都集成了一个并行口,Windows 系统中的设备文件名为 LPT1。

2. 串行接口

计算机的另一种标准接口是串行接口(简称串口或串行口),指与外设以串行方式传输信息的接口。现在的 PC 一般配有 1 或 2 个串行口。串行口的数据和控制信息是一位接一位在一根数据线上分时、串行地传送。串行传输速度较慢,但通信距离远,抗干扰性强,连线成本低,布线容易,在工业控制领域得到了广泛应用,因此远距离的通信应使用串行口。波特率表示串行通信中每秒传输的二进制位数,通常用于表示串行通信中数据传输的快慢程度,其常用单位为 b/s。1b/s =1 位/秒,当前串行通信速率可达 115 200b/s 以上。

计算机中的串行接口通常采用 9 针 D 形接头,用于连接 modem 或其他串行通信设备,也称为异步串行口(UART)。目前计算机主板都集成了两个串行口,Windows 中以设备文件名 COM1、COM2 等来命名。

3. 硬盘接口

硬盘接口是计算机系统中硬盘与主板的连接部件,常见的硬盘接口有 IDE、SATA、SCSI 等。接口类型不同,所用的连线电缆和数据传输率也不同。目前计算机主板上都集成了多个硬盘接口。

IDE接口也叫作ATA接口或PATA接口。IDE接口采用并行方式进行数据通信,可以连接IDE硬盘或光驱。由于IDE接口速度高、价格低、兼容性强,在微型计算机中广泛应用,一般的计算机主板都集成了1或2个IDE接口,分别标记为IDE1和IDE2。计算机中的IDE接口通常为40针的双排针插座。每个IDE口可以连接两个IDE设备(硬盘或者光驱),分为主设备和从设备。

SATA接口采用串行数据传输方式,用于替代传统的并行ATA接口,具有可靠性高、结构简单、抗干扰性强、支持热拔插等优点。现在的微机系统通常集成了多个SATA接口,每个接口可以连接一个SATA设备。SATA为7针单排插座。

SCSI接口即小型计算机系统接口,在做图形处理和网络服务的计算机中广泛采用SCSI接口的硬盘。除了硬盘以外,SCSI接口还可以连接光驱、扫描仪和打印机等。SCSI接口数据传输率高、应用范围广、CPU占用率低,但成本较高,必须配置专用的SCSI接口卡,主要用于中、高端服务器系统。

4. 网络接口

网卡(network interface card,NIC)也称为网络适配器,是计算机与网络设备(例如Hub、交换机、路由器等)之间的接口电路。网卡一般以独立插卡形式插在计算机系统总线扩展插槽中,或者集成于主板之上,再通过网线与网络设备连接。网卡的主要功能包括网络数据格式转换、收发数据缓存以及网络通信服务。

就像每个人有唯一一个身份证号码一样,每个网卡都有全球唯一的网卡物理地址,该地址也称为MAC(medium access control,介质访问控制)地址。该地址出厂时由网卡厂家设定,共48位,前24位为网卡厂家标识,由IEEE统一分配;后24位为厂家内部编号。通过MAC地址可以识别互联网上唯一的网卡。

网卡按照通信速率分为10Mb/s网卡、100Mb/s网卡、10/100Mb/s自适应网卡、千兆网卡;按照与网线的连接形式分为RJ-45以太网卡、BNC接口网卡、无线局域网卡等。

5. 显示器接口

显示器接口也称为显卡或显示适配器,用于将显示器连入计算机系统中。显卡一般以独立插卡形式插在计算机系统总线扩展插槽或AGP(accelerated graphics port,加速图形端口)插槽中,或者集成于主板之上,另外有15针VGA插口用于连接显示器和投影仪。显卡的基本功能是将CPU传送来的数字视频数据转化为显示器可以接受的格式(通常为模拟式RGB信号),再送到显示器上形成模拟视频信号。

6. 声卡接口

声卡也称为音频卡,是计算机中处理音频信号的接口硬件。它可以对外连接麦克风、音箱等声音设备。目前的计算机主板都直接集成了声卡接口。声卡的基本功能包括:录制外部模拟音频信号,将其转换为数字信息存入计算机文件中;将计算机中音频文件解码并转换为模拟信号,再通过音响设备播放;对数据声音进行编辑与合成处理。

7. USB接口

USB是通用串行总线的缩写,以串行方式与外设传输数据,成本低,数据传输率高,连线方便,目前计算机市场上有1.0、2.0和3.0版本的USB标准。计算机中的USB接口通常以标准4芯(电源、发送、接收、地线)连接头的形式出现,计算机主板上配有2～4个USB接口。USB接口常用于连接USB外设,如USB键盘、USB鼠标、U盘、移动硬盘、数字摄像

机、扫描仪、打印机等。

3.5 总　　线

3.5.1 总线的功能

总线(bus)是计算机的重要硬件组成部分,它是计算机与计算机之间或者计算机系统内部多个模块之间的一组公共传输通道,数据、地址和控制信息都经由总线传送。总线在计算机中通常表现为一组并排信号线,数量由几十根到几百根。

1. 根据功能分类

这些信号线根据其功能可以归为如下三类。

1) 地址总线

地址总线(address bus,AB)用来传送地址信息。地址总线的信息是单向传送的,通常由总线主控设备(通常为CPU)传向总线被控设备(例如内存和各种接口)。地址总线的条数决定了总线可以直接寻址的范围或者计算机可以配置的最大内存容量。n 根地址总线可以访问的地址空间是 2^n 个寻址单元。

2) 数据总线

数据总线(data bus,DB)用于传送数据信息。数据总线信息在主控设备和被控设备之间双向传送。数据总线的条数决定了通过该总线一次可以传送的数据量。例如数据总线为8位,则一次可以传送1字节;若为32位,则一次可以传送4字节。

3) 控制总线

控制总线(control bus,CB)用于在主控设备和被控设备之间传送控制信号,包括中断、DMA(direct memory access,存储器直接访问)、时钟、复位、双向握手信号等。

其他信号线包括电源线、扩展备用线等。

2. 根据位置分类

总线是连接多个子系统的公共信息通路,现在计算机中广泛采用总线结构进行信息传输。根据总线在计算机系统中所处位置的不同,可将总线分为以下4类。

1) 片内总线

片内总线是CPU内部多个功能部件的数据传输通路。CPU内部ALU以及各寄存器之间通过片内总线传送数据。

2) 系统总线

系统总线又称为内总线,是计算机系统中各接口电路板之间的信息通路,是计算机中最重要的总线之一。通常所说的总线特指系统总线。系统总线在计算机中表现为主板(motherboard)上的许多并排连接线,对外引出许多I/O扩展槽,以便插接其他接口卡。ISA、EISA、PCI是常见的系统总线。

3) 通信总线

通信总线也称为外总线,是计算机之间或者计算机与其他通信设备之间的连接线。外总线常用于计算机与其他系统或设备的通信。常用的通信总线标准有RS-232、RS-485、RS-422、USB、CAN(controller area network,控制器局域网络)等。

4）局部总线

局部总线也称为处理器总线，是为了提高系统数据传输率而设计的总线。局部总线特指微处理器周边的专用接口，这些专用接口负责对微处理器的引脚信号进行匹配、处理和管理。局部总线通常连接传输率非常高的设备，例如高性能显卡、图形卡、硬盘适配器等，这样就减少了系统总线数据的传输压力。VESA 和 AGP 都是局部总线标准，部分教材将 PCI 总线也归类于局部总线。

3.5.2 计算机中常用的总线

（1）ISA 总线。ISA 总线是 IBM 于 1984 年为 286/AT 计算机制定的总线工业标准，也称为 AT 标准，与更早期的 PC/XT 总线完全兼容，可以适应 8 位/16 位数据总线要求。ISA 总线中共有 24 位地址线，可以访问 16MB 内存，最高数据传输率为 8MB/s。ISA 在微机系统中是一个有 98 只引脚的黑色扩展槽，目前微机主板已不再提供 ISA 扩展槽。

（2）EISA 总线。EISA 总线是 EISA 集团（由 Compaq、HP、AST 等组成）专为 32 位 CPU 设计的总线扩展工业标准，向下兼容 ISA，提供 32 位数据线和 32 位地址线，最高数据传输率为 33MB/s，现已被淘汰。

（3）VESA 总线。VESA 总线是 VESA 组织按局部总线标准设计的一种开放性 32 位总线，主要针对视频显示的高数据传输率要求而产生，因此又叫作视频局部总线，简称 VL 总线。最大总线传输率达到 132MB/s，但成本较高，目前已被更高速度的 AGP 总线替代。

（4）AGP 总线。AGP 即图形加速端口，AGP 总线是由 Intel 开发的一种局部总线，其主要目的就是大幅提高高档 PC 的 3D 图形加速处理能力。该总线最高数据传输率可达 2.1GB/s，主要连接高性能独立显卡和图形加速卡。

（5）PCI 总线。PCI 是一种将系统中外围部件以结构化方式连接起来的标准总线，是基于奔腾处理器发展起来的总线。PCI 总线支持 32 位和 64 位数据宽度，总线频率可采用 33Hz 和 66MHz，最高数据传输率可达 264MB/s，主要用于连接显示、网卡、硬盘接口等高速设备。PCI 是目前应用最广泛的总线结构，是一种不依附于某个具体处理器的局部总线，当代计算机主板都预留数个 PCI 插槽用于安装扩展卡。

（6）PCI-Express 总线。PCI-Express 总线（也称为 PCI-E 总线）是新一代总线标准。与 PCI 总线采用的多设备共享并行互联方式不同，PCI-E 采用了串行互联方式，以点对点的形式进行数据传输，每个设备都可以单独享用带宽，从而大大提高了传输速率。PCI-E 有多种不同速度的接口模式，例如 X1、X2、X4、X8、X16 等。最基本的 PCI-E X1 模式的传输率可以达到 250MB/s，X16 的速度是其 16 倍。当代计算机主板预留多个不同速度的 PCI-E 扩展插槽。

（7）USB 总线。USB 总线即通用串行总线，属于通信总线。USB 具有传输率高、成本低、支持热拔插、可对外设提供电源、可通过 hub 扩充设备等许多优点。USB 最多可串接 127 个外设，传输率达 480Mb/S，现已成为计算机中最常用的外部设备标准接口。

3.5.3 计算机硬件的组装及启动过程

计算机主板是一个复杂的多层印刷电路板（printed circuit board，PCB），也称为计算机母板，是计算机总线的载体。主板上一般有 BIOS 芯片、I/O 控制芯片、北桥南桥芯片、键盘

和面板控制开关接口、指示灯插接件、扩充插槽、主板及插卡的直流电源供电接插件等元件。图 3.14 所示为市场上流行的 ATX 主板实物图。

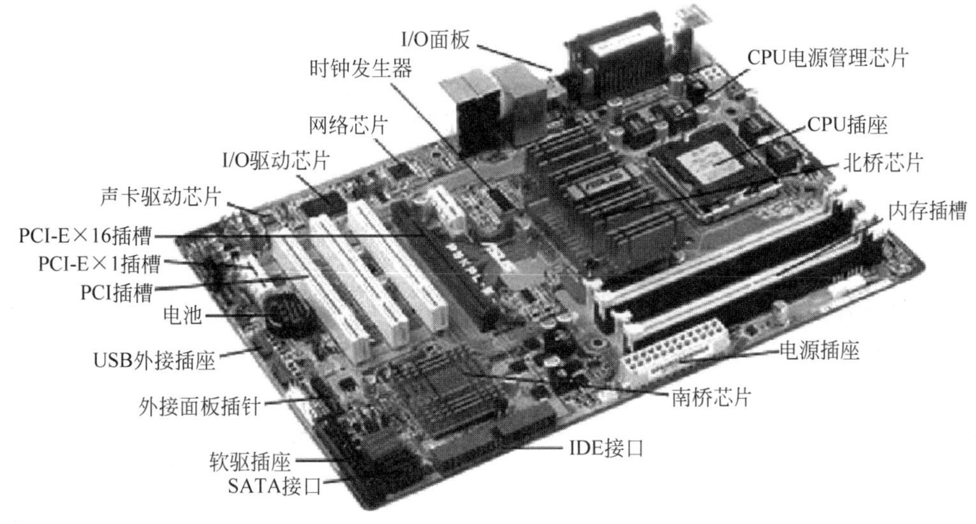

图 3.14　ATX 主板实物图

如图 3.14 所示，IDE 接口用于连接并口硬盘和光驱，SATA 接口用于连接串口硬盘和光驱，软驱插座用于连接软盘驱动器，外接面板插针用于连接机箱上的指示灯，USB 外接插座用于连接机箱上的 USB 插口，电池用于给 CMOS 芯片供电，3 个 PCI 插槽用于插入 PCI 扩展卡，主板上有 PCI-E X1 和 PCI-E X16 各一个，内存插槽用于插入 DDR4 内存条，CPU 插座用于放置 Intel 8 代酷睿 CPU。I/O 面板用于连接显示器、鼠标、键盘、麦克风、音响、网络等外部设备，如图 3.15 所示。该主板上还集成了北桥芯片、南桥芯片、网络芯片、声卡芯片、I/O 驱动芯片、CPU 电源管理芯片、时钟发生器等元件。

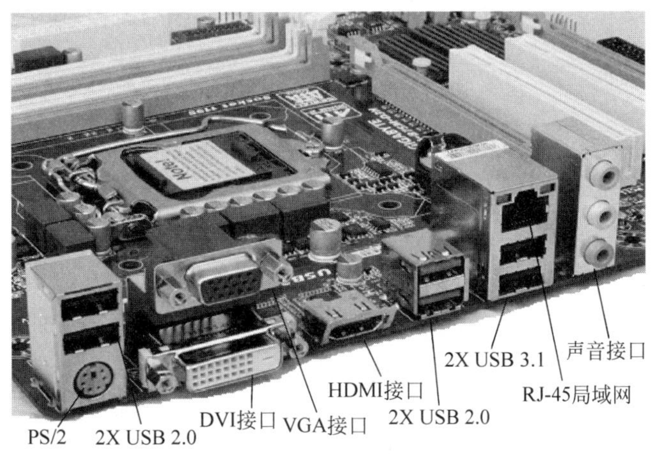

图 3.15　ATX 主板 I/O 面板

当要组装一台计算机时，需要购买计算机主板、CPU、内存条、硬盘、光驱、显示器、机箱(含电源)以及键盘鼠标等外设。主板是系统总线的物理载体，上面集成了 CPU 插座、内存插槽、PCI 插槽、IDE 接口、北桥芯片、南桥芯片、cache、BIOS 芯片和 CMOS 芯片等，对外留有USB插口、串行口、并行口、PS/2插口、VGA插口等。早年组装计算机还需要购买独立的显卡、声卡、网卡等接口电路,并将其插入PCI插槽以连接相关外设,现代大部分主板直接将这些接口电路集成到主板上。

将CPU放入CPU插座并卡紧,这样CPU的引脚就与主板上的总线相连,CPU上通常贴有风扇为其散热。将内存放入内存插槽并卡紧,内存就与总线相连。硬盘和光驱通过40芯扁平电缆与IDE接口连接,或者通过7芯电缆与SATA接口连接;将显示器连接到主板或者独立显卡上的VGA口(15芯D型口);将键盘和鼠标连接到USB口;其他接口卡插入PCI插槽;最后接通电源,这样一台计算机就组装完成了。

当计算机刚通电启动时,RAM内存中没有任何信息,此时计算机先执行主板BIOS芯片中的自检测程序。BIOS是一个ROM芯片,也属于内存的一部分,即使断电信息也不会丢失,出厂时里面就写入了自检测程序和基本硬件驱动程序。自检测时系统会将检测结果在屏幕上显示输出,这就是我们刚开机时看到的主板Logo及有关硬件配置的文字信息。检测完成后,BIOS读取CMOS芯片(小容量RAM芯片,由主板上的纽扣电池独立供电,用于保存系统参数)中的参数信息(例如开机口令、系统时间、活动操作系统设置等),再通过磁盘接口将活动操作系统的代码从磁盘调入RAM内存中,接着跳转到RAM中的操作系统代码去执行,这时看到的是操作系统的启动界面,启动完成后看到的是操作系统桌面。这时如果双击某应用程序图标,则由操作系统向磁盘接口发送命令,将相关程序从磁盘调入内存执行。这就是计算机的开机启动过程。

3.6 计算机常用的性能指标

1. 主频

主频(f)即CPU的时钟频率,很大程度上决定了计算机的运行速度。一般来说,主频越高,运行越快。主频常用的单位是MHz或GHz,目前个人计算机的主频通常在3GHz以上。

2. 时钟周期

时钟周期(T)为一个系统时钟所需要的时间,单位为μs或者ns。时钟周期与主频的关系为T=1/f。

3. 字长

字长指计算机在一条指令中能够完成运算的数据位数,决定了计算机的运算精度和存储单元的数据位数,字长是衡量计算机性能的重要指标。字长通常与计算机系统总线中数据总线的条数或者CPU中寄存器的位数相一致。

4. 运算速度

运算速度表示计算机每秒可以运行的指令条数,通常用MIPS(million instruction per second,百万条指令/秒)作单位。运算速度通常与主频、字长、计算机体系结构有很大关系。

5. 存储容量

存储容量指计算机可以存储的二进制信息总数量。存储容量越大,计算机可以存储的信息就越多。存储容量的常用单位有KB、MB、GB、TB等。

6. 内存寻址空间

内存寻址空间表示计算机中最大可配置的内存容量，通常与系统总线中地址总线的条数有关。若地址线条数为 n，则内存寻址空间大小为 2^n 个寻址单元。

7. 存储周期

存储周期（TM）表示 CPU 对存储器两次连续访问的最短时间，通常用于衡量存储器的操作速度。存储周期的倒数为存储频率。

8. 总线带宽

总线带宽（bus bandwidth）表示总线每秒可以传输的数据信息总量，常用单位是 MB/s。总线带宽与总线频率、总线存取时间、总线数据线位数有关。若总线频率为 f、总线存取时间为 T，总线数据线位数为 n，则总线带宽 $=nf$ b/s $=n/T$ b/s。

9. 指令系统

指令系统指一台计算机所具有的全部指令的集合，该计算机运行的所有软件功能只能由该集合中的指令组合来实现。指令系统主要分为两大类：复杂指令系统（complex instruction set computer，CISC）和精简指令系统（redueed instruction set computer，RISC）。

3.7 嵌入式计算机

3.7.1 嵌入式系统的概念

嵌入式计算机系统简称为嵌入式系统（embedded system，ES）。与通用个人计算机相比，嵌入式计算机是以应用为中心，软硬件可裁减，适应于对系统功能、可靠性、成本、体积、功耗等综合性能要求严格的专用计算机系统。也就是说，嵌入式系统是一种量身定做的专用计算机应用系统，它将软件与硬件集成于一体并嵌入在其他设备中，具有软件代码小、自动化程度高、响应速度快等特点，特别适合于要求实时和多任务的智能控制应用领域。

21 世纪是嵌入式计算机时代，人们日常生活中所用到的仪器仪表、家用电器和电子设备里都有嵌入式微处理器。目前生产的微处理器中，只有不到 20% 的微处理器用于台式计算机或笔记本电脑，剩下的都用于嵌入式计算机系统。

3.7.2 嵌入式系统的基本组成

嵌入式系统属于专用计算机应用系统，但它具有一般计算机组成的共性，也是由硬件和软件两部分组成。

1. 嵌入式系统的硬件

嵌入式系统的硬件主要包括嵌入式微处理器、程序存储器、数据存储器、时钟电路、电源电路、定时器、中断、异步通用串行口、通信电路、A/D、D/A、I/O 等通用接口电路。与通用计算机系统的硬件结构和组成基本固定不同，嵌入式系统的硬件都可根据应用需要和成本需要进行裁剪和定制。

1）嵌入式微处理器

嵌入式系统硬件的核心是嵌入式微处理器，也叫嵌入式微控制器。嵌入式微处理器与通用 CPU 最大的不同在于，它将通用计算机中 CPU 的外围器件或接口芯片都直接集成到了嵌入式CPU内部，例如时钟电路、复位电路、中断电路、AD/DA转换器件、并行接口、串行接口等，从而有利于嵌入式系统在设计时趋于小型化、低功耗、低成本，同时还具有很高的效率和可靠性。

嵌入式微处理器的体系结构可以采用冯·诺依曼体系或者哈佛体系结构，指令系统可以采用精简指令系统或者复杂指令系统。大多数嵌入式微处理器采用的是哈佛体系结构和RISC指令集。

目前全世界有数百家厂商生产各种功能的嵌入式微处理器，主频由几百KHz到几百MHz。8位字长的微处理器主要有Intel的51系列、Atmel公司的AVR系列、Microchip公司的MIC系列，16位字长的微处理器有TI公司的MSP430系列，32位微处理器有ARM、MIPS、Xscale等多个系列。通用计算机处理器被Intel、AMD等少数厂商所垄断，但目前没有一款嵌入式微处理器可以主导整个嵌入式市场，设计嵌入式硬件时应该根据具体应用和产品定位选择适合自己需要的嵌入式微处理器。

2）存储器

嵌入式系统需要存储器来存放代码和数据。嵌入式系统的存储器包括cache、主存和辅助存储器。cache作为主存数据的缓冲，其目的是提高CPU读写主存的速度。主存是嵌入式微处理器能直接访问的存储器，用来存放操作系统和应用程序代码及数据。大多数嵌入式微处理器内部集成有一定的主存，少数微处理器需要在CPU外部扩充主存。

嵌入式系统中的主存可以分为ROM类主存和RAM类主存。ROM类主存通常由NOR Flash、EPROM和PROM组成，嵌入式系统的各种程序事先固化到ROM中，系统正常运行时对ROM只能读取而不能更改。RAM类主存由SRAM、DRAM和SDRAM存储器芯片组成，存放程序运行过程中所用到的数据，CPU对RAM中的数据可读可写。

辅助存储器容量大，但读取速度比主存慢得多，用来存放用户需要长期保存的数据，例如各种图片、视频信息。嵌入式系统中常用的辅存有：U盘、NAND Flash、CF卡、MMC和SD卡等。由于硬盘体积太大，在嵌入式系统中很少采用。

3）通用设备接口电路

嵌入式系统通过设备接口电路实现对被控对象的控制和监测。大多数嵌入式微处理器内部集成了大量的设备接口电路，硬件设计人员也可以在CPU外扩充其他接口电路。

目前嵌入式系统中常用的通用设备接口有A/D转换器、D/A转换器、通用异步串行口、定时器、计数器、中断逻辑、RS-232、RS-485、RS-422接口、Ethernet（以太网）接口、USB（接口）、音频接口、VGA视频输出接口、I^2C（集成电路总线）、SPI（串行外围设备接口）和IrDA（红外线接口）、PWM（脉宽调制输出）、看门狗电路、LCD接口等。

2. 嵌入式系统的软件部分

对于简单的嵌入式系统应用，软件不用分层，整个嵌入式软件就是一个运行于硬件裸机上的监控程序，整个系统硬件都受监控程序的控制，例如用于简单控制领域中的51系列单片机程序。但对于较复杂的嵌入式应用，嵌入式系统软件结构一般包含三个层次：硬件抽象层HAL、嵌入式操作系统层和应用程序层，如图3.16所示。嵌入式系统软件部分同样也是可裁剪的，其操作系统和应用程序代码都直接固化在程序存储器芯片中。

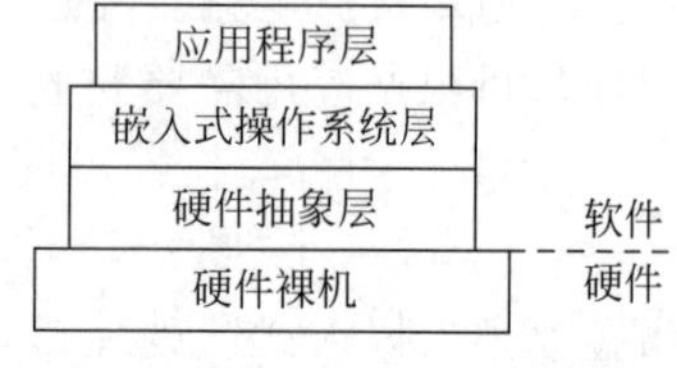

图3.16　嵌入式系统层次图

1）硬件抽象层

硬件抽象层向上层屏蔽了操作设备的烦琐处理细节，为上层软件提供了对设备的统一操作接口。硬件抽象层主要包含相关底层硬件的初始化、数据的输入输出操作和硬件设备的配置及驱动功能。当在不同的硬件平台进行嵌入式软件移植时，主要任务是实现硬件抽象层层的移植。

2）嵌入式操作系统层

嵌入式操作系统层通常是一个实时多任务操作系统，主要功能是用户管理、内存管理、多任务调度管理、文件系统管理、外部设备管理、图形用户接口管理等，对高层用户提供一个统一的标准化的 API（application programming interface，应用程序编程接口）函数调用接口。

3）应用程序层

应用程序层由大量的应用程序组成，每个应用程序都要调用操作系统层提供的 API 接口实现其功能。

3.7.3　冯·诺依曼体系结构与哈佛体系结构的区别

通用计算机通常采用冯·诺依曼体系结构，其基本思想是“存储程序”和“程序控制”概念，数据存储器和程序存储器为同一存储器并统一编址，如图 3.17 所示，经由同一个总线进行数据传输，影响了数据处理速度的提高。

哈佛体系结构是一种将程序存储器和数据存储器分开的存储器结构，两者独立编址，是对冯·诺依曼结构的改进，如图 3.18 所示。程序指令和数据分开存储到不同的存储器，也可以使指令和数据有不同的数据宽度，例如 Microchip 公司很多 CPU 的数据宽度是 8 位，而指令宽度是 14 位。

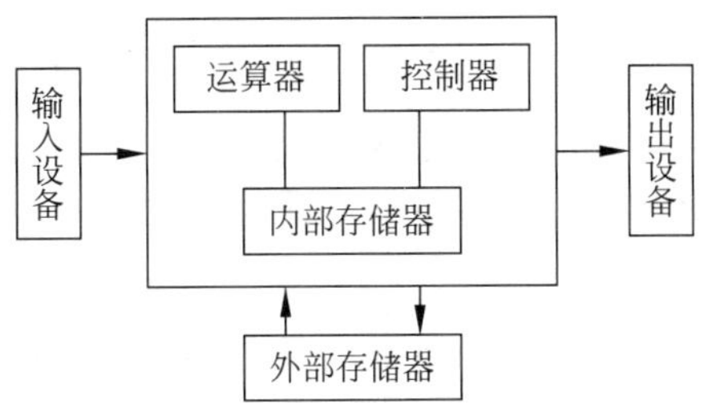

图 3.17　冯·诺依曼体系结构

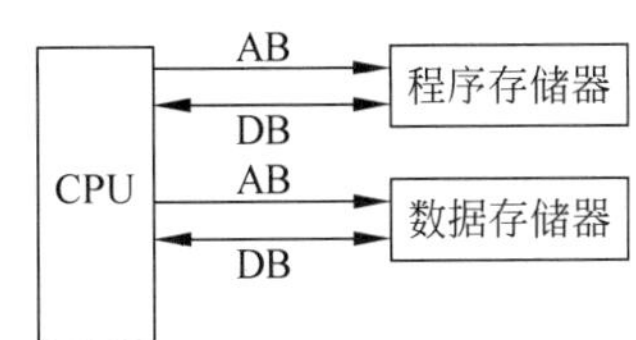

图 3.18　哈佛体系结构图

哈佛体系结构的微处理器通常具有较高的执行效率，取指令和存取数据分别经由不同的存储空间和不同的总线，这样就克服了数据流传输的瓶颈，提高了运算速度。

早期的微处理器大多采用冯·诺依曼结构，典型代表是 Intel 的 x86 微处理器。目前使用哈佛体系结构的微控制器有很多，除了 Microchip 公司的 PIC 系列芯片，还有摩托罗拉公司的 MC68 系列、Zilog 公司的 Z8 系列、Atmel 公司的 AVR 系列和 ARM 公司的 ARM9、ARM10 和 ARM11。

3.7.4　嵌入式系统的特点及应用领域

从嵌入式系统的构成上看，嵌入式系统是集软硬件于一体，硬件可按照用户需要裁剪定

制，可以独立工作的专用计算机系统；从外观上看，嵌入式系统像是一个“可编程”的电子“器件”，用户可以通过特别途径对嵌入式系统的操作系统和应用程序进行在线更新；从功能上看，嵌入式系统通常是对其他对象进行智能控制的控制器。与通用计算机系统相比，嵌入式系统有如下一些特点。

（1）专用性强。嵌入式系统基本属于专用计算机。

（2）实时性好。实时性是对嵌入式系统的普遍要求。

（3）可裁剪性好。嵌入式系统的硬件和软件都是可裁剪的，从而使系统在满足应用要求的前提下达到最精简的系统配置，成本最低。

（4）可靠性高。很多嵌入式系统应用于工业控制、设备制造、仪器仪表、航空航天、无人值守机房、军事等领域。与普通计算机系统相比较，嵌入式系统在可靠性方面有更高要求。

（5）功耗低。有很多嵌入式系统应用于手持移动计算领域，低功耗一直是嵌入式系统追求的目标。

（6）软件固化。嵌入式系统中的软件包括操作系统、应用程序代码、采集到的数据等一般不存储于磁盘等机械设备中，而都固化在 Flash 或 CF 卡等非易失性存储器芯片中。

嵌入式系统广泛应用于工业控制、信息家电、通信设备、医疗仪器、智能仪表、军用设备等领域。近十年来，随着通信技术的发展，嵌入式系统进入到新的应用领域，例如数码相机、个人数字助理、手机、MP4 等。人们日常生活中所用到的电气设备，如电视机顶盒、手机、数字电视、微波炉、照相机、电梯、空调、冰箱、洗衣机等，都有嵌入式微处理器的存在。

3.8 多媒体计算机

3.8.1 多媒体计算机的概念

多媒体计算机一般特指多媒体个人计算机（multimedia personal computer，MPC），是能够对文字、图像、声音、动画、视频等多媒体信息进行综合加工处理、硬件配置较高的一种通用计算机系统。

世界上第一台多媒体计算机诞生于 1985 年，其主要功能指可以把音频、视频、图形、图像和计算机交互式控制结合起来，进行综合加工处理。随着多媒体计算机应用越来越广泛，MPC 在办公自动化领域、计算机辅助工作、游戏开发、多媒体教学、商业广告、影视娱乐业、人工智能模拟等领域发挥了重要作用。

3.8.2 多媒体计算机的组成

多媒体计算机就是具有了多媒体处理功能的个人计算机，它的硬件结构与一般的个人计算机并无太大差别，只是多了一些软硬件配置而已。用户可通过两种途径拥有 MPC：一是直接购买具有多媒体功能的 PC；二是在基本的 PC 机上增加多媒体套件而构成 MPC。目前市场上的 PC 绝大多都具有了基本的多媒体应用和开发能力。

多媒体计算机一般由四部分构成：多媒体硬件平台（包括计算机硬件、声像等多种媒体的输入输出设备和装置）、多媒体操作系统、多媒体处理系统工具和多媒体应用软件。

1. 多媒体硬件平台

多媒体硬件平台分为基础硬件和附加硬件两部分。基础硬件使计算机具有基本的多媒体处理能力，通常包含高性能的CPU、大容量的内存、大容量的硬盘、高分辨率显示器、处理声音的接口与设备、处理图像的接口与设备；附加硬件用于提升计算机的多媒体处理能力，主要包括光盘驱动器、网络接口及网络设备、图形加速卡、视频卡、扫描仪、投影机、摄像机、彩色喷墨打印机、高性能独立显卡、触摸屏、高性能音频卡及音响麦克风等。

2. 多媒体操作系统

多媒体操作系统也称为多媒体核心系统，是具有实时任务调度、多媒体数据转换和同步控制、对多媒体设备进行驱动和控制以及图形用户界面管理等功能的操作系统。目前应用最广泛的就是 Microsoft 的 Windows 系列操作系统和苹果公司的 macOS 操作系统。

3. 多媒体处理系统工具

多媒体处理系统工具即多媒体系统开发工具，是多媒体系统的重要组成部分，主要用于多媒体应用开发，是多媒体设计人员在多媒体操作系统上进行开发的软件工具。根据多媒体开发工具的开发方法和结构特点的不同，主要分为四大类。

(1) 基于时间的多媒体开发工具，例如 Director 和 Action；

(2) 基于图标或流线的多媒体开发工具，例如 Authorware；

(3) 基于卡片或页面的多媒体开发工具，例如 ToolBook 和 HyperCard；

(4) 以传统程序语言为基础的多媒体开发工具，例如 VB、VC、Delphi、Python 等。

4. 多媒体应用软件

多媒体应用软件是根据多媒体系统终端用户要求而定制的应用软件，或者面向某一领域用户的应用软件。例如第 4 章所述的用于文本排版编辑的软件 Word 和 WPS；用于网页设计的软件 Dreamweaver；用于动画制作的软件 Flash、3ds Max 和 Animate；用于声音加工处理的软件 Audition 和 GoldWave；用于图形图像处理的软件 Photoshop、CorelDRAW 和 AutoCAD；用于视频加工编辑的软件 Premiere、After Effects 等。

3.8.3 多媒体计算机的应用领域

(1) 多媒体教育。例如电子教案、计算机辅助教学、交互过程模拟、网络多媒体教学、工艺过程仿真等。

(2) 影视娱乐业。例如影视作品中的电影特技和变形效果，电视、电影、卡通混编特技，演艺界 MTV 特技制作、三维成像模拟特技等。

(3) 人工智能模拟。例如生物形态模拟、生物智能模拟、人类行为智能模拟、汽车飞机模拟驾驶训练。

(4) 办公自动化(OA)。例如图文混合排版、PPT 讲解展示、远程视频会议技术等。

(5) 医疗领域。例如远程医疗诊断系统、网络远程手术操作等。

(6) 多媒体创作。例如声音音效处理、图片美化、视频剪辑等。

另外，多媒体计算机在商业广告、旅游宣传、数码摄影、虚拟现实 VR、游戏开发、地理信息系统(GIS)、视频监控、视频点播 VOD 等领域也有广泛应用。

本章小结

计算机硬件系统主要包括微处理器、内部存储器、外部存储器、输入输出设备、各种接口电路以及总线。

CPU是计算机系统的指挥控制核心，主要由运算器、控制器和一些寄存器组成。运算器的主要功能是进行算术运算和逻辑运算，控制器的功能是指挥计算机的各个部件协调一致地自动运行，寄存器是CPU内临时存放信息的部件。

存储器是计算机中的记忆部件，各种程序和数据都保存在各类存储器中。存储器有多种分类方法。内存可被CPU直接访问。CPU通过内存单元地址访问内存数据。外存中的数据只有调入内存后才能被CPU访问。

cache是介于CPU和主存之间的一个小容量存储器，用于解决CPU和主存速度不匹配的问题。

虚拟存储器主要用于解决物理内存不足的问题。虚拟存储器由操作系统和辅助硬件自动实现页面调入和调出。

为了解决存储器容量、速度、价格三方面的矛盾，计算机多采用层次存储结构。在软硬件控制下将cache、内存和辅存有机结合，充分发挥每种存储器的优势，达到最高性价比。

总线是计算机系统之间或者计算机系统内部多个模块之间的一组公共传输通道。根据不同标准，总线有多种分类方法。

接口是CPU与外设的连接电路，是CPU与外设进行信息交换的中转站。接口的主要功能包括信息变换、速度协调、辅助和缓冲功能。当代计算机主板上集成有多种接口。

外部设备主要包括输入设备、输出设备以及外部存储器。外部设备必须通过接口电路才能和CPU通信。

计算机常用的性能指标有主频、字长、运算速度、存储容量、总线带宽、指令系统等。

嵌入式系统是以应用为中心，软硬件可裁减的专用计算机系统。嵌入式系统广泛应用于工业控制、信息家电、通信设备、医疗仪器、智能仪表、军事设备等领域。

哈佛体系结构是对冯·诺依曼体系结构的改进，它将程序存储器和数据存储器分开，从而具有较高的执行效率。哈佛体系结构在单片机、嵌入式系统中被广泛采用。

多媒体计算机是能够对文字、图像、声音、动画、视频等多媒体信息进行综合加工处理、硬件配置较高的一种通用计算机系统。MPC由四部分构成：多媒体硬件平台、多媒体操作系统、多媒体开发工具和多媒体应用软件。

本章人物

约翰·冯·诺依曼(John von Neumann，1903年12月28日—1957年2月8日)，美籍匈牙利数学家、计算机科学家、物理学家，是20世纪最重要的数学家之一。冯·诺依曼是罗兰大学数学博士，是现代计算机、博弈论、核武器和生化武器等领域内的科学全才之一，被后人称为“现代计算机之父”“博弈论之父”。

冯·诺依曼先后执教于柏林大学和汉堡大学，1930年前往美国，后入美国籍。冯·诺

约翰·冯·诺依曼

依曼历任普林斯顿大学教授、普林斯顿高等研究院教授，入选美国原子能委员会会员、美国国家科学院院士；早期以算子理论、共振论、量子理论、集合论等方面的研究闻名，开创了冯·诺依曼代数；第二次世界大战期间曾参与曼哈顿计划，为第一颗原子弹的研制作出了贡献。

冯·诺依曼1944年与奥斯卡·摩根斯特恩合著《博弈论与经济行为》，是博弈论学科的奠基性著作。晚年，冯·诺依曼转向研究自动机理论，著有对人脑和计算机系统进行精确分析的著作《计算机与人脑》(1958年)，为研制电子数字计算机提供了基础性的方案。其余主要著作有《量子力学的数学基础》(1926年)、《经典力学的算子方法》(1944年)、《连续几何》(1960年)等。

冯·诺依曼对世界上第一台电子计算机ENIAC的设计提出过建议。1945年3月，他在共同讨论的基础上起草了一个全新的《存储程序通用电子计算机方案》。这对后来计算机的设计有决定性的影响，特别是文中所讲述的确定计算机的结构、采用存储程序以及二进制编码等，至今仍为电子计算机设计者所遵循。

习 题 3

3.1 选择题

1. 整个计算机系统是受( )控制的。

A. 中央处理器 B. 接口 C. 存储器 D. 总线

2. 计算机可安装的最大主存容量取决于( )。

A. 字长 B. 数据总线位数

C. 控制总线位数 D. 地址总线位数

3. 下列不是控制器功能的是( )。

A. 程序控制 B. 操作控制

C. 时间控制 D. 信息存储

4. 下列不属于多媒体计算机应用领域的是( )。

A. 工业控制 B. 图像图像处理

C. 声音合成 D. 视频剪辑

5. 下列不是磁表面存储器的是( )。

A. 硬盘 B. 光盘

C. 软盘 D. 磁带

6. CPU读写速度最快的器件是( )。

A. 寄存器 B. 内存

C. cache D. 磁盘

7. 下列不属于输出设备的是( )。

A. 光笔 B. 显示器

C. 打印机 D. 音箱

8. 不属于计算机主机部分的是（　　）。

A. 运算器　　B. 控制器

C. 鼠标　　D. 内存

9. 下列说法错误的是（　　）。

A. 主存存放正在执行的程序和数据

B. cache 的主要目的是提高主存的访问速度

C. CPU 可以直接访问硬盘中的数据

D. 运算器主要完成算术和逻辑运算

10. 计算机的主要性能指标通常不包括（　　）。

A. 主频　　B. 字长

C. 功耗　　D. 存储周期

11. 下面关于嵌入式计算机描述不正确的是（　　）。

A. 属于专用计算机　　B. 不能用于工业控制

C. 软硬件可裁剪　　D. 以应用为中心

3.2　填空题

1. 运算器的主要功能是________和________。

2. ________和________合起来称为中央处理器或微处理器。

3. 存储器的最基本组成单位是存储元，它只能存储________，一般以________为单位。8 位存储元组成的单位叫作一个________。

4. 1KB=________字节，1MB=________ KB。

5. 每个存储单元在整个存储中的位置都有一个编号，这个编号称为该存储单元的________。一个存储器中所有存储单元的总数称为它的________。

6. 按照存储器的存取方法不同，存储器主要分为________和________两类；按信息存储原理的不同，存储器可分为________和________两类。

7. 设置 cache 的目的是________，设置虚拟存储器的主要目的是________。

8. ________是外部设备和 CPU 之间的信息中转站。

9. ________是计算机中多个模块之间的一组公共信息传输通道，根据作用不同又可分为________、________、________。

10. 根据总线在计算机系统中所处位置的不同，可将总线分为________、________、________、________。

11. 嵌入式系统软件结构一般包含________、________和________三层。

12. 哈佛体系结构与冯·诺依曼体系结构的主要区别是________。

13. 数据总线的位数决定了________，地址总线的位数决定了________。

14. 动态存储器根据________原理存储信息，在使用时需要定期________。

15. 虚拟存储器是根据________工作，处于存储器层次结构的________层次。

16. ________表示总线每秒可以传输的数据信息总量。

3.3　简答题

1. 存储器的作用是什么？存储器有哪些分类方法？

2. 什么是存储器的层次结构？主要分为几层？

3. cache 的工作原理是什么？
4. 什么是接口？主要作用是什么？
5. 机械硬盘和固态硬盘有什么区别？怎么计算机械硬盘的容量？
6. 评价计算机性能的技术指标有哪些？
7. 什么是嵌入式系统？主要的应用领域是什么？
8. 什么是多媒体计算机？它由哪几部分构成？

第4章　计算机软件

计算机软件是计算机运行所需要的各种程序以及程序运行所需的数据和相关文档的集合，其中程序是计算任务的处理对象和处理规则的描述，文档是程序的说明性资料。本章主要介绍软件的分类、软件的工作模式、软件的安装方法、软件工程、软件的开发方法及几类常用的应用软件。

4.1　软件的分类

按照计算机的控制层次，计算机软件分为系统软件和应用软件两类，如图4.1所示。

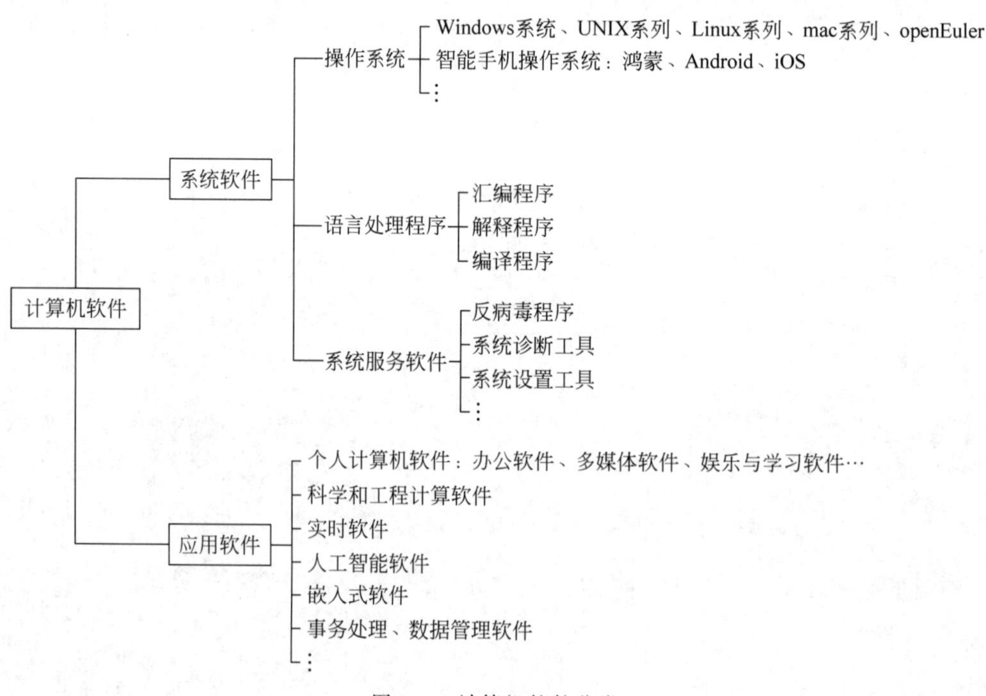

图4.1　计算机软件分类

4.1.1 系统软件

计算机系统软件是计算机管理自身资源(如 CPU、内存、外存、外部设备等),提高计算机的使用效率并为计算机用户提供各种服务的基础软件。系统软件依赖于机器的指令系统、中断系统以及运算、控制、存储部件和外部设备。系统软件要尽可能为各类用户提供标准和方便的服务,尽量隐藏计算机系统的某些特征和实现细节。因此,系统软件是计算机系统的重要组成部分,它支持应用软件的开发和运行。系统软件包括操作系统、语言处理程序、其他系统服务软件等。

1. 操作系统

操作系统是最重要的系统软件,它是协调计算机各部分工作的程序。操作系统使软硬件资源协调一致、有条不紊地工作,对软硬件实行统一的管理和调度,包括:管理计算机硬件资源,控制其他程序运行,为用户提供交互操作界面等。如果没有操作系统,计算机上的应用程序将无法运行。目前典型的操作系统有 Windows、UNIX、macOS、Linux、Android、华为 openEuler、鸿蒙 OS 等。其中 Windows 系列、macOS 系列操作系统是基于图形界面的多任务操作系统;UNIX 是一个通用的交互式的分时操作系统,用于各种计算机;华为 openEuler 是国内开放源代码的操作系统;Android 和华为鸿蒙主要适用于移动设备,如智能手机和平板电脑等。有关操作系统的进一步介绍参见第 5 章。

2. 语言处理程序

计算机语言分为机器语言、汇编语言和高级语言。机器语言是一种低级语言,是计算机可直接执行的二进制程序或指令代码。语言处理程序是将用程序设计语言(如 C++)编写的源程序转换成机器语言的程序。语言处理程序一般包括汇编程序、编译程序和解释程序,如图 4.2 所示。

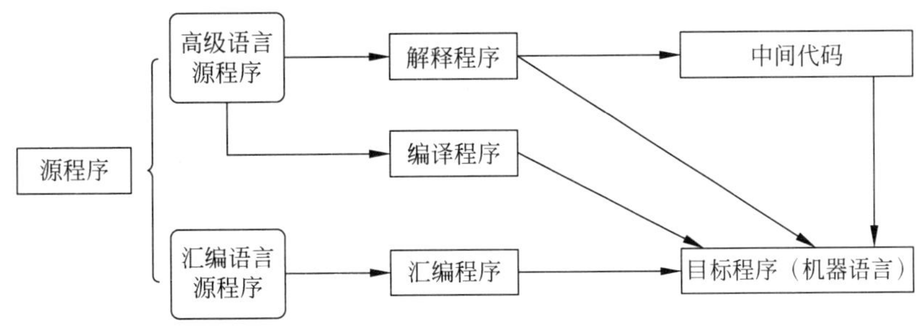

图 4.2 语言处理程序

汇编语言是一种用符号表示的、面向机器的低级程序设计语言,需经汇编程序翻译成机器语言才能被计算机执行。

高级语言是按照一定的"语法规则"、由表达各种意义的词和数学公式组成的、易被人们理解的程序设计语言,需经翻译程序翻译成目标程序(机器语言)才能被计算机执行,如 C 语言、Python 语言等。翻译程序也称为语言转换器,主要有 3 种通用语言转换器:编译器、解释器和汇编器,每个转换器都按照自己的方式进行转换。

有关程序设计语言的进一步介绍参见第 6 章。

3. 系统服务软件

系统服务软件主要是完成对操作系统的支持功能，比如允许用户进行计算机维护、检测病毒、恢复误删除的文件等。

4.1.2 应用软件

应用软件是针对某一特定任务或特殊应用而设计的软件，为用户提供了在计算机上完成特定任务所需的工具，如发送电子邮件、制作电子表格、制作演示文稿、浏览网页、播放MP3等，都可以用计算机软件来实现，这些软件都是应用软件。按行业或应用领域来分类，应用软件可分为以下几种。

1. 个人计算机软件

个人计算机上的应用软件有办公软件，如WPS Office和Microsoft Office，通常包括文字处理软件、报表处理软件、演示文稿软件、PDF编辑软件等；多媒体技术软件，通常包括图形图像处理软件（如美图秀秀、Photoshop）、动画处理软件（如Animate）、视频处理软件（如剪映、会声会影）、音频处理软件（如Audition）等；网页制作软件（如HBuilder、Dreamweaver）以及其他实用软件。

2. 科学和工程计算软件

科学和工程计算软件是以数值算法为基础，对数值量进行处理的软件，主要用于需要进行科学和工程计算的领域，例如天气预报、弹道计算、石油勘探、地震数据处理、计算机系统仿真和计算机辅助设计等。

3. 实时软件

实时软件是用于监视、分析和控制现实世界发生的事件，能以足够快的速度对输入信息进行处理并在规定的时间内做出反应的软件。实时软件依赖于处理机系统的物理特性，如计算速度和精度、I/O信息处理与中断响应方式、数据传输效率等。

4. 人工智能软件

人工智能软件是支持计算机系统产生人类某些智能的软件。它们在求解复杂问题时，不是采用传统的计算或分析方法，而是采用诸如基于规则的演绎推理技术和算法，在很多场合还需要知识库的支持。目前，在专家系统、模式识别、自然语言处理、人工神经网络、程序验证、自动程序设计、机器人等领域开发了许多人工智能应用软件，用于疾病诊断、产品检测、图像和语音自动识别、语言翻译等。

5. 嵌入式软件

嵌入式计算机系统是将计算机技术嵌入在某一系统之中，使之成为该系统的重要组成部分，以控制系统的运行，实现一个特定的物理过程。用于嵌入式计算机系统的软件称为嵌入式软件。大型的嵌入式计算机系统软件可用于航空航天系统、指挥控制系统和武器系统等。小型的嵌入式计算机系统软件可用于工业智能化产品之中。这时，嵌入式软件驻留在只读存储器内，为该产品提供各种控制功能和仪表的数字或图形显示等功能，例如汽车的刹车控制以及空调、洗衣机的自动控制。

6. 事务处理软件

事务处理软件是用于处理事务信息，特别是商务信息的计算机软件。事务信息处理是

软件最大的应用领域，它已由初期零散、小规模的软件系统，如工资管理系统、人事档案管理系统等，发展成为管理信息系统(management infomation system，MIS)，如世界范围内的机预订票系统、酒店管理系统等。其中数据库管理系统是事务处理软件的重要组成部分，是对事务处理软件的数据进行有效管理和操作的软件，是用户与数据库之间的接口。数据库管理系统提供了用户管理数据库的一套命令，包括数据库的建立、修改、检索、统计及排序等功能。数据库管理系统是建立管理信息系统的主要软件工具，常用的数据库软件包括华为openGauss、华为/阿里云数据库、MySQL、SQL Server、Oracle 等。有关数据库管理系统的进一步介绍，参见第 8 章。

4.2 软件的工作模式

目前的软件主要有两种工作模式。一种称为命令驱动，即在字符界面下，由用户按预定的格式输入命令，完成相应的任务；另一种称为菜单驱动，即在图形用户界面下，以菜单的形式列出软件的功能，用户只需选中菜单项即可执行某一功能。下面分别对这两种方法加以介绍。

4.2.1 命令驱动

命令是待输入的、告知计算机执行任务的指令。命令中的每个词都将导致计算机的特定动作。命令通常是英文单词，如 print，save，begin 等。但是也有命令使用特别的约定，如 ls 表示列表，cls 表示清除屏幕，! 表示退出等。例如 DOS 命令 dir/p 可以显示磁盘上的目录信息，如图 4.3 所示。其中 dir 命令告诉计算机显示磁盘驱动器 C 上的目录和文件信息；/p 为命令参数，表示分页显示。命令一般由命令名和可选的参数组成。

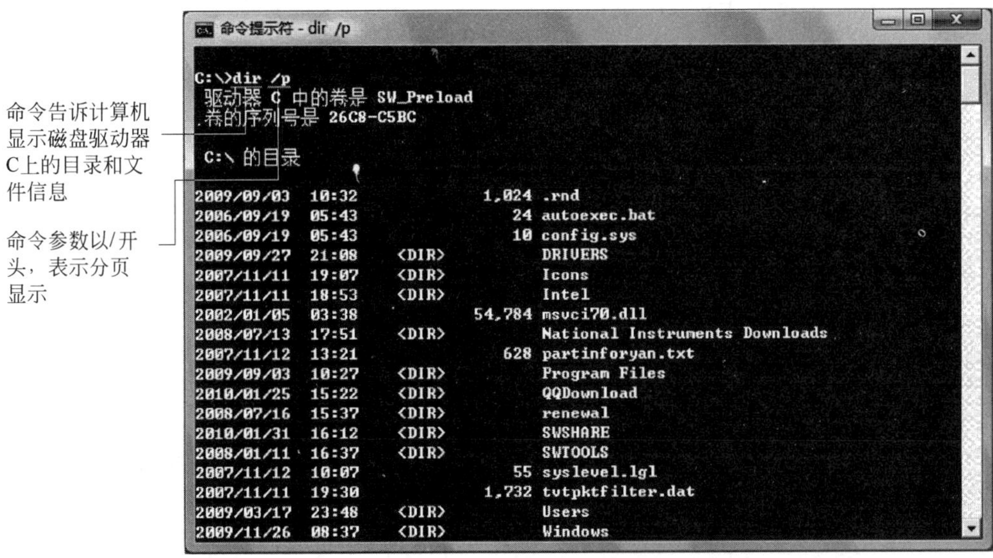

图 4.3 命令使用实例

输入命令要遵守命令的语法格式。语法格式包括命令名和可选的参数序列。如果拼错了命令，将得到提示出错的消息，此时必须纠正错误并重新运行，才能获得正确的结果。

使用命令驱动方式，必须记住命令的语法格式及其意义。因为没有一组命令可通用于任何计算机和任何软件。如果忘记了正确的命令格式，通常可以借助软件的联机帮助命令 help 来查找。如果软件没有提供联机帮助，则需要参阅软件的相关使用手册。

4.2.2 菜单驱动

菜单驱动是常用的软件工作模式，因为使用菜单时，不需要记住命令的格式，只要在菜单列表中选择需要的菜单项即可。另外，列表中所有菜单项都是有效的，不可能产生语法错误。像 Windows 操作系统、Microsoft Office 等都提供菜单驱动操作方式。菜单显示了一组命令或选项，每行菜单称为菜单项或菜单选项。用户可以通过选中菜单项来激发程序的运行。图 4.4 给出了使用菜单的实例。

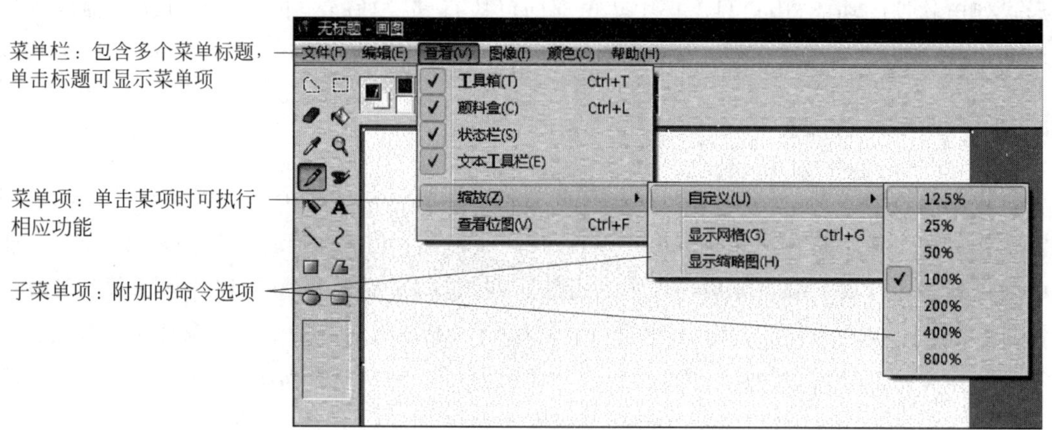

图 4.4　菜单使用实例

当一个软件包含功能很多时，可能有上百个菜单项。通常有两种方法来组织大量的菜单项，即子菜单和对话框。

1. 子菜单

子菜单是在主菜单中选择一项后计算机显示的一组附加命令（子菜单项）。有时，一个子菜单还会显示另一个子菜单来提供更多的命令选项（子菜单项）。

2. 对话框

除子菜单之外，有些菜单会导出一个对话框。该对话框显示与命令有关的选项，用户需要设置或填充对话框内容，指出命令如何执行。图 4.5 是由 Windows 10 记事本程序的文件主菜单下的打印菜单项弹出的“打印”对话框，通过在该对话框上进行一些填充，可以完成打印设置，单击“确定”按钮即可按规定的设置进行打印输出。

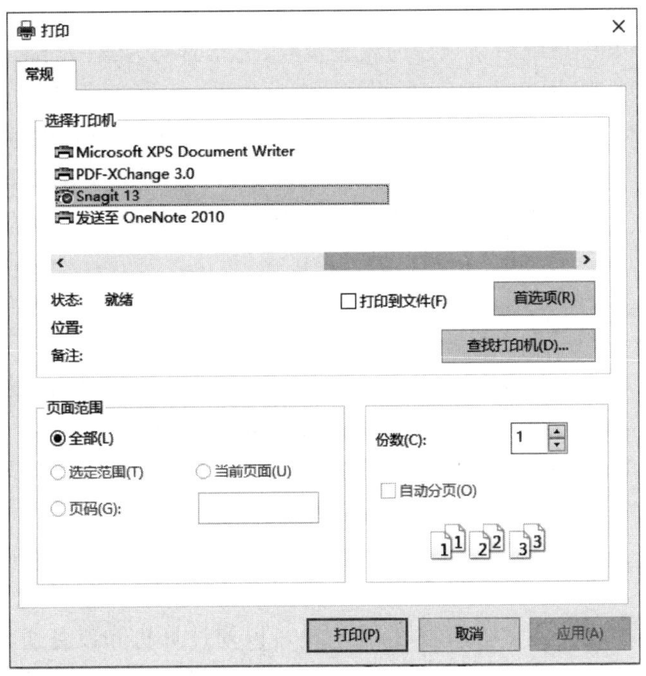

图 4.5　“打印”对话框

4.3　软件的安装方法

计算机的灵魂是软件。在使用、维护计算机的过程中,接触得最多的就是软件的安装与使用。安装软件,即将一些存放在磁盘和光盘上的程序有规则地安装到硬盘上,之后计算机就可以通过读取硬盘上的程序来运行了。安装软件之前,要先把相关的安装文件准备好,此安装文件可以存在硬盘、U 盘或光盘等外部存储器中。

下面,本书从操作系统、驱动程序和应用软件三个层面来介绍软件的安装方法。

4.3.1　操作系统的安装

如前所述,操作系统是计算机中最重要的软件,它是计算机工作的平台,其他所有软件都要运行在该平台上。目前,微型计算机上常用的操作系统有 Microsoft 的 Windows 系列、苹果公司的 macOS 系列、Linux 系列等。

个人用户安装操作系统有以下两种方式。

1. 一键还原方式

如今,各品牌计算机公司在销售 PC 之前已将常用的操作系统安装完毕,并在硬盘里设置了还原区域,用户可以进入 CMOS 系统进行一键还原操作系统。另外,用户也可以通过启动 U 盘或光盘中自带的 Ghost 进行克隆事先已备份的硬盘镜像来完成软件的统一复制。

2. 通过安装文件安装

用户可以通过操作系统安装文件来安装操作系统,安装文件一般存储在光盘或 U 盘中,若存储在硬盘中。则需先用带启动功能的 U 盘启动系统。

下面以Windows系列操作系统为例来介绍裸机通过安装光盘安装操作系统的过程。

(1) 修改CMOS中系统启动顺序的相关参数,把光驱列为第一启动盘;把装有操作系统的安装光盘放入光驱,用安装盘启动计算机。

(2) 对硬盘进行分区。分区即将一个物理硬盘划分为多个逻辑硬盘,分区工具可以使用Fdisk等工具(一般安装光盘自带分区工具)。磁盘的分区是磁盘管理的最初过程,分区的大小和格式要从欲安装的操作系统角度来考虑。对于Windows 7以上版本而言,使用NTFS格式,系统将更安全,磁盘空间也浪费得比较少。

(3) 根据安装过程的提示,逐步安装操作系统,直至安装结束。

(4) 把CMOS改回原来的配置,重新启动。

如果要安装双系统或者多系统(如Windows 10和Linux),则安装成功后,在启动系统时会出现一个菜单,用户可通过选中菜单项来启动相应的操作系统。

注意:在安装多系统时,不要将两个或多个操作系统安装到同一磁盘分区中;否则,这些系统文件会相互干扰,导致系统无法正常使用。

4.3.2 驱动程序的安装

驱动程序的全称是设备驱动程序,它是一种可以使计算机和设备通信的特殊程序。驱动程序相当于硬件的接口,操作系统只能通过该接口才能控制设备的工作。如果某设备的驱动程序未能正确安装,则该设备便不能正常工作。

目前最新的操作系统都内置了大量的驱动程序,但它们对某些硬件仍不能很好地支持,此时需要手工安装这些设备的驱动程序。

手工安装驱动程序时,首先要获得驱动程序。驱动程序的发布有两种方式。

(1) 通过INF文件发布。可以在控制面板的设备管理器中打开此设备,然后根据提示安装或更新驱动程序。安装时指定“从磁盘安装”并选择驱动程序所在的位置即可。

(2) 通过安装程序发布。双击安装程序,然后按提示进行操作就可以完成安装。

4.3.3 应用软件的安装

1. 安装方法

应用软件的发布方式多种多样,有的通过光盘发布,有的通过网络以压缩包发布。虽然发布方式不同,但安装方法基本相同。

(1) 光盘发布。此类安装软件一般都是自运行的,只要把光盘插入光驱,就会自动运行进入安装界面。如果光驱禁止了自动运行功能,则可以打开光盘根目录上的Autorun.inf文件,找到自动运行的程序,手工启动运行即可。

(2) 压缩包发布。安装以压缩包方式发布的软件,要先把压缩包解压到磁盘的某一个目录中,一般情况下是执行其中的setup.exe程序进行安装。

(3) 绿色软件。只要将绿色软件压缩包解压,执行其中的可执行文件就能运行程序,无须安装。

2. 安装模式

目前软件的安装都比较简单,一般采取安装向导的方式,可供用户选择的一般有安装模式、安装目录等内容。安装模式即安装哪些内容,小型软件一般分为全部安装、快速安装和

自定义安装等。如果对软件不是非常了解，则不建议使用自定义安装，一般使用快速安装即可。对于大型软件，如 Microsoft Office 软件，因为涉及多个软件和很多配套工具，所以它的安装选项会比较复杂，如从本机运行，从本机运行全部程序，从网络上运行，在首次使用时安装、不安装等。对于常用的东西，要选择“从本机运行”；对于根本用不到的程序，则可选择“不安装”。

3. 安装目录

对于应用软件的安装目录，尽量不要把它与操作系统安装在同一个分区里。因为操作系统的分区不仅要保存操作系统，一般情况下还要保存系统所需要的页面文件(即虚拟内存)。如果经常在系统分区中安装或卸载程序，会导致分区中的磁盘碎片增加，从而影响页面文件的连续性，也就影响系统的整体性能。同理，通过应用软件生成的文档，也尽量不要保存在系统分区中。

4.4　软件工程与软件开发方法

类似于机械、建筑等领域都经历过从手工方式演变为严密、完整的工程科学的过程，人们认为大型软件的开发也应该向“工程化”方向发展，于是逐步发展出一门完整的工程学科——软件工程。软件工程是一门交叉学科，涉及计算机科学、管理科学、工程学和数学，其理论、方法、技术建立在计算机科学的基础上，用管理学的原理、方法来进行软件生产和管理，用工程的观点来进行费用估算、进度制定和方案实施；用数学方法来建立软件可靠性模型以及进行算法分析。总体而言，软件工程是指导计算机软件开发和维护的工程科学，是研究大规模程序设计方法、工具和管理的一门工程科学，也是运用系统、规范和可定量的方法来开发、运行和维护软件的系统工程。

软件开发方法所讨论的是如何高效、低成本地构造高质量的软件，这也是软件工程学科的基本科学问题。软件开发方法给出了构造软件所需的系统化的过程步骤和技术手段。

4.4.1　软件生命周期

软件生命周期的概念由工业产品生存周期概念演化而来。一种工业产品从订货开始，经过设计、制造、调试、使用、维护，直到该产品最终被淘汰且不生产为止，这就是工业产品的生存周期。软件的生命周期也称为软件的生存周期，是按照开发软件的规模和复杂程度，从时间上把软件开发的整个过程进行分解，形成几个相对独立的阶段，并对每个阶段的目标、任务、方法做出规定，然后按照规定顺序依次完成各阶段的任务并规定一套标准的文档作为各个阶段的开发成果，最后生产出高质量的软件。

通常，软件生存周期包括可行性分析和项目开发计划、需求分析、概要设计、详细设计、编码、测试、维护等活动，可以将这些活动以适当方式分配到不同阶段去完成。

1. 可行性分析和项目开发计划

可行性分析和项目开发计划阶段必须要回答的问题是“要解决的问题是什么”。该问题有可行的解决办法吗？若有，则要回答需要多少费用、多少资源、多少时间。对以上问题的回答，需要进行问题定义、可行性分析，制订项目开发计划。

1) 可行性分析

系统分析员通过对用户、部门负责人的访问和调查以及开会讨论,弄清楚要解决问题的性质、目标、规模,然后确定该问题是否存在可行的解决方法。

可行性分析的任务是从技术上、经济上、使用上、法律上分析需解决的问题是否存在可行的办法,其目的是在尽可能短的时间内,用尽可能小的代价来确定是否有解决问题的办法。

(1) 技术上的可行性。技术上的可行性主要是根据系统分析得到的对所开发的软件和硬件环境、支撑软件和操作人员的要求,以及有关的约束和限制条件,来分析利用现有的技术是否能够实现待开发的软件。它包括可得到的硬件和支撑软件在功能和性能上是否满足系统的要求,是否存在满足系统性能要求的算法,以及开发人员的技术水平能否胜任系统的开发等。

(2) 经济上的可行性。经济上的可行性指要进行待开发软件的成本和效益分析,以确定待开发软件是否有开发的价值。效益包括即将开发的系统可能带来的收入增加,以及新开发的系统比原有系统在使用维护费用上的减少。对于开发成本低、经济效益高的软件应积极进行开发,而对于开发成本高、经济效益低的软件或开发成本与经济效益差不多的软件则需要重新考虑。

(3) 使用上的可行性。使用上的可行性主要指使用方法(如操作方式)能否令用户容易接受。一个使用方式难以被用户接受的软件,往往不能使用户满意。

(4) 法律上的可行性。法律上的可行性指待开发的软件是否存在知识产权等相关法律问题。如果存在此类问题,即使软件开发成功,也难以作为产品销售。

在进行可行性分析时,通常要先研究目前已经存在的系统,然后根据待开发系统的要求构造新系统的高层逻辑模型。有时可能存在几个可供选择的方案,那么需要对各个方案从技术、经济、使用、法律上进行可行性分析,再进行比较,选择最佳的方案;有时,可能还要在几个方案中加以折中。最后,对推荐方案给出一个明确的结论,比如“可行”或“不可行”。

2) 项目开发计划

系统分析员在经过可行性分析后,若确定该问题值得去解决,那么就开始制订项目开发计划。根据开发项目的目标、功能、性能以及规模,估计项目需要的资源,即需要的计算机硬件资源、软件开发工具和应用软件包、开发人员数目及层次;对软件的开发费用和开发进程进行估计,制订完成开发任务的实施计划;最后将项目开发计划和可行性分析报告一起提交管理部门审查。

2. 需求分析

需求分析阶段的任务不要求具体地解决问题,而是确定“软件系统必须做什么”,即确定软件系统必须具备哪些功能。

用户了解他们所面对的问题,知道必须做什么,但是通常不能完整、准确地表达出来,也不知道怎样用计算机解决他们的问题。而软件开发人员虽然知道怎样用软件完成人们提出的各种需求,但是对用户的具体业务和需求不完全清楚,这是需求分析阶段的困难所在。

系统分析员要和用户密切配合,充分交流各自的看法和观点,充分理解用户的业务流程,完整、全面地收集、分析用户业务中的信息和处理过程,从中分析出用户要求的功能和性能,并以书面的形式完整和准确地表达出来。这一阶段要写出软件需求说明书。

3. 概要设计

在概要设计阶段,开发人员要把确定的各项功能需求转换成需要的体系结构。在该体系结构中,每个成分都是意义明确的模块,即每个模块都和某些功能需求相对应。

概要设计就是设计软件的结构,该结构由哪些模块组成,这些模块的层次结构如何,这些模块的调用关系如何,每个模块的功能是什么。同时还要设计该项目应用系统的总体数据结构和数据库结构,即应用系统要存储什么数据,这些数据是什么样的结构,它们之间有什么关系等。

4. 详细设计

详细设计阶段就是对每个模块的功能进行具体描述,并把功能描述转变为精确的、结构化的过程描述,即该模块的控制结构是什么;先做什么,后做什么;有什么样的条件,有哪些重复处理等,并用相应的工具把这些控制结构表示出来。

5. 编码

编码阶段就是把每个模块的控制结构转换成计算机可接受的程序代码,即写成以某种特定程序设计语言表示的“源程序”,要求写出的程序结构好,清晰、易读,并且与设计相一致。

6. 测试

测试是保证软件质量的重要手段,其主要方式是在设计测试用例的基础上,检验软件的各个组成部分。测试分为模块测试、组装测试、确认测试。模块测试是查找各模块在功能和结构上存在的问题;组装测试是将各模块按一定顺序组装起来进行的测试,主要用于查找各模块之间接口上存在的问题;确认测试是按说明书上的功能逐项进行,以便发现不满足用户需求的问题,确定开发的软件是否合格、能否交付用户使用等。

7. 维护

软件维护是软件生存周期中时间最长的阶段。已交付的软件投入正式使用后,便进入软件维护阶段,它可以持续几年甚至几十年。软件运行过程中会由于各方面的原因,需要对其进行修改。可能是运行中发现了软件隐含的错误而需要修改,也可能是为了适应变化了的软件工程环境而需要加以变更,还可能是因为用户业务发生变化而需要扩充和增强软件的功能等。

4.4.2 开发过程模型

为了指导软件的开发,可采用不同的方式将软件生命周期中的所有开发活动组织起来形成不同的软件开发模型。如同工厂的生产线一样,建议各种开发模型用一定的流程将各个环节连接起来,并用规范的方式操作软件开发的全过程。常见的开发模型包括瀑布模型、快速原型法模型、迭代式模型、螺旋模型、敏捷开发模型等。

1. 瀑布模型

瀑布模型是1970年由B. W. Bohm首先提出来的。该模型的基本思想是:将软件的生存周期划分为定义期、设计期、开发期与运行维护期四个阶段,每个阶段又分为几个具体的步骤和相对独立的任务。开发工作按阶段、任务顺序进行,如同自上而下的瀑布一样,如图4.6所示。

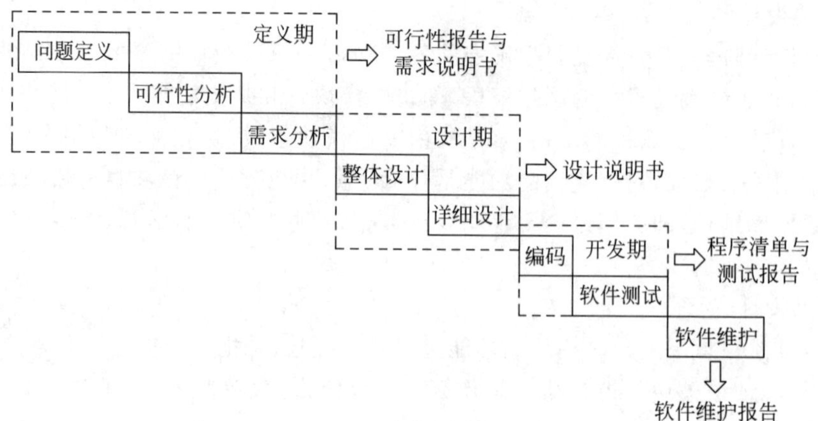

图 4.6　瀑布模型

1）定义期

定义期有三个任务。

（1）问题定义（确定软件要做什么）；

（2）可行性分析（确定开发软件的方案是否可行）；

（3）需求分析（明确在用户的业务环境中，软件系统应该做什么）。

定义阶段的结果是可行性报告和需求说明书。

2）设计期

设计期是根据可行性报告和需求说明书而进行的系统设计，具体分为两个阶段，即整体设计和详细设计。设计阶段的结果是设计说明书。设计说明书是指导编码的重要依据。

3）开发期

开发期是在设计说明书的指导下进行的编码和软件测试工作。开发期工作的最终结果是生产出运行正确的程序清单及测试报告等。

4）运行维护期

运行维护期是软件开发的最后一个阶段，主要任务是排除软件在运行中出现的错误，进一步提高软件的质量。运行维护期的结果是软件维护报告。

瀑布模型的特点如下。

（1）顺序性。即前一阶段的任务完全完成后才能进行下一阶段的任务。

（2）依赖性。即后一步的工作必须在前一步没有错误隐患后才能进行，通过保证每个阶段的工作质量达到确保整个软件系统质量的目的。

（3）推迟性。即前阶段的工作越细，后阶段的工作进行得就会越顺利。宁慢勿快，否则，可能由于返工致使整个软件工程设计工期推迟实现。

瀑布模型虽然是现代软件开发中使用的最基本的理论基础和技术手段，但其缺点是过于理想化。瀑布模型总是假设所有错误发生在编码实现阶段，假设整个系统一次性地被成功构建，认为它们的修复可以顺畅地穿插在单元和系统测试中，因此把测试放在开发后期，并且在所有设计、大部分编码、部分单元测试完成之后，才能对系统进行组装测试。然而，有可能当软件项目完成后，才会发现某些无法接受的性能、笨拙的功能以及不能满足用户需求的问题。

2. 快速原型法模型

瀑布模型强调自顶向下分阶段地开发,在进入实际的开发周期之前必须预先对需求严格定义。这样做的目的是提高系统开发的成功率,与不重视需求分析的早期方法相比是一个重大的进步,而且在实际系统开发中取得了很好的效果。但是,实践也证明,有些系统在开发出来之前很难仅仅依靠分析就能确定出一套完整、一致、有效的应用需求,这种预先定义的方式更不能适应用户需求不断变化的情况。快速原型法改变了这种自顶向下的开发模式,是针对瀑布模型提出来的一种改进的方法,快速原型法模型如图 4.7 所示。

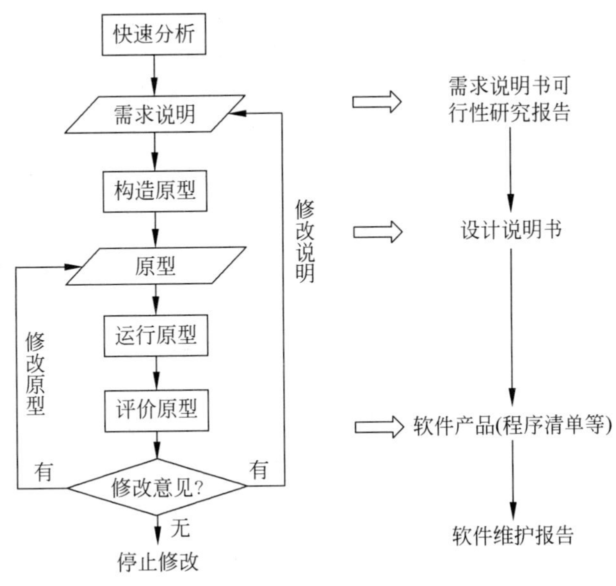

图 4.7 快速原型法模型

1)基本思想

快速原型法模型的基本思想是回避或暂时回避传统生命周期法中的一些难点,从用户需求出发,以少量代价快速建立一个可执行的软件系统,即原型,使用户通过这个原型初步表达出自己的要求,并通过反复修改和完善,逐步靠近用户的全部需求,最终形成一个完全满足用户要求的软件系统。

采用快速原型法模型,在项目开发的初始阶段,人们对软件的需求认识不够清晰,因而使得开发项目难以做到一次开发成功,往往要开发两次以后的软件才能较好地使用户满意。第一次只是试验开发,其目标在于探索可行性,弄清软件需求;第二次则在此基础上获得较为满意的软件产品。如果用户不满意一个模型,则可以对这个模型进行修改,甚至重新建立一个模型,直到用户和开发人员都满意为止。

2)特点

快速原型法模型对于用户需求较难定义的系统非常有效,特别适合于规模较小的软件。由于计算机专业知识和系统开发知识的局限,有时用户所要求的并不是他们想要得到的,而他们想得到的又不一定是他们所要求的,因此,阅读书面的需求说明书远不如直接观察一个实际系统更加直观有效。快速原型法模型具有如下三个特点。

(1)一致性。开发人员首先要与用户在“原型”上达成一致。双方有了共同语言,避免了许多由于不同理解而产生的误会,可以减少设计中的错误,降低开发风险,缩短用户培训时间,从而提高系统的实用性、正确性以及用户的满意度。

(2) 快捷性。由于是对一个有形的"原型产品"进行修改和完善,目标明确,开发进度得以加快。即使先前的设计存在缺陷,也可以通过不断地完善原型产品而最终解决问题,因而缩短了开发周期,加快了工程进度。

(3) 低成本。快速原型法模型本身不需要大量验证性测试,降低了系统的开发成本。

3. 迭代式模型

1) 基本思想

迭代式模型也被称作迭代增量模型或迭代进化式模型,它弥补了传统的瀑布模型中的一些缺点。迭代式模型的基本思想包括:迭代的每个周期都包含前一次迭代的软件;每次只设计和实现产品的一部分功能,并向演进的产品中添加此新功能。

在迭代式模型中,整个开发工作被组织为一系列短小的、固定长度(如 3 周)的小项目,称为一系列的迭代。每一次迭代都包括了需求分析、设计、实现与测试。每一次迭代都会产生一个可以发布的产品,这个产品是最终产品的一个子集。采用这种方法,开发工作可以在需求被完整地确定之前启动,并在一次迭代中完成系统的一部分功能或业务逻辑的开发工作;然后再通过客户的反馈来细化需求,并开始新一轮的迭代。

2) 迭代式模型的特点

迭代式模型能降低风险,得到早期用户反馈,进行持续的测试和集成,提高复用性,具有更高的成功率和生产率。但过多的迭代次数会增加开发成本,延迟提交时间。

4. 螺旋模型

1988 年,美国国家工程院院士巴利·玻姆(Barry Boehm)正式发表了软件系统开发的螺旋模型,它将瀑布模型和快速原型法模型结合起来,强调了其他模型所忽视的风险分析,特别适合于大型、复杂的系统。

1) 基本思想

螺旋模型的核心就在于不需要在刚启动项目时就把所有事情都定义清楚,只需要定义最重要的功能并实现它,然后听取客户的意见并进入到下一个阶段。如此不断轮回重复,直到得到客户满意的最终产品,如图 4.8 所示。

螺旋模型将项目划分为如下四个阶段。

(1) 制订计划。在需求分析阶段确定项目目标、整体架构,包括备选方案和相关约束条件。

(2) 风险分析。对于复杂的大型软件,需要输出多个原型模型,再针对每个原型模型进行风险分析,预估风险并规避风险。

(3) 实施工程。对最终确定的原型模型按照瀑布模型的流程进行。

(4) 用户评价。将最终输出的系统交由客户进行评价,并获取反馈结果。

2) 螺旋模型的特点

螺旋模型的优点包括以下三点。

(1) 每个阶段都有用户参加,确保最终实现不偏离用户的真正需求;

(2) 设计上具有灵活性,当不满足用户需求或风险大可以及时变更;

(3) 减少了整个开发测试的成本。

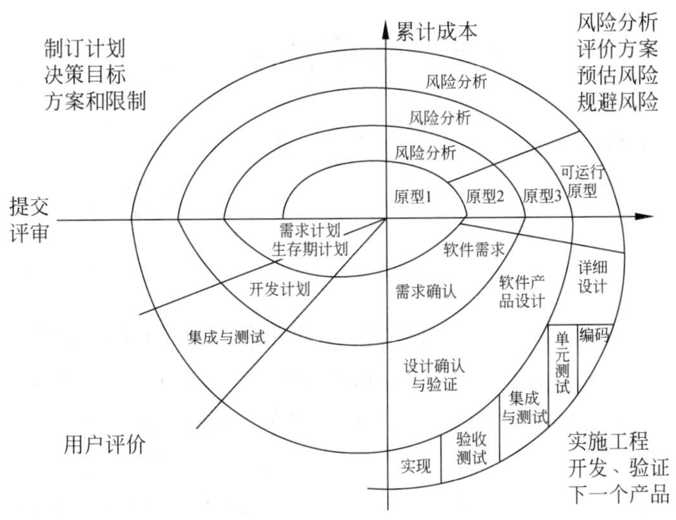

图 4.8 螺旋模型

缺点包括以下两点。

(1) 对风险评估的经验和知识要求很高,需要有专业人员作出决断;

(2) 只适用于规模大、风险高的项目。

5. 敏捷开发模型

敏捷开发模型是一种从 20 世纪 90 年代开始,逐渐引起广泛关注的一种新型软件开发模型,是应对快速变化需求的一种软件开发能力。

1) 主要思想

敏捷开发模型相对于“非敏捷”,更强调程序员团队与业务专家之间的紧密协作,面对面的沟通(认为比书面文档更有效),频繁交付新的软件版本,紧凑而自我组织型的团队,能够很好地适应需求变化的代码编写和团队组织方法,也更注重软件开发中人的作用。

敏捷开发小组主要的工作方式可以归纳为以下四点。

(1) 作为一个整体工作。

(2) 按短迭代周期工作。

(3) 每次迭代交付一些成果。

(4) 关注业务优先级,并及时检查与调整。

2) 敏捷开发模型的特点

敏捷开发模型适用于规模较小、开发团队成员不超过 40 人的项目,其特点如下。

(1) 人和人的交互重于人和过程及工具的交互。

(2) 可以工作的软件重于求全面完备的文档。

(3) 客户协作重于合同谈判。

(4) 随时应对变化重于循规蹈矩。

(5) 人员彼此信任,人少但精干,可面对面沟通。

项目规模越大,面对面的沟通就越困难。因此,大规模的敏捷开发模型尚处于积极研究的阶段。

4.5 常用软件介绍

4.5.1 办公软件

办公软件是最常用的应用软件之一。要实施办公自动化或数字化办公,都离不开办公软件的辅助。

1. 概念

办公软件指可以进行文字处理、表格制作、幻灯片制作、简单数据库处理等方面工作的软件。广义而言,政府用的电子政务,税务用的税务系统,企业用的协同办公软件等也属于办公软件。办公软件的应用范围很广,大到社会统计,小到会议记录。

2. 分类

(1) 按品牌进行分类,可分为微软系列(Microsoft Office)办公软件、金山系列(WPS Office)办公软件等。

(2) 按功能进行分类,可分为以下四类。

基础类办公软件,如 Office 工具包系列;

辅助类办公软件,如 PDF 文件阅读器及编辑器;

邮件通信类办公软件,如 Foxmail、Outlook 等;

管理类、系统类办公软件,如政务系统、税务系统等。

(3) 按应用平台进行分类,可分为桌面电脑平台类办公软件、智能手机平台类办公软件、平板电脑平台类办公软件等。

最基础的办公软件包括文字处理软件如 Word、演示文稿软件如 PowerPoint 和电子表格软件如 Excel。

3. 发展趋势

目前支持移动终端的办公软件越来越多,办公软件朝着操作简单化、高兼容性、功能细化、多终端化、支持云端存储等方向发展。例如最新版的 WPS Office 全面兼容微软 Office 97 和 Office 2010 格式,且覆盖 Windows、Linux、Android、iOS 等多个平台,并能实现云同步; WPS Office 支持桌面和移动办公,WPS 移动版通过 Google Play 平台已覆盖了五十多个国家或地区。目前教育部考试中心已将 WPS Office 作为全国计算机等级考试的二级考试科目之一。

4. 文字处理软件

文字处理软件是对文字进行录入、编辑、排版的软件。

简单的文字处理软件能进行文字的录入和简单编排,例如 Windows 自带的记事本、写字板等;较复杂的文字处理软件还可以进行表格制作和简单的图像处理,目前使用最广的是 Microsoft Word 和 WPS 文字处理软件,两者的文字处理核心功能相同,主界面也相似;专用文字处理软件适合专门的处理或用途,如文献编辑软件 LaTeX 等。

Microsoft Word 2010 版本的主界面如图 4.9 所示。在 Word 2010 里,一个文档被保存时其默认的文件扩展名为".docx"。

Word 2010 主界面介绍如下。

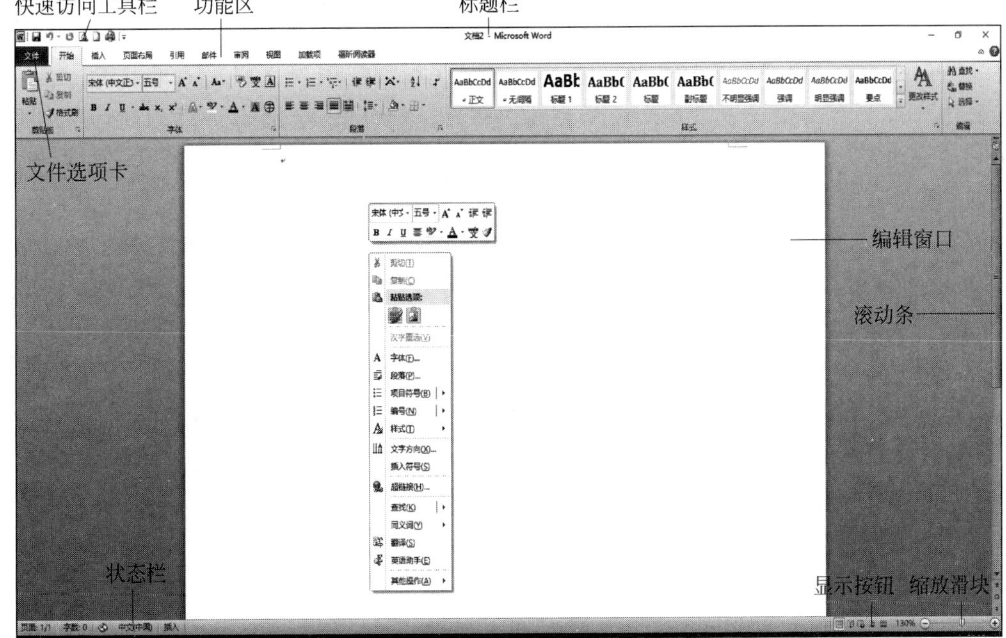

图 4.9 Word 2010 主界面

(1) 标题栏。显示正在编辑的文档的文件名以及所使用的软件名。

(2) “文件”选项卡。包含文件操作的基本命令(如“新建”“打开”“关闭”等)。

(3) 快速访问工具栏。显示常用命令(如“保存”),也可添加个人常用命令。

(4) 功能区。与其他软件中的“菜单”或“工具栏”相同,启动 Word 后位于主界面顶部,工作时需用到的命令位于此处(如“开始”和“插入”等)。用户可通过单击选项卡来切换显示的命令集。

(5) “编辑”窗口。显示正在编辑的文档。处于窗口中间最显著的位置,四边通常有标尺和滚动条,用于显示和编辑文档。在文档编辑区中有以下两个特殊区域。

① 插入点。由一个闪烁竖线标识的当前光标位置,表示编辑区的当前输入位置。

② 选定栏。位于文档编辑区的左边。当鼠标指针处于该区域时,将变成指向左上方的箭头形状。选定栏用于选定文档内容。

(6) 状态栏。显示当前文档的相关信息,位于窗口最底部。状态栏用于显示当前的编辑状态,如当前插入点所处的页数、整篇文档的字数、当前编辑的语言及插入功能按钮等。

(7) 显示按钮。用来切换视图方式,有五个按钮,依次为“页面”“阅读版式”“Web 版式”“大纲”“草稿”五种视图方式。

用户常使用 Word 对电子文档做如下处理。

(1) 文档基本操作。包括文字、段落的编辑和格式化。

(2) 表格的使用。包括在文档中建立表格并编辑和格式化表格。

(3) 图文混排。包括在文档中插入图片、艺术字、公式和流程图等。

(4) 长文档排版。对长文档进行标题等样式设置、插入分节符、页眉、页脚、目录等。

(5) 批量数据的输出。进行邮件合并等。

若需要对文档排版，一般的基本排版层次为字符级排版、段落级排版和页面级排版。

注意：Word 功能非常丰富，读者在学习使用 Word 时，可以选择 Word 窗口的菜单“帮助”→“Word 联机帮助”命令打开帮助窗口，以全面了解 Word 的基础知识和操作方法。另外，也可参阅本书所配套的《大学计算机基础教程（第四版）实验指导与习题集》中有关 Word 的实例。

5. 电子表格软件

电子表格软件是用于管理和显示数据，并对数据进行各种复杂运算和统计的软件，它不仅可以输入输出、显示数据，可以利用公式和函数等进行各种数据的处理、图表化显示、统计分析和辅助决策操作，还能将各种统计报告和统计图打印出来。

电子表格软件是通用的制表、计算、数据挖掘、分析图表工具，广泛应用于管理、统计、财经、金融等众多领域。具有代表性的电子表格软件有金山的 WPS 表格和 Microsoft Excel。WPS 的表格软件和 Microsoft Excel 软件的核心功能相同，主界面也基本相同。

图 4.10 所示为 Excel 2010 软件的主界面。在 Excel 2010 里，一个电子表格是由一个或多个工作表（Sheet）组成的，保存时其默认的文件扩展名为“. xlsx”。

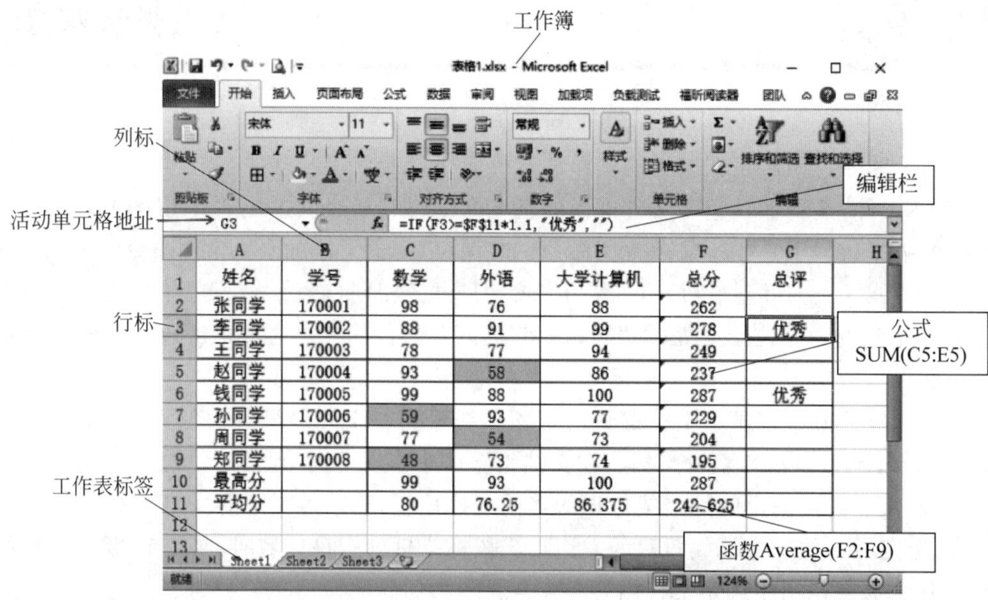

图 4.10　Excel 2010 界面及基本功能

Excel 的标题栏、文件面板、滚动条、缩放滑板、功能区界面和 Word 相似，此处不做赘述。用户用 Excel 制作电子表格的常见处理步骤如下所述。

（1）电子表格基础操作包括工作簿、工作表的建立及对单元格的设置等。

（2）工作表基本操作。包括基础数据的输入，利用公式和函数对数据进行计算等。

（3）数据图表化。通过插入图表，将数据图表化显示。

（4）数据管理。通过排序、筛选、分类汇总等操作，实现数据管理。

注意：Excel 功能非常丰富，读者在学习使用 Excel 时，可以选择 Excel 窗口的菜单“帮助”→“Excel 联机帮助”命令打开帮助窗口，以全面了解 Excel 的基础知识和操作方法。另外，也可参阅本书所配套的《大学计算机基础教程（第四版）实验指导与习题集》中有关

Excel 的实例。

6. 演示文稿软件

在课堂教学、会议演讲、学术交流、产品展示、广告宣传和工作汇报等场合，为了更生动清晰地传递演讲者所要表达的信息，电子演示文稿常被用来组织和存储演讲内容。编辑电子演示文稿的软件有很多，例如金山的 WPS 演示、Microsoft PowerPoint 以及 Prezi 软件等。

图 4.11 所示为 PowerPoint 2010 软件的主界面。在 PowerPoint 2010 里，一个演示文稿是由若干张"幻灯片"组成的，保存时其默认的文件扩展名为".pptx"。

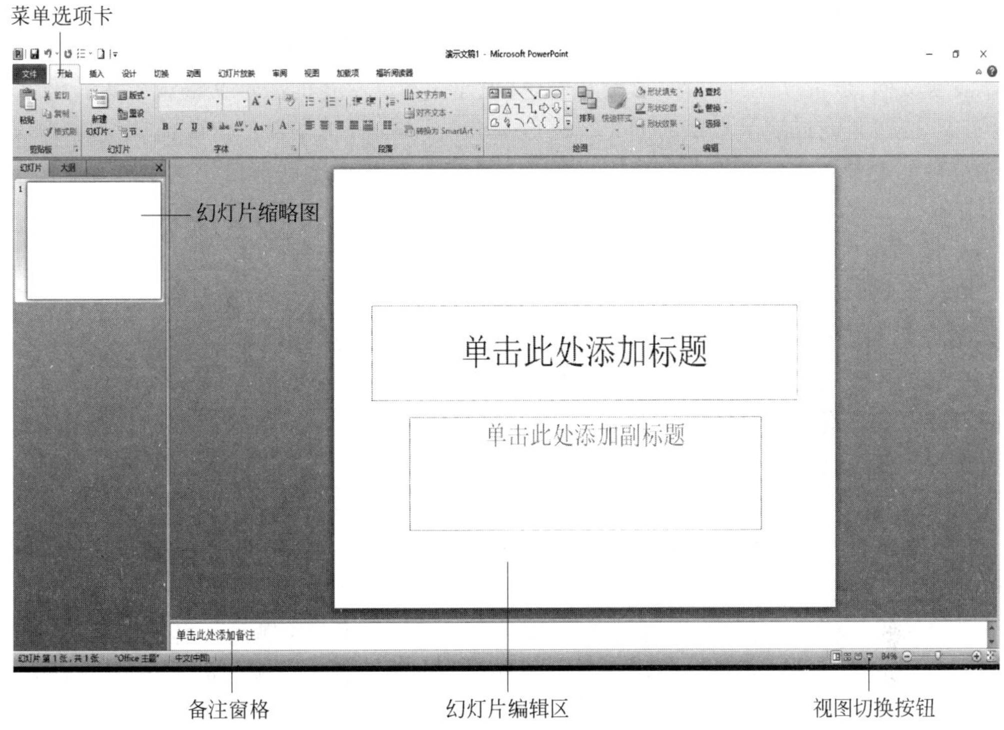

图 4.11　PowerPoint 2010 的主界面

在制作演示文稿的过程中，可根据不同的需要选择不同的编辑环境，即视图。在 PowerPoint 里常用的演示文稿视图有普通视图、幻灯片浏览视图、备注页视图、阅读视图和幻灯片放映视图。

(1) 普通视图。普通视图是 PowerPoint 启动后默认使用的视图，可用于撰写或设计演示文稿，输入文字，绘制图形，插入各种对象，设置动画和幻灯片切换效果等，是主要的编辑视图。

(2) 幻灯片浏览视图。幻灯片浏览视图是以缩略图形式显示幻灯片的视图。在此视图中，不仅可以将幻灯片看作是普通的图形对象来进行选定、移动、复制或者删除，对演示文稿的顺序进行排列和组织，还可以添加节，并按不同的类别或节对幻灯片进行排序。

(3) 备注页视图。备注页视图是以页的形式显示幻灯片及其备注。在此视图中，幻灯片缩略图的下方带有备注页方框，可以通过单击该方框来编辑备注文字。

(4) 阅读视图。阅读视图用于向用自己的计算机(而非通过大屏幕)查看演示文稿的人员放映演示文稿。通过该视图可以在一个设有简单控件且方便审阅的窗口中查看演示文稿。

（5）幻灯片放映视图。幻灯片放映视图以全屏的方式放映当前打开的演示文稿，PowerPoint 的标题栏、菜单栏、工具栏和状态栏等均隐藏起来。在此视图中，可以看到图形、计时、电影、动画和切换在实际演示中的具体效果，同观众最终通过大屏幕看到的演示文稿的显示效果一致。

视图之间可通过“视图”选项卡的“演示文稿视图”组中的命令或主窗口右下角的“视图切换”按钮进行切换。

通过软件建立一个演示文稿通常经过如下步骤。

1）建立演示文稿

启动 PowerPoint 后，将显示一个不含建议内容和设计的空白幻灯片，可以以此为开始制作演示文稿，也可以在“可用的模板和主题”里面选择已存在的演示文稿或模板；然后，单击“创建”按钮来完成演示文稿的创建。模板是 PowerPoint 框架性的组成部分，包含了文档的样式和页面布局等元素。在已有模板的基础上直接添加内容就可以快速生成一个美观的演示文稿。

2）编辑演示文稿

演示文稿中的每一张幻灯片是由若干“对象”组成的，并有一定的版式。版式为插入的对象提供了占位符，可插入文本、图片、表格、SmartArt 图形、超链接、音视频文件等对象。对象是幻灯片重要的组成元素。在编辑演示文稿时，可根据表达信息的不同需求来选择不同的表现方式。对于已选择的对象，既可以修改其内容或大小，对其进行移动、复制或删除，也可改变其颜色、阴影、边框等属性。对象的编辑方法与 Word 和 Excel 中的操作类似。

3）设置演示文稿的外观

（1）母版。母版是 PowerPoint 中的一种特殊的幻灯片，在其中可定义整个演示文稿的幻灯片格式。需要出现在每张幻灯片中的对象一般在母版中进行插入，如页码、时间等。

（2）主题。利用主题可以快速更改演示文稿的整体外观。主题是一套包含插入各种对象、颜色和背景、字体样式和占位符等的设计方案。主题包含了主题颜色、主题字体（包括标题字体和正文字体）和主题效果（包括线条和填充效果）。通过设置“设计”选项卡的主题，可以快速而轻松地赋予整个文档统一的格式和专业而时尚的外观。

（3）背景。与 Word 和 Excel 不同，PowerPoint 提供了背景样式自定义选项。背景样式来自当前文档“主题”中的定义。当演示文稿的主题被更改时，背景样式会随之更新。如果只想改变演示文稿的背景，或者使用图片或纹理作为幻灯片的背景，可以单击“设计”选项卡“背景”组中的“背景样式”，选择某个背景样式缩略图，或打开“设置背景格式”对话框进行个性化的设置。

4）交互式演示文稿的设置

交互式演示文稿不仅可实现演示文稿内幻灯片之间的连接，还可以实现不同演示文稿间幻灯片的连接甚至幻灯片到网页和文件的连接。可通过添加超链接和动作按钮来实现交互式演示文稿的创建。

5）设置演示文稿的动画和音效等

为演示文稿增添动画效果，不仅可以突出重点，控制信息流，还可以提高演示文稿的趣味性和观赏性。在 PowerPoint 2010 里既可以将文本和对象制作成动画，也可以为幻灯片

设置动画效果。

6）演示文稿的放映

（1）排练计时。在排练演示文稿或创建自运行演示文稿时，可以使用幻灯片“排练计时”功能记录演示每个幻灯片所需的时间，以确保整个演示文稿满足特定的时间框架。

（2）自定义幻灯片放映。要放映当前打开的演示文稿，可在“幻灯片放映”选项卡的“开始放映幻灯片”组中单击“从头开始”或“从当前幻灯片开始”选项。通过“自定义幻灯片放映”命令可在一个演示文稿中选择不同的幻灯片组合，以满足不同观众的需要。

（3）放映时书写。在演示文稿放映时，如需要在幻灯片上书写，可右击打开快捷菜单，选择“指针选项”和某个绘图笔的类型后，在幻灯片上按住鼠标右键并拖动，就可以在幻灯片上书写或绘图。这在演示中需要强调要点或阐明关系时十分有用。

（4）幻灯片输出。为了在 PowerPoint 环境外放映演示文稿，可将演示文稿另存为 PowerPoint 放映文件。此外，还可将演示文稿转换为视频来分发和传递。

注意：*为了解决使用 PowerPoint 时遇到的问题，可以查阅 PowerPoint 帮助文档。PowerPoint 启动后，在主窗口界面的功能区最右方，可以看到图标❓，单击该图标会弹出帮助窗口对话框，选择各个帮助项或搜索相关主题即可。另外，也可参阅本书所配套的《大学计算机基础教程（第四版）实验指导与习题集》中有关 PowerPoint 的实例。*

4.5.2 多媒体创作软件

多媒体技术的实质是将自然形式存在的各种媒体数字化，然后利用计算机对这些数字信息进行加工或处理，以一种友好的方式提供给用户使用。因此，多媒体技术往往与计算机联系紧密，可以将多媒体技术看成是先进的计算机技术与视听技术、通信技术融为一体而形成的一种新技术。概括来讲，多媒体技术指将文本、音频、图形图像、动画和视频等多种媒体信息通过计算机进行数字化采集、编码、存储、传输、处理和再现等，使多种媒体信息建立起逻辑连接，并集成为一个具有交互性的系统的技术。随着技术的进步，多媒体的含义和范围将不断扩展。在应用上，多媒体一般泛指多媒体技术。而多媒体创作软件是多媒体技术应用的主要工具。

多媒体创作软件按功能可分为多媒体素材制作软件和多媒体应用开发软件两大类。

多媒体素材制作软件是专业人员在多媒体操作系统之上开发的，用于采集、整理和编辑各种多媒体素材的软件。在多媒体应用软件制作过程中，对多媒体素材进行编辑和处理是十分重要的。多媒体素材制作的好坏，直接影响到整个多媒体应用系统的质量。常用的多媒体素材制作软件如表 4.1 所示。

表 4.1 常用的多媒体素材制作软件

素材类型	常用工具	移动终端常用 App
文本	COOL 3D、Word、WPS、InDesign、InCopy	WPS Office 移动端、扫描全能王、各类输入法
图形图像	Photoshop、画图、CorelDRAW、AutoCAD、Illustrator、Lightroom、SketchUp	美图秀秀、天天 P 图、B612 咔叽、BeautyPlus
声音	Adobe Audition、GoldWave、AudioDirector	音频编辑器、音乐剪辑大师

续表

素材类型	常用工具	移动终端常用 App
动画	3ds Max、Maya、Adobe Animate、Flash	动漫画制作编辑器、精灵动画
视频	会声会影、爱剪辑、Adobe 公司的 Premiere、After Effects、Prelude、Media Encoder	乐秀视频编辑器、剪映、视频播放软件（如 QQ 影音）
网页	Adobe Dreamweaver、HBuilder	Mozilla Webmaker

多媒体应用开发软件主要用于编辑生成特定领域的多媒体应用开发软件，是多媒体设计人员在多媒体操作系统上进行开发的软件工具。根据所用工具的类型，有的以页面或卡片为基础，例如 Toolbook、HyperCard、Prezi、PowerPoint 等；有的是基于时间导向的编辑系统，例如 Director、Action 等；有的是以传统程序语言为基础的语言或集成环境等，例如 C、Visual C++、Visual studio 集成开发环境；有的是工具集，如 Adobe CC 工具集等。

1. 音频处理软件

音频素材在使用前经常需要进行一定的加工处理。音频处理也叫作音频编辑，主要包括剪裁声音片段、合成多段声音、连接声音、生成淡入淡出效果、响度控制、调整音频特性等，这些操作需要借助专门的处理软件。在众多的软件当中，比较经典的有 GoldWave、Cakewalk、Adobe Audition 等。其中 Adobe Audition 是功能非常强大的音频编辑软件，可以完成声音的大部分编辑处理，包括：使用声音文件，录音，设置编辑声音的选区，去掉某个不需要的声音片段，制作淡入淡出效果，回声及其制作，倒序声音及其制作，改变声音文件的固有音量，调整声音文件的时间和速度，调整频率，多个声音素材的合成，声道变换，声音响度的自由控制等。进入 Adobe Audition 软件的多轨界面可以完成多种声音的合成（例如录制个人专辑），图 4.12 所示为 Adobe Audition CC 2017 的主界面。

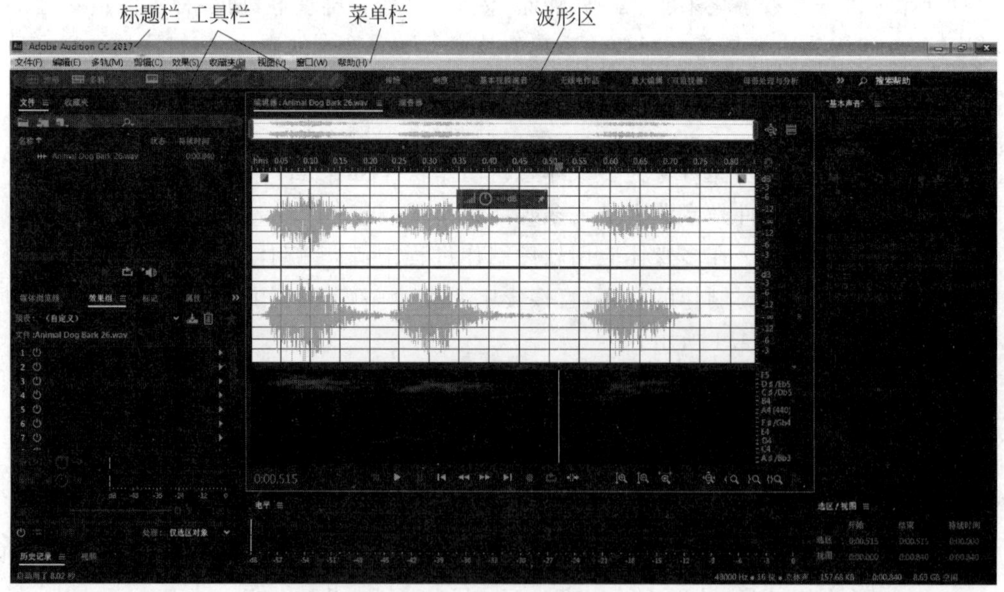

图 4.12　Adobe Audition CC 2017 主界面

音频的基本操作包括：音频的打开、录制，选区操作，音频的复制、粘贴、删除，波纹删除，音频的重命名、移动、裁剪、拆分，创建多轨会话，轨道的添加，复制及删除，音量的增减，声像的更改、静音、撤销等。

对音频的特效处理包括：音频的淡入淡出效果、回声效果、降噪效果、混响效果及多轨合成等。

2. 图像处理软件

图像的处理在计算机中通常通过软件工具实现。目前，图像的处理工具可分为以下三类。

1）操作系统中自带的图像处理工具

多媒体操作系统都自带了图像处理工具。例如 Windows 操作系统自带了画图程序、截图工具、Windows 图片和传真查看器、图片工厂等。其中图片工厂工具可以进行简单的图像处理、浏览和输出，包括版面设计、特效、批处理、拼接、分割、浏览、编辑与输出等功能，相对比较完整。

2）专业的图像处理工具

随着技术的进步，图像处理软件更趋专业化和多功能化。目前比较常用的、全面的专业图像处理软件为 Adobe 公司的 Photoshop，除此之外还有美图秀秀、光影魔术手、Lightroom、可牛影像等软件。每种软件都有其特点，用户可根据需要选择合适的软件。

3）智能终端的图像处理 App

目前流行的图像处理 App 的功能主要以美化图片为主。这些手机 App 简单实用，包含各种滤镜以及多种简单边框、炫彩边框等，并有去黑眼圈、祛痘、瘦脸、瘦身、拼图、裁剪、虚化等简单图片处理功能，让自拍变得非常精彩。目前智能终端图像处理 App 主要有美图秀秀、玩图、百度魔图、Prisma、天天 P 图等。

注意：目前智能终端 App 发展迅速，各种智能终端修图 App 层出不穷，许多终端用户甚至安装多种 App，以便根据实时需求选择不同的 App 修饰图片。由于篇幅关系，本书对智能终端图像处理 App 不做详细介绍，请读者自行学习。

下面介绍目前主流的图像处理软件 Photoshop。

1）Photoshop 的发展简史

Adobe Photoshop，简称 PS，是由 Adobe 系统公司开发和发行的图像处理软件，是当前计算机图像处理领域中最流行的图像处理软件。该软件提供了强大的图像编辑和绘画功能，广泛用于数码绘画、广告设计、建筑设计、彩色印刷和网页设计等领域。

AdobePhotoshop 诞生于 1990 年。1996 年，Adobe 公司推出了 Photoshop 4.0，随后相继推出升级版本；2003 年，Adobe Photoshop 8.0 被更名为 Adobe Photoshop CS；2013 年 7 月，Adobe 公司推出了新版本的 Photoshop CC。自此，Photoshop CS6 作为 Adobe CS 系列的最后一个版本被新的 CC 系列取代。截至 2021 年 10 月，Adobe Photoshop CC 2022 为市场最新版本。Adobe 支持 Windows 操作系统、安卓系统与 macOS，Linux 操作系统用户可通过使用 Wine 来运行 Photoshop。

2）Photoshop 的基本功能

Photoshop 既可以进行图像处理，也可以进行图形创作，但 Photoshop 的专长在于图像处理，主要处理以像素所构成的图像、对已有的图像进行编辑加工处理以及运用一些特殊效果。从功能上看，该软件可分为图像编辑、图像合成、校色调色及特效制作等部分。

（1）图像编辑。图像编辑是图像处理的基础，可以对图像做放大、缩小、旋转、倾斜、镜像、透视等各种变换，也可进行复制、去除斑点、修补、修饰图像等。

（2）图像合成。Photoshop 可将几幅图像通过图层操作、工具应用合成完整的、传达明确意义的图像，并提供绘图工具让图像与创意很好地融合，从而使图像的合成天衣无缝。

（3）校色调色。校色调色功能是 Photoshop 深具威力的功能之一，可方便快捷地对图像的颜色进行明暗、色偏的调整和校正，也可在不同颜色之间进行切换，以满足图像在网页设计、印刷、多媒体等方面应用的要求。

（4）特效制作。特效制作功能在 Photoshop 软件中主要由滤镜、通道及工具综合应用完成，包括图像的特效创意和特效字的制作，如油画、浮雕、石膏画、素描等常用的传统美术技巧都可借助 Photoshop 特效完成。因此，各种特效字的制作是很多美术设计师热衷于该软件的原因。

3）Photoshop 的启动和退出

Photoshop 的启动和退出操作是所有应用软件在操作系统上的通用操作，这里不做赘述。若用户熟悉所使用的操作系统，可以自己设置快捷的启动和退出方式。

4）Photoshop 的窗口组成

Photoshop 应用程序窗口由标题栏、菜单栏、图像编辑窗口、状态栏、工具选项栏、工具箱、控制面板等组成，如图 4.13 所示。

图 4.13　Photoshop CC 2017 应用程序窗口

（1）标题栏。标题栏位于图像编辑窗口顶端，它用标签栏列表的形式显示当前图像编辑窗口的图像文件名列表，与浏览器相似。若用户创建新的图像文件，Photoshop 便会给它们命名为“未标题—1”“未标题—2”等。

（2）菜单栏。菜单栏为整个环境下所有窗口提供菜单控制，包括文件、编辑、图像、图层、文字、选择、滤镜、3D、视图、窗口和帮助。单击菜单选项名称即可打开该菜单，每个菜单

里都包含数量不等的命令。Photoshop 中通过两种方式执行所有命令,一是菜单,二是快捷键。

(3) 图像编辑窗口。在 Photoshop 中,每一幅打开的图像文件都有自己的图像编辑窗口,所有图像的操作都要在此窗口中完成,是 Photoshop 的主要工作区。当 Photoshop 打开多个文件时,标签栏为高亮状态的为当前文件,所有操作只对当前文件有效。用光标在图像标题栏中各标签部位单击即可将此文件切换为当前文件。图像窗口提供了打开文件的基本信息,如文件名、缩放比例、颜色模式等。

(4) 状态栏。状态栏在主窗口底部,由三部分组成。最左端显示当前图像窗口的显示比例,在其中输入数值后按下 Enter 键可改变图像的显示比例;中间显示当前图像文件的大小;单击右侧的黑色三角按钮,打开弹出菜单,选择任意命令,相应信息会在预览框中显示。

(5) 工具选项栏。工具选项栏又称属性栏,位于菜单栏的下方。当选中某个工具后,属性栏就会改变成相应工具的属性设置选项,可更改相应的选项。如选择画笔工具,则工具选项栏会出现画笔类型、绘画模式、不透明度等选项,如图 4.14 所示。用户可以选择"窗口"→"选项"菜单命令来显示和隐藏工具选项栏。

图 4.14　画笔工具选项区栏

(6) 工具箱。默认状态下,Photoshop CC 工具箱位于窗口左侧。工具箱是工作界面中最重要的面板,它几乎可以完成图像处理过程中的所有操作。用户可以将鼠标移动到工具箱顶部,按住鼠标左键不放,将其拖动到图像工作界面的任意位置。单击可选中工具或移动光标到该工具上,属性栏会显示该工具的属性。

有些工具的右下角有一个小三角形符号,这表示在工具位置上存在一个工具组,其中包括若干个相关工具,例如选框工具组(▣)。将鼠标指向工具箱中的工具按钮,将会出现一个工具名称的注释,注释括号中的字母即是对应此工具的快捷键。工具箱中的工具可用来选择、绘画、编辑以及查看图像。

(7) 控制面板。控制面板是 Photoshop CC 中非常重要的一个组成部分,通过它可以进行颜色选择、图层编辑、通道新建、路径编辑和编辑撤销等操作。例如,使用历史记录面板可以记录最近的操作步骤,并可快速恢复到保存的任意一步中。Photoshop CC 的面板有了很大的变化,选择"窗口"→"工作区"命令,可以选择需要打开的面板。打开的面板都依附在工作界面右边。单击面板右上方的三角形按钮,可以将面板缩为精美的图标,使用时直接选择所需面板按钮即可弹出面板。

注意:Photoshop 的注释功能非常完善,当鼠标放置在工具、工具栏属性或控制面板上时,均会出现相应的注释供用户参考。Photoshop 功能非常丰富,读者在学习使用 Photoshop 时,可以选择 Photoshop 窗口的菜单"帮助"→"Photoshop 联机帮助"命令打开帮助窗口,以全面了解 Photoshop 的基础知识和操作方法。另外,也可参阅本书所配套的《大学计算机基础教程(第四版)实验指导与习题集》中的有关图像制作的实例。

3. 动画处理软件

常见的动画制作工具如下。

1）Adobe Photoshop

Photoshop 除了图像处理外，其最新版本还可以制作视频和动画。

2）Autodesk Maya

Autodesk Maya 简称 Maya，是美国 Autodesk 公司出品的世界顶级的三维动画软件，应用对象是专业的影视广告、角色动画、电影特技等。Maya 功能完善，工作灵活，易学易用，制作效率极高，渲染真实感极强，是电影级别的高端制作软件。

3）3D Studio Max

3D Studio Max 简称为 3ds Max 或 3ds MAX，是 Discreet 公司开发的（后被 Autodesk 公司合并）基于 PC 系统的三维动画渲染和制作软件，广泛应用于广告、影视、工业设计、建筑设计、三维动画、多媒体制作、游戏、辅助教学以及工程可视化等领域。

4）Adobe After Effects

Adobe After Effects 简称 AE，是 Adobe 公司推出的一款图形视频处理软件，适用于从事设计和视频特技的机构，包括电视台、动画制作公司、个人后期制作工作室以及多媒体工作室，属于层类型后期软件。

5）Adobe Premiere

Adobe Premiere 是由 Adobe 公司推出的一款常用的动画视频编辑软件，其编辑画面质量比较好，有较好的兼容性，且可以与 Adobe 公司推出的其他软件相互协作。目前这款软件广泛应用于广告制作和电视节目制作中。

6）Retas

Retas 是日本开发的一套应用于普通 PC 和苹果计算机的专业二维动画制作系统，广泛应用于电影、电视、游戏、光盘等多个领域。它实现了传统动画制作所有的强大功能和灵活性，具有简单易用的用户界面和高性价比的特点。

7）Anime Studio

Anime Studio 是一款适用于 macOS 操作系统的高质量专业动画创作软件，它使用直观的界面和大量预设的角色和内容。其最突出的革新成果是实现了用骨骼系统操作各种复杂动作，使中间动画自动生成和自动着色。

8）Toon Boom Studio

Toon Boom Studio 是一款优秀的矢量动画制作软件，可用于 Windows 系统和 macOS 系统。

9）Synfig Studio

Synfig Studio 是一款开源的、工业级的、强大的二维矢量动画制作软件，能够用最少的人力和资源制作出电影品质的动画，可用于 Windows、Linux 和 macOS 等操作系统。

10）Flash

Flash 是美国 Macromedia 公司于 1999 年 6 月推出的网页动画设计软件，后于 2005 年 12 月 3 日被 Adobe 公司收购。它是一种交互式动画设计工具，可以将音乐、声效、动画以及富有新意的界面融合在一起，从而制作出高品质的网页动态效果。它支持多种脚本语言，可满足网页设计的多样化。2015 年 12 月 1 日，Adobe 将动画制作软件 Flash Professional CC

2015 升级并改名为 Animate CC 2015.5,从此与 Flash 技术划清界限。图 4.15 为 Animate CC 2017 的主界面。

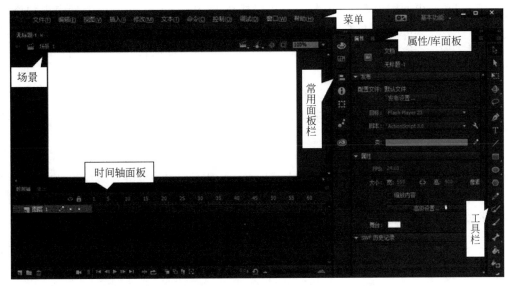

图 4.15 Animate CC 2017 的主界面

用户利用 Animate CC 进行动画制作主要包括如下内容。

(1) 绘图和图形编辑。绘图和图形编辑是制作动画的基本功,也是 Animate 的基本功能之一。Animate 包括多种绘图工具,并提供了 3 种绘制模式,它们决定了舞台上的对象彼此之间如何交互,以及用户能够怎样编辑它们。

(2) 逐帧动画的制作。在时间轴上逐帧绘制帧内容来实现的动画称为逐帧动画。逐帧动画是一种常见的动画形式,它的原理是在"连续的关键帧"中分解动画动作,也就是每一帧中的内容不同,连续播放形成动画。由于是一帧一帧地画,所以逐帧动画具有非常大的灵活性,几乎可以表现任何想表现的内容。将 jpg、png 等格式的静态图片连续导入到 Animate 中,就会建立一段逐帧动画。

(3) 形状补间动画的制作。在一个关键帧中绘制一个形状,然后在另一个关键帧中更改该形状或绘制另一个形状,Animate 根据两者之间帧的值或形状来创建的动画称为形状补间动画。

(4) 动作补间动画的制作。动作补间动画除了物体位移、透明度大角度改变等最简单的效果以外,还有几种常见特殊效果,如引导路径动画、遮罩动画和骨骼动画等。在 Animate 中,将一个或多个层链接到一个运动引导层,使一个或多个对象沿同一条路径运动的动画形式被称为引导路径动画。在 Animate 中,遮罩就是通过遮罩图层中的图形或者文字等对象,透出下面图层中的内容。在 Animate 作品中,常会看到很多眩目神奇的效果如水波、万花筒、百叶窗、放大镜、望远镜等,就是利用遮罩动画的原理来制作的。

(5) 程序动画的制作。除了上述时序播放型动画外,若要实现动画的交互性,即动画的播放过程中需要人为输入指令来决定动画下一步播放的内容或者控制动画中某些对象的行为时,往往需要编写程序代码。在动画中使用声音 Animate 支持使用 JavaScript 和 Action Script 3.0 来实现程序动画。

(6) 在动画中使用声音。在动画中使用声音包括声音的导入、为动画添加声音、设置声音效果、使声音与动画同步等。

(7) 在动画中使用视频。Animate 仅可以播放 FLV、F4V 和 MPEG 等特定视频格式。将视频导入至 Animate 项目后,它会增加项目大小及随后发布的 SWF 文件的大小。当用户打开动画时,无论用户是否观看视频,该视频都会开始渐进地将其下载至用户的计算机。因此,在使用视频时应根据视频特性选择不同的方法。

注意:除使用帮助文档外,可参阅本书所配套的《大学计算机基础教程(第四版)实验指导与习题集》中的有关动画制作的实例。

4. 视频处理软件

1) 屏幕录制软件

随着微视频在网络上的盛行,许多人利用 PowerPoint、手写板等工具或软件,结合屏幕视频录制软件制作视频。因此,屏幕视频录制是常见的视频制作方法,是多媒体应用软件的一个重要组成部分,主要用于辅助多媒体软件的制作。HyperSnap、HyperCam、Adobe Captivate、Camtasia Studio、Snagit、屏幕录像大师、屏幕录像专家、EV 录屏等都是常用的屏幕视频录制工具。图 4.16 所示为 Camtasia Studio 的主界面。

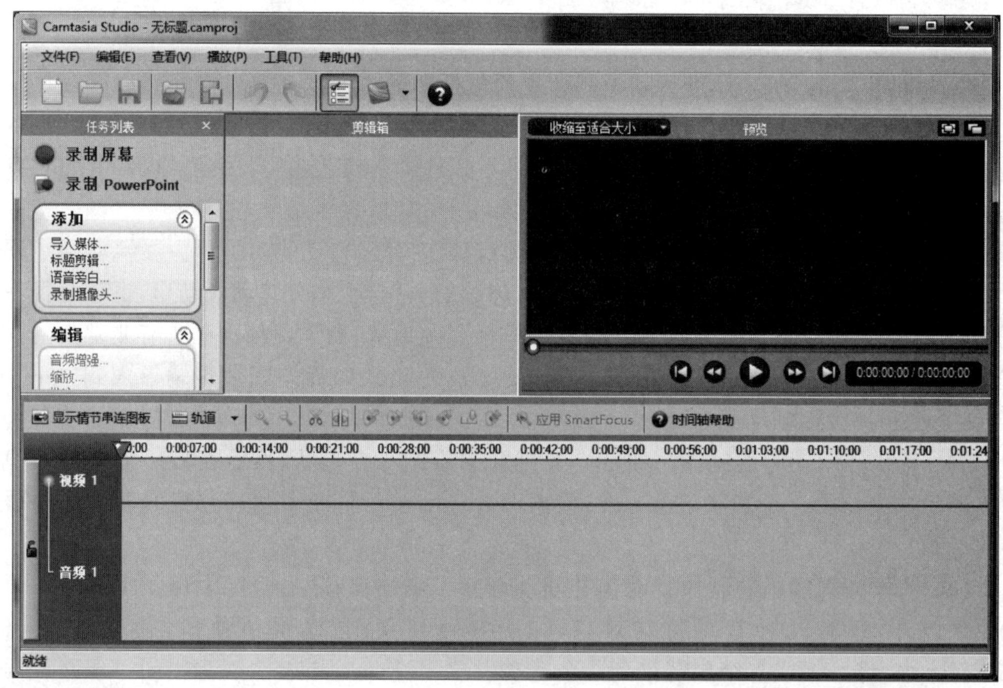

图 4.16 Camtasia Studio 的主界面

在屏幕截图方面,以下工具均可以进行屏幕截图,Windows 操作系统自带的"截图工具",个人计算机上最常用的程序 QQ 和微信。在 QQ 已经运行的情况下,按 Ctrl+Alt+A 组合键可以启动 QQ 截屏功能和录屏功能;在微信已经运行的情况下,按 Alt+A 快捷键可以启动微信截屏功能。但 QQ 和微信截屏所生成的图像分辨率较低,一般建议用专业的截取工具进行图像和视频的截取。

2）视频编辑软件

目前家庭级视频的编辑处理基本上都借助计算机进行非线性编辑，不需要借助于视频采集卡等外部设备，就可以突破单一时间顺序编辑的限制。家庭级的视频制作与处理软件主要有 Adobe Premiere、After Effects、Canopus 的 EDIUS、Movie Maker、会声会影、爱剪辑、剪辑师等。手机端的视频制作与处理 App 主要有苹果手机的 iMovie、安卓的小影等。其中 Adobe Premiere 和 After Effects 偏向于专业级别，功能强大，操作也稍复杂些。如图 4.17 为会声会影 X5 的主界面。

图 4.17　会声会影 X5 的主界面

利用会声会影编辑视频文件的常见步骤如下：

（1）新建项目。会声会影中视频的编辑与处理从此步开始，因此先要新建项目。将视频节目通过捕获卡从源设备（通常是摄像机）传送到计算机中的过程称为捕获。会声会影可捕获来自 DV 摄像机、模拟摄像机、VCR、电视机等的视频。

（2）导入素材。素材散布在计算机磁盘的各个地方。创建空白项目后，需要把有用的素材导入到项目的素材库中。

（3）编辑视频。对视频或图片进行基本编辑，如裁剪、时间控制、位置控制、场景反转、色彩校正、视频多重修整、自动按场景分割、静态图像保存和消音等；创建影片的画中画效果；创建标题或字幕；为视频添加装饰边框；创建影片的音频效果等。

（4）输出影片。把视频以 MPEG、AVI、WMV 等格式文件或 DVD 等形式输出。

5. 多媒体文件格式转换软件

多媒体文件格式种类繁多，差异较大。因此，在进行多媒体制作或播放、浏览时需要对格式进行转换。转换的软件很多，目前主流软件为格式工厂（Format Factory），最新版支持几乎所有同类多媒体文件格式的相互转换。格式工厂的界面如图 4.18 所示。以将视频文件转换成 MP4 格式转换为例，基本步骤如下。

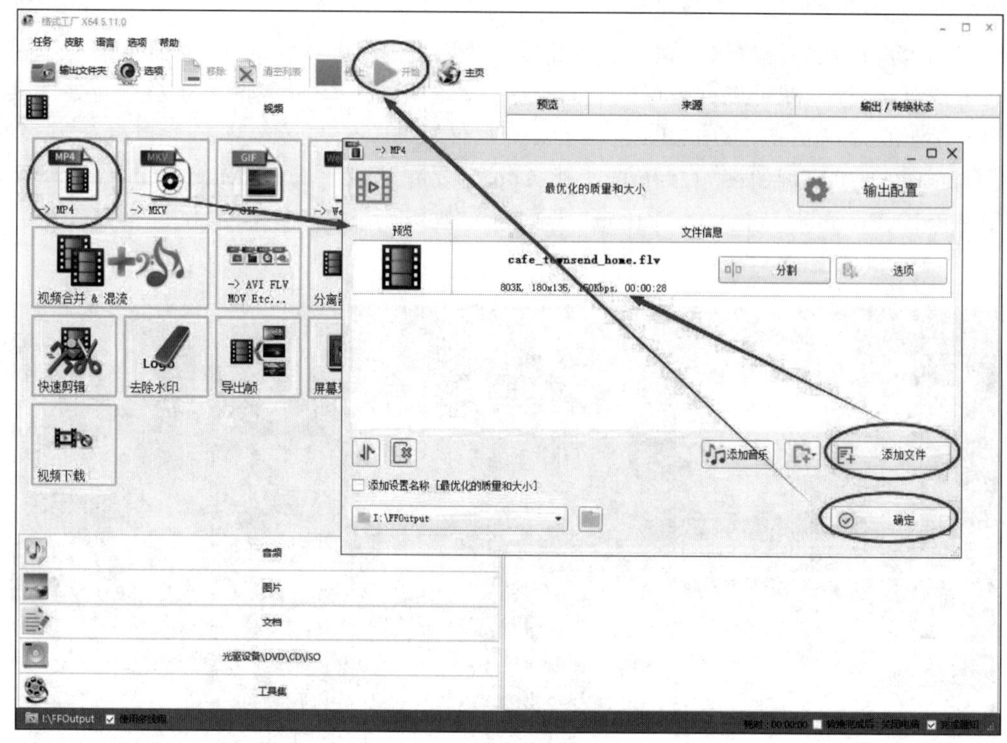

图 4.18 格式工厂主界面

(1) 单击“所有转到 MP4”，在弹出的窗口中单击“添加文件”，选择需要转换为 MP4 格式的视频文件；单击“确定”按钮，回到格式工厂的主界面。

(2) 单击“开始”按钮，进行视频转换。

4.5.3 网页制作软件

WWW(World Wide Web)即全球信息网，提供文本、图像、动画、声音、视频等多媒体形式的信息服务。它具有分布式信息存储和超链接的资料检索等特点，被应用在各个领域，是 Internet 的主要服务之一。要使信息在 WWW 上有效地展示，就需要设计、制作网页和建立网站。

1. 网页相关概念

1) 网页

网页是在网上浏览网站时看到的一个个页面，是一种独立的超文本文件，扩展名为 .htm 或 .html。网页是 WWW 服务中最主要的文件类型，通常存储于互联网的某一台服务器上，通过网址或 URL 描述其具体存放位置，以 HTML 进行编写。与普通文本相比，超文本具有两个特点：一是既可以含有简单文本，又可以加入表格、图像、动画、声音和视频等多种内容，在浏览器上呈现页面效果；二是能够提供索引式链接，可从一个页面跳转到另一页面，以实现与网络上的各种网页相连。

2) 网站

网站是为网络用户提供信息的场所，设计者为表达某些主题内容而设计出多张网页，并

利用超链接把相关栏目内容的网页组织起来，存放在Web服务器上。用户通过网络和浏览器从一个页面跳转到另一个页面，实现对整个网站的浏览。

3）主页

主页是网站的第一页（即首页），浏览者可通过主页链接到网站其他页。主页是网站的核心，对整个网站内容起到索引的作用，便于用户浏览整个网站的内容。主页一般与一个网址相对应。

4）站点

站点是制作网站时在机器上的一个物理位置，即在硬盘上保存文件的地方。创建站点是为了用户在制作、修改网页时，能方便地管理站内的各种目录、文件或将其上传到Web服务器上。例如，Adobe公司的Dreamweaver软件就具有创建站点的功能。

2. 网站的实现

要建立一个网站，还需要选择实现网站的方法。目前，能够用于设计网站的方法有很多，可以使用HTML语言来编辑，也可以使用网页制作工具（如Dreamweaver）来设计网站。建立网站一般先创建站点，然后制作主页，再制作其他页面。对于一个初学者来说，建议使用可视化编辑综合工具来设计网站的框架，然后再用Java和JavaScript等编辑语言来对网站进行修饰，对网页进行特效处理等。

无论采用哪种网页编辑软件，最后都是将所设计的网页转化为HTML。HTML是搭建网页的基础语言，如果不了解HTML，就不能灵活地实现想要的网页效果。HTML作为一款标记语言，本身不能显示在浏览器中，须经过浏览器的解释和编译，才能正确地反映HTML标记语言的内容。HTML从1.0到5.0经历了巨大的变化，如今的HTML 5使得移动终端的网页设计更加便利。

3. HTML网页文件编写工具

目前制作网页的工具很多，按其工作方式分为两种：代码编辑工具和可视化编辑综合工具。

1）代码编辑工具

代码编辑工具是直接编写HTML（hypertext markup language，超文本标记语言）源代码的软件。例如Windows系统中的记事本，使用时直接在代码编辑区输入网页代码，然后保存成网页文档在浏览器中打开即可。

采用代码编辑工具便于用户控制代码，能够较好地实现HTML代码在浏览器中的显示效果，网页的代码较为精练；缺点是只适用于对网页制作语言比较熟悉的用户。

2）可视化编辑综合工具

用户可以借助可视化编辑综合工具的各种快捷按钮和属性选项，以所见即所得的方式，在编辑的过程中看到与在浏览器所见的效果，系统会自动生成相应的代码；同时，用户也可以在代码编辑窗口输入代码编辑网页。此外，此类工具还具有创建、管理站点文件等功能，适用于整个网站的建设和管理。目前具有代表性的软件是Adobe Dreamweaver。在实际应用中，人们更多地采用可视化编辑综合工具制作网页，使用可视化与代码相结合的编辑方式，以提高工作效率。因此，我们不仅需要掌握可视化的制作工具，还要熟悉编写网页语言的代码。

采用可视化编辑综合工具的优点是代码可由系统自动生成，用户即便不熟悉网页制作语言也可制作出较好的网页。当然，由系统自动生成的代码难免产生一些冗余，因此熟悉HTML语言的用户可以在代码编辑窗口输入代码，以减少冗余。

4. 美化网页的工具

要制作一个内容丰富精彩、页面引人入胜的网页，需要使用网页美化工具对网页的基本元素，即图片、文字、音频等进行美化。这些软件主要是本书前面提到的相关软件，包括图形图像处理软件（如Illustrator，Photoshop，InDesign，CorelDraw等）、动画/影视制作软件（如Adobe Animate等）和音频处理软件等。

5. Pixso

Pixso是国内的一款在线网页设计工具，是集成原型、设计、交互与交付等所有网页设计需求的一站式设计平台，内部集成了大量优秀插件，包括组件、图标、字体、色板、填充等，基本上覆盖到网页设计师常用的大部分工具。Pixso资源社区还内置各行业的网页设计案例，满足开源项目必要的多人协作编辑，为协同设计提供了方便。图4.19所示为Pixso平台的界面。

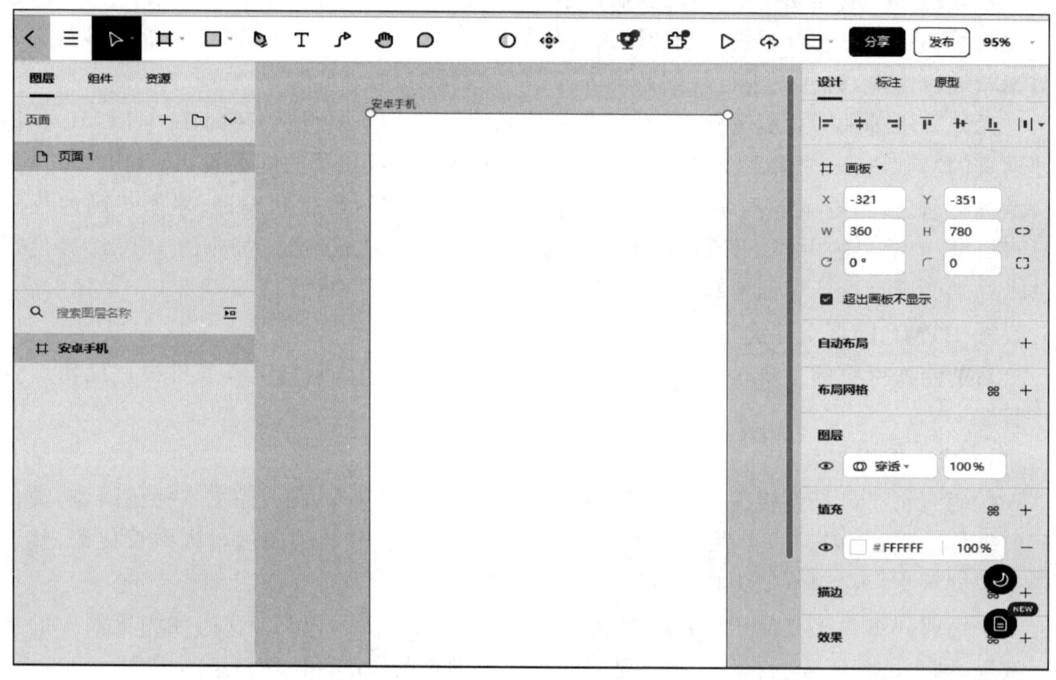

图4.19　Pixso平台的界面

6. Adobe Dreamweaver

Adobe Dreamweaver简称DW，是集网页制作和网站管理于一身的所见即所得网页编辑器。目前的最新版本为Adobe Dreamweaver CC 2021版。该版本引入了多种新增功能和安全性增强功能。

Adobe Dreamweaver CC 2021及后续版本目前可以安装在Windows或macOS系统上，可实现Adobe Creative Cloud同步，是一款初学者首选的网页编辑器。使用Dreamweaver工作区，可以查看文档和对象属性。工作区还将许多常用操作放置于工具栏中，使用户可以快速

更改文档。工作区如图 4.20 所示。

图 4.20 Dreamweaver 工作区布局

(1) 应用程序栏。位于应用程序窗口顶部,包含一个工作区切换器、几个菜单(仅限 Windows)以及其他应用程序控件。

(2) 文档工具栏。包含的按钮可用于选择"文档"窗口的不同视图,如"设计"视图、"实时"视图和"代码"视图。

(3) "文档"窗口。显示当前创建和编辑的文档。

(4) 工作区切换器。可根据需要添加或删除面板,并将这些更改保存到工作区,以便稍后从"文档"工具栏中的工作区切换器进行访问。将面板的当前大小和位置另存为命名的工作区,即使移动或关闭了面板,也可以恢复该工作区。

(5) 面板。帮助用户监控和修改工作。示例包括"插入"面板、CSS(cascading style sheets,层叠样式表)设计器面板和文件面板。若要展开某个面板,请双击其选项卡。

(6) 状态栏。状态栏显示"文档"窗口的当前尺寸(以像素为单位)等信息。

(7) 标签选择器。位于"文档"窗口底部的状态栏中。显示环绕当前选定内容的标签的层次结构。单击该层次结构中的任何标签可以选择该标签及其全部内容。

(8) 工具栏。位于应用程序窗口的左侧,并且包含特定于视图的按钮。

(9) "标准"工具栏。若要显示标准工具栏,请选择"窗口"→"工具栏"→"标准"。工具栏包含从"文件"和"编辑"菜单执行的常见操作的按钮:"新建""打开""保存""全部保存""打印代码""剪切""复制""粘贴""撤消""重做"。

(10) 属性检查器。用于查看和更改所选对象或文本的各种属性。

(11) Extract 面板。允许用户上传和查看 Creative Cloud 中的 PSD(photoshop document)。

使用此面板，用户可以将 PSD 复合数据中的 CSS、文本、图像、字体、颜色、渐变和度量值提取到用户的文档中。

（12）“插入”面板。包含用于将图像、表格和媒体元素等各种类型的对象插入到文档中的按钮。每个对象都是一段 HTML 代码，允许用户在插入它时设置不同的属性。例如，用户可以通过单击“插入”面板中的“表格”按钮来插入一个表格。

（13）“文件”面板。无论它们是 Dreamweaver 站点的一部分还是位于远程服务器，都可以用它们来管理文件和文件夹。使用“文件”面板，还可以访问本地磁盘上的所有文件。

（14）“代码片段”面板。可让用户跨不同网页、不同站点和不同的 Dreamweaver 安装保存和重复使用代码片段（使用同步设置）。

（15）CSS 设计器面板。为 CSS 属性检查器，可让用户可视化创建 CSS 样式和文件，并设置属性和媒体查询。

注意：除使用帮助文档外，可参阅本书所配套的《大学计算机基础教程（第四版）实验指导与习题集》中的有关网页制作的实例。

7. Hbuilder 软件

HBuilder 是国内一款支持 HTML 5 的 Web 集成开发环境（integrated development enviroment，IDE）。该软件的最大优势是开发效率快，拥有完整的语法提示、代码输入法、代码块等，其界面如图 4.21 所示。

```
        document.cookie = me.prefix + name + "=" + me.encodeValue(value) +
            ((me.expires == null) ? "" : ("; expires=" + me.expires.toGMTString())) +
            ((me.path == null) ? "" : ("; path=" + me.path)) +
            ((me.domain == null) ? "" : ("; domain=" + me.domain)) +
            ((me.secure == true) ? "; secure" : "");
    },

    // private
    clearCookie : function(name){
        var me = this;

        document.cookie = me.prefix + name + "=null; expires=Thu, 01-Jan-70 00:00:01 GMT" +
            ((me.path == null) ? "" : ("; path=" + me.path)) +
            ((me.domain == null) ? "" : ("; domain=" + me.domain)) +
            ((me.secure == true) ? "; secure" : "");
    }
});

/**
 * @class Ext.state.LocalStorageProvider
 * A Provider implementation which saves and retrieves state via the HTML5 localStorage object.
 * If the browser does not support local storage, there will be no attempt to read the state.
```

图 4.21　Hbuilder 界面

4.5.4　压缩软件

压缩软件用于把一个或多个文件压缩成一个单独的较小文件，称为压缩文件。常见的压缩文件类型是 RAR 和 ZIP，此外还有 ARJ，CAB，GZ，ISO 等。压缩文件中的数据不能直接使用，只有经过解压缩，恢复原样后才能重新使用。一般而言，目前流行的压缩软件都能解压缩绝大多数常见类型的压缩文件。在 Windows 系统中，常用的压缩软件有 WinRAR（图 4.22 为 WinRAR 的界面）和 WinZIP、7z、快压等。

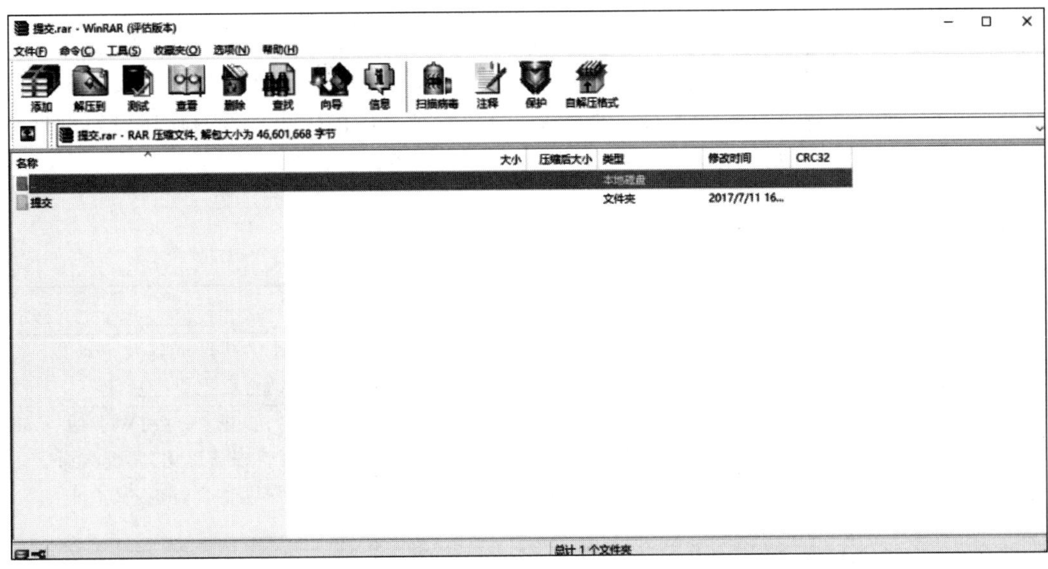

图 4.22　WinRAR 主窗口

可以从 Internet 上获取这些软件的最新版本。压缩软件的使用方法一般比较简单，在安装后可以通过其帮助系统或网络上的教程了解详细的使用方法，例如制作自解压文件、充当文件管理器、修复受损的压缩文件等。

4.5.5　即时通信软件

即时通信软件是通过即时通信技术实现在线交流和互动功能的软件。

1. 发展简史

最早的即时通信软件是 1996 年推出的 ICQ，随后国外出现了 MSN Messenger、Google Talk、iMessage 等，国内先后出现了腾讯 QQ、移动飞信、微信、钉钉等。

2. 交流沟通领域

随着计算机和互联网技术的飞速发展，目前无论是个人还是企业，都已经普遍使用各类即时通信工具软件进行交流沟通，目前腾讯公司的 QQ 和微信占据了大部分国内市场和部分国际市场。据腾讯公司公布的数据，2022 年 3 月，微信及 WeChat(微信国际版)的合并月活跃账户数为 12.883 亿，同比增 3.8%；QQ 智能终端月活跃账户数为 5.638 亿。

3. 中国办公领域

除了交流沟通，企业、教育部门、政府部门等还用即时通信工具进行文件传达、下发指令、接收反馈等相关业务。除了使用 QQ，目前很多国内企业使用钉钉或者企业微信进行办公自动化。

4.5.6　音视频会议软件

音视频会议软件指两个或两个以上不同地方的个人或群体，通过传输线路及多媒体设备，将声音、影像及文件资料互相传送，达到即时且互动的沟通，以完成会议目的的软件或平台。

近年来，尤其是2020年新冠疫情发生以来，各种多媒体音视频会议软件在学习、工作甚至生活中得到了个泛使用。常见的音视频会议软件有飞书、钉钉会议、腾讯会议、Zoom等。通常音视频会议软件的会议发起人和入会人员需要下载和注册，并通过会议号或者邀请号加入会议，大部分软件支持电话参会。近年来，国际尤其是国内中小学普遍使用钉钉软件进行线上教学；高等教育机构或企业普遍使用腾讯会议、企业微信等进行学位答辩、面试、招聘等。表4.2所示为常用的音视频会议软件。

表4.2 常用的音视频会议软件

软件名称	开发商	产品功能
腾讯会议	腾讯	分为个人版、商业版和企业版，其中个人版免费提供共享屏幕及自动批注、在线文档协作、会议直播、会议投票、会议弹幕自动会议纪要等功能
钉钉	阿里巴巴	专为中国企业打造的免费沟通和协同的多端平台，提供PC版、Web版、mac版和手机版，支持手机和计算机间文件互传、校园管理信息化、家校沟通等
飞书	字节跳动	及时沟通、日历、音视频会议、云文档和工作台的深度整合，能提高企业的沟通和协同效率
Zoom	Zoom	提供高清视频、音频和远程屏幕共享，可以接入传统的硬件视频会议。用户可通过PC、mac、智能手机和平板电脑一键开启或加入会议

注意：视频会议软件的使用给教师的工作、学习、生活带来了诸多方便，不再受空间、时间的限制。软件的使用者需要在使用视频软件的同时严格遵守国家的法律、法规，坚决制止不法言论的传播，不断提高个人的综合素养与职业道德，以德育人，以德树人。

本章小结

计算机软件是计算机运行所需要的各种程序以及程序运行所需的数据和相关文档的集合。其中程序是计算任务的处理对象和处理规则的描述，文档是程序的阐明性资料。

按照计算机的控制层次，计算机软件分为系统软件和应用软件。

软件的两种主要工作模式是命令驱动和菜单驱动。

软件的安装就是将一些存放在磁盘和光盘上的程序有规则地安装到硬盘上，之后计算机就可以通过读取硬盘上的程序来运行了。

软件生存周期包括可行性分析和项目开发计划、需求分析、概要设计、详细设计、编码、测试、维护等活动。

为了指导软件的开发，采用不同的方式将软件生命周期中的所有开发活动组织起来形成不同的软件开发模型，如瀑布模型、快速原型法模型、迭代式模型、螺旋模型和敏捷开发模型等。

常见的应用软件有办公软件、多媒体创作软件、网页制作软件和压缩软件、即时通信软件、音视频会议软件等。

办公软件指可以进行文字处理、表格制作、幻灯片制作、简单数据库处理等方面工作的软件。广义而言，政府用的电子政务、税务用的税务系统、企业用的协同办公软件等也属于办公软件。最基础的办公软件包括WPS文字和Word等文字处理软件、WPS演示和PowerPoint等演示文稿软件、WPS表格和Excel等电子表格软件。

多媒体创作软件按其功能可分为多媒体素材制作软件和多媒体应用开发软件两大类。多媒体素材制作软件是专业人员在多媒体操作系统之上开发的，用于采集、整理和编辑各种多媒体素材的软件；多媒体应用开发软件主要用于编辑生成特定领域的多媒体应用软件，是多媒体设计人员在多媒体操作系统上进行开发的软件工具。

制作网页的工具按其工作方式主要分为两种：代码编辑工具和可视化编辑综合工具。

压缩软件用于把一个或多个文件压缩成一个单独的较小文件，称为压缩文件。常见的压缩文件类型是 RAR 和 ZIP，此外还有 ARJ，CAB，GZ，ISO 等。

即时通信软件是通过即时通信技术实现在线交流互动功能的软件，除用来交流沟通外，还可以用于办公自动化。

音视频会议软件指两个或两个以上不同地方的个人或群体，通过传输线路及多媒体设备，将声音、影像及文件资料互相传送，达到即时且互动的沟通，以完成会议目的的软件或平台。常用的音视频会议软件有飞书、钉钉会议、腾讯会议、Zoom 等。

本章人物

罗伯特·弗洛伊德

罗伯特·弗洛伊德(Robert W. Floyd，1936—2001)，1936 年 6 月 8 日生于纽约。1953 年毕业于芝加哥大学，获得文学学士学位。因为文学的工作难找，他进入电气公司当了一名计算机操作员，工作是在机房值夜班。早期的计算机都是以批处理方式工作的，计算机操作员的任务就是把程序员编写好的程序在卡片穿孔机(这是脱机的辅助外部设备)上穿成卡片，然后把卡片叠放在读卡机上输入计算机，以便运行程序。弗洛伊德干了一段时间的操作员，很快就对计算机产生了兴趣，决心弄懂并掌握它，于是他借了相关书籍资料在值班空闲时间刻苦学习钻研，有问题就虚心向程序员请教。白天不值班时，他就又回母校去听有关课程。这样，他不但在 1958 年又获得了理科学士学位，而且逐渐变成计算机的行家里手。1962 年，弗洛伊德被聘为公司分析员，1965 年被卡内基梅隆大学聘为副教授，1970 年被斯坦福大学聘任为教授。

1962 年，弗洛伊德完成了 ALGOL 60 编译器开发，其优化编译的思想对编译器的发展产生了深刻的影响。随后他又对语法分析进行了系统研究，提出了优先文法、限界上下文文法。

在算法方面，弗洛伊德和威廉姆斯在 1964 年共同发明了著名的堆排序算法。此外还有直接以弗洛伊德命名的求最短距离的算法，这是利用动态规划原理设计的一个高效算法。

1978 年 12 月 4 日，在华盛顿举行的 ACM 年会上接受图灵奖发表演说时，对结构化程序设计、递归协同例程、动态程序设计、基于规则的系统、状态变换机制等各种不同程序设计风范进行了比较，并介绍了自己在研究工作中如何根据具体情况应用不同风范的例子，发人深省。时间虽然已过去 20 多年，他的观点今天看来仍然是有效的。

习 题 4

4.1 选择题

1. 下列软件不属于系统软件的是（　　）。

A. 编译程序　　B. 诊断程序
C. 操作系统　　D. 财务管理软件

2. WinRAR 创建的压缩文件的扩展名是（　　）。

A. .zip　　B. .ppt　　C. .rar　　D. .xls

3. 下面不属于操作系统的是（　　）。

A. Windows　　B. Linux　　C. Android　　D. Flash

4. 下面不是常用压缩文件扩展名的是（　　）。

A. .iso　　B. .arj　　C. .doc　　D. .zip

5. 下面不是瀑布模型特点的是（　　）。

A. 快捷性　　B. 顺序性　　C. 依赖性　　D. 推迟性

6. WPS 是（　　）公司的产品。

A. 金山　　B. IBM　　C. Microsoft　　D. Sony

7. Microsoft Word 是办公软件中重点针对（　　）进行处理的软件。

A. 文字　　B. 表格　　C. 数据　　D. 演示文稿

8. 下列（　　）不属于 Word 文件排版的基本层次。

A. 字符级排版　　B. 段落级排版　　C. 页面级排版　　D. 图文混排

9. Excel 软件是一种（　　）。

A. 大型数据库系统　　B. 操作系统　　C. 应用软件　　D. 系统软件

10. 在 PowerPoint 中，幻灯片中占位符的作用是（　　）。

A. 表示文本长度　　B. 限制插入对象的数量
C. 表示图形大小　　D. 为文本、图形预留位置

11. 在 PowerPoint 中，为了精确控制幻灯片的放映时间，一般使用（　　）操作。

A. 设置切换效果　　B. 设置换页方式
C. 排练计时　　D. 设置每隔多少时间换页

12. PowerPoint 提供了多种（　　），它包含了相应的配色方案、母版和字体样式等，可供用户快速生成风格统一的演示文稿。

A. 版式　　B. 模板　　C. 母版　　D. 幻灯片

13. 常用的音视频会议软件有（　　）。

A. 飞书　　B. 钉钉会议　　C. 腾讯会议　　D. Zoom

4.2 简答题

1. 简述 Windows 操作系统的安装步骤。
2. 什么是快速原型法模型？它有何特点？
3. 什么是办公软件？请结合实例简述你对办公软件的功能和应用领域的理解。
4. 什么是软件生命周期？请结合实例谈谈你对软件生命周期的理解。

第5章 操 作 系 统

计算机系统由硬件和软件组成。计算机的硬件种类、型号非常多，如果所有的软件都和硬件直接进行交互，就会使软件的编写非常复杂。为了使计算机系统的软硬件资源协调一致、有条不紊地工作，就必须有一个专门的软件进行统一管理和调度，这个专门的软件就是操作系统。本章首先介绍操作系统的概念、功能和分类，然后以 Windows 操作系统为例，详细介绍操作系统的主要功能；接着对 Linux 操作系统、Android、iOS、HarmonyOS 进行简单介绍，最后介绍虚拟机的概念和用法。

5.1 操作系统概述

5.1.1 操作系统的概念

操作系统是最基本的系统软件，是用于管理和控制计算机全部软件和硬件资源，方便用户使用计算机的一组程序，是运行在硬件上的第一层系统软件，其他软件必须在操作系统的支持下才能运行。它是软件系统的核心，是计算机硬件与其他软件的接口，也是用户与计算机的接口。

现代常用操作系统的简略架构如图 5.1 所示。

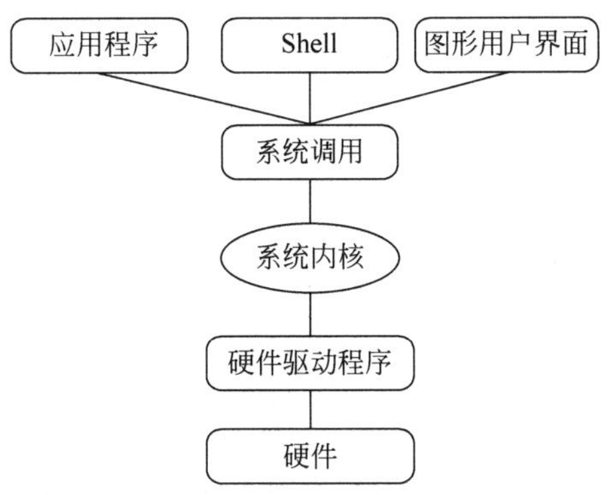

图 5.1 现代操作系统的简略架构

5.1.2 操作系统的功能

操作系统的功能主要体现在对处理器、内存储器、外部设备、文件和作业五大计算机资源的管理。操作系统将这些功能分别设置成相应的程序模块来管理,每个模块分管一定的功能。

1. 处理器管理功能

大型操作系统中可存在多个处理器,并可同时管理多个作业。怎样选出其中一个作业进入主存储器准备运行,怎样为这个作业分配处理器等,都由处理器管理模块负责。处理器管理模块要对系统中各个微处理器的状态以及各个作业对处理器的要求进行登记;要用一个优化算法实现最佳调度规则,把所拥有的处理器分配给各个用户作业使用,以提高处理器的利用率。

2. 内存管理功能

内存储器的管理主要由内存管理模块来完成。内存管理模块对内存的管理分为三步:首先为各个用户作业分配内存空间;其次是保护已占内存空间的作业不被破坏;最后是结合硬件实现信息的物理地址至逻辑地址的变换,使用户在操作中不必担心信息究竟在哪个具体空间(即实际物理地址)就可以操作,从而方便了用户对计算机的使用和操作。内存管理模块使用一种优化算法对内存管理进行优化处理,以提高内存的利用率。

3. 设备管理功能

设备管理模块的任务是当用户请求某种设备时立即为其分配,并根据用户要求驱动外部设备供用户使用。另外,设备管理模块还要响应外部设备的中断请求,并予以处理。

4. 文件管理功能

操作系统对文件的管理主要是通过文件管理模块来实现的。文件管理模块管理的范围包括文件目录、文件组织、文件操作和文件保护。

5. 进程管理功能

进程管理也称作业管理,用户交给计算机处理的工作称为作业。作业管理是由进程管理模块来控制的,进程管理模块对作业执行的全过程进行管理和控制。

5.1.3 操作系统的分类

按用户使用的操作环境和功能特征的不同,操作系统可分为六种基本类型:批处理系统、分时系统、实时操作系统、嵌入式操作系统、网络操作系统和分布式操作系统。

1. 批处理系统

批处理系统的突出特征是“批量”处理,它把提高系统处理能力作为主要设计目标。例如,VAX/VMS 是一种多用户、实时、分时和批处理的多道程序操作系统。批处理系统的主要特点是:①用户脱机使用计算机,操作方便;②成批处理,提高了 CPU 利用率。缺点是无交互性,即用户一旦将程序提交给系统后就失去了对它的控制能力,使用户感到不方便。

2. 分时系统

分时系统指多用户通过终端共享一台主机 CPU 的工作方式。为使一个 CPU 为多道程序服务,可将 CPU 划分为很小的时间片,采用循环轮转方式将这些 CPU 时间片分配给排队队列中等待处理的每个程序。由于时间片划分得很短,循环执行得很快,使得每个程序

都能得到 CPU 的响应,好像在独享 CPU。分时操作系统的主要特点是允许多个用户同时运行多个程序,每个程序都独立操作、独立运行、互不干涉。现代通用操作系统中都采用了分时处理技术。例如,UNIX 是一个典型的分时操作系统。

3. 实时操作系统

实时操作系统是实时控制系统和实时处理系统的统称。所谓实时,就是要求系统及时响应外部条件的请求,在规定的时间内完成处理,并控制所有实时设备和实时任务协调一致地运行。

实时操作系统通常是具有特殊用途的专用系统。实时控制系统实质上是过程控制系统,例如,通过计算机对飞行器、导弹发射过程进行自动控制,计算机应及时将测量系统测得的数据进行加工,并输出结果,对目标进行跟踪或者向操作人员显示运行情况。实时处理系统主要指对信息进行及时的处理,例如利用计算机预订飞机票、火车票或轮船票等。

4. 嵌入式操作系统

嵌入式操作系统指运行在嵌入式系统环境中,对整个嵌入式系统以及所操作、控制的各种部件装置等资源进行统一协调、调度、指挥和控制的操作系统。嵌入式操作系统具有通用操作系统的基本特点,能够有效管理复杂的系统资源。与通用操作系统相比,嵌入式操作系统在系统的实时高效性、硬件的相关依赖性、软件的固态化以及应用的专用性等方面具有较为突出的特点。嵌入式操作系统已广泛应用在制造工业、过程控制、通信、仪器、仪表、汽车、船舶、航空、航天、军事装备、消费类产品等领域。例如,家用电器产品中的智能功能,就是嵌入式系统的应用。

5. 网络操作系统

网络操作系统是基于计算机网络的操作系统,它的功能包括网络管理、通信、安全、资源共享和各种网络应用。网络操作系统的目标是用户可以突破地理条件的限制,方便地使用远程计算机资源,实现网络环境下计算机之间的通信和资源共享。例如,Windows 10、UNIX 和 Linux 都是网络操作系统。

6. 分布式操作系统

分布式操作系统指通过网络将大量计算机连接在一起,以获取极高的运算能力、广泛的数据共享以及实现分散资源管理等功能为目的的一种操作系统。它的优点是:①分布性。它集各分散节点的计算机资源为一体,以较低的成本获取较高的运算性能。②可靠性。由于在整个系统中有多个 CPU 系统,因此当某一个 CPU 系统发生故障时,整个系统仍能工作。显然,在对可靠性有特殊要求的应用场合可选用分布式操作系统。

5.2 Windows 操作系统

5.2.1 Windows 操作系统的发展历史

Microsoft Windows 是一个为个人电脑和服务器用户设计的操作系统,有时也被称为“视窗操作系统”。它的第一个版本由 Microsoft 发行于 1985 年,并最终获得了世界个人电脑操作系统软件的垄断地位。下面介绍整个 Windows 操作系统发展的历史过程。

1985 年,Windows 1.0 正式推出。

1987 年 10 月,推出 Windows 2.0,比 Windows 1.0 版有了不少进步,但自身仍不完善,效果仍不理想。

1990 年 5 月 22 日,Microsoft 正式发布具备图形用户界面、支持 VGA 标准及配置与目前 Windows 系统相似的具备 3D 功能的 Windows 3.0。该操作系统还拥有非常出色的文件和内存管理功能。Windows 3.0 因此成为 Microsoft 历史上首款成功的操作系统。

1992 年,Windows 3.1 发布,该系统修改了 3.0 的一些不足,并提供了更完善的多媒体功能。Windows 系统开始流行起来。

1993 年 11 月,Windows 3.11 发布,革命性地加入了网络功能和即插即用技术。

1994 年,Windows 3.2 发布,这也是 Windows 系统第一次有了中文版,在我国得到了较为广泛的应用。

1995 年 8 月 24 日,Windows 95 发布,Windows 系统发生了质的变化,具有了全新的面貌和强大的功能,DOS 时代走下舞台。Windows 95 在桌面上增加了一个开始按钮和一个工具条,这种界面风格一直保留至今。

1996 年 8 月 24 日,Windows NT 4.0 发布。1993、1994 年,Microsoft 相继发布了 3.1、3.5 等版本的 NT 系统,主要面向服务器市场。

1998 年 6 月 25 日,Windows 98 发布,在 Windows 95 的基础上改良了对硬件标准的支持,例如 MMX 和 AGP。其他特性包括对 FAT32 文件系统的支持、多显示器、对 Web TV 的支持和整合到 Windows 图形用户界面的 Internet Explorer。Windows 98 SE(第二版)发行于 1999 年 6 月 10 日,在第一版的基础上又进行一系列的改进,例如集成了 Internet Explorer 5、Windows Netmeeting。Windows 98 是一个成功的产品。

2000 年 9 月 14 日,被公认为 Microsoft 最为失败的操作系统 Windows ME 发布了,集成了 Internet Explorer 5.5 和 Windows Media Player 7,系统还原功能则是它的另一个亮点。

2000 年 12 月 19 日,Windows 2000(又称 Windows NT 5.0)发布了,一共有四个版本:Professional、Server、Advanced Server 和 Datacenter Server。

2001 年 10 月 25 日,Windows XP 发布了,其中文全称为视窗操作系统体验版,字母 XP 表示英文单词的“体验”(experience)。最初发行了两个版本:家庭版(Home)和专业版(Professional)。家庭版的消费对象是家庭用户,专业版则在家庭版的基础上添加了面向商业设计的网络认证、双处理器等特性。2003 年 3 月 28 日,Microsoft 发布了 64 位的 Windows XP,为 Microsoft 的第一个 64 位客户操作系统。

2003 年 4 月 24 日,Microsoft 发布了服务器操作系统 Windows Server 2003,增加了新的安全和配置功能。Windows Server 2003 有多种版本,包括 Web 版、标准版、企业版及数据中心版。Windows Server 2003 R2 于 2005 年 12 月发布。

2006 年 12 月初,Microsoft 又发布了新的操作系统,叫作 Windows Vista。Vista 在发布之初,由于其过高的系统需求、不完善的优化和众多新功能导致的不适应引来大量的批评,市场反应冷淡,被认为是 Microsoft 历史上最失败的系统之一。

2008 年 2 月 27 日,Microsoft 发布了新一代服务器操作系统 Windows Server 2008。Windows Server 2008 是迄今为止最灵活、最稳定的 Windows Server 操作系统,它加入了包括 Server Core、PowerShell 和 Windows Deployment Services 等新功能,并加强了网络和群集技术。Windows Server 2008 R2 版也于 2009 年 1 月份进入 Beta 测试阶段。

2009 年 10 月 23 日,Windows 7 正式发布,这是第一款支持触控技术的 Windows 桌面操作系统。Windows 7 还具有超级任务栏,提升了界面的美观性和多任务切换的使用体验。通过开机时间的缩短、硬盘传输速度的提高等一系列性能改进,Windows 7 的系统要求低于 Vista,促进了其推广。到 2012 年 9 月,Windows 7 已经超越 Windows XP,成为世界上占有率最高的操作系统。

2012 年 10 月 25 日,Windows 8 正式发布。系统独特的开始界面和触控式交互系统,旨在让人们的日常计算机操作更加简单和快捷,为人们提供高效易行的工作环境。Windows 8 支持来自 Intel、AMD 和 ARM 的芯片架构,被应用于个人电脑和平板电脑上。

2015 年 7 月 29 日,Windows 10 正式发布。Windows 10 是 Microsoft 研发的新一代跨平台及设备应用的操作系统,也是 Microsoft 发布的最后一个独立 Windows 版本。Windows 10 共有 7 个发行版本,分别面向不同用户和设备。

5.2.2 Windows 基本操作

1. 鼠标使用方法

一般来说,鼠标器有左、中、右三个按钮(有的只有左、右两个按钮),中间的按钮通常是不用的。通过控制面板中的鼠标图标可以交换左、右按钮的功能。下面是有关鼠标操作的常用术语:

(1) 单击。按下鼠标左按钮,然后立即松开。需要读者特别注意的是,单击是指单击左按钮。

(2) 右击。按下鼠标右按钮,然后立即松开。右击后,通常会出现一个快捷菜单,快捷菜单是命令的便捷方式。几乎所有的菜单命令都有对应的快捷菜单命令。

(3) 双击。指快速地进行两次单击(左键操作)。

(4) 指向。在不按鼠标按钮的情况下,移动鼠标指针到预期位置。指向操作通常有两种用法:一是打开菜单。例如,当用鼠标指针指向“开始”菜单中的“程序”时,就会弹出“程序”菜单。二是突出显示。当用鼠标指针指向某些按钮时会突出显示一些文字,说明该按钮的功能。例如,在 Microsoft Word 中,当鼠标指针指向“磁盘”按钮时,就会突出显示“保存”。

(5) 拖曳。在按住鼠标按钮的同时移动鼠标指针。拖动前,先把鼠标指针指向想要拖动的对象,然后拖动,结束拖动操作后松开鼠标按钮。

2. Windows 的桌面

桌面就是在安装好 Windows 系统后,用户启动计算机登录到系统后看到的整个屏幕界面,它是用户和计算机进行交流的窗口。通过桌面,用户可以有效地管理自己的计算机。常见的桌面如图 5.2 所示。

Windows 的桌面由桌面上的图标、小工具和桌面下方的任务栏组成。

1) 图标

图标指在桌面上排列的、代表某一特定对象的图形符号,它由图形、说明文字两部分组成,具有直观、形象的特点。用户可以根据自己的需要在桌面上添加各种快捷图标。在使用时,双击图标就能够快速启动相应的程序或文件。图 5.2 中桌面上显示的是“回收站”图标,双击它可以显示出用户已经删除的文件或文件夹等信息。如果用户误删了文件或文件夹,

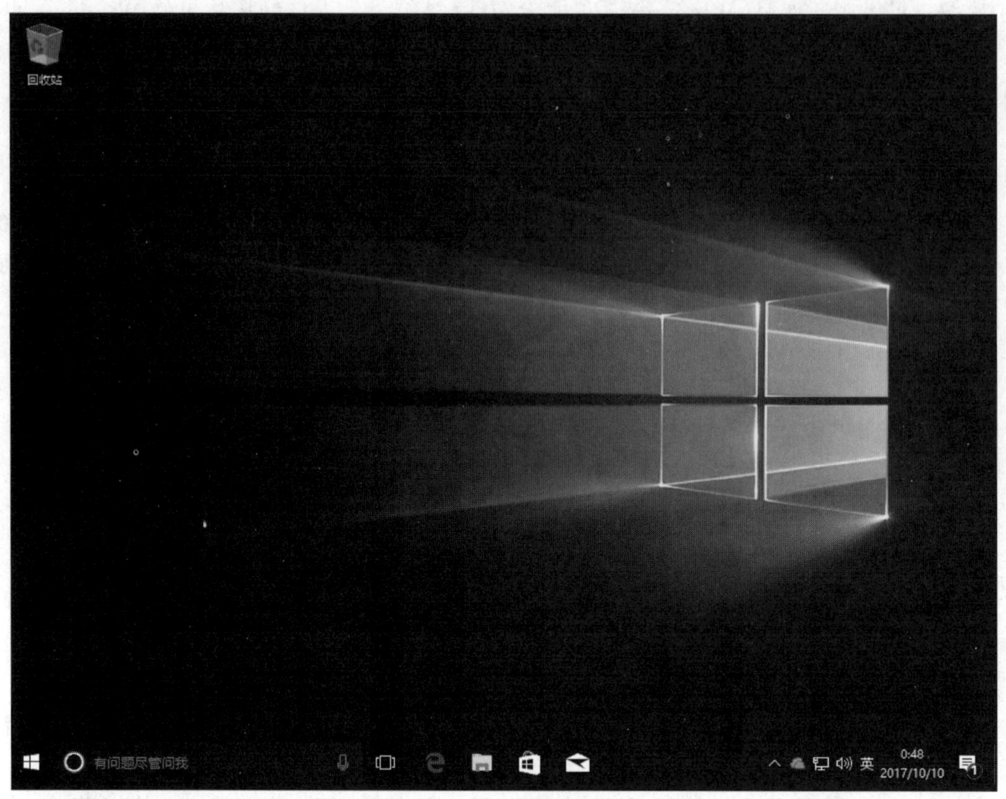

图 5.2　Windows 桌面

可以从中选取并还原。

2）任务栏

桌面底部的长条形区域称为任务栏，如图 5.3 所示，任务栏可分为开始按钮、快速启动工具栏、窗口按钮栏、输入法按钮和通知区域等几部分。

图 5.3　任务栏

（1）开始按钮。运行 Windows 应用程序的入口，是执行程序常用的方式。若要启动程序、打开文档、改变系统、查找特定信息等，都可以用鼠标单击该按钮，然后再选择具体的命令。单击开始按钮，会弹出如图 5.4 所示的菜单，它包含了使用 Windows 所需的全部命令。

Windows 为"开始"菜单和任务栏引入了"跳转列表"。跳转列表是最近使用的项目列表，如文件、文件夹或网站，这些项目按照用来打开它们的程序进行组织。右击菜单上的应用程序就可以看到跳转列表的内容。需要注意的是，跳转列表虽给我们带来了方便，但也可能泄露隐私。除了能够使用跳转列表打开最近使用的项目之外，还可以将收藏夹项目锁定到跳转列表，以便可以轻松访问每天使用的程序和文件。

（2）快速启动工具栏。由一些小型的按钮组成，单击可以快速启动程序。一般情况下，我们把最常用的图标放入此处。

图 5.4 “开始”菜单

(3) 窗口按钮栏。当用户启动某项应用程序而打开一个窗口后,在任务栏上会出现相应的有立体感的按钮,表明当前程序正在被使用。在桌面上打开多个窗口的情况下,有时要查看某个窗口并在这些窗口之间切换,将鼠标指向窗口按钮栏的某按钮,随即与该按钮关联的所有打开窗口的缩略图预览将出现在任务栏的上方。如果希望打开正在预览的窗口,单击该窗口的缩略图即可。

(4) 输入法按钮。显示当前正在使用的输入法,如图 5.5 所示,也可以通过此按钮切换输入法。

(5) 通知区域。位于任务栏的最右侧,包括一个时钟和一组图标。这些图标表示计算机上某些程序的状态,或提供访问特定设置的途径。所看到的图标集取决于已安装的程序或服务以及计算机制造商设置计算机的方式,双击图标通常会打开与其相关的程序或设置。例如,双击音量图标会打开音量控件,双击网络图标会打开“网络和共享中心”。有时,通知区域中的图标会显示小的弹出窗口(称为通知),显示通知信息。

3. Windows 的窗口

当用户打开一个文件或者是应用程序时,都会出现一个窗口。窗口是用户进行操作时的重要组成部分。Windows 中有许多种窗口,其中大部分都包括了相同的组件。如图 5.6 所示是一个标准的窗口,它由标题栏、菜单栏、滚动条等几部分组成。

① 菜单栏。包含程序中可单击进行选择的项目。

② 标题栏。显示文档和程序的名称。如果正在文件夹中工作,则显示文件夹的名称。

③ “最小化”按钮。用于隐藏窗口。

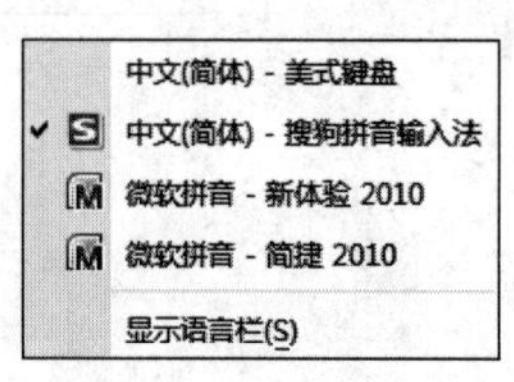

图 5.5　输入法

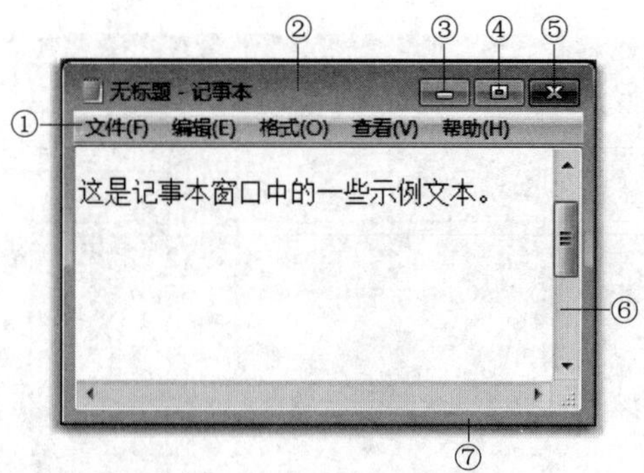

图 5.6　标准的窗口

④“最大化”按钮。用于放大窗口，使其填充整个屏幕。

⑤“关闭”按钮。用于关闭窗口。

⑥ 滚动条。可以滚动窗口的内容，以查看当前视图之外的信息。

⑦ 边框和角。可以用鼠标指针拖动边框和角，以更改窗口的大小。

窗口操作是 Windows 最基本的操作。窗口操作既可通过鼠标使用窗口上的各种命令实现，也可通过键盘使用快捷键实现。窗口操作主要有移动窗口、缩放窗口、窗口最大/最小化、窗口内容的滚动、鼠标拖曳操作、窗口晃动和关闭窗口等。

1）移动窗口

使用鼠标移动窗口：将鼠标指针对准窗口的“标题栏”，按住鼠标左键不放，移动鼠标到所需要的地方，松开左键，窗口即被移动到新位置；

使用控制菜单移动窗口：单击“控制”按钮，执行“移动”菜单命令，窗口的边框上出现一个虚线框，这时按住键盘上的方向键，将虚线框移动到所需的位置后，按回车键或单击鼠标即可完成窗口的移动操作。

2）缩放窗口

将鼠标指针指向窗口的边框或角，鼠标指针自动变成双向箭头，按下左键沿箭头方向拖动，直到窗口变成所需的大小后松开左键。

3）滚动窗口内容

将鼠标指针移动到窗口滚动条的滚动块上，按住左键拖动滚动块；或者单击滚动条上的上箭头或下箭头；或者滚动鼠标中间的滚动钮，都可使窗口中的内容滚动。

4）窗口最大/最小化、恢复

单击窗口右上角的最大化按钮或双击标题栏，或单击控制按钮并执行“最大化”菜单命令，窗口将充满整个屏幕，此时最大化按钮变为还原按钮。单击还原按钮，窗口恢复原来的大小。

单击窗口右上角的最小化按钮或单击控制按钮并执行“最小化”命令，此时窗口缩小成任务栏中的一个按钮，单击该按钮可切换窗口为当前窗口。

5）关闭窗口

使用鼠标操作：单击关闭按钮或双击控制菜单图标，或执行控制菜单中的关闭命令，都可关闭窗口。

使用键盘操作：按 Alt+F4 组合键关闭当前窗口。

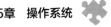

6）切换窗口

切换窗口最简单的方法是单击“任务栏”上的窗口图标，也可以单击所需要的窗口没有被挡住的部分。

此外，可以通过反复按键盘上的 Alt+Esc 或 Alt+Tab 组合键来切换当前窗口。

7）排列窗口

多个窗口在桌面上的排列有层叠、横向平铺和纵向平铺三种方式。

8）鼠标拖曳操作

使用鼠标拖曳操作功能，通过简单地移动鼠标即可排列桌面上的窗口并调整其大小。使用鼠标拖曳操作，可以使窗口与桌面的边缘快速对齐、使窗口垂直扩展至整个屏幕高度或最大化窗口使其全屏显示。鼠标拖曳操作在以下情况中尤为有用：比较两个文档、在两个窗口之间复制或移动文件、最大化当前使用的窗口、展开较长的文档，以便于阅读并减少滚动操作。

若要使用鼠标拖曳操作，可以将打开窗口的标题栏拖动到桌面的任意一侧对齐该窗口，也可以将其拖动到桌面的顶部并最大化该窗口。若要使用鼠标拖曳操作垂直扩展窗口，可将窗口的上边缘拖动到桌面的顶部。

9）窗口晃动

通过使用晃动功能，可以快速最小化除桌面上正在使用的窗口外的所有打开窗口。只需单击要保持打开状态的窗口的标题栏，然后快速前后拖动（或晃动）该窗口，其他窗口就会最小化。若要还原最小化的窗口，请再次晃动打开的窗口。

4. Windows 的对话框

对话框在 Windows 中占有重要的地位，是用户与计算机系统之间进行信息交流的窗口。在对话框中用户通过对选项的选择，实现对系统对象属性的修改或者设置。图 5.7 所示就是典型的 Windows 对话框。

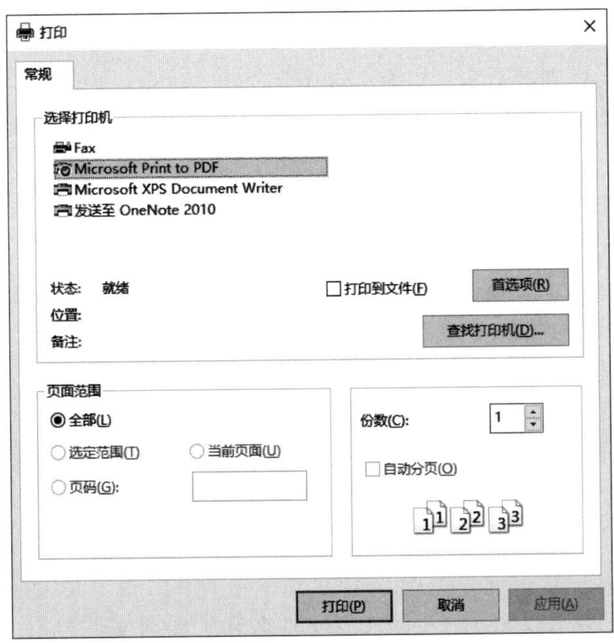

图 5.7 对话框

对话框与窗口有类似的地方，即顶部都有标题栏，但是对话框没有菜单栏，而且对话框的大小是固定的，不能像窗口那样随意改变。对话框主要包含标题栏、标签与选项卡、文本框、单选按钮、复选框、列表框、下拉列表框、数值围条框、滑标和命令按钮等。

5. Windows 的菜单

Windows 中有多种菜单，如前面已经介绍的桌面“开始”菜单，右击一个项目或区域后弹出的快捷菜单以及各种窗口的控制菜单等。这些菜单虽然形式多样、功能各异，但一般都采用分层次的下拉式结构。只要用户单击相应菜单项，即可方便地实现菜单的功能，而不一定要求用户记忆命令语句。

5.2.3 Windows 文件管理

大多数的 Windows 任务通过文件和文件夹工作。就像在档案柜中使用牛皮纸资料夹整理信息一样，Windows 使用文件夹为计算机上的文件提供存储系统。

1. 文件与文件夹概述

文件就是一个完整的、有名称的信息集合，例如程序、程序所使用的一组数据或用户创建的文档。文件是基本存储单位，它使计算机能够区分不同的信息组。文件是数据集合，用户可以对这些数据进行检索、更改、删除、保存或发送到一个输出设备，例如打印机或电子邮件程序。

文件夹，又称为文件目录是用于图形用户界面中的程序和文件的容器，在屏幕上由一个文件夹的图标表示。文件夹是在磁盘上组织程序和文档的一种手段，既可包含文件，也可包含其他文件夹。

1）文件命名规则

文件名由字母、数字和符号有序组成，用于标识一个文件，既便于操作系统用来存储和检索，又便于用户识别。一个完整的文件名一般分为两部分：主文件名和文件扩展名，它们之间用“.”隔开。Windows 的命名规则如下。

（1）文件名和文件夹名最多可以有 255 个字符。

（2）通常，每个文件都有扩展名，用以标识文件类型或创建此文件的程序。当文档列入开始菜单时，扩展名被省略。

（3）文件名和文件夹名中不能出现以下字符：\/：*?"<>|。

（4）文件名和文件夹名不区分大小写。

（5）不能使用 Aux、Com1、Com2、Com3、Com4、Con、Lpt1、Lpt2、Lpt3、Prn、Nul 作为文件名，这些已作为系统的设备文件名。

（6）文件名和文件夹名中可使用汉字。

2）通配符

通配符是一个键盘字符，当查找文件、文件夹、打印机、计算机或用户时，可以使用它来代表一个或多个字符。当不知道真正字符或者不想键入完整名称时，常常使用通配符代替一个或多个字符。

通配符有两个：一个是“*”，它代表任意多个字符；另一个是“?”，它代表任意一个字符。例如：abc*.*表示以 abc 开头的任意文件名和扩展名文件；abc?.doc 表示以 abc 开头的第四个字符任意的 Word 文档。

3）设备文件

设备文件实际上是操作系统管理设备的一种方法，它为设备起一个固定的文件名，因而可以像使用文件一样方便地管理这些设备。

4）文件路径

文件的路径表示文件在磁盘中的位置，路径指出了文件所在的驱动器及文件夹。如 C：\windows\system32\cacl. exe 表示放置在路径 C：\windows\system32 下的 cacl. exe 文件。上级文件夹与下级文件夹、文件夹与文件之间用“\”隔开，驱动器后面总是跟着“：”。

路径有绝对路径和相对路径之分。绝对路径是从根目录符号“\”开始的路径，如上面的例子就是绝对路径；相对路径指路径不以根目录符号“\”开头，而以当前目录的下一级子目录名打头的路径。例如，如果当前路径为 C：\windows，那么上面的绝对路径使用相对路径就可以写为 system32\cacl. exe。

2. 文件及文件夹管理

对文件及文件夹管理可以使用“计算机”“库”或者“资源管理器”进行。

1）计算机

“计算机”可显示 U 盘、硬盘、CD-ROM 驱动器和网络驱动器中的内容；也可以搜索和打开文件及文件夹，并且访问控制面板中的选项以修改计算机设置。双击桌面上的“计算机”图标可以打开，如图 5.8 所示。通过“计算机”，可以很方便地对文件及文件夹进行相应的操作。

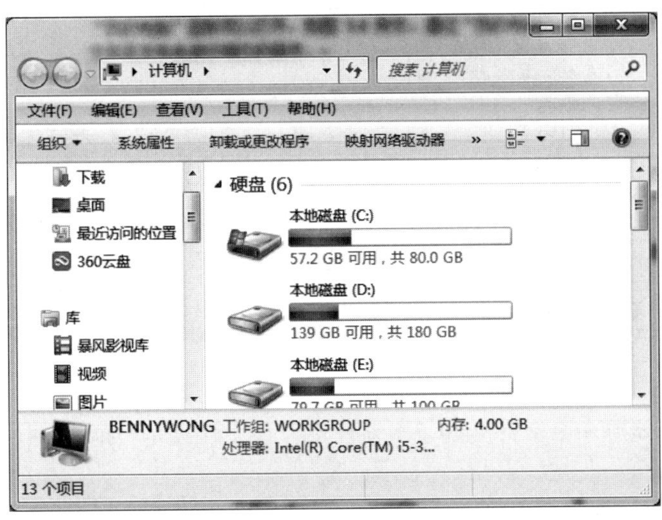

图 5.8 计算机

2）库

在 Windows 中，还可以使用库，按类型组织和访问文件，而不管其存储位置如何。库可以收集不同位置的文件，并将其显示为一个集合，而无须从其存储位置移动这些文件。

库是存储用户内容的虚拟容器，可以包含存储在本地计算机或远程存储位置中的文件和文件夹。可以使用与在文件夹中浏览文件相同的方式浏览文件，也可以查看按属性（如日期、类型和作者）排列的文件。在某些方面，库类似于文件夹。例如，打开库时将看到一个或多个文件。但与文件夹不同的是，库可以收集存储在多个位置中的文件。这是一个细微但重要的差异。库实际上不存储项目，而是监视包含项目的文件夹，并允许用户以不同的方式访问和排列这些项目。例如，如果在硬盘和外部驱动器上的文件夹中有音乐文件，则可以使用音乐库同时访问所有音乐文件。

Windows 有四个默认库：文档、音乐、图片和视频。用户也可以新建库。

3）资源管理器

资源管理器是 Windows 系统提供的资源管理工具，可以用它查看本台计算机的所有资源，特别是它提供的树形文件系统结构，使我们能更清楚、更直观地认识计算机的文件和文件夹。另外，在资源管理器中还可以对文件进行各种操作，如打开、复制、移动等。

（1）打开文件夹。

打开一个文件夹，指在右窗格的文件夹内容框中显示该文件夹的内容。打开的文件夹将成为当前文件夹（当前目录），它的名字显示在标题栏上以及工具栏的地址下拉式列表框中。

如果图标是个向下的实心三角形，那么该文件夹为展开状态；如果图标是个向右的空心三角形，那么该文件夹为折叠状态，如图 5.9 所示。

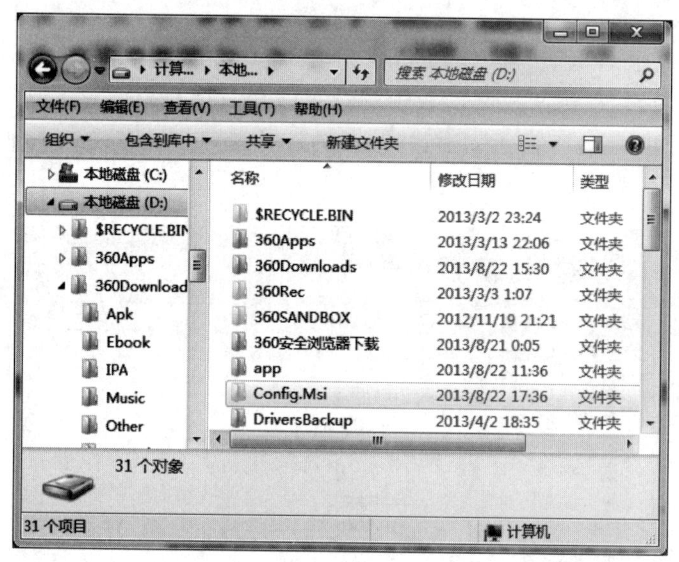

图 5.9 资源管理器

任何时刻，只能有一个文件夹处于当前状态。该文件夹是当前文件夹，右窗格中将显示当前文件夹的内容。

打开文件夹有以下两种方式。

① 通过文件夹框打开文件夹。

在左窗格的文件夹框中单击要打开的文件夹即可打开文件夹。

② 通过文件夹内容框打开文件夹。

在文件夹内容框中双击要打开的文件夹即可打开文件夹。

单击工具栏上的“返回”和“前进”图标按钮（ ），可以返回或前进到上一次打开的文件夹。

（2）文件和文件夹的选定与撤销选定。

对用户来说，选定文件或文件夹是一种非常重要的操作，因为 Windows 的操作风格是先选定操作对象，然后选择要执行的操作命令。例如要删除文件，用户必须先选定要删除的

文件，然后选择删除命令或按 Del 键。在文件夹框中，一次只能选定一个文件夹；在文件夹内容框中，可以同时选定一个、多个连续以及多个非连续的文件夹或文件对象。

① 选定文件和文件夹。

• 选定一个文件或文件夹。

鼠标法：单击要选定的文件或文件夹。

键盘法：按 Tab 键，直到文件名虚线框成为深色亮条，然后按箭头键将深色亮条移到选定的文件或文件夹。也可以使用表 5.1 中的特殊键来选定对象。

表 5.1 在文件夹中选定对象的特殊键

按 键	选 定
↑	上一个对象
↓	下一个对象
←	左边的对象（对象以图标或列表形式显示）
→	右边的对象（对象以图标或列表形式显示）
Home	文件夹内容框中的第一个对象
End	文件夹内容框中的最后一个对象
PgUp	前一屏的第一个对象
PgDn	下一屏的最后一个对象
字符	下一个以该字符开头的对象

• 选定多个连续文件或文件夹。

拖曳鼠标选定文件：在文件夹内容框中拖曳鼠标，会出现一个虚线框，释放鼠标按钮将选定虚线框中的所有文件。

鼠标法：先单击要选定的第一个文件或文件夹，然后按住 Shift 键，单击最后一个要选定的文件或文件夹；释放 Shift 键后，将选定这两个对象之间的所有对象。

键盘法：按 Tab 或 Shift＋Tab 快捷键，直到出现深色亮条；用箭头键将深色亮条移到要选定的第一个对象上；按下 Shift 键，然后移动箭头键选定其余各对象；释放 Shift 键。

• 选定多个非连续对象。

先按住 Ctrl 键，然后依次单击要选定的每一个对象，释放 Ctrl 键。

• 在“编辑”菜单中，有两个用于选定对象的命令。
• 全部选定：用于选定文件夹内容框中所有的对象。另外，用 Ctrl＋A 快捷键也可全部选定。
• 反向选择：用于反转对象的选定状态，即选定那些原先未选定的对象，同时取消那些原来已选定的对象。

② 撤销选定的文件和文件夹。

• 当使用鼠标时，按住 Ctrl 键，单击已选定的项目，该项目取消选定（再单击一次又重新选定该项），其他项的选定情况不变。
• 当使用鼠标时，随意单击任一项，将只选中最后单击的一项，其他项取消选定。
• 当使用键盘时，按箭头键将取消前一次选定的项。

(3) 删除文件和文件夹。

删除一个文件夹，将会删除文件夹中的所有内容，包括它的所有文件和子文件夹。删除文件和文件夹可采用如下几种方法。

- 选定要删除的对象，然后按 Delete 键。此法最简单。
- 选定要删除的对象，然后选择“文件”菜单中的“删除”命令。
- 选定要删除的对象并右击要删除的对象，然后选择快捷菜单中的“删除”命令。
- 选定要删除的对象，然后单击工具栏的“删除”工具图标。
- 选定要删除的对象，用鼠标拖放到“回收站”中。

使用以上几种操作时，Windows 都会显示“确认文件夹/文件删除”对话框，单击“是”按钮即可删除。

如果是删除磁盘上的文件，在以上操作中，若同时按下 Shift 键，删除的文件将不进入“回收站”而直接从磁盘上删除。否则，该文件没有真正从磁盘清除，而只是暂时放到“回收站”中，必要时还可以从回收站中恢复。

（4）复制文件和文件夹。

方法 1：

① 选定要复制的文件或文件夹。

② 选择“编辑”菜单中的“复制”命令，或按 Ctrl＋C 快捷键，将所选文件或文件夹复制到剪贴板中。

③ 打开目标盘或目标文件夹，选择“编辑”菜单中的“粘贴”命令，或按 Ctrl＋V 快捷键，即可将选定的文件或文件夹复制到目标文件夹中。

方法 2

① 选定要复制的文件或文件夹。

② 按住 Ctrl 键不放，用鼠标将选定的文件或文件夹拖动到目标盘或目标文件夹中，也可以实现复制操作。如果在不同的驱动器之间复制，只要用鼠标拖动文件或文件夹就可以完成复制操作，可以不使用 Ctrl 键。

（5）移动文件或文件夹。

移动文件或文件夹的方法类似于复制操作，方法如下。

方法 1：

① 选定要移动的文件或文件夹。

② 选择“编辑”菜单中的“剪切”命令，或按 Ctrl＋X 快捷键，将所选对象移动到剪贴板中。

③ 打开目标盘或目标文件夹，选择“编辑”菜单中的“粘贴”命令，或按 Ctrl＋V 快捷键，完成文件的移动操作。

方法 2：

① 选定要移动的文件或文件夹。

② 按住 Shift 键不放，用鼠标将选定的文件或文件夹拖动到目标盘或目标文件夹中，也可以实现移动操作。如果在相同的驱动器之间移动，只要用鼠标拖动文件或文件夹就可以完成，可以不使用 Shift 键。

（6）撤销删除、移动和复制操作。

可以选择“编辑”菜单中的“撤销”命令，来取消此前所进行的移动、复制和删除操作。同样，也可以利用工具栏上的“撤销”按钮或按 Ctrl＋Z 快捷键，进行撤销操作。

（7）发送文件或文件夹。

在 Windows 中，可以直接把文件或文件夹发送（实质就是复制）到 U 盘、移动硬盘、“我的文档”或“邮件接收者”等地方。发送文件或文件夹的方法是：选定要发送的文件或文件夹，然后用鼠标指向“文件”菜单中的“发送到”，或右击，选择快捷菜单中的“发送到”，最后选定发送目标。

（8）创建新文件或文件夹。

可以在当前文件夹中创建一个新文件夹，新建的文件夹将成为该文件夹的子文件夹。具体操作如下：

① 打开当前文件夹。

② 在“文件”菜单下选择“新建命令”。

③ 在“新建”子菜单中选择“文件夹”选项，这时会出现一个默认名为“新建文件夹”的文件夹。此时该文件夹的名字自动进入文本编辑状态，可更改文件夹名。按 Enter 键，完成创建文件夹。

（9）创建文件的快捷方式。

当为一个文件创建快捷方式后，就可以使用该快捷方式打开文件或运行程序了。具体操作如下：

① 打开文件夹，使其成为当前文件夹并选定目标文件。

② 选择“文件”菜单中的“创建快捷方式”命令，或在右击后弹出的快捷菜单中选择“创建快捷方式”命令。

（10）更改文件或文件夹的名称。

更改文件或文件夹名称的步骤如下：

① 选中要改名的文件或文件夹；

② 在“文件”菜单上或快捷菜单中选择“重命名”；

③ 键入新的名称并按键 Enter。

（11）查找文件或文件夹。

有时用户需要在计算机中查找一些文件或文件夹的存放位置。使用“搜索”命令可以帮助用户快速找到所需要的内容。除了文件和文件夹，还可以查找图片、音乐以及网络上的计算机和通讯录中的人等。此外，也可以通过在任何打开的窗口顶部的搜索框中输入内容进行搜索。

5.2.4　Windows 程序管理

1. 运行程序

程序通常是以扩展名为.exe 的可执行文件。如果要使用这些程序，就需要启动它。在 Windows 当中，启动应用程序通常有几种方式：

（1）双击桌面上的快捷方式图标。

（2）在“开始”菜单中的“所有程序”当中，找到所在的程序快捷方式，单击启动。

（3）在资源管理器中打开程序文件所在的文件夹，双击启动。

2. 安装应用程序

应用程序通常都需要安装才能够使用，也有部分软件可以直接使用。一般需要安装的软件，在安装文件当中都会有一个 Setup. exe 文件以及一个 Readme. txt 文件，可以参考 Readme. txt 当中的内容以及运行 Setup. exe 过程当中的提示进行相应的操作。程序安装完后，通常会在"开始"菜单中的"所有程序"里添加相应的菜单项，有些还会在桌面及快速启动栏里添加快捷方式。

3. 卸载应用程序

程序在安装过程当中并不是仅仅把文件复制到程序安装的目录，还可能有部分文件复制到其他地方，也可能修改了注册表。因此，如果单纯地删除程序安装目录下的所有文件，并不能彻底卸载应用程序。应该通过程序本身所提供的卸载功能进行卸载，或者通过 Windows 所提供的卸载功能完成。要使用 Windows 所提供的卸载功能，Windows 10 中需要打开"设置"菜单中的"应用和功能"页面，如图 5.10 所示，然后选择需要卸载的程序进行卸载。

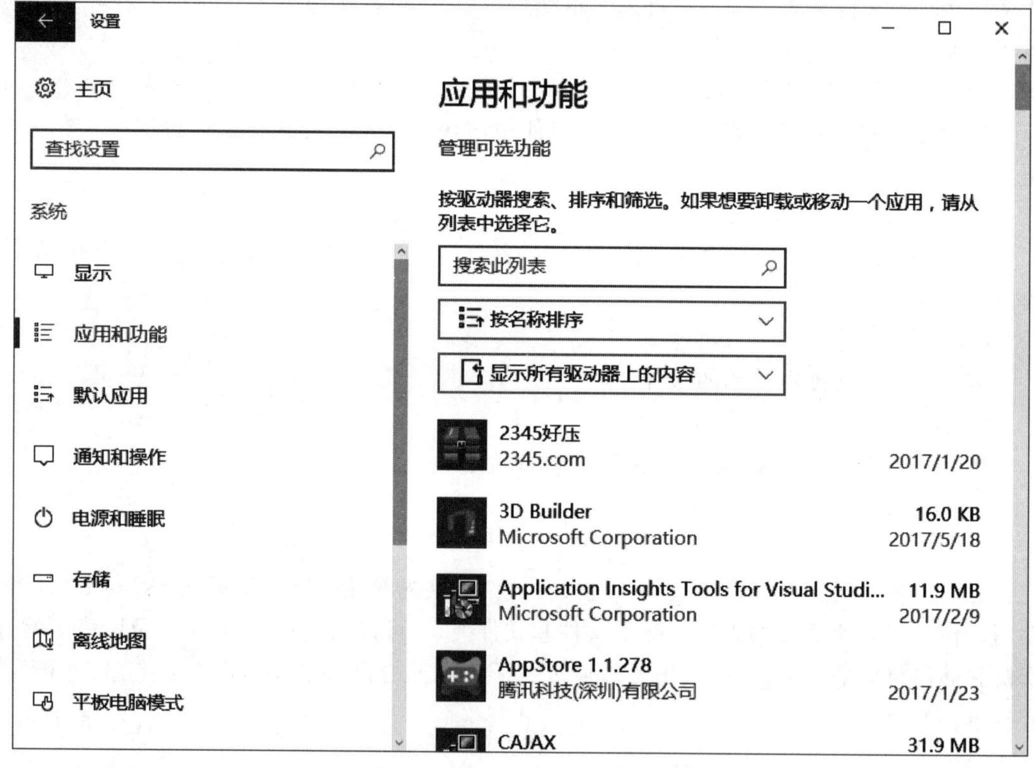

图 5.10 "应用和功能"页面

5.2.5 Windows 系统安全

1）用户管理

打开控制面板中的用户账户功能，既可以进行用户管理，也可以创建多个不同权限的用户，还可以给用户创建密码，如图 5.11 所示。

除了控制面板以外，也可以通过计算机管理中的功能对用户进行管理，方法是：单击"开始"菜单，选中"Windows 管理工具"并单击，然后单击"计算机管理"→"用户和组"→"用户"，即可出现如图 5.12 所示的页面。

图 5.11 用户管理

图 5.12 计算机管理中的用户管理

2）系统和安全

打开控制面板中的系统和安全功能，即可以进行系统安全设置，如图 5.13 所示，在此可以进行 Windows 防火墙、自动更新、备份与还原等安全方面的设置。图 5.14 所示就是进入 Windows 自带的防火墙的设置窗口。

3）系统还原

在使用操作系统的过程中，可能需要返回到以前的某一个状态，或者在系统出错时需要进行恢复，此时可以使用 Windows 所提供的系统还原功能进行，如图 5.15 所示。

4）BitLocker 加密

BitLocker 可通过对 Windows 和用户数据所驻留的整个驱动器进行加密，来帮助保护从文档到密码的一切内容的安全。启用 BitLocker 后，它会自动对该驱动器上保存的所有文件进行加密。图 5.16 为启动 BitLocker 后所出现的页面。

图 5.13　系统和安全

图 5.14　Windows 防火墙设置

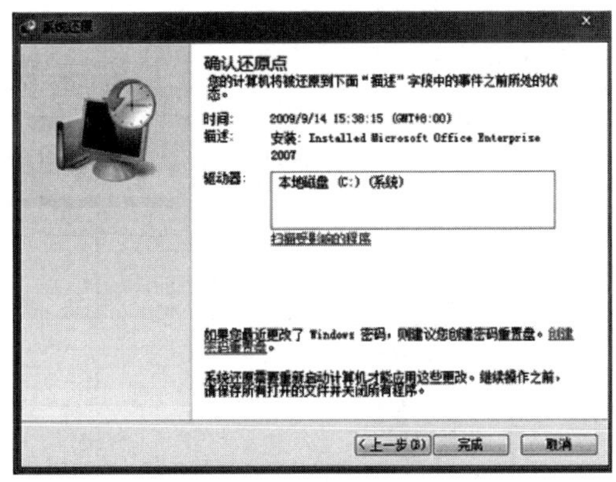

图 5.15 系统还原

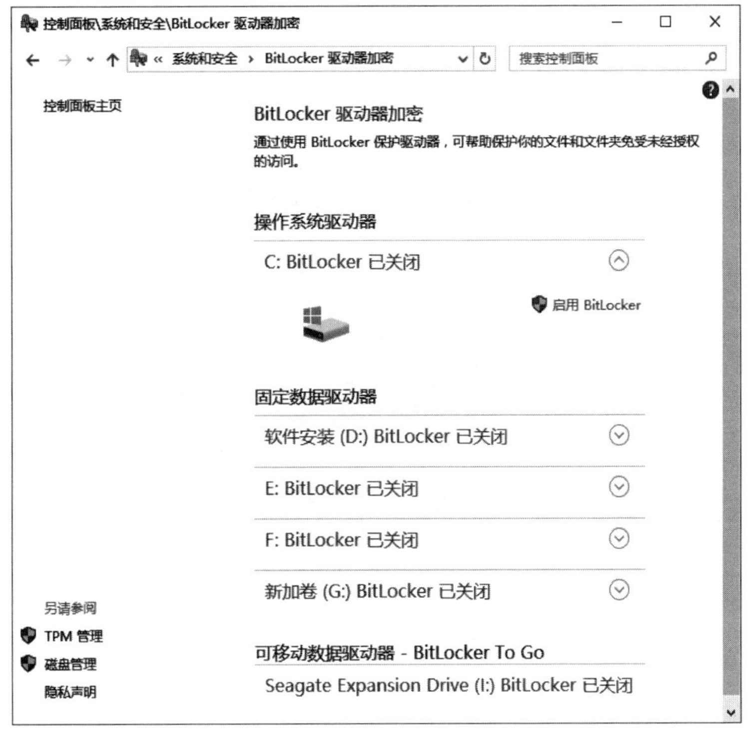

图 5.16 BitLocker 加密驱动器

5.2.6 Windows 计算机管理

由图 5.12 可见，计算机管理包括系统工具、存储、服务和应用程序三部分。

1. 设备管理

在图 5.12 所示的计算机管理窗口中，选择"系统工具"中的"设备管理器"，可以看到整个计算机的硬件设备信息，如图 5.17 所示。如果需要停用或者卸载某个硬件设备或者更新其驱动程序，可以在设备管理器窗口中选中相应的设备右击，即可进行相应的操作，如图 5.18 所示。

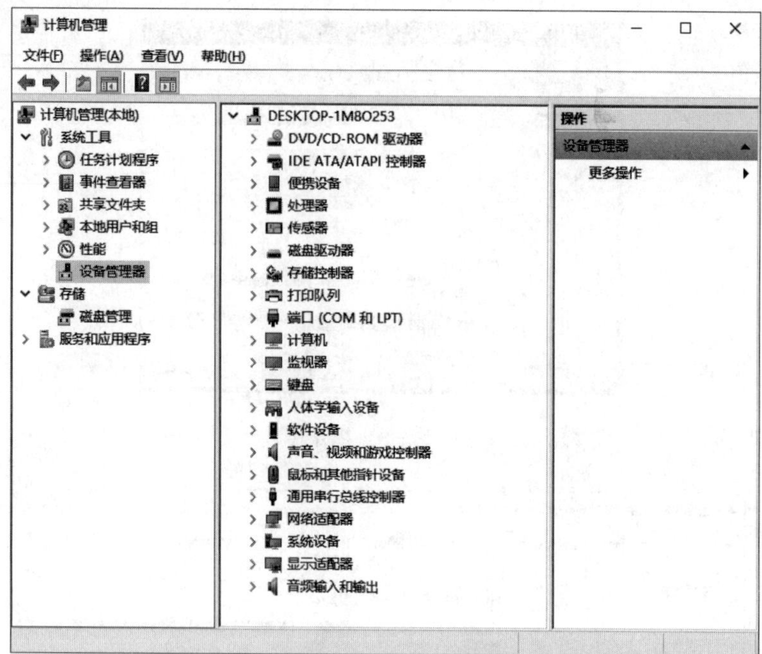

图 5.17 设备管理器

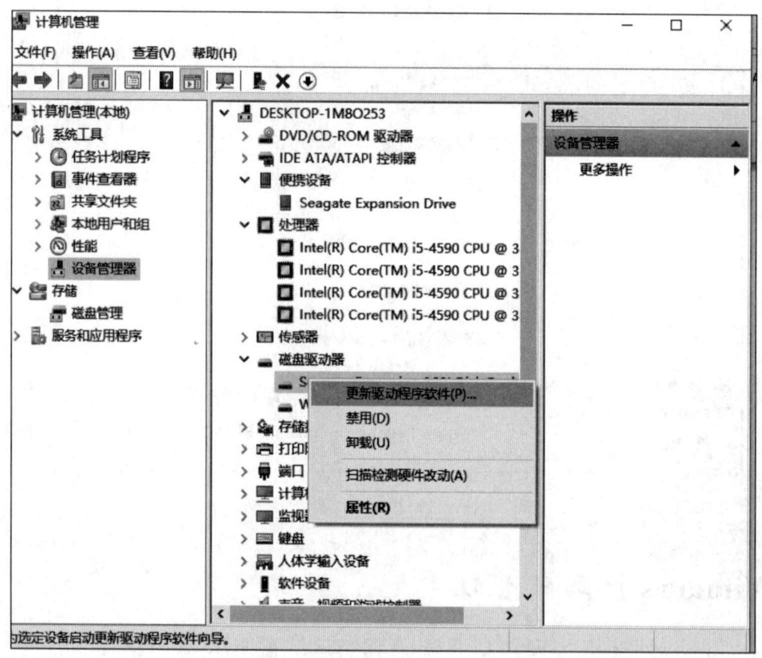

图 5.18 管理设备

2. 磁盘管理

在计算机管理窗口中，选择“存储”菜单中的“磁盘管理”，可以查看各磁盘的相关信息。如图 5.19 所示。

在使用系统的过程中，因不断地添加、删除文件，经过一段时间，就会形成一些物理位置

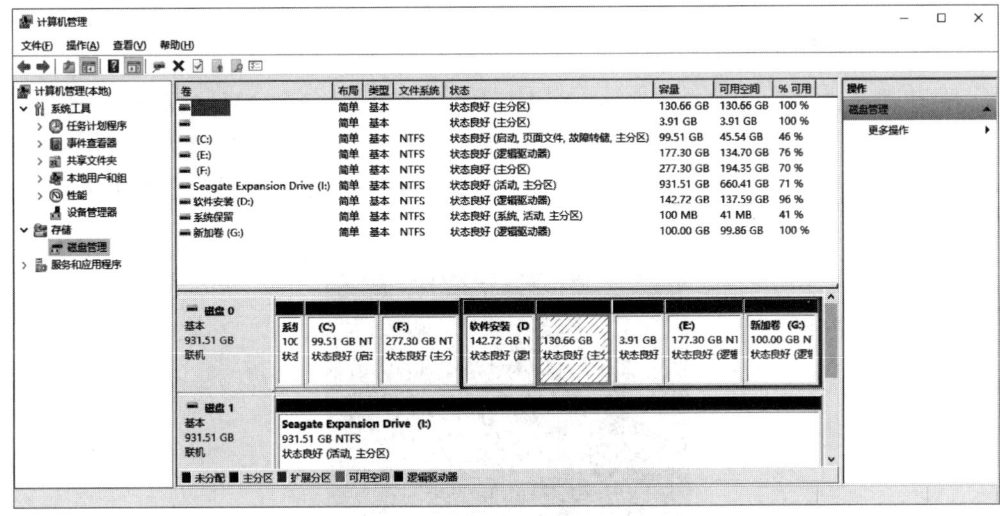

图 5.19　磁盘管理

不连续的文件,这就是磁盘碎片。如果要访问这些文件,就会增加硬盘的转动次数,造成整个系统的性能下降。此外,可移动存储设备(如 USB 闪存驱动器)也可能产生碎片。磁盘碎片整理程序可以重新排列碎片数据,以便磁盘和驱动器能够更有效地工作。磁盘碎片整理程序可以按计划自动运行,也可以手动分析磁盘和驱动器以及对其进行碎片整理。

单击"开始"菜单,选中"Windows 管理工具"并单击,然后选中并单击"碎片整理和优化驱动器",打开如图 5.20 所示的页面。磁盘碎片整理可能需要几分钟到几小时才能完成,具体取决于磁盘碎片的大小和数量。在碎片整理过程中,仍然可以使用计算机。

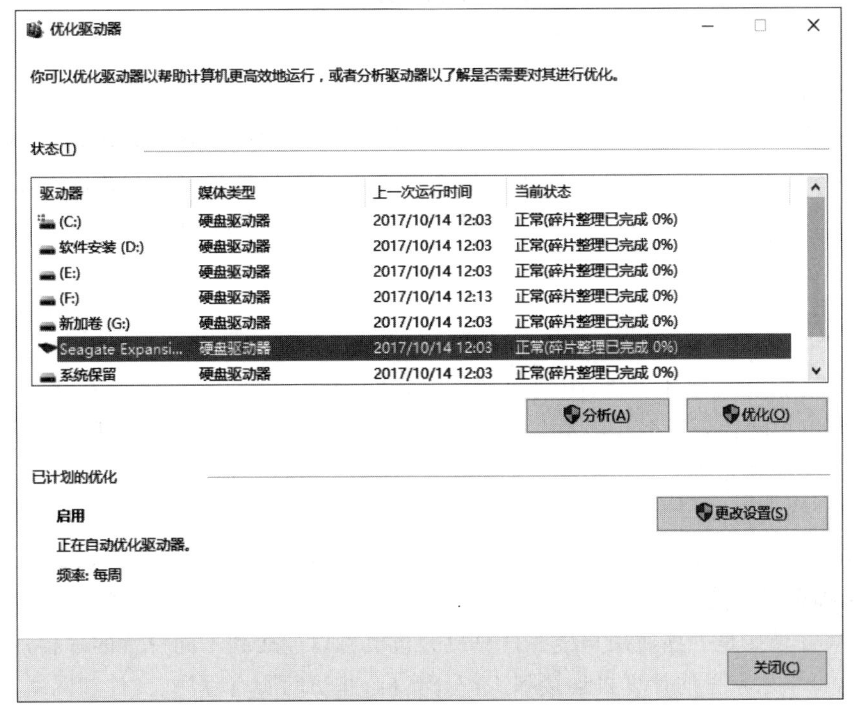

图 5.20　磁盘碎片整理

5.2.7 Windows 常用软件介绍

附件提供了许多实用的工具软件，不同版本的 Windows 系统提供的附件工具略有差异。单击“开始”菜单，选中并单击“Windows 附件”，即可看到如图 5.21 所示的 Windows 10 附件工具列表。单击工具名称，即可启动附件。下面介绍几个常用的附件工具，其他的请读者参照帮助文档，自行学习。

图 5.21 Windows 10 的附件

1. 记事本

记事本是一个用来创建简单文档的基本文本编辑器，常用来查看或编辑文本(.txt)文件，如许多程序的 Readme 文档都使用记事本处理。记事本保存的文本文件不包含特殊格式代码或控制码，能被 Windows 的大部分应用程序调用，也可以用于编辑各种高级语言程序文件。

2. 画图

“画图”是个画图工具，用户可以用它创建简单或者复杂的图画。这些图画可以是黑白的，也可以是彩色的，并可以存为位图文件。利用“画图”程序可以打印绘图，将它作为桌面背景；也可以粘贴到另一个文档中。甚至还可以用“画图”程序查看和编辑扫描好的照片。

通过菜单及左边的工具选择和下面的颜色选择，可以进行简单的图像编辑处理。

3. 数学输入面板

用“数学输入面板”可以输入数学公式，打开的数学输入面板页面如图 5.22 所示。

4. 远程桌面连接

远程桌面连接是一项使用户坐在计算机旁边就可以连接到不同位置的远程计算机的技术。例如，可以从家里的计算机连接到工作计算机，并访问所有程序、文件和网络资源，就像坐在工作计算机前面一样。打开的远程桌面连接页面如图 5.23 所示。

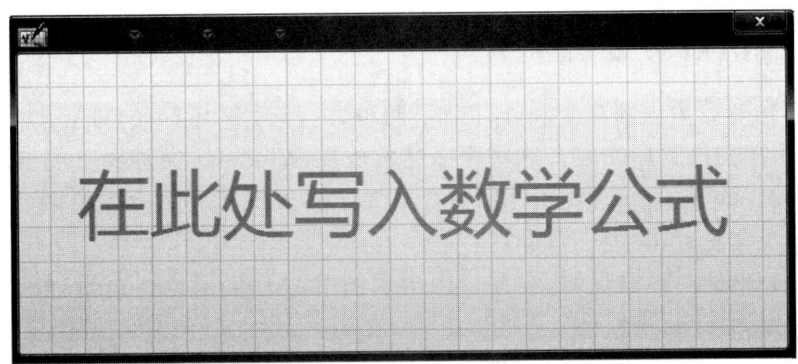

图 5.22 数学输入面板

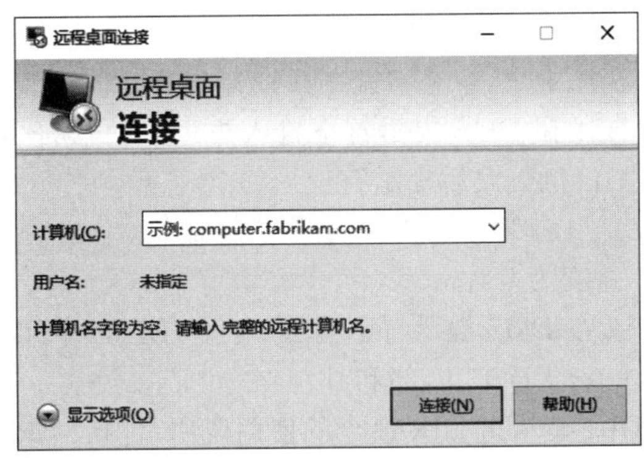

图 5.23 远程桌面连接

5.3 MS-DOS 及常用命令介绍

5.3.1 MS-DOS 介绍

MS-DOS 是微软公司在 Windows 之前发布的操作系统，是字符界面的、基于命令行方式的操作系统。随着 Windows 图形用户界面操作系统的广泛使用，MS-DOS 使用得越来越少，但是在有些时候还是需要使用到 MS-DOS 的功能。在 Windows 中可以通过命令提示符程序模拟 MS-DOS 的运行环境。

选择"开始"→"Windows 系统"→"命令提示符"命令，即可打开命令提示符程序，如图 5.24 所示。在此窗口中可以输入 MS-DOS 命令并执行。

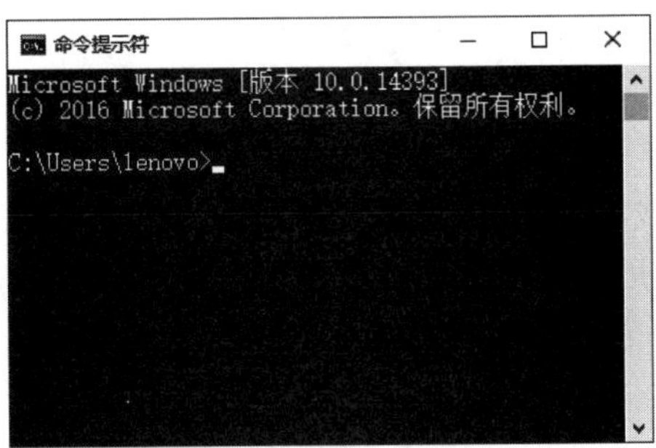

图 5.24 命令提示符窗口

5.3.2 MS-DOS 的常用命令

MS-DOS 命令分为内部命令和外部命令两种，内部命令由 COMMAND. COM 程序提供，外部命令由单独的程序完成。这些程序通常放在 Windows 文件夹下的 System32 文件夹下，扩展名为. exe 或. com。使用外部命令需要能够找到其程序所在的路径，路径可以直接在系统的环境变量 Path 中进行设置。

当打开“命令提示符”窗口时，在窗口内出现的“C:\Users\Administrator >”称为 DOS 提示符。DOS 提示符提供了两个基本信息：一是当前盘(此时为 C: 盘)；二是当前盘的当前目录(此时为\Users\Administrator 文件夹)。需要使用 DOS 命令，在 DOS 提示符后面直接输入相应的命令，然后按 Enter 键即可执行。有些命令可以带不同的参数。下面介绍一些常用命令。

注意：在 Windows 系统当中，命令名是不区分大小写的。

- 改变盘符命令：直接在 DOS 提示符下输入想进入的盘符名称即可，即 C:\Users\Administrator > D:，执行完后提示符变为 D:\>。
- CD 命令：用于改变当前路径，在 DOS 提示符下输入 C:\Users\Administrator > CD \即可，执行完后提示符变为 C:\>。
- HELP：帮助命令，在 DOS 提示符下输入 C:\> HELP 即可。

不带参数表示列出所有的 DOS 内部和外部命令，带参数表示列出某个命令的使用说明。例如，C:\> HELP DIR 显示出 DIR 命令的使用说明，包括 DIR 命令各参数的使用。

- DIR：用于显示当前路径所有文件。例如 DIR ＊. exe 列出当前路径下所有以. exe 为扩展名的文件。
- MD/MKDIR 创建文件夹。例如 MD D:\Test 在 D: 根目录下创建 Test 文件夹。
- DEL：表示删除文件。DEL ＊. ＊删除当前路径下的所有文件
- DATE：用于显示或设置日期，并接受新时期的输入。
- CLS：表示清除屏幕上的信息。
- COPY：将至少一个文件复制到另一个位置。

例如，COPY C:\Test\＊. doc D:\Temp 表示复制 C:\Test 文件夹下所有以. doc 为扩展名的文件到 D:\Temp 文件夹下。

- FORMAT：格式化磁盘。例如 FORMAT a: /s 意为格式化 A 驱动器中的软盘并作为系统盘。
- MOVE：用于将文件从一个目录移到另一个目录。例如，MOVE C:\Test\＊. doc D:\Temp 表示移动 C:\Test 文件夹下所有以. doc 为扩展名的文件到 D:\Temp 文件夹下。
- RD：意为删除目录。例如，RD D:\Temp /S 表示删除 D:\Temp 目录及其所有子目录和文件。
- TIME：用于显示或设置系统时间，并可接受新时间的输入。
- XCOPY：表示复制文件和目录树。例如，XCOPY C:\Test\＊. ＊ D:\Temp 表示复制 C:\Test 文件夹下所有以文件及文件夹到 D:\Temp 文件夹下。
- TYPE：用于显示文本文件的内容。例如，TYPE hello. txt 表示在屏幕上显示出 hello. txt 的内容。

5.4 Linux操作系统

5.4.1 Linux操作系统介绍

Linux操作系统(简称Linux)是一类UNIX计算机操作系统的统称,其内核的名字也是Linux。Linux操作系统也是自由软件和开放源代码发展中最著名的例子。

严格来讲,Linux这个词本身只表示Linux内核,但在实际中人们已经习惯了用Linux来表示基于Linux内核并且使用GNU工程各种工具和数据库的操作系统(也被称为GNU/Linux)。基于这些组件的Linux软件被称为Linux发行版。一般来讲,一个Linux发行包包含大量的软件,比如软件开发工具(例如GCC)、数据库(例如PostgreSQL、MySQL)、Web服务器(例如Apache)、X Window、桌面环境(例如GNOME和KDE)、办公软件包(例如OpenOffice.org)、脚本语言(例如Perl、PHP和Python)等。

Linux的内核最初是由芬兰电脑程序员林纳斯·托瓦兹(Linus Torvalds)在赫尔辛基大学上学时出于个人爱好而编写的。LINUX具有Unix的全部功能并且是自由软件,因此受到世界各地很多计算机爱好者的喜爱,并且有大量的程序员加入到开发Linux核心及其周边工具的队伍当中,使得Linux不断完善和壮大。

5.4.2 常见的Linux操作系统

现在常见的Linux操作系统都是基于某一个Linux版本核心的发行版本。发行版由个人、松散组织的团队以及商业机构和志愿者组织编写。它们通常包括了其他系统软件和应用软件、一个用来简化系统初始安装的安装工具以及让软件安装升级的集成管理器。

现在最常见的Linux操作系统发行版有:

(1) Red Hat。由鲍勃·杨(Bob Young)和马克·尤因(Marc Ewing)在1995年创建。目前Red Hat分为三个系列:包括RHEL(Red Hat Enterprise Linux,也就是所谓的Red Hat Advance Server,是收费版本)、Fedora Core(由原来的Red Hat桌面版本发展而来,是免费版本)、CentOS(RHEL的社区克隆版本,是免费的)。

(2) Debian。也称Debian系列,包括Debian和Ubuntu等。Debian是社区类Linux的典范,是迄今为止最遵循GNU规范的Linux系统。Debian最早由美国程序员Ian Murdock于1993年创建,分为三个版本分支(branch):stable、testing和unstable。Ubuntu严格来说不能算一个独立的发行版本,是基于Debian的不稳定版本加强而来,是一个拥有Debian所有优点的近乎完美的Linux桌面系统。

(3) openEuler。是华为推动的一个免费开源的操作系统。当前openEuler内核源于Linux,深度优化调度、I/O、内存管理,提供ARM64、x86、RISC-V等更多算力支持,支持鲲鹏及其他多种处理器,能够充分释放计算芯片的潜能,是由全球开源贡献者构建的高效、稳定、安全的开源操作系统,适用于数据库、大数据、云计算、人工智能等应用场景。同时,openEuler是一个面向全球的操作系统开源社区,通过社区合作打造创新平台,构建支持多处理器架构、统一和开放的操作系统,推动软硬件应用生态繁荣发展。

(4) 红旗Linux。是国内的红旗软件有限公司(由中国科学院软件研究所和上海联创投资管理有限公司共同组建）所推出的，包括红旗 Linux 的服务器版（Server）、工作站版（Workstation）、桌面版（Desktop）。

其他比较著名的 Linux 发行版本还有国外的 openSUSE、Turbo Linux、Mandriva Linux、Gentoo、Slackware 等和国内的冲浪 Linux（Xteam Linux）、蓝点 Linux、雨林木风等。

5.5 macOS 操作系统

macOS 是一套由苹果公司开发的运行于 Macintosh 系列计算机上的操作系统。macOS 是首个在商用领域成功的图形用户界面操作系统。macOS 早期的名字为 macOS X，2011 年 7 月 20 日 macOS X 已经正式被苹果改名为 OS X。2016 年，OS X 改名为 macOS，与 iOS、tvOS、watchOS 相照应。现在疯狂肆虐的计算机病毒几乎都是针对 Windows 的，而 macOS 的架构与 Windows 不同，所以很少受到病毒的袭击。macOS 操作系统界面非常独特，突出了形象的图标和人机对话。

macOS 可以分为两个系列：一个是老旧且已不被支持的“Classic”macOS（系统搭载在 1984 年销售的首部 Mac 与其后代上，终极版本是 macOS 9）。它采用 Mach 作为内核，在 macOS 7.6 以前用“System x. xx”来称呼。新的 macOS X 结合 BSD UNIX、OpenStep 和 macOS 9 的元素。它的最底层基于 UNIX 操作系统，其代码被称为 Darwin，实行的是部分开放源代码。

全屏幕窗口是 macOS 中最为重要的功能。一切应用程序均可以在全屏模式下运行。这并不意味着窗口模式将消失，而是表明在未来有可能实现完全的网格计算。iLife 11 的用户界面也表明了这一点。这种用户界面将极大简化计算机的使用，减少多个窗口带来的困扰。它将使用户获得与 iPhone、iPod Touch 和 iPad 用户相同的体验。计算体验并不会因此被削弱；相反，苹果正帮助用户更为有效地处理任务。

启动台的工作方式与 iPad 完全相同。它以类似于 iPad 的用户界面显示计算机中安装的一切应用，并通过 App Store 进行管理。用户可滑动触控板或鼠标，在多个应用图标界面间切换。与网格计算一样，它的计算体验以任务本身为中心。

Mac App Store 的工作方式与 iOS 系统的 App Store 完全相同，具有相同的导航栏和管理方式，这意味着无须对应用进行管理。当用户从该商店购买一个应用后，Mac 计算机会自动将它安装到启动台中。对于普通用户而言，即使利用 Mac 计算机的拖放系统，安装应用程序仍有可能是一件很困难的事情，这也就是 App Store 存在的意义。

5.6 常见的手机操作系统

随着移动通信技术的飞速发展和移动多媒体时代的到来，手机作为人们必备的移动通信工具，已从简单的通话工具向智能化发展，演变成一个移动的个人信息收集和处理平台。借助操作系统和丰富的应用软件，智能手机成了一台移动终端。智能手机和传统的非智能手机最重要的区别就是智能手机具有独立的操作系统。当然手机操作系统不仅仅只是应用在手机上，同样可以用在平板电脑等移动设备，另外一些家电例如智能电视也在使用。在手机操作系统发展的过程中，出现过 Android（Google）、iOS（苹果）、Windows Phone

(Microsoft)、Symbian(诺基亚)、BlackBerry OS(黑莓)等著名的操作系统。当前市面上占据市场份额最大的是 Android 和 iOS,另外我国华为的 HarmonyOS 鸿蒙操作系统也逐步开始推广使用。

5.6.1 iOS 操作系统

iOS 是由苹果公司开发的手机操作系统。苹果公司在 2007 年 1 月 9 日的 Mac World 大会上公布了这个系统,最初是设计给 iPhone 使用的,后来陆续套用到 iPod touch、iPad 以及 Apple TV 等产品上。iOS 与苹果的台式机操作系统 macOS X 一样,属于类 UNIX 的商业操作系统。原本这个系统名为 iPhone OS,因为 iPad、iPhone、iPod touch 都使用 iPhone OS,所以 2010 WWDC 大会上宣布将其改名为 iOS(iOS 为美国 Cisco 公司网络设备操作系统的注册商标,苹果改名已获得 Cisco 公司授权)。

iOS 使用 FreeBSD 和 Mach 改写的 Darwin 操作系统,是开源、符合 POSIX 标准的一个 UNIX 核心,和苹果公司的 Mac 计算机所用的 macOS X 操作系统相同。

iOS 的系统架构分为四个层次:核心操作系统层、核心服务层、媒体层和可触摸层,如图 5.25 所示。

可触摸层 (UIKit框架等)
媒体层 (图像框架、音频框架、视频框架等)
核心服务层 (基础服务、电话本框架、安全框架、 SQLite数据库、核心位置框架等)
核心操作系统层(Darwin操作系统) (核心部分、文件系统、网络基础、安全特性、 电源管理设备驱动等)

图 5.25 iOS 操作系统架构

(1) 核心操作系统层:包含核心部分、文件系统、网络基础、安全特性、电源管理和一些设备驱动,还有一些系统级别的 API。

(2) 核心服务层:提供核心服务,例如字符串处理函数、集合管理、网络管理、URL 处理工具、联系人维护、偏好设置等基础服务及电话本框架、安全框架、SQLite 数据库、核心位置框架等其他服务。

(3) 媒体层:该层框架和服务依赖核心服务层,向可触摸层提供画图和多媒体服务,如声音、图片、视频等。

(4) 可触摸层:该层框架基于媒体层,包含 UIKit 框架等。

iOS 用户界面的概念基础是能够使用多点触控直接操作。控制方法包括滑动、轻触开关及按键,与系统交互包括滑动(wiping)、轻按(tapping)、挤压(pinching)及旋转(reverse pinching)。此外,通过其内置的加速器,可以令其在旋转设备时改变其 y 轴,以使屏幕改变方向,便于使用。屏幕的下方有一个主屏幕按键,底部则是 Dock(停靠栏),有四个用户最经常使用的程序的图标被固定在 Dock 上。屏幕上方有一个状态栏，能显示一些有关数据，如时间、电池电量和信号强度等。其余的屏幕用于显示当前的应用程序。启动 iPhone 应用程序的唯一方法就是在当前屏幕上单击该程序的图标，退出程序则是按下屏幕下方的 Home（iPad 可使用五指捏合手势回到主屏幕）键。在第三方软件退出后，它直接就被关闭了。但在 iOS 及后续版本中，当第三方软件收到新的信息时，Apple 的服务器将把这些通知推送至 iPhone、iPad 或 iPod Touch 上（不管它是否正在运行中）。在 iOS 5 中，通知中心将这些通知汇总在一起；iOS 6 提供了“请勿打扰”模式来隐藏通知。在 iPhone 上，许多应用程序之间无法直接调用对方的资源。然而，不同的应用程序仍能通过特定方式分享同一个信息（如当你收到了包括一个电话号码的短信息时，你可以选择是将这个电话号码存为联络人或是直接呼叫号码）。

iOS 内置了一些应用程序，下面对常用的应用程序进行介绍。

1）Siri

Siri 让用户能够利用语音来完成发送信息、安排会议、查看最新比分等事务。iOS 7 中的 Siri 拥有新外观、新声音和新功能：它的界面经过重新设计，可以淡入视图浮现于任意屏幕画面的最上层；Siri 回答问题的速度更快了，还能查询维基百科等更多信息源等；它还可以承担如回电话、播放语音邮件、调节屏幕亮度以及其他任务。

2）Facetime

只需轻点一下，用户就能使用 iOS 设备通过 WLAN（wireless local area networks，无线局域网）或移动网络与其他使用苹果类设备的用户进行视频通话。虽然远在天涯，感觉却像近在咫尺。

3）iMessage

iMessage 可提供比手机短信更出色的信息服务。用户可以通过 WLAN 或移动网络与任何使用 iOS 设备或 Mac 的用户免费收发信息，且信息数量不受限制。除了收发送文本信息外，还可以收发照片、视频、位置信息和联系人等信息。

4）Safari

Safari 是一款极受欢迎的移动网络浏览器。用户不仅可以使用它的阅读器排除网页上的干扰，还可以保存阅读列表以便进行离线浏览。iCloud 标签可以跟踪各个设备上已打开的网页，因此上次在一部设备上浏览的内容可以在另一部设备上从停止的地方继续浏览。

5）控制中心

控制中心可为用户建立起快速通路，便于使用那些随时急需的控制选项和 App；可以打开或关闭飞行模式、无线局域网、蓝牙和勿扰模式，锁定屏幕的方向或调整它的亮度，播放、暂停或跳过一首歌曲，连接支持 AirPlay 的设备；能快速使用手电筒、定时器、计算器和相机。

6）通知中心

通知中心可让用户随时掌握新邮件、未接来电、待办事项和更多信息。一个名为“今天”的新功能可为用户总结今日的动态信息。用户可以从任何屏幕（包括锁定屏幕）访问通知中心。

7）App Store

App Store（iTunes Store 的一部分）是 iPhone、iPod Touch、iPad 以及 Mac 的服务软件，

允许用户从 iTunes Store 或 Mac App Store 浏览和下载一些为 iOS SDK(software development kit,软件开发工具包)或 Mac 开发的应用程序。为 iOS 移动设备开发的第三方软件必须通过 App Store 审核和发行,iOS 只支持从 App Store 下载和安装软件,用户可以购买收费项目和免费项目,将应用程序直接下载到 iPhone、iPod Touch、iPad 或 Mac 上。

5.6.2 Android 操作系统

Android,中文名通常称为安卓,是由 Google 公司和开放手机联盟领导开发的一种基于 Linux 的自由及开放源代码的操作系统,主要应用于移动设备,如智能手机和平板电脑。Android 最初由"安卓操作系统之父"Andy Rubin 开发,主要支持手机;2005 年 8 月由 Google 收购注资;2007 年 11 月,Google 与 84 家硬件制造商、软件开发商及电信营运商组建开放手机联盟,共同研发改良 Android 系统。随后 Google 以 Apache 开源许可证的授权方式,发布了 Android 的源代码。第一部 Android 智能手机发布于 2008 年 10 月。随后,Android 逐渐扩展到平板电脑及其他产品上,如电视、数码相机、游戏机等。2011 年第一季度,Android 在全球的市场份额首次超过 Symbian 系统,跃居全球第一。

Android 的系统架构分为四层,如图 5.26 所示,从高层到低层分别是应用程序层、应用程序框架层、系统库层和 Linux 核心层。

图 5.26 Android 操作系统架构

1. 应用程序层

在 Android 系统中,所有的应用程序都是使用 Java 语言编写的,每一个应用程序由一个或者多个活动组成。活动类似于操作系统上的进程，但是活动比进程更为灵活。与进程类似的是，活动也可在多种状态之间进行切换。

2. 应用程序框架层

应用程序框架层是编写 Google 发布的核心应用时所使用的 API 框架。开发人员可以使用这些框架来开发自己的应用，这样便简化了程序开发的架构设计，但是必须遵守其框架的开发原则。开发应用时都是通过框架来与 Android 底层进行交互的。

3. 系统库

Android 包含一些 C/C++库，这些库能被 Android 系统中不同的组件使用。它们通过 Android 应用程序框架为开发者提供服务，主要包括基本的 C 库以及多媒体库，以支持各种多媒体格式、位图和矢量字体、2D 和 3D 图形引擎、浏览器、数据库。

Android 包括了一个核心库，它提供了 Java 编程语言核心库的大多数功能。每一个 Android 应用程序都在它自己的进程中运行，都拥有一个独立的 Dalvik 虚拟机实例。使用 Dalvik，可在有限的内存中同时高效地运行多个虚拟机实例。Dalvik 虚拟机可执行 Dalvik 可执行文件，该文件针对小内存使用做了优化。同时虚拟机是基于寄存器的，所有的类都要经由 Java 编译器编译，然后通过 SDK 中的 DX 工具转化成. dex 格式文件由虚拟机执行。Dalvik 虚拟机依赖于 Linux 内核的一些功能，比如线程机制和底层内存管理机制。

4. Linux 核心层

Android 的核心系统服务基于 Linux 2.6 内核，如安全性、内存管理、进程管理、网络协议栈和驱动模型等。Linux 内核也是硬件和软件之间的抽象层，它隐藏具体硬件细节而为上层提供统一的服务。

Android 应用程序的扩展名为. apk。APK 是 Android Package 的缩写，即 Android 安装包。将 APK 文件直接传到 Android 模拟器或 Android 手机中执行即可安装。APK 文件其实是. zip 格式，但后缀名被修改为. apk，通过 UnZip 解压后，可以看到 Dex 文件。Dex 是 Dalvik VM executes 的简称，即 Android Dalvik 执行程序，并非 Java ME 的字节码，而是 Dalvik 字节码。Android 在运行一个程序时首先需要使用 UnZip 进行解压，解压后的 Dex 通过 Dalvik 虚拟机执行。

Android 操作系统支持多种硬件平台，包括 ARM、MIPS、x86 等。由于源代码开放的特点，其他厂家可以在基础的 Android 操作系统之上进行一定限度的优化及定制，例如国内常见的 MIUI、EMUI、Flyme 等。

Android 应用程序除了可以通过 Google 提供的网上商店下载外，也可以通过其他第三方应用市场下载，甚至可以直接复制 apk 文件进行安装，对用户来说带来了一定的便利性。但由于缺乏统一的审查机制，安全性相对欠缺。

5.6.3 HarmonyOS 鸿蒙操作系统

HarmonyOS，中文名通常称为鸿蒙操作系统，是由华为公司领导开发的，是基于 OpenHarmony、AOSP 等开源项目的商用版本操作系统。HarmonyOS 是一款面向未来、面向全场景（移动办公、运动健康、社交通信、媒体娱乐等）的分布式操作系统。在传统的单设备系统能力的基础上，HarmonyOS 提出了基于同一套系统能力、适配多种终端形态的分布式理念，能够支持手机、平板、智能穿戴、智慧屏、车机等多种终端设备。

HarmonyOS 具有以下特征：

(1) 一套操作系统可以满足各种设备需求，实现统一 OS，弹性部署。

(2) 搭载该操作系统的设备在系统层面融为一体，形成超级终端，让设备的硬件能力可以弹性扩展，实现设备之间的硬件互助和资源共享。

(3) 面向开发者，可实现一次开发，多端部署。

OpenHarmony 是由开放原子开源基金会孵化及运营的开源项目，目标是面向全场景、全连接、全智能时代，基于开源的方式搭建一个智能终端设备操作系统的框架和平台。项目于 2020 年 9 月接受华为捐赠的智能终端操作系统基础能力相关代码，在此基础上进行开源形成。

OpenHarmony 整体遵从分层设计，从下向上依次为内核层、系统服务层、框架层和应用层。系统功能按照“系统”→“子系统”→“组件”逐级展开，在多设备部署场景下，支持根据实际需求裁剪某些非必要的组件。OpenHarmony 技术架构如图 5.27 所示。

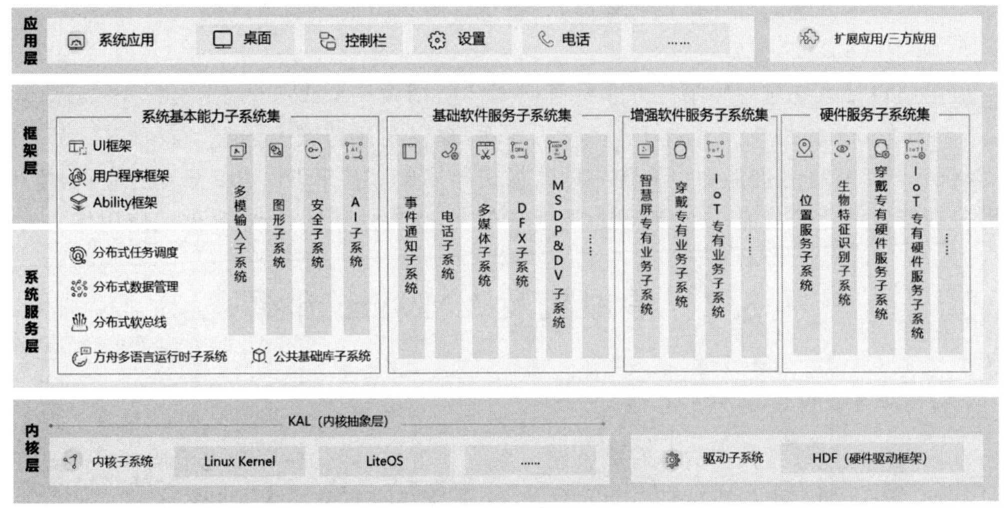

图 5.27　OpenHarmony 技术架构

1) 内核层

(1) 内核子系统。采用多内核(Linux 内核或者 LiteOS)设计，支持针对不同资源受限设备选用适合的 OS 内核。内核抽象层(kernel abstract layer，KAL)通过屏蔽多内核差异，对上层提供基础的内核能力，包括进程/线程管理、内存管理、文件系统、网络管理和外设管理等。

(2) 驱动子系统。硬件驱动框架(hardware driver framework，HDF)是系统硬件生态开放的基础，提供统一外设访问能力和驱动开发、框架管理。

2) 系统服务层

系统服务层是 OpenHarmony 的核心能力集合，通过框架层对应用程序提供服务。该层包含以下几个部分。

(1) 系统基本能力子系统集。为分布式应用在多设备上的运行、调度、迁移等操作提供了基础能力，由分布式软总线、分布式数据管理、分布式任务调度、公共基础库、多模输入、图形、安全、AI 等子系统组成。

（2）基础软件服务子系统集。提供公共的、通用的软件服务，由事件通知、电话、多媒体、DFX(design for X)等子系统组成。

（3）增强软件服务子系统集。提供针对不同设备的、差异化的能力增强型软件服务，由智慧屏专有业务、穿戴专有业务、IoT(Internet of things，物联网)专有业务等子系统组成。

（4）硬件服务子系统集。提供硬件服务，由位置服务、生物特征识别、穿戴专有硬件服务、IoT专有硬件服务等子系统组成。

根据不同设备形态的部署环境，基础软件服务子系统集、增强软件服务子系统集、硬件服务子系统集内部可以按子系统粒度进行裁剪，每个子系统内部又可以按功能粒度进行裁剪。

3）框架层

框架层为应用开发提供了支持C/C++/JavaScript等多语言的用户程序框架和Ability框架、适用于JavaScript语言的JavaScript UI框架以及各种软硬件服务对外开放的多语言框架API。根据系统的组件化裁剪程度，设备支持的API也会有所不同。

4）应用层

应用层包括系统应用和第三方非系统应用。应用由一个或多个FA(feature ability)或PA(particle ability)组成。其中，FA有UI界面，提供与用户交互的能力；而PA无UI界面，提供后台运行任务的能力以及统一的数据访问抽象。基于FA/PA开发的应用，应用层能够实现特定的业务功能，支持跨设备调度与分发，为用户提供一致、高效的应用体验。

5.7 虚拟机及VMware介绍

5.7.1 虚拟机概念及作用

虚拟机是通过软件模拟的具有完整硬件系统功能的、运行在一个完全隔离环境中的完整计算机系统。通过虚拟机软件，用户可以在一台物理计算机上模拟出一台或多台虚拟的计算机，这些虚拟机完全就像真正的计算机那样进行工作，例如用户可以安装操作系统、安装应用程序、访问网络资源等。对于用户而言，它只是运行在用户物理计算机上的一个应用程序，但是对于在虚拟机中运行的应用程序而言，它就像是在真正的计算机中进行工作。

与真实计算机相比，虚拟机具有如下优势。

（1）完全隔离了其他的操作系统，并且保护不同类型操作系统操作环境以及所有安装在操作系统上的应用软件和资料。

（2）可以非常放心地在虚拟机中测试各种操作系统和应用软件，不用为了测试软件频繁安装新系统。在测试系统软件时，也不用担心自己计算机上的数据安全。因为还有复原功能，在测试过程中出现任何问题都可以随时复原。

（3）可以做各种网络实验、网络测试以及一些病毒、黑客攻击类的测试，不用担心真实的网络环境受到感染或攻击。

（4）程序员很容易在多种环境及多个系统中进行工作以及实现在多个系统中的数据交互。

流行的虚拟机软件有VMware、Virtual Box和Virtual PC等，它们都能在Windows系

统上虚拟出多个计算机，下面就以 VMware 为例来介绍虚拟机的使用方法。

5.7.2 VMware 介绍

启动 VMware 后，出现如图 5.28 所示的初始界面(VMware Workstation 12 Pro)。首先需要创建虚拟机，然后在所创建的虚拟机内安装操作系统。在使用 VMware 的过程中，称运行 VMware 软件的计算机为主机。

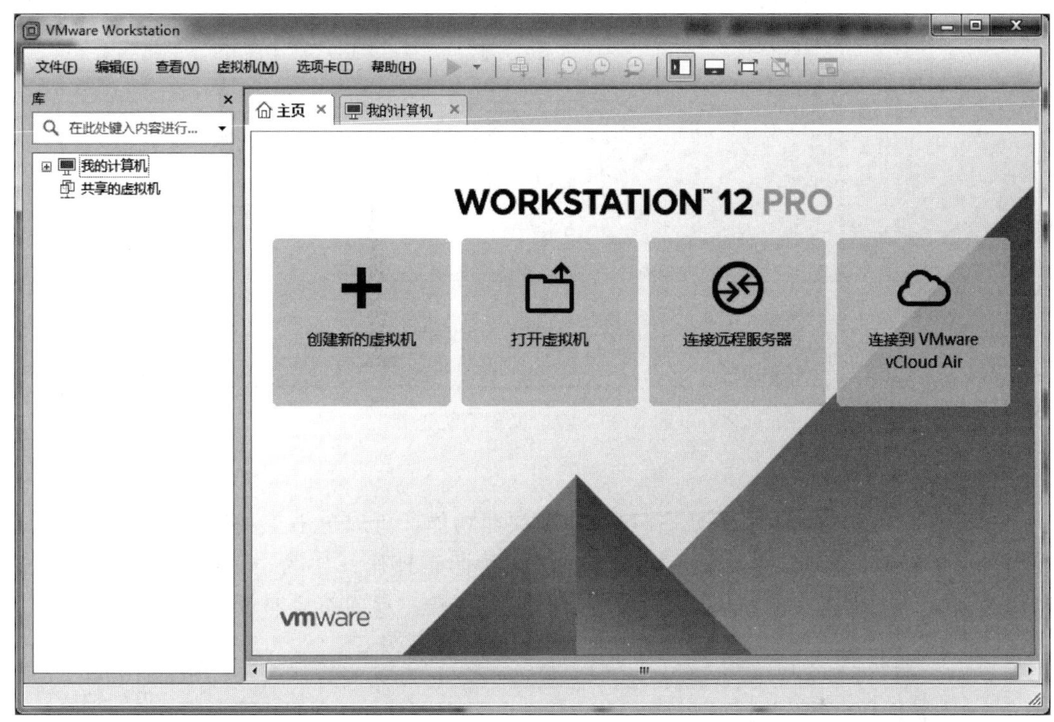

图 5.28 VMware 初始界面

1. 创建虚拟机

在图 5.28 中单击“创建新的虚拟机”，或者在菜单中选择“文件”再单击“新建虚拟机”，然后根据提示进行相应的设置即可创建虚拟机。在创建虚拟机的过程中，需要预先指定虚拟机将要安装的操作系统，如图 5.29 所示。

2. 安装操作系统

在虚拟机中安装操作系统，和在真实的计算机中安装没有什么区别。但在虚拟机中安装操作系统，可以直接使用保存在主机上的安装光盘镜像(或者软盘镜像)作为虚拟机的光驱(或者软驱)。对于光盘和软盘，只需要在设备设置对话框当中设置是使用镜像还是物理设备即可。

通常现在安装操作系统都是从光盘安装的。把操作系统安装光盘插入光驱(或者镜像文件)，然后启动该虚拟机，就可以进入操作系统的安装了。

在虚拟机中安装完操作系统之后，为了更好地使用虚拟机中的操作系统，还需要在虚拟机的操作系统中安装 VMware Tools。不同的操作系统有不同的 VMware Tools，用户可根据自己在虚拟机中安装的操作系统进行选择。

图 5.29　客户操作系统选择

3. 虚拟机快照

如果想保存某个虚拟机的状态，可以使用快照功能。可以单击工具栏上的快照按钮，或者通过菜单选择，也可以按 Ctrl+M 快捷键进入快照管理器。如图 5.30 所示，单击创建快照按钮创建一个快照。创建快照后，可以随时从其他状态返回至快照状态。

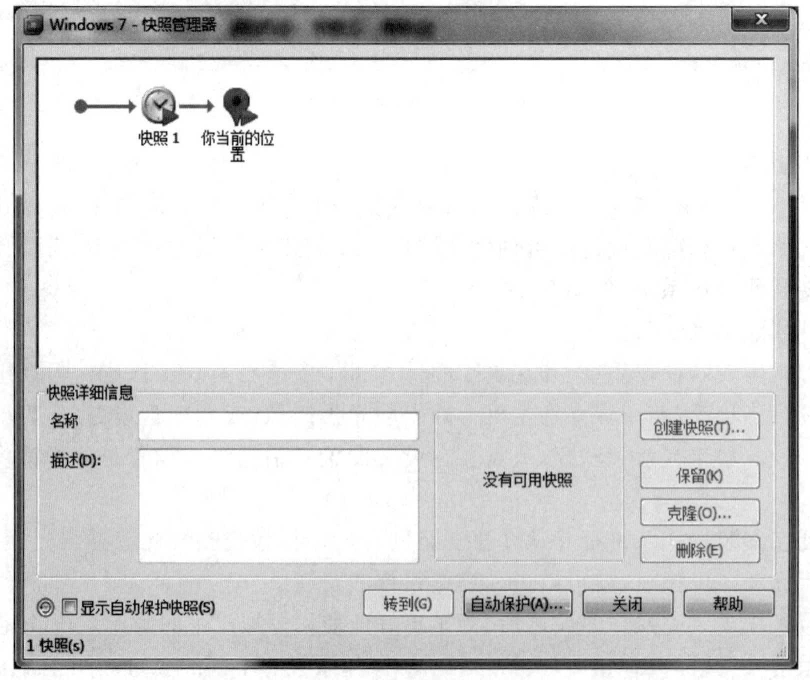

图 5.30　快照管理器

4. 虚拟机克隆

快照功能虽然可以随时返回某个状态，类似于 Windows 中的系统还原功能，但是不能脱离原虚拟机。VMware 还提供了一个克隆功能，和日常安装操作系统的 Ghost 功能相似。

要使用克隆功能，必须关闭虚拟机中的操作系统。可以从操作系统当前状态克隆，也可以从某一个快照克隆，如图 5.31 所示。

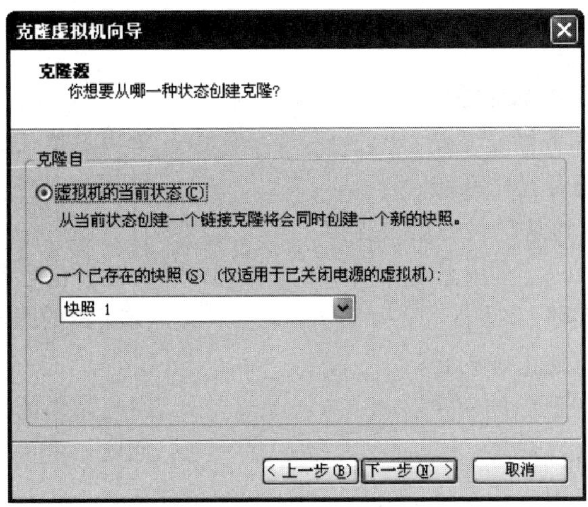

图 5.31 虚拟机克隆

本 章 小 结

本章介绍了操作系统的基本概念，以 Windows 操作系统为例对操作系统的功能做了详细描述；接着简要介绍了 MS-DOS、Linux、macOS 以及三种手机操作系统 iOS、Andorid 和 HarmoneyOS；最后阐述了虚拟机的作用和 VMware 的使用方法。

本 章 人 物

肯尼斯·蓝·汤普森

肯尼斯·蓝·汤普森(Kenneth Lane Thompson)，1943 年 2 月 4 日生于美国新奥尔良。1960 年，Thompson 就读于加州大学伯克利分校，主修电气工程，取得硕士学位后加入贝尔实验室，参与贝尔实验室、麻省理工学院以及通用电气公司联合开发的一套多用户分时作业系统 Multics。

在开发 Multics 期间，Thompson 创造出了名为 Bon(简称 B 语言)的程序语言，并用一个月的时间开发了全新的操作系统——单路信息计算系统(UNICS)，可执行于 PDP-7 机器之上，后来改称 UNIX。第一版的 UNIX 就是基于 B 语言来开发的。B 语言在进行系统编程时不够强大，所以 Thompson 对其进行了改造，并于 1971 年与美国计算机科学家 Ritchie 共同发明了 C 语言。1973 年，Thompson 和 Ritchie 用 C 语言重写了 UNIX，安装在

PDP-11 上。1983 年,美国计算机协会将图灵奖授予 Thompson。2000 年 12 月,Thompson 退休,离开贝尔实验室,成了一名飞行员。2006 年,Thompson 进入 Google 工作,与 Rob Pike、Robert Griesemer 共同主导了 Go 语言的开发。

习 题 5

5.1 选择题

1. Windows 10 操作系统是(　　)。

A. 单用户多任务操作系统　　B. 单用户单任务操作系统

C. 多用户单任务操作系统　　D. 多用户多任务操作系统

2. Windows 提供的是(　　)用户界面。

A. 批处理　　B. 交互式的字符

C. 交互式的菜单　　D. 交互式的图形

3. 关于回收站,叙述正确的是(　　)。

A. 暂存所有被删除的对象　　B. 回收站中的内容不可以恢复

C. 清空后仍可以恢复　　D. 回收站的内容不占用硬盘

4. 关于桌面,下列说法不正确的有(　　)。

A. 它指 Windows 所占据的屏幕空间　　B. 桌面即窗口

C. 它的底部有任务栏　　D. 它上面有系统文件的快捷图标

5. 在 Windows 的资源管理器中不允许(　　)。

A. 一次删除多个文件　　B. 同时选择多个文件

C. 一次复制多个文件　　D. 同时打开多个文件夹

6. Windows 任务栏中存放的是(　　)。

A. 系统正在运行的所有程序　　B. 系统保存的所有程序

C. 系统前台运行的程序　　D. 系统后台运行的程序

7. 关于磁盘格式化的说法,错误的是(　　)。

A. 在"我的电脑"窗口,单击盘符,从"文件"菜单中选择"格式化"命令

B. 在"我的电脑"窗口,右击盘符,单击快捷菜单中的"格式化"命令

C. 格式化时会撤销磁盘的根目录

D. 格式化时会撤销磁盘上原存有的信息(包含病毒)

8. Windows 对文件的组织结构采用(　　)。

A. 树状　　B. 网状

C. 环状　　D. 层次

9. 下列各带有通配符的文件名中,能代表文件 XYZ.txt 的是(　　)。

A. *Z.?　　B. X*.*

C. ?Z.TXT　　D. ?.?

10. 在 Windows 系统中,按(　　)键可以获得联机帮助。

A. Esc　　B. Ctrl

C. F1　　D. F12

11. 只显示 A 盘当前目录中文件主名为三个字符的全部文件的命令是(　　)。

A. DIR . ???　　　　B. DIR ???. *

C. DIR A：*. ???　　　　D. DIR *. *

12. 要选定多个不连续的文件(文件夹),要先按住(　　)。

A. Alt 键　　　　B. Ctrl 键

C. Shift 键　　　　D. Ctrl+Alt 键

13. 常见的手机操作系统有(　　)。

A. Android　　　　B. iOS

C. HarmonyOS　　　　D. Linux

14. 下列属于 Linux 操作系统的是(　　)。

A. openEuler　　B. Debian　　C. HarmonyOS　　D. Ubuntu

5.2 填空题

1. 若选定多个连续文件,应先单击选定第一个文件,然后按________键,再单击要选定的最后一个文件;若要选定多个不连续的文件,可以在按________键的同时分别单击其他文件。

2. 将当前窗口的内容复制到剪贴板的快捷键是________,复制整个屏幕内容到剪贴板的快捷键是________。

3. 使用________可以使用户迅速执行程序、打开文档和浏览系统资源。

4. 剪切、复制、粘贴的快捷键分别是________、________、________。

5. 删除"开始"菜单或"程序"菜单中的程序,只删除了该程序的________。

5.3 简答题

1. 简述操作系统的主要功能。

2. 常见的操作系统有哪些类型?

3. 简述文件与文件夹的概念。

4. 简述 Windows 中的文件通配符。

5. 文件路径中的相对路径与绝对路径的区别是什么?

6. 简述 Windows 中"开始"按钮和"任务栏"的功能。

5.4 操作题(以下题没有特别说明均为在 Windows 10 系统中)

1. 新建文件夹。

要求:在 D 盘根目录下创建"计算机基础"文件夹,并在此文件夹下建立"音乐""图片""文档""其他"四个子文件夹。

2. 查找文件。

要求:①在 C 盘中查找名为 QQ. exe 的文件;②在磁盘中查找文件名包含 img 的. jpg 格式文件。

3. 创建快捷方式。

要求:在桌面上建立题 2 中找到的 QQ. exe 文件的快捷方式。

4. 文件复制与剪切。

要求:把题 2 中找到的 QQ. exe 文件复制到题 1 中创建的"其他"文件夹下,把题 2 中所有找到的. jpg 格式的文件剪切到题 1 中创建的"图片"文件夹下。

5. 设置屏幕保护。

要求：设置为“字幕显示”，内容为“你好”。

6. 设置文件共享。

要求：把题1中创建的“计算机基础”文件夹设置为对所有用户只读共享。

7. 创建用户。

要求：创建名为“测试员”的受限类型用户，并添加密码“test”。

8. DOS命令使用。

要求：使用dir命令列举出C盘下（包含子目录）所有的word文档（扩展名为.doc）。

9. 修改系统时间。

要求：把当前系统时间改为2000.01.01，然后改回当天日期。

10. 任务栏使用。

要求：设置任务栏的隐藏与显示，然后把桌面上任一快捷方式放置到快速启动栏。

11. 更改桌面图标。

要求：更改“我的电脑”和“回收站”图标为自己任意喜欢的图标，然后改回来。

12. 输入法管理。

要求：如果输入法中有“智能ABC”输入法，则把它删除然后重新添加，否则直接添加该输入法。

13. 程序使用。

要求：打开画图程序，在其中画一幅画，然后保存并设置为桌面背景。

14. 鼠标属性设置。

要求：设置鼠标按钮的双击速度为你满意的速度，并测试通过。

15. 键盘属性设置。

要求：设置键盘属性，要求字符重复速度为最短，重复率为最快，光标闪烁频率为中间值。

16. 屏幕分辨率设置。

要求：设置屏幕分辨率为1024×768或800×600或640×480，最后恢复到初始状态。

17. 文件安装与卸载。

要求：从网上下载QQ最新版程序或其他需要安装的程序，安装后再通过控制面板的“添加/删除程序”卸载。

18. Windows自带防火墙软件设置。

要求：启用Windows自带的防火墙软件，并把QQ程序添加到例外当中。

第6章　程序设计语言

程序设计语言是人指挥计算机工作的工具。计算机软件的开发离不开程序设计语言。使用程序设计语言设计程序，是开发软件必经的步骤。本章介绍程序设计语言的基本知识，然后以 Python 语言为例，介绍简单应用程序的设计开发过程。

6.1　程序设计语言分类

程序设计语言是人类与计算机交流的语言，是由字、词和语法规则构成的指令系统。人类需要计算机完成的任务必须用某种程序设计语言书写出来，称为程序，然后再将程序交给计算机去执行。程序设计语言经过多年的发展，已从机器语言、汇编语言发展到了高级语言。

6.1.1　机器语言

在计算机发展的早期，使用的程序设计语言称为机器语言。因为计算机的内部电路是由开关和其他电子器件组成的，这些器件只有两种状态，即开或关。一般情况下，"开"状态用 1 表示，"关"状态用 0 表示。计算机所使用的是由 0 和 1 组成的二进制数，所以二进制是计算机语言的基础。

为了能与计算机交流并指挥计算机工作，人们必须学会用计算机语言与计算机交流，即要写出一串由 0 和 1 组成的二进制指令序列交给计算机执行，这时所使用的语言就是机器语言。

机器语言是面向机器的指令系统，所以计算机可以直接识别，不需要进行任何解释或翻译。机器语言是严格与机器相关的，每台机器的指令格式和代码所代表的含义都是硬性规定的。对不同型号的计算机来说，机器语言一般是不同的。由于使用的是针对特定型号的计算机语言，所以机器语言的运算效率是所有语言中最高的。

尽管机器语言对计算机的工作是直接的、高效的，但是能够使用机器语言的人还是比较少的。因为使用机器语言的人必须懂得计算机工作的原理，这对于大部分非专业人士来说是不可能的。

表 6.1 是一个机器语言程序，该程序的功能是实现两个整数相加。

表 6.1　一个机器语言程序

机器语言指令	完成的操作
0001 0000 0010 0000	从内存单元 20 中取数，置于寄存器 A 中
0011 0000 0010 0001	寄存器 A 的数值加上内存单元 21 中的数值，和存入寄存器 A 中
0010 0000 0010 0010	把寄存器 A 的数值存入内存单元 22 中
0000 0000 0000 0000	结束程序运行

从以上程序可以看出，机器语言程序可读性差。另外，由于不同型号计算机的指令系统不同，针对一种型号计算机书写的程序，不能直接拿到另一种不同型号的计算机上运行，程序可移植性差。

6.1.2　汇编语言

汇编语言也是一种面向机器的语言。为了帮助人们记忆，它采用符号（称为助记符）来代替机器语言的二进制码，所以又称为符号语言。

因为使用了助记符，所以用汇编语言书写的程序，计算机不能直接识别，需要一种程序将汇编语言翻译成机器语言才能在计算机上执行，这种翻译程序叫作汇编程序。把汇编语言程序翻译成机器语言程序的过程称为汇编。

表 6.2 所示是一个用汇编语言写的程序，该程序的功能是实现两个整数相加。

表 6.2　一个汇编语言程序

汇编语言指令	完成的操作
LOAD X	从内存单元 X 中取数，置于寄存器 A 中
ADD Y	寄存器 A 的数值加上内存单元 Y 的数值，和存入寄存器 A 中
STORE SUM	把寄存器 A 的数值存入内存单元 SUM 中
HALT	结束程序运行

汇编语言比机器语言易于读写、调试和修改。用汇编语言写的程序与机器语言一样，具有执行效率高、占用内存少等特点，可以有效地访问、控制计算机的各种硬件设备。

但汇编语言仍依赖于具体的处理器体系结构，用汇编语言编写的程序也不能直接在不同类型处理器的计算机上运行，可移植性差。另外，要掌握好汇编语言也不容易，它要求程序员熟悉各种助记符与硬件的关系，所以不被大多数非专业人士所接受。

6.1.3　高级语言

尽管汇编语言大大提高了编程效率，但仍然需要程序员在所使用的计算机硬件上花费大量的精力。另外，汇编语言也很枯燥，因为每条机器指令都需要单独编码。为了提高程序员的效率，把程序员的注意力从关注计算机的硬件转移到解决实际应用问题上来，高级语言应运而生。

高级语言是一种比符号语言更自然的语言，适应于不同类型的机器。使用这类语言编写程序，可以使程序员将精力集中在寻找解决问题的方法上，而不是复杂的计算机硬件结构上。与符号语言类似，用高级语言编写的程序也必须转换成机器语言程序，计算机才能执行。这个完成转换工作的程序称为编译程序或编译器（compiler），转换的过程称为编译。

最早出现的高级语言是 FORTRAN 语言，主要用于科学计算；随后出现的 COBOL 语言，主要应用于商业领域；接着又涌现出了很多高级语言，如 Pascal、C/C++、Java、Python 等，以适应各种不同的应用领域。

表 6.3 所示是一个用 Python 语言写的程序，该程序的功能是实现两个整数相加。

表 6.3 一个 Python 程序

Python 语句	完成的操作
x=3	被加数 x，赋值 3
y=4	加数 y，赋值 4
sum=x+y	x 加 y 的和数，存入 sum 中

高级语言与具体的计算机相关度低，求解问题的方法描述直观，可读性好。

6.2 程序设计过程

人们用程序设计语言书写程序的过程称为程序设计。人们用高级语言编写的程序称为源程序。源程序是文本文件，便于人们阅读和修改。计算机不能直接识别源程序，必须将源程序翻译成为机器语言表示的可执行程序，才能在计算机上运行。翻译的方式有两种：一种称为解释方式，另一种称为编译方式。每一种高级语言都配有解释器或编译器。

解释方式是由解释程序（或解释器）对源程序逐语句一边解释，一边执行。如图 6.1 所示，解释结束，程序的运行结束。

编译方式是由编译程序（或编译器）对源程序文件进行语法检查，并将之翻译为机器语言表示的二进制程序，即目标程序，如图 6.2 所示。

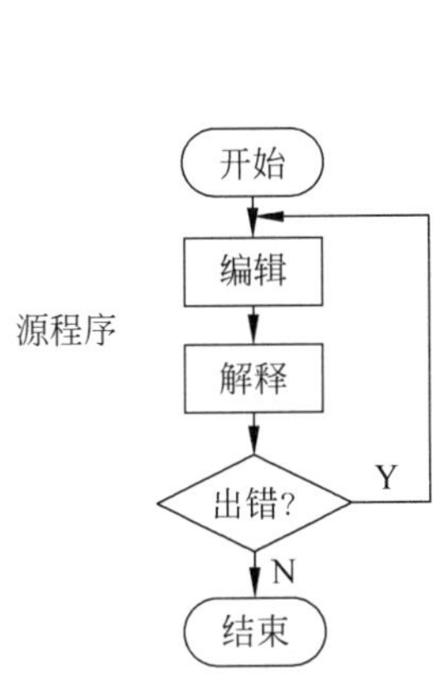

图 6.1 程序的解释和执行

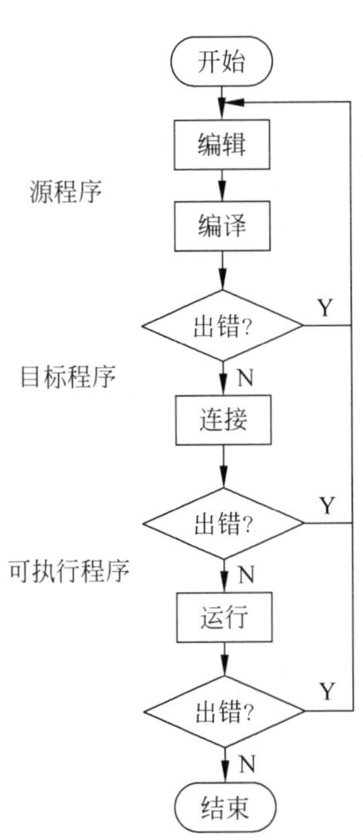

图 6.2 程序的编译和执行

其中编辑需要用到文本编辑器，以实现源代码的输入、修改及存盘等操作，形成源程序文件。不同的高级语言源程序文件，其文件扩展名不同。例如，C语言源程序文件的扩展名为.c，C++源程序文件的扩展名为.cpp，Python源程序文件的扩展名.py等。

连接用到程序设计语言的连接器。连接将编译得到的目标程序与系统提供的库文件代码结合生成可执行程序。

解释方式和编译方式的主要区别如下。

（1）编译方式是一次性地完成翻译，一旦成功生成可执行程序，则不再需要源代码和编译器即可执行程序；解释方式在每次运行程序时都需要源代码和解释器。

（2）解释方式执行时需要源代码，所以程序纠错和维护十分方便。另外，只要有解释器负责解释，源代码可以在任何操作系统上执行，可移植性好。

（3）编译所产生的可执行程序执行速度比解释方式执行更快。

6.3 程序设计方法

程序设计的常用方法有结构化程序设计（structured programming）方法和面向对象的程序设计（object-oriented programming）方法。

6.3.1 结构化程序设计方法

结构化程序设计方法是20世纪70年代由著名的计算机科学家E. W. Dijkstra提出来的。它指按照层次化、模块化的方法来设计程序，从而提高程序的可读性和可维护性，其主要思想如下。

1）程序模块化

程序模块化指把一个复杂的程序分解成若干个部分，每个部分称为一个模块。通常按功能划分模块，使每个模块实现相对独立的功能，模块之间的联系尽可能简单。

2）语句结构化

语句结构化指每个模块都用顺序结构、选择结构或循环结构来实现流程控制。

顺序结构指顺序执行的结构，即按照程序语句行的书写顺序，逐行执行程序。如图6.3所示，先执行语句A，再执行语句B，然后执行语句C。

选择结构又称为分支结构，根据条件成立与否决定执行哪个分支。如图6.4所示，当条件成立时，执行语句A；当条件不成立时执行语句B，二者选一执行。

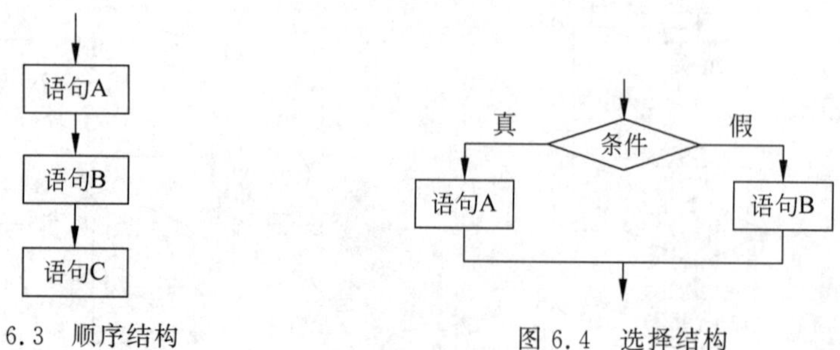

图6.3 顺序结构

图6.4 选择结构

循环结构又称为重复结构，根据给定的条件，决定是否重复执行某段程序。循环结构有两种：先判断条件后执行语句（称为循环体）的是当型循环结构。如图 6.5 所示，条件成立时，执行循环体；条件不成立时，退出循环；先执行循环体后判断条件的称为直到型循环结构。如图 6.6 所示，先执行一次循环体；然后再判断条件，条件成立时继续执行循环体，条件不成立时，退出循环。

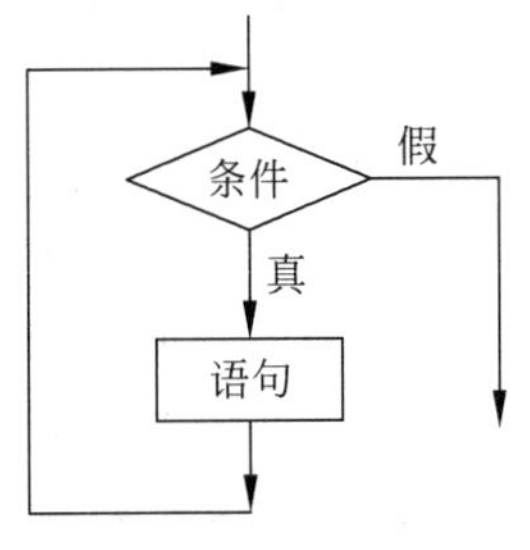

图 6.5 当型循环结构

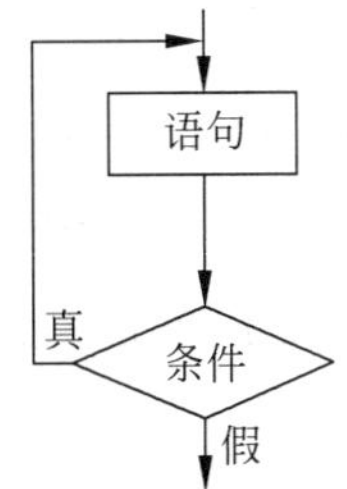

图 6.6 直到型循环结构

3）自顶向下、逐步求精的设计过程

自顶向下指将复杂的、大的问题划分为小问题，找出问题的关键、重点所在，然后用精确的思维定性、定量地去描述问题。逐步求精是指将现实世界的问题经抽象后转化为逻辑空间或求解空间的问题，使复杂问题经变为相对比较简单的问题，再经若干步抽象（精化）化处理，直到求解域中只剩下简单的编程问题，用三种基本程序结构即可实现。

4）限制使用转向语句

goto 语句等转向语句的使用要适当，因为滥用转向语句将使程序流程无规律，可读性差。

结构化程序设计方法的优点有：第一，程序易于理解、使用和维护。程序员采用结构化编程方法，便于控制、降低程序的复杂性，因此容易编写程序；便于验证程序的正确性与否，结构化程序清晰易读，可理解性好，程序员能够进行逐步求精、程序证明和测试，以确保程序的正确性，程序容易阅读和理解，便于用户使用和维护。第二，提高了编程工作的效率，降低了程序的开发成本。由于结构化编程方法能够把错误控制在最低限度，因此能够减少调试和查错的时间。结构化程序由一些为数不多的基本结构模块组成，这些模块甚至可以由机器自动生成，从而极大地减轻了编程工作量。因此，结构化程序设计方法得到了广泛应用。

支持结构化程序设计的程序设计语言有 Pascal 语言、C 语言等。

6.3.2 面向对象的程序设计方法

面向对象的程序设计方法是一种支持模块化设计和软件重用的实际可行的编程方法。它把程序设计的主要活动集中在建立对象和对象之间的联系上，从而完成所需要的计算。一个面向对象的程序就是实现相互联系的对象集合。由于现实世界可以抽象为对象和对象联系的集合，所以面向对象的程序设计方法更接近现实世界，更自然。

面向对象的程序设计中有六个基本概念：对象、消息、类、封装、继承和多态性。

(1) 对象。对象由一组属性和对这组属性进行操作的一组方法构成。其中，属性描述对象的静态特征，如一个学生对象可用学号、姓名、性别、年龄、籍贯等属性来描述；方法描述对象的动态特征，如学生注册、改名、登记成绩、打印输出等都是对学生对象的属性进行操作。

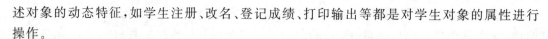

(2) 消息。对象是面向对象的程序设计的基本要素。通过向对象发送消息来处理对象。每个对象根据消息的性质来决定要采取的行动，即响应一个消息。

(3) 类。类是数据抽象和信息隐藏的工具。类是具有相同属性和方法的一组对象的抽象描述。对象是类的实例。发送给一个对象的所有消息都在该对象的类中来定义，并以方法来描述。

(4) 封装。封装是一种组织软件的方法。它的基本思想是把客观世界中联系紧密的元素及相关操作组织在一起，使其实现细节隐藏在内部，并以简单的接口对外提供服务。

(5) 继承。继承用于描述类之间的共同性质。它减少了相似类的重复说明，体现出了一般化及特殊化的原则。例如，可以把“汽车”作为一个一般化的类，而把“卡车”作为一种更具体的类，它从汽车类继承了许多属性及方法，并且可以添加卡车类特有的属性和方法。

(6) 多态性。多态性指相同的语句组可以代表不同类型的实体或对不同类型的实体进行操作。

用面向对象的程序设计方法编写的程序，其结构与求解的实际问题的结构基本一致，具有很好的可读性和可维护性。另外，利用继承、多态、模板等机制，程序设计者能够很好地实现代码重用，极大地提高设计程序的效率。目前，面向对象的程序设计方法已成为主流的程序设计方法，在软件开发过程中被广泛使用。

支持面向对象的程序设计语言有 C++语言、Java 语言、Python 语言等。

6.4 程序设计语言的基本要素

程序设计语言也像自然语言一样，由字、词和语法规则构成。不同的程序设计语言，其字、词和语法规则也不一样。本节以 Python 语言为例，简要叙述程序设计语言的基本要素：数据类型、常量和变量、运算符与表达式、输入和输出、流程控制语句、函数、注释等。

6.4.1 Python 语言简介

Python 是一种面向对象的解释型计算机程序设计语言，由荷兰计算机程序员吉多·范·罗苏姆(Guido van Rossum)于 1989 年圣诞期间开始设计，并于 1991 年推出第一个公开发行版本。

2000 年 10 月，Python 2.0 正式发布，解决了其解释器和运行环境中的诸多问题，开启了 Python 广泛应用的新时代。2010 年，Python 2.x 系列发布了最后一版，其主版本号为 2.7，用于终结 2.x 系列版本的发展，并且不再进行重大改进。

2008 年 12 月，Python 3.0 正式发布。该版本在语法层面和解释器内部做了很多重大改进，解释器内部采用完全面向对象的方式实现。其代价是 3.x 系列版本的代码无法向下兼容 Python 2.0 系列的语法，所有基于 Python 2.0 系列版本编写的库函数都必须修改后才能被 Python 3.0 系列解释器识别运行。

2012 年，Python 3.3 正式发布；2014 年，Python 3.4 正式发布；2015 年，Python 3.5 正式发布；2016 年，Python 3.6 正式发布；2017 年 12 月 19 日，最新版本 Python 3.6.4 正式发布。

Python 是纯粹的自由软件，是开源项目的优秀代表，其解释器的全部源代码都是开源的，可以从 Python 语言的网站（https：//www. python. org/）下载。

6.4.2 Python 开发环境配置

Python 语言解释器是一个轻量级的小尺寸软件，支持交互式和批量式两种编程方式，可以在 Python 语言主网站上下载，文件大小为 25～30MB，下载网址为 https：//www. python. org/downloads/。

打开网页，进入如图 6.7 所示的下载页面。

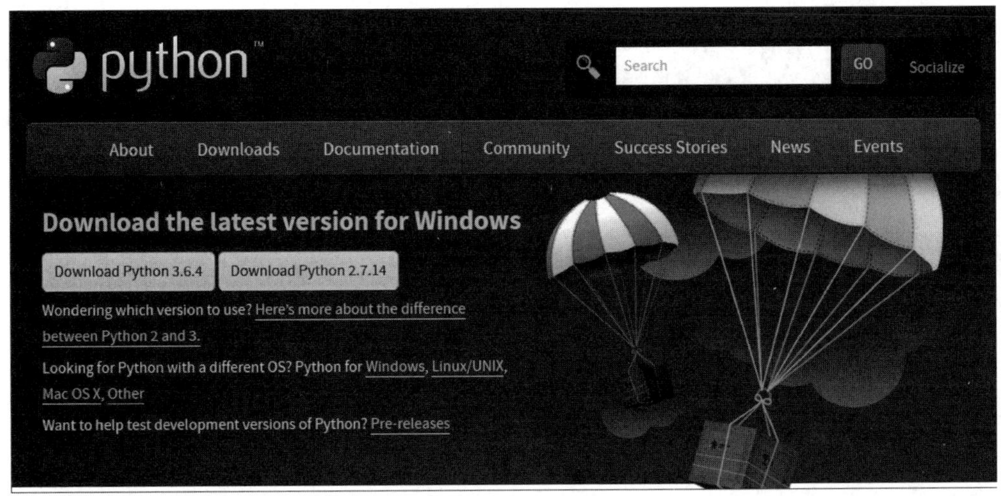

图 6.7 Python 下载页面

根据所用的操作系统，在图 6.7 中选择对应的 Python 3. x 系列安装程序。图中单击 Download Python 3. 6. 4 即可下载 Python 最新的稳定版本。随着 Python 语言的发展，此处会有更新的稳定版本出现。本书内容以 Windows 操作系统版本 Python 3. 6. 4 为例进行安装和环境配置，其他操作系统请打开图中下部的相应链接进行选择。

双击如图 6.8 所示的 Python 3. 6. 4. exe 程序文件，安装 Python 解释器；出现如图 6.9 所示的安装程序引导过程启动页面，选择 Add Path 3. 6 to PATH 复选框；单击 Install Now，出现如图 6.10 所示的安装页面；安装结束后，出现如图 6.11 所示的安装成功页面。

python-3.6.4.exe	2017/12/21 15:15	应用程序	29,936 KB
QuickTimeInstaller.exe		应用程序	40,963 KB
rj_bg4324.exe		应用程序	3,082 KB
rj_qv9228(1).exe		应用程序	2,986 KB
rj_qv9228.exe		应用程序	2,986 KB
setup0759_mp4.exe	2014/7/14 9:32	应用程序	2,467 KB

文件说明: Python 3.6.4 (32-bit)
公司: Python Software Foundation
文件版本: 3.6.4150.0
创建日期: 2017/12/21 15:18
大小: 29.2 MB

图 6.8 Python 3. 6. 4. exe

Python 安装包会在系统中安装一批与 Python 开发和运行相关的组件，其中最重要的两个是 Python 命令行和 Python 集成开发环境（Python's integrated development environment，IDLE），如图 6.12 所示，这是 Windows 开始菜单中所显示的 Python 3. 6 所包含的组件。

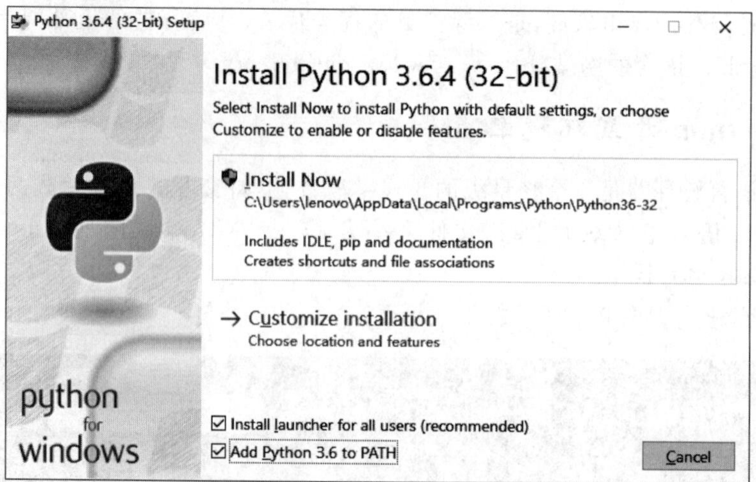

图 6.9　安装程序引导过程启动页面

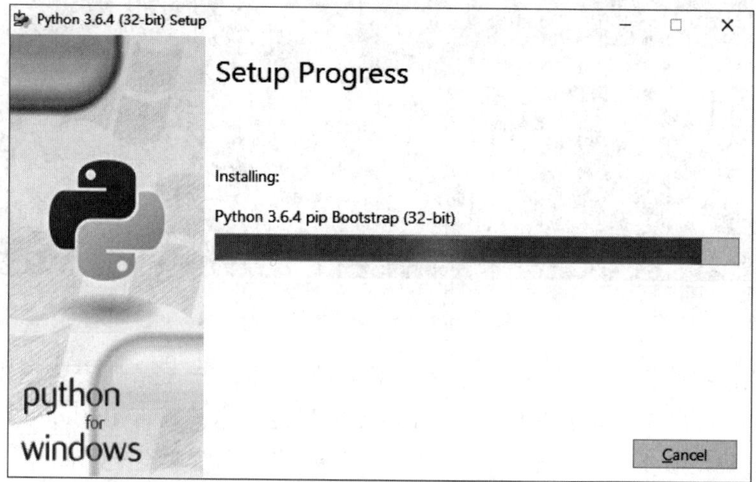

图 6.10　Python 3.6.4 安装过程

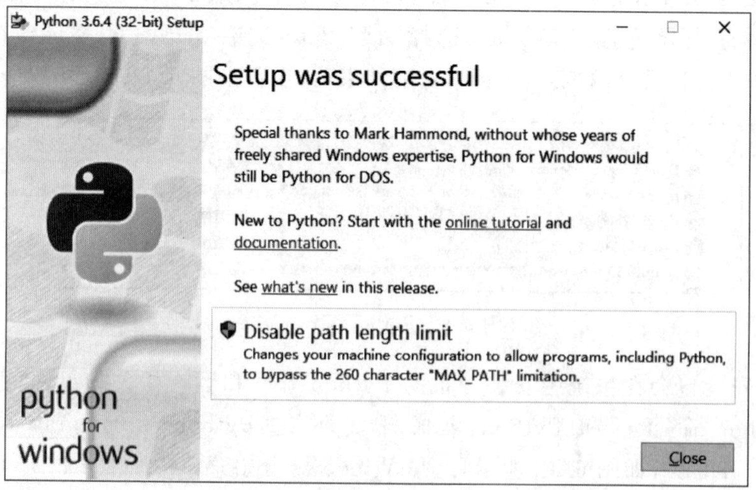

图 6.11　Python 3.6.4 安装成功页面

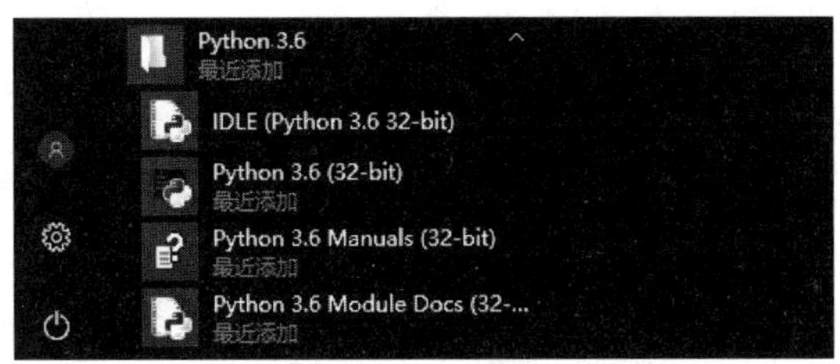

图 6.12 Python 3.6 所包含的组件

6.4.3 Python 程序的运行方式

运行 Python 程序有两种方式：交互式和文件式。交互式指 Python 解释器即时响应用户输入的每条代码，给出输出结果。文件式也称为批量式，指用户将 Python 程序写在一个或多个文件中，然后启动 Python 解释器批量执行文件中的代码。

交互式一般用于调试少量代码，文件式是最常用的编程方式。

【例 6.1】 编写一个程序，运行输出 Hello World。

学习编程语言都是从编写运行最简单的 Hello 程序开始的，即程序运行时在屏幕上打印输出 Hello World。这个程序虽小，却是初学者接触编程语言的第一步。使用 Python 语言编写的 Hello 程序如下：

```
print("Hello World")
```

1）交互式启动和运行程序

交互式启动和运行程序的方法有两种。

第一种是命令方式启动。单击图 6.12 中的第三行 Python 3.6(32-bit)，在出现页面上的命令提示符>>>后输入上述代码，按 Enter 键后即显示输出 Hello World，如图 6.13 所示。

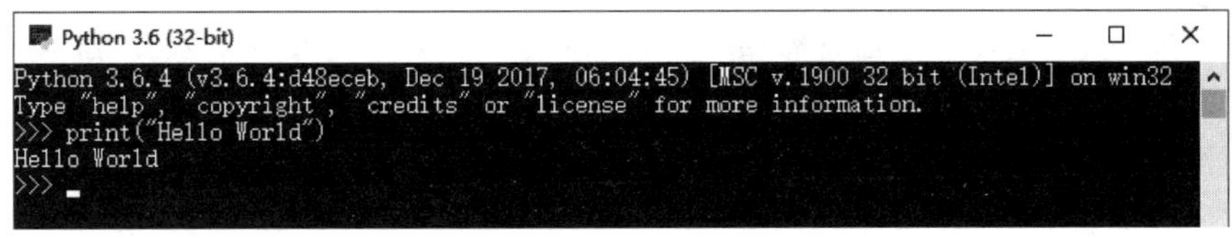

图 6.13 命令方式启动交互式 Python 运行环境

第二种方式是通过调用安装的 IDLE 来启动 Python 运行环境。单击图 6.12 中的第二行 IDLE(Python 3.6 32-bit)，启动 IDLE 的交互式 Python 运行环境。在该环境下运行 Hello 程序的效果如图 6.14 所示。

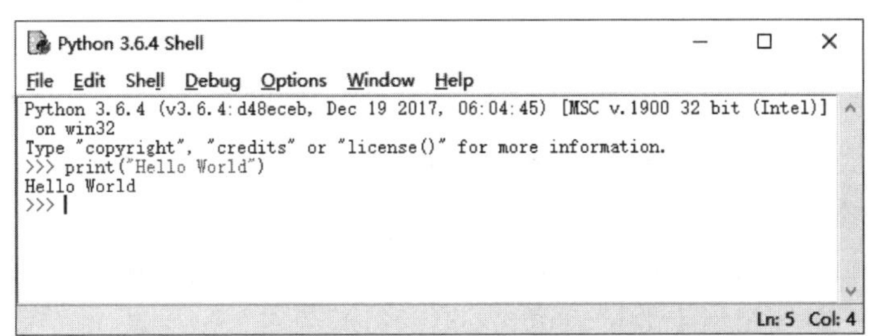

图 6.14 通过 IDLE 启动交互式 Python 运行环境

2）文件式启动和运行程序

文件式启动和运行程序也有两种方法。

第一种方法是用文本编辑器（如 notepad 等）按照 Python 语法格式编写代码，并保存为.py 形式的文件（此处命名为 hello.py，并存入 g：盘的 python_3_6_4 文件夹）；然后运行 Windows 的 cmd.exe 程序，在命令提示符后输入 python g:\python_3_6_4\hello.py，即可得到如图 6.15 所示的页面。

第二种方法是打开 IDLE，在菜单中选择 File→New File 菜单项，在显示的窗口中输入代码，并保存为 hello.py，如图 6.16 所示；然后选择 Run→Run Module 菜单项运行程序，即可得到结果。

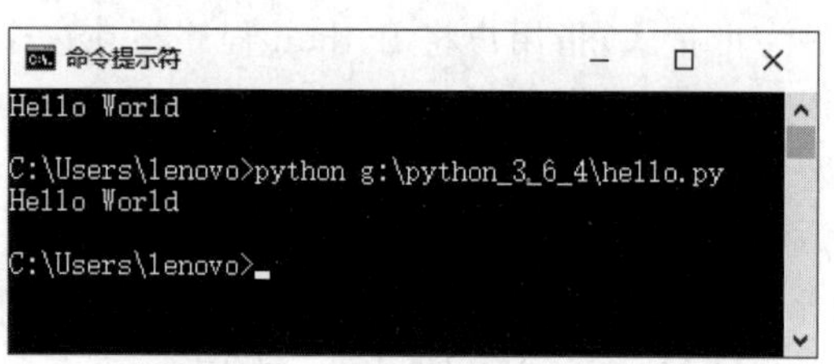

图 6.15　命令方式运行 Python 程序文件

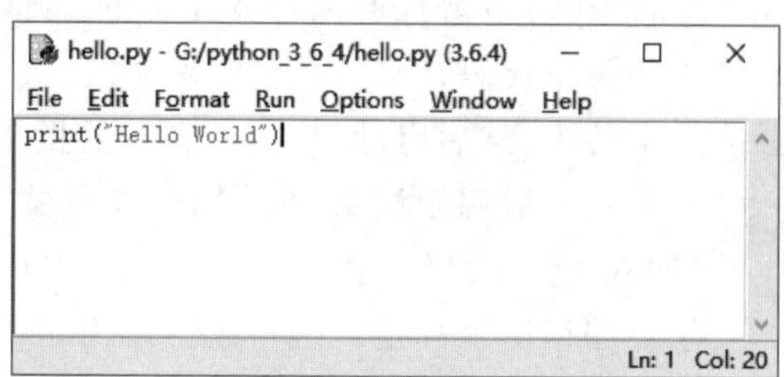

图 6.16　IDLE 方式运行 Python 程序文件

6.4.4　数据类型

数据是信息在计算机内的表现形式，也是程序的处理对象。由于不同类型的数据存储和操作方式不同，所以在高级语言程序设计中，数据都是有类型的。

从数据构造角度出发，数据类型分为系统定义的基本数据类型和构造数据类型。构造数据类型是用户根据需要定义，由相同或不同的基本数据元素组合而成的数据类型。

本节简要介绍 Python 的基本数据类型，其他类型请参看有关的参考书籍。

1. 数字类型

数字类型是表示数字或数值的数据类型。Python 语言提供三种数字类型：整数类型、浮点数类型和复数类型。

1）整数类型

整数类型表示数学里的整数，有二进制、八进制、十进制和十六进制 4 种示数方式。默认状态是十进制，二进制数使用 0b（或 0B）开头，八进制数使用 0o（或 0O）开头，十六进制数采用 0x（或 0X）开头。

例如，10、0b10、0o10、0X1b 都是合法的整数。

2）浮点数类型

浮点数类型表示带小数点的数，小数点部分可以是 0，但是不能缺省小数点，以区分浮点数类型和整数类型。浮点数有十进制表示和科学计数法两种表示形式。其中科学计数法使用字母 e 或 E 作为幂的符号，以 10 为基数。

例如，0.0、−3.3、88.、1.5e8、2.6E-8 等都是合法的浮点数，其中 1.5e8 相当于数学表达式 1.5×10^{8}，2.6E-8 相当于数学表达式：2.6×10^{-8}。

整数和浮点数分别由 CPU 中不同的硬件逻辑完成运算。对于相同类型的操作，如加

法，前者的运算速度比后者快得多。为了尽可能提高运算速度，需要根据实际情况定义整数类型或浮点数类型。

3）复数类型

复数类型表示数学中的复数。复数的虚部通过后缀“J”或“j”来表示。复数类型中的实部和虚部的数值部分都是浮点数类型。

例如，3＋4.5J、－5.3＋6.1j、3.6E5＋1.2e－3J 都是合法的复数。

2. 字符串类型

字符串是字符的序列，使用单引号(')、双引号(")、或三引号('''或""")括起来。其中单引号和双引号表示单行字符串，三引号表示单行或多行字符串。

例如'Quote me "on" this' 表示字符串 Quote me "on" this

"What's your name?" 表示字符串 What's your name?

'''This is a multi-line string. This is the first line.

This is the second line.

"What's your name?"he asked.

He said,"Bond,James Bond."

'''

表示了字符串

This is a multi-line string. This is the first line.

This is the second line.

"What's your name?"he asked.

He said,"Bond,James Bond."

6.4.5 常量和变量

常量指其值和类型由其本身定义，并且不能被改变。例如，5，1.23，9.25e3 等数字，或者'This is a string'这样的字符串都是常量。

变量是代表某值的名字，是计算机中存储信息的一部分内存，其值可以变化。例如，如果希望用名字 x 代表 3，只需执行以下语句：

```
x = 3
```

其中 x 称为变量名。

变量名可以包含字母、数字、下画线和汉字等字符，但是不能以数字开头；长度没有限制，字母大小写敏感。

例如，_abc，pi，x_y_z，_Abc 等都是合法的变量名。

6.4.6 运算符与表达式

运算是对数据进行加工。对基本数据类型的运算常用一些简洁的符号来表示，这些符号称为运算符或操作符。被运算的对象称为操作数，通过特定的运算表达一个值的式子称为表达式。表达式是程序设计语言中的基本语法单位，它由常量、变量、函数、运算符和括号组成。

1. 数值运算符

Python 解释器为数字类型提供了 9 个基本的运算符，如表 6.4 所示。

表 6.4　数值运算符

运算符	操作描述	示　例	运算结果
+	加法	8+2	10
-	减法	8-2	6
*	乘法	8*2	16
/	除法	10/4	2.5
//	整数除法	10//4	2
%	取余	10 % 4	2
-	x 的负值	-x(x 为 10)	-10
+	x 本身	+x(x 为 10)	10
**	幂	2 ** 4	16

数值运算符的优先级按以下顺序由高到低排列：

幂(**)→正(+)负(-)→乘除取余(* /%)→加减(+ -)

上述 9 个运算符的运算结果可能改变数字类型。3 种数字类型之间存在一种逐渐扩展的关系，即整数→浮点数→复数。因为整数可以看成是小数部分为 0 的浮点数，浮点数可以看成是虚部为 0 的实数。

三种数字类型进行数值运算的基本规则为：

(1) 对于整数之间的运算，如果数学意义上的结果是整数，则运算结果是整数类型。

(2) 对于整数之间的运算，如果数学意义上的结果有小数，则运算结果是浮点数类型。

(3) 对于整数和浮点数的混合运算，运算结果是浮点数类型。

(4) 对于整数或浮点数与复数的混合运算，运算结果是复数类型。

例如：

```
6/3          结果为  2
18/5         结果为  3.6
4+3.14       结果为  7.14
3+1-2J       结果为  4-2J
```

2. 字符串运算符

Python 解释器为字符串类型提供了 5 个基本运算符，如表 6.5 所示。

表 6.5　字符串运算符

运　算　符	操 作 描 述	表达式示例	运 算 结 果
+	连接	'Python'+'C++'	'Python C++'
*	多次复制	'Python!'*3	'Python! Python! Python!'
in	子串测试	'on' in'Python'	True
[ ]	索引	str='Python',str[3]	'h'
[N: M]	切片	str='Python',str[3: 5]	'ho'

3. 关系运算符与逻辑运算符

关系运算和逻辑运算的结果都是逻辑值。

关系运算符又称为比较运算符，用来比较两个操作数的大小。由关系运算符连接起来的表达式称为关系表达式。关系表达式的运算结果是一个逻辑值。

Python 提供的关系运算符如表 6.6 所示。

表 6.6　关系运算符

运　算　符	操作描述	表达式示例	运算结果
==	相等	x='str'; y='stR'; x==y x=2; y=2; x==y	False True
!=	不相等	x=2; y=3; x!=y	True
<	小于	x=3; y=6; x<y	True
>	大于	x=4; y=3; x>y	True
<=	小于或等于	x=3; y=6; x<=y	True
>=	大于或等于	x=3; y=6; x>=y	False

关系运算符的优先级相同，按从左至右进行运算即可。

用逻辑运算符连接起来的式子称为逻辑表达式。Python 提供的逻辑运算符如表 6.7 所示。

表 6.7　逻辑运算符

运算符	操作描述	解　　释	表达式示例
not	非(取反)	True 取反值为 False，False 取反值为 True	not(3<5)值为 False
and	与	左右操作数都为 True 时，值为 True，否则值为 False	3<5 and 7<5 值为 False
or	或	左右操作数都为 False 时，值为 False，否则值为 True	3<5 or 7<5 值为 True

逻辑运算符的优先级按以下顺序由高到低排列：not→and→or。

6.4.7　输入和输出

数据的输入和输出是人机交互的基本方法。Python 语言中的输入输出是通过函数来实现的。

1. 数据输入

input()函数从控制台获得用户输入，并以字符串返回结果。如：

```
>>> Radius = input("请输入圆的半径：")
请输入圆的半径：2
>>> Radius
'2'
```

所有在键盘中输入的符号都是字符。为了把这些字符转换成所需要的数据类型，通常会使用 eval(<字符串>)函数。如：

```
>>> eval(Radius)
2
```

eval(<字符串>)函数是 Python 语言中一个十分重要的函数，它能够以 Python 表达式的方式解析并执行字符串。如：

```
>>> x = 1
>>> eval("x + 1")
2
>>> eval("1.2 + 2.2")
3.3000000000000003
```

2. 数据输出

print()函数用于输出字符信息,也能输出变量的值。

当输出纯字符信息时,可以直接将待输出内容传递给 print()函数。如:

```
>>> print("Python is powerful!")
Python is powerful!
```

另外,也可以用 print()函数输出变量的值。如:

```
>>> print("半径是: ",Radius)
半径是: 2
```

6.4.8 流程控制语句

在高级语言中,程序控制结构是由流程控制语句实现的。不同的高级语言,流程控制语句的格式也可能不一样。Python 语言的部分流程控制语句如下。

1. 分支语句

分支语句根据判断条件选择程序执行路径,用于实现选择结构。Python 语言提供实现单分支、二分支和多分支的语句。其中多分支语句的格式为:

```
if <条件 1 >:
    <语句块 1 >
elif <条件 2 >:
    <语句块 2 >
⋮
else:
    <语句块 n >
```

其中,if、elif、else 都是关键字。当<条件 1 >为真时,执行<语句块 1 >; <条件 2 >为真时,执行<语句块 2 >; 依此类推。else 后面不增加条件,表示前面的条件不满足时,执行<语句块 *n* >。

【例 6.2】 编写程序,根据用户输入的百分制成绩,输出成绩的等级。

程序如下:

```
mark = eval(input(" 请输入成绩: "))
if mark > = 90:
    print("Grade A")
elif mark > = 80:
    print("Grade B")
elif mark > = 70:
    print("Grade C")
elif mark > = 60:
    print("Grade D")
```

```
else:
    print("Failure")
```

程序运行结果如下：

```
请输入成绩: 85
Grde B
```

2. 循环语句

循环语句的作用是根据判断条件确定一段程序是否再次执行一次或多次，用于实现循环结构。

根据循环执行次数的确定与否，循环可以分为确定次数循环和非确定次数循环。在Python语言中，确定次数循环被称为遍历循环，其循环次数采用遍历结构中的元素个数来体现，由for循环语句实现；非确定次数循环通过条件判断是否继续执行循环体，由while循环语句实现。

for语句的格式如下：

```
for <循环变量> in <遍历结构>:
    <语句块>
```

其中，for和in都是关键字。可以理解为从遍历结构中逐一提取元素，放在循环变量中，并对所提取的每个元素执行一次语句块。遍历结构可以是字符串、文件、组合数据类型或range()函数等。

【例6.3】 编写程序，根据用户输入的N值，输出0到$N-1$的值。程序如下：

```
N = eval(input("请输入 N 的值: "))
for i in range(N):
print("循环第",i,"次 = ",i)
```

程序的运行结果如下：

```
请输入 N 的值: 3
循环第 0 次 = 0
循环第 1 次 = 1
循环第 2 次 = 2
```

while语句的格式为：

```
while(<条件>):
    <语句块>
```

其中while是关键字。如果条件为True，则执行<语句块>；然后继续测试条件，为True时继续执行语句块；当条件为False时，退出循环。

【例6.4】 编写程序，统计用户从键盘输入的正数个数，遇到用户输入的非负数时退出程序。

程序如下：

```
number = eval(input("请输入一个数: "))
count = 0
```

```
while number > 0:
    count = count + 1
    number = eval(input("请输入一个数："))
print("正数的个数为：", count)
```

程序的运行结果如下：

```
请输入一个数：34
请输入一个数：1
请输入一个数：3
请输入一个数：67
请输入一个数：-1
正数的个数为：4
```

6.4.9 函数

函数又称为子程序，是以一个名字标识完成特定功能的一组代码。函数有如下两个重要作用：

（1）任务划分。任务划分指把一个复杂的任务划分为多个简单任务，并用函数来表达，使任务更易于理解，易于实现。

（2）代码重用。各种复杂的任务常常包含一些完全相同或非常相近的简单任务。把这些简单任务编成独立的函数，由各大任务调用，可避免重复编程。

函数是一种功能抽象。使用函数时不需要了解函数的内部实现，只需了解函数的输入输出即可调用执行。不同高级语言函数实现的语法不同。在 Python 语言里，函数分为两大类：一类是由安装包自带的函数，包括 Python 内置的函数（如 input()，print()，eval()等）、Python 标准库中的函数（如 math 库中的 sqrt()等）；另一类是用户根据应用需求自定义的函数。

Python 函数定义的一般形式如下：

```
def <函数名> (<形式参数表>):
    <函数体>
    return <返回值列表>
```

其中 def 是关键字；函数名的命名规则跟变量的命名规则相同；形式参数表是执行函数时需要的参数列表，可以是零个或多个，参数之间用逗号隔开；函数体是实现函数功能的语句组；return 是关键字，用于返回值列表，并将控制权返回给调用者。

Python 函数调用的一般形式为：

```
<函数名>(<实际参数列表>)
```

【例 6.5】 编写程序，定义求圆面积的函数 Cir_Area，并调用函数求任意半径圆的面积。

程序如下：

```
#Gir_Area 函数定义开始
def Cir_Area(r):
    return 3.14 * r * r
```

```
#Cir_Area 函数定义结束

rr = eval(input("请输入半径: "))
while(rr > = 0)
#以下语句调用了内置函数 eval(),print(),input()以及自定义函数 Cir_Area()
    print("半径为",rr,"的圆的面积为: ",Cir_Area(rr))
    rr = eval(input("请输入半径: "))
print("程序运行结束")
```

程序的一次运行结果如下：

```
请输入半径: 1
半径为 1 的圆的面积为: 3.14
请输入半径: 2
半径为 2 的圆的面积为: 12.56
请输入半径: 3
半径为 3 的圆的面积为: 28.259999999999998
请输入半径: 4
半径为 4 的圆的面积为: 50.24
请输入半径: -1
程序运行结束
```

6.4.10 注释

虽然程序是由计算机执行的，但是程序是由人设计的。当程序出现问题或需要改进时，需要人在理解原设计思想和设计方法的基础上进行改进或修正。这样，对设计者来说，程序是否容易理解、可读性好不好就显得十分重要。设计可读性好的程序的一个基本方法就是在程序中添加必要的注释信息，以说明程序的基本功能、用到的主要算法等。所以，在书写程序时，要加上适当的注释信息。

注释是辅助性文字，会被编译器或解释器忽略。不同的高级语言表示注释的语法是不同的。Python 语言有两种注释方法：单行注释和多行注释。单行注释以 # 开头，多行注释以'''(3 个单引号)开头和结尾。例如，例 6.5 中以 # 开头的行就是注释。

6.5 应用举例

【例 6.6】 编写程序，求任意两个正整数的最大公约数。

对于该问题，当 A 和 B 的值比较小时，人们可以立即观察得出结果，比如 3 和 6 的最大公约数是 3。但是当 A 和 B 的值比较大时，比如 2 345 671 232 和 45 678 901 234 的最大公约数就不是一般人一眼能看出来的。为此，古希腊数学家欧几里得(Euclid)提出了一个求任意两个正整数最大公约数的通用方法：

第一步：比较 A 和 B 的大小，将较大的数设为 A，较小的数设为 B；

第二步：用 A 除以 B，得到余数 C；

第三步：如果 C 为 0，则最大公约数就是 B；否则将 B 赋值给 A，C 赋值给 B，重复进行第二步、第三步。

以上三步就构成了求最大公约数的方法，对应方法的源程序如图 6.17 所示。

图 6.17 中，第 1 行是注释；第 2～3 行将用户输入的两个数分别赋值给变量 m 和 n；第 4～9 行将 m 和 n 中较大的数存入变量 a 中，较小的数存入变量 b 中；第 10～14 行是辗转相除法的实现语句；第 15 行输出结果。

程序的一次运行结果如图 6.18 所示。当用户输入的是 36 和 8 时，程序输出的最大公约数是 4。

```
1  #filename: maxyue.py
2  m=eval(input("请输入第一个数:"))
3  n=eval(input("请输入第二个数:"))
4  if m>=n:
5      a=m
6      b=n
7  else:
8      a=n
9      b=m
10 r=a%b
11 while r!=0:
12     a=b
13     b=r;
14     r=a%b
15 print(m,"与",n," 的最大公约数是：",b)
```

图 6.17　求两个数最大公约数的源程序

```
请输入第一个数:36
请输入第二个数:8
36 与 8  的最大公约数是： 4
```

图 6.18　求最大公约数的一次运行结果

【例 6.7】　编写程序，求 $n!$。

方法一：因为 $n!=1*2*3*\cdots*n$，此处重复做的是乘法操作，所以可以用循环实现。

方法二：因为

$$n!=\begin{cases}1 & n=0\\ n*(n-1)! & n>0\end{cases}$$

而求 $n-1$ 的阶乘与求 n 的阶乘是性质相同但规模小 1 的问题，0!等于 1。像这种通过一个对象自身的结构来描述或部分描述该对象，就称为递归。所以也可以用递归法来求 $n!$。

对应以上两种方法的源程序如图 6.19 所示。

图 6.19 中，第 3～7 行定义的函数 fact1 是方法一的实现；第 9～13 行定义的函数 fact2 是方法二的实现；第 17 行调用 fact1 求 m 的阶乘；第 18 行调用 fact2 求 m 的阶乘。

图 6.19 程序的一次运行结果如图 6.20 所示。

```
1  # Filename factorial.py
2
3  def fact1(n):
4      t=1
5      for i in range(1,n+1):
6          t=t*i
7      return t
8
9  def fact2(n):
10     if n<=1:
11         return 1
12     else:
13         return n*fact2(n-1)
14
15
16 m=eval(input("请输入n的值："))
17 print("(call fact1 )m!=",fact1(m))
18 print("(call fact2 )m!=",fact2(m))
```

图 6.19　求 $n!$的源程序

```
请输入n的值：3
(call fact1 )m!= 6
(call fact2 )m!= 6
```

图 6.20　求 $n!$程序的一次运行结果

当输入的值是 3 时，调用 fact1 和 fact2 求得的 3!都是 6。

【例 6.8】　编写程序，计算阶乘和 $1!+2!+3!+\cdots+n!$。

源程序如图 6.21 所示，当 n 为 3 或 4 时，运行结果如图 6.22 所示。

图 6.21 中，第 1 行是注释；第 2 行定义变量 s，初始化为 0，用于存放累加和；第 3 行定

义变量 t，初始化为 1，用于存放 $i(i=1,2,\cdots,n)$ 的阶乘；第 4 行由用户输入 n 的值；第 5～8 行求 $i(i=1,2,\cdots,n)$ 的阶乘，并将其累加到 s 中；第 8 行输出结果。

程序运行结果如图 6.22 所示。输入 n 的值为 3 时，输出为 1!+2!+3!=9；输入 n 的值为 4 时，输出为 1!+2!+3!+4!=33。

```
#filename: fact.py
s=0
t=1
n=eval(input("请输入n 的值: "))
for i in range(1,n+1):
    t=t*i
    s=s+t
print("1!+2!+...+",n,'!=',s)
```

图 6.21　求阶乘和的源代码

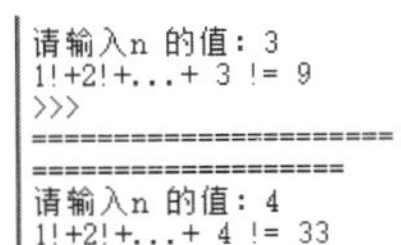

图 6.22　求阶乘和的运行结果

【例 6.9】　编写一个函数，实现本书第 1.5.3 节中所述汉诺塔金片的移动。编写程序，输入汉诺塔上金片的个数，调用上述函数，输出金片移动的过程。

分析：假定宝石针上金片的个数为 n，将金片按从小到大顺序编号为 1～n，并引入函数 hanno(a,b,c,n)，表示 n 个金片从宝石针 a，借助于宝石针 b，移到宝石针 c 上的过程。要把如图 1.13 中宝石针 a 上的 n 个金片移动到宝石针 c 上，必须把置于最底下的最大的第 n 个金片从宝石针 a 上移到宝石针 c 上。为此，得先把第 1～$n-1$ 个金片从 A 号宝石针 a 移到宝石针 b 上。

而将 $n-1$ 个金片从宝石针 a 借助于宝石针 c 移到宝石针 b 上的问题，与原问题是性质相同的，可以采用同样的方法来解，只是规模小于 1，所以该问题是一个典型的递归问题。可以定义一个递归函数 hanno(a,b,c,n)来实现 n 个金片的移动。源代码如图 6.23 所示。

当 n 为 3 时，运行结果如图 6.24 所示，即将 3 个金片从 A 针移动到 C 针，需要按图 6.24 所示的步骤才能完成移动。

```
#filename: hanno.py
def hanno(a,b,c,n):
    if n==1:
        print(a,'->',c)
    else:
        hanno(a,c,b,n-1)
        print(a,'->',c)
        hanno(b,a,c,n-1)

n=eval(input("请输入盘片的数目: "))
hanno('A','B','C',n)
```

图 6.23　汉诺塔问题的源代码

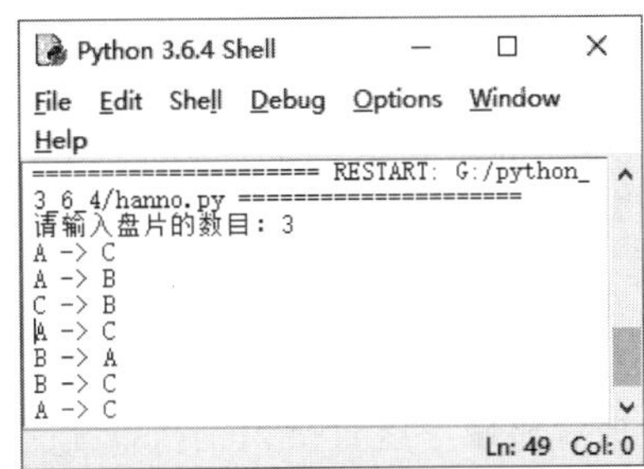

图 6.24　汉诺塔程序运行结果

本 章 小 结

程序设计语言是人与计算机交流的工具，是由字、词和语法规则构成的指令系统。

程序设计语言经过多年的发展，经历了从机器语言、汇编语言到高级语言的发展过程。

程序设计的常用方法有结构化程序设计方法和面向对象的程序设计方法。

程序设计语言一般包括数据类型、变量、常量、运算符、表达式、流程控制语句、函数、注释等主要元素。

Python 语言是一种面向对象的解释型程序设计语言，可以采用交互式和文件式两种方式运行 Python 程序。

本章人物

埃德斯加·迪杰斯特拉(Edsger Dijkstra，1930—2002)，生于荷兰鹿特丹，计算机科学家，毕业后就职于荷兰莱顿大学，早年钻研物理及数学，而后转为计算学。Dijkstra 1972 年获得图灵奖，1974 年获得哈里·古德纪念奖，1989 年获得 ACM SIGCSE 计算机科学教育教学杰出贡献奖，2002 年获得 ACM PODC 最具影响力论文奖。

埃德斯加·迪杰斯特拉

Dijkstra 是最具影响力的计算科学奠基人之一，也是少数同时从工程和理论的角度塑造这个新学科的人。他的根本性贡献覆盖了很多领域，包括编译器、操作系统、分布式系统、程序设计、编程语言、程序验证、软件工程、图论等。他的很多论文为后人开拓了整个新的研究领域。我们现在熟悉的一些标准概念，比如互斥、死锁、信号量等，都是 Dijkstra 发明和定义的。1994 年，有人对约 1000 名计算机科学家进行了问卷调查，选出了 38 篇该领域最有影响力的论文，其中有 5 篇是 Dijkstra 写的。

习　题　6

6.1　选择题

1. 以下不是标准流程图符号的是(　　)。

　A. 处理框　　B. 流程线　　C. 判断框　　D. 大括号

2. Python 源程序文件的扩展名是(　　)。

　A. .c　　B. .cpp　　C. .py　　D. .exe

3. 以下不属于计算机程序设计语言的是(　　)。

　A. Python　　B. Java　　C. C++　　D. ASCII

4. 计算机硬件能直接识别执行的是(　　)。

　A. 符号语言　　B. 机器语言

　C. 高级语言　　D. 汇编语言

5. 以下 Python 表达式的值为 True 的是(　　)。

　A. 3＜5 and 5＜7　　B. not(3＜5)

　C. 3＜5 and 5＞7　　D. 3＞5 or 5＞7

6. 以下不是 Python 常量的是(　　)。

　A. "Hello"　　B. 123　　C. 3.14159　　D. ABC

6.2　填空题

1. 程序设计语言经过多年的发展，经历了从机器语言、________到________的发展过程。

2. 必须将高级语言源程序翻译成机器语言表示的目标程序，计算机才可执行。翻译的方式有两种，分别称为________和________。

3. 程序设计的常用方法有________和________。

4. 语句结构化是每个模块都用________、________或________来实现流程控制。

5. 程序设计语言是人类与计算机交流的语言，是由________、________和________构成的指令系统。

第7章　数据结构与算法

为了更好地设计程序，提高计算机在解决复杂问题时的处理效率，研究数据的特性和数据之间存在的关系至关重要。数据结构专门研究数据的特性和数据之间存在的关系，以及如何在计算机中有效地存取和处理数据。算法是解决问题的方法和步骤，与数据结构是相辅相成的。解决某一特定类型问题的算法可以选定不同的数据结构，而且选择恰当与否直接影响算法的效率。反之，一种数据结构的优劣由各种算法的执行来体现。

7.1　数据结构

使用计算机解决问题一般需要经过以下几个步骤：首先由具体问题抽象出一个适当的数学模型，然后设计或寻找一个解此数学模型的算法，最后编写程序并进行调试、测试直至得到正确的解答。在计算机发展的初期，人们主要使用计算机进行科学计算，所涉及的数据对象比较单纯，程序设计以算法为中心，而无须重视数据结构。随着计算机应用领域的扩大和软硬件的发展，非数值计算问题显得越来越重要。这类问题涉及的数据结构更为复杂，无法用数学方程加以描述。为了编写出一个好的程序，必须分析待处理对象的特性以及各处理对象之间存在的关系，设计出合理的数据结构。

7.1.1　数据结构的概念

下面以几个具体的应用问题实例来说明什么是数据结构。

【例 7.1】　学生信息检索自动化问题。

当我们需要查找某个学生的有关情况时，或者想查询某个专业或年级的学生的有关情况时，只要建立了相关的数据结构，按照某种算法编写了相关程序，就可以实现计算机自动检索。由此，可以在学生信息检索系统中建立一张按学号顺序排列的学生信息表和分别按姓名、专业、年级顺序排列的索引表，如图 7.1 所示。由这四张表构成的文件便是学生信息检索的数学模型，计算机的主要操作便是按照某个特定要求（如给定姓名）对学生信息文件进行查询。诸如此类的还有书目检索系统、电话号码查询系统等。在这类文档管理的数学模型中，计算机处理的对象之间通常存在着一种最简单的线性关系，这类数学模型可称为线

记录号	学号	姓名	性别	专业	年级
001	08101	张雨	女	计算机科学与技术	2008 级
002	08105	李鹏	男	计算机软件	2008 级
003	09103	何文	男	信息安全	2009 级
⋮	⋮	⋮	⋮	⋮	⋮

姓名	记录号
何文	003
李鹏	002
张雨	001
⋮	⋮

年级	记录号
2008级	001，002
2009级	003
⋮	⋮

专业	记录号
计算机科学与技术	001
计算机软件	002
信息安全	003
⋮	⋮

图 7.1 学生信息查询系统文件示例

性数据结构。

【例 7.2】 四皇后问题。

在一个棋盘上放置四个皇后，使得任意两个皇后在行、列和斜方向上都不在一条直线上。在四皇后问题中，处理过程不是根据某种确定的计算法则，而是利用试探和回溯的探索技术求解。为了求得合理布局，在计算机中要存储布局的当前状态。从最初的布局状态开始，一步步地进行试探，每试探一步形成一个新的状态，整个试探过程形成了一棵隐含的状态树，如图 7.2 所示。回溯法求解过程实质上就是一个遍历状态树的过程。在这个问题中所出现的树也是一种数据结构，它可以应用在许多非数值计算的问题中。

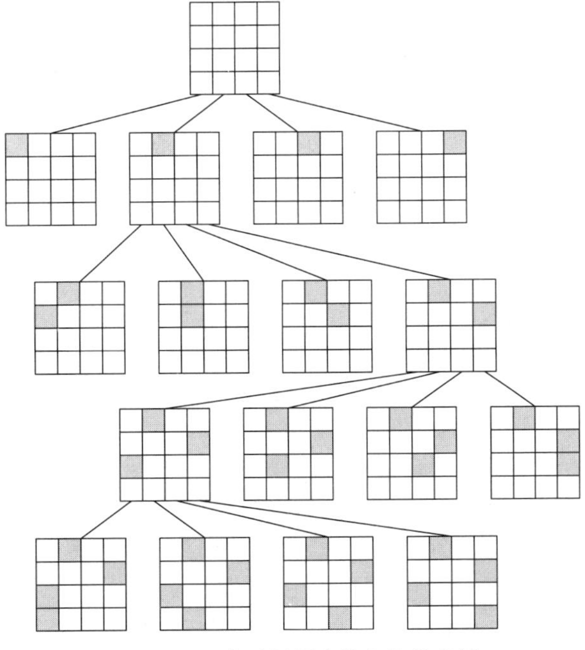

图 7.2 四皇后问题中隐含的状态树

【例 7.3】 制定教学计划问题。

教学计划包含许多课程。在制定教学计划时，需要考虑各门课程的开设顺序。有些课程需要先导课程，有些课程则不需要；而有些课程又是其他课程的先导课程。比如计算机专业课程的开设情况如表 7.1 所示。

表 7.1 计算机专业学生的必修课程

课程编号	课程名称	需要的先导课程编号
C1	程序设计基础	无
C2	离散数学	C1
C3	数据结构	C1,C2
C4	汇编语言	C1
C5	算法分析与设计	C4
C6	计算机组成原理	C11
C7	编译原理	C5,C3
C8	操作系统	C3,C6
C9	高等数学	无
C10	线性代数	C9
C11	普通物理	C9
C12	数值分析	C9,C10,C1

各个课程之间的次序关系可用一个称作有向图的数据结构来表示，如图 7.3 所示。有向图中的每个顶点表示一门课程，如果从顶点 v_i 到 v_j 之间存在有向边 $<v_i, v_j>$，则表示课程 i 必须先于课程 j 进行。

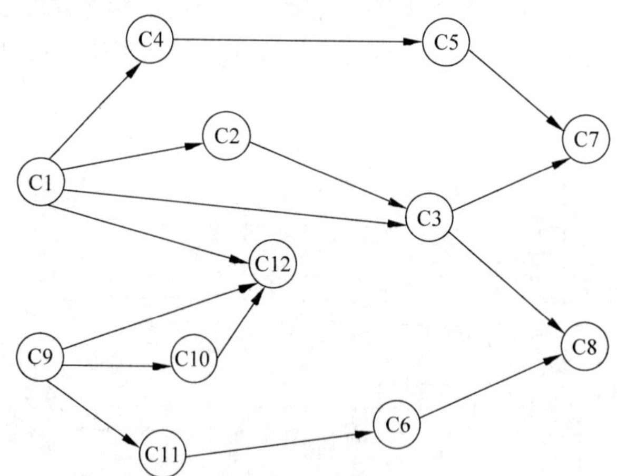

图 7.3 制定教学计划问题的数据结构

由上述例子可见，描述这类非数值计算问题的数学模型不再是数学方程，而是诸如表、树和图之类的数据结构。相应地，解决问题的关键步骤是设计合适的数据结构来表示问题，然后才能写出有效的算法。因此，简单来说，数据结构是一门研究在非数值计算的程序设计问题中，计算机的操作对象以及它们之间的关系和操作的学科。

下面我们将对一些概念和术语赋以确定的含义，这些概念和术语将在后续的定义中用到。

数据是信息的载体，是客观事物的符号表示。数据能够被计算机识别、存取和处理。数据也是计算机程序加工和处理的“原料”，例如实数、字符串、图像和声音等。

数据项是具有独立含义的最小标识单位，例如字段、域、属性等。

数据元素是数据的基本单位，在计算机程序中通常作为一个整体进行考虑和处理。一个数据元素可由若干个数据项组成，按其组成可分为简单型数据元素和复杂型数据元素。简单型数据元素由一个数据项组成，复杂型数据元素由多个数据项组成，它通常携带着一个概念的多方面信息。如例 7.1 学生信息表中的学生信息为一个数据元素，而学生信息中的每一项（如姓名、专业等）为一个数据项。

数据对象是性质相同的数据元素的集合，是数据的一个子集。例如 26 个英文字母构成的字符集合、一个学校全体学生或教师构成的学生集合或教师集合等。

下面重点介绍数据结构。

数据结构指相互之间存在一种或多种特定关系的数据元素的集合，即数据的组织形式。一个数据结构有两个要素：一个是数据元素的集合，另一个是关系的集合。因此数据结构的形式化定义通常用一个二元组 Data_Structure＝（D，R）来表示，其中 D 是数据元素的有限集（也即数据对象），R 是 D 上关系的有限集。

数据结构一般包含数据的逻辑结构、存储结构及运算。

1）数据的逻辑结构

数据的逻辑结构指数据元素以及它们相互之间的逻辑关系，可以看作是从具体问题抽象出来的数学模型。数据的逻辑结构与数据的存储结构无关。根据数据元素之间关系的不同特性，通常有四类逻辑结构。

（1）集合结构。在集合的逻辑结构中，所有数据元素都属于同一个集合，这些数据元素杂乱无章地聚集在一起，各个数据元素之间无任何联系。

（2）线性结构。逻辑结构中的数据元素之间存在着一个对一个的关系，各个数据元素之间通常有严格的先后次序关系。

（3）树形结构。逻辑结构中的数据元素之间存在着一个对多个的关系，各个数据元素之间通常有严格的层次关系。

（4）图状结构。逻辑结构中的数据元素之间存在着多个对多个的关系，各个数据元素之间均可能存在相互联系。有时也称作网状结构。图 7.4 为表示上述 4 类基本结构的示意图。

根据数据元素（节点）之间的前后相邻关系，数据的逻辑结构还可分为线性结构和非线性结构两类。

线性结构的逻辑特征是：若结构是非空集，则有且仅有一个开始节点和一个终端节点，并且所有节点都最多只有一个直接前驱节点和一个直接后继节点。例如，线性表是一个典型的线性结构，栈、队列和串等也都是线性结构。

非线性结构的逻辑特征是：一个节点可能有多个直接前驱和直接后继。例如，树和图都是非线性结构。

2）数据的存储结构

数据的存储结构指数据在计算机中的存储表示，它包括数据元素的表示和关系的表示。

我们研究数据结构的目的是在计算机中实现对它的操作，为此还需要研究如何在计算

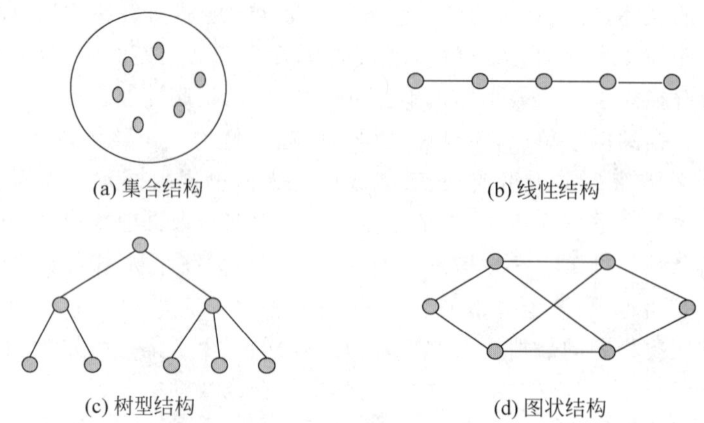

图 7.4　四类基本结构的示意图

机中表示一个数据结构。数据结构在计算机中的表示(又称映像)称为数据的物理结构,或称存储结构。与孤立的数据元素表示形式不同,数据结构中的数据元素不但要表示其本身的实际内容,还要表示出数据元素之间的逻辑结构。它所研究的是数据结构在计算机中的实现方法,包括数据结构中元素的表示及元素间关系的表示。数据的存储结构有以下四种基本存储方法。

(1) 顺序存储。该存储方法把逻辑上相邻的节点存储在物理位置上相邻的存储单元中,节点间的逻辑关系由存储单元的邻接关系来体现。由此得到的存储表示称为顺序存储结构。该方法通常借助于高级程序语言中的数组来描述。

(2) 链式存储。该方法不要求逻辑上相邻的节点在物理位置上也相邻,节点之间的逻辑关系由附加的指针字段表示。由此得到的存储表示称为链式存储结构。该方法通常借助于高级程序语言中的指针来实现。

(3) 索引存储。该方法通常在存储节点信息的同时,还要建立附加的索引表。

(4) 散列存储。该方法根据节点的关键字直接计算出该节点的存储地址。

数据的逻辑结构和物理结构是密切相关的两个方面,任何一个算法的设计取决于选定的数据(逻辑)结构,而算法的实现依赖于采用的存储结构。

3) 数据的运算

数据的运算是对数据施加的操作。数据的运算定义在数据的逻辑结构上,每种逻辑结构都有一个运算的集合。在数据结构中,运算不仅仅是加、减、乘、除等运算,大多数的运算都涉及算法的实现问题,算法的实现与数据的存储结构是密切相关的。

7.1.2　简单数据结构

下面简单介绍几种常用的数据结构。

1. 线性表

线性表是一种线性结构。线性结构的特点是数据元素之间是一种线性关系,数据元素“一个接一个地排列”。在一个线性表中,数据元素的类型是相同的,或者说线性表是由同一类型的数据元素构成的线性结构。

线性表是由 $n(n\geqslant 0)$ 个类型相同的数据元素组成的有限序列,通常记为 $L=(a_1,a_2,\cdots,$

a_{i-1}，a_i，a_{i+1}，…，a_n）。其中，L 为线性表名称，a_i 为组成该线性表的数据元素。表中相邻元素之间存在着顺序关系，a_{i-1} 领先于 a_i，a_i 领先于 a_{i+1}，称 a_{i-1} 是 a_i 的直接前驱元素，a_{i+1} 是 a_i 的直接后继元素。当 $i=1,2,\cdots,n-1$ 时，a_i 有且仅有一个直接后继；当 $i=2,3,\cdots,n$ 时，a_i 有且仅有一个直接前驱。

线性表的长度就是线性表中元素的个数 $n(n\geqslant 0)$。当 $n=0$ 时，称为空表。在非空表中，每个数据元素都有一个确定的位置，如 a_1 是第一个数据元素，a_n 是最后一个数据元素，a_i 是第 i 个数据元素。称 i 为数据元素 a_i 在线性表中的位序。

需要说明的是：a_i 为序号为 i 的数据元素（$i=1,2,\cdots,n$），通常我们将它的数据类型抽象为 DataType，DataType 根据具体问题而定。例如，La=(4，8，75，12，9，−3，2)是一个线性表，表中数据元素类型为 int(整型)。在字符串中，数据元素类型为字符型。又如线性表 Lb=（$student_1$，$student_2$，…，$student_{100}$），数据元素类型为用户自定义的学生类型。线性表中的数据元素可以是各种各样的，但同一线性表中的元素必定具有相同特性，即属同一数据对象。

线性表的顺序存储指在内存中用地址连续的一块存储空间顺序存放线性表的各元素，线性表中第一个元素的存储位置是由系统指定的，第 $i+1$ 个元素（$1\leqslant i\leqslant n-1$）的存储位置紧接在第 i 个元素的存储位置之后。用这种存储形式存储的线性表称为顺序表。

顺序表是一种简单、方便的存储方式。它要求线性表的数据元素依次存放在连续的存储单元中，从而利用数据元素的存储顺序表示相应的逻辑顺序，可以随机存取表中任一元素。然而，它也有下列缺点：①在做插入或删除元素的操作时，会产生大量的数据元素移动；②对于长度变化较大的线性表，要一次性地分配足够的存储空间，但这些空间常常又得不到充分的利用；③线性表的容量难以扩充。

为了克服顺序表的缺点，可以采用链式方式存储线性表，通常称为链表。它不要求逻辑上相邻的元素在物理位置上也相邻，而是通过“链”建立起数据元素之间的次序关系；对线性表的插入和删除不需要移动数据元素，但同时也失去了随机存取的优点。

2. 栈和队列

栈和队列是两种特殊的线性表。它们的数据元素及数据元素间的逻辑关系和线性表相同，只是其运算规则较线性表有一些限制，栈只能在栈顶插入和删除，队列只能在队尾插入、在队头删除，故栈和队列又称为运算受限的线性表。很多实际问题可以直接用栈和队列来描述，在各种类型的软件中有些算法也必须借助它们来实现。

线性数据结构具有逻辑关系简单的特点。然而现实生活中许多数据的关系难以用简单的先后顺序来表示，例如人类社会的族谱、各种单位的组织机构、博弈过程。因此，数据结构除了包括线性结构之外，还包括非线性结构。树结构就是一种非常重要的非线性结构。树结构与自然界中的树类似，每个元素最多只有一个前驱，但可以有多个后继，具有明显的层次关系。

3. 树

树(tree)是 $n(n\geqslant 0)$个节点的有限集，用 T 表示。当 T 非空时，满足以下两个条件：①有且仅有一个特定的、没有前驱的节点，称为根(root)节点。②其余的节点可分为 $m(m>0)$个互不相交的子集 T_1，T_2，…，T_m，其中每个集合 T_i（$1\leqslant i\leqslant m$）本身又是一棵树，并称其为根的子树(subtree)。

树的定义是递归的定义,一棵非空的树由若干棵子树构成,其中每棵子树又由若干个更小的子树构成。树定义本身的递归方式使得树结构的许多基本算法都适合用递归来进行。

如图 7.5 所示是一棵具有 11 个节点的树,其中 A 是根,其余节点分为两个互不相交的子集 T_1 和 T_2。

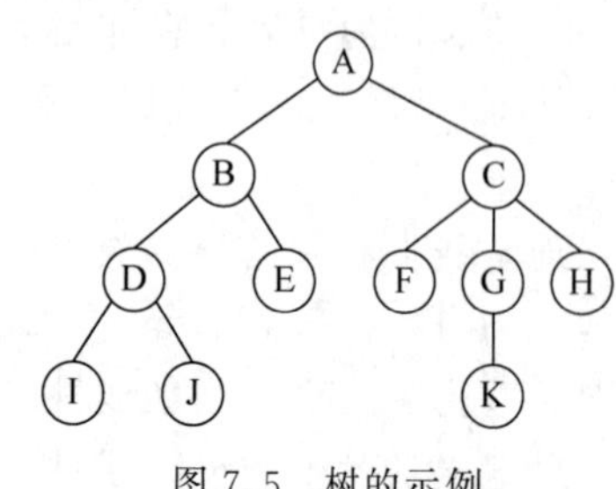

图 7.5 树的示例

其中,$T_1=\{B,D,E,I,J\}$,$T_2=\{C,F,G,H,K\}$。T_1 和 T_2 都是根 A 的子树,且本身也是一棵树。对于子树 T_1,B 是根,其余节点分为两个互不相交的子集:$T_{11}=\{D,I,J\}$,$T_{12}=\{E\}$。T_{11} 和 T_{12} 都是 B 的子树;对于子树 T_{11},D 是根,其余节点分为两个互不相交的子集:$T_{111}=\{I\}$,$T_{112}=\{J\}$。子树 T_{111} 是一棵只有根节点 I 的树,T_{112} 是一个只有根节点 J 的树。其余子树类似。

以下介绍树结构的一些基本术语。

(1) 树的节点。包含一个数据元素及若干指向其子树的分支。如图 7.5 所示,A、B、C 等都是树的节点。

(2) 节点的度。节点拥有的子树数。如图 7.5 所示,节点 A 的度为 2,C 的度为 3,E 的度为 0,G 的度为 1。

(3) 叶子。又称为终端节点,指度为 0 的节点。如图 7.5 所示,节点 I、J、E、F、K、H 都是树的叶子。

(4) 非终端节点。度不为 0 的节点。如图 7.5 所示,节点 A、B、C、D、G 都是树的非终端节点。

(5) 孩子、双亲。节点子树的根称为这个节点的孩子,而这个节点又被称为孩子的双亲。如图 7.5 所示,B 为 A 的子树 T_1 的根,则 B 是 A 的孩子,而 A 则是 B 的双亲。注意:这里虽称为双亲,其实是一个节点,而非两个节点。每个节点只有一个双亲节点。

(6) 祖先。从根节点到该节点路径上的所有节点。如图 7.5 所示,K 的祖先为 A、C 和 G。

(7) 子孙。以某节点为根的子树中的所有节点都被称为该节点的子孙。如图 7.5 所示,B 的子孙是 D、E、I 和 J。

(8) 兄弟。同一个双亲的孩子之间互为兄弟。如图 7.5 所示,B 和 C 互为兄弟,F、G、H 互为兄弟。

(9) 堂兄弟。双亲在同一层的节点互为堂兄弟。如图 7.5 所示,E 和 F 互为堂兄弟,I 和 K 互为堂兄弟。

(10) 树的度。树中所有节点的度的最大值。如图 7.5 所示,以 A 为根的树的度为 3,以 B 为根的树的度为 2。

(11) 树的深度。树中所有节点层次的最大值。如图 7.5 所示,树深度为 4。

(12) 节点的层次。树中根节点的层次为 1,其子树的根为第 2 层,依此类推。

(13) 有序树和无序树。如果树中每棵子树从左向右的排列拥有一定的顺序,不得互换,则称为有序树;否则称为无序树。

(14) 森林。$m(m\geqslant 0)$棵互不相交的树的集合。

4. 二叉树

二叉树是一种特殊的树型结构。它是节点的一个有限集合,该集合或者为空,或由一个

根节点加上两棵分别称为左子树和右子树的、互不相交的二叉树组成。

从定义可知，二叉树的特点是每个节点最多只有两棵子树，即二叉树中不存在度大于 2 的节点，而且二叉树的子树有左右之分，左子树和右子树的次序不能随意颠倒。图 7.6 给出了一棵二叉树的示意图。

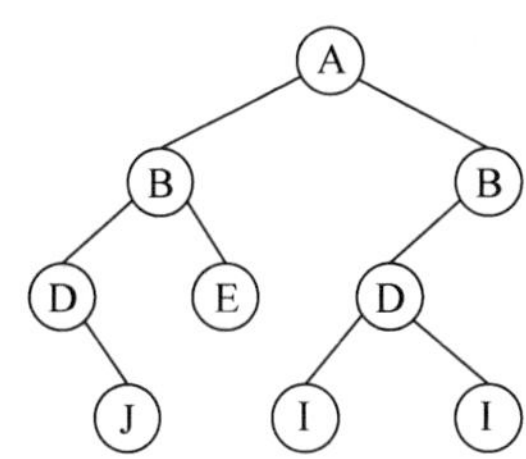

图 7.6　二叉树示意图

二叉树的五种基本形态如图 7.7 所示。

图 7.7　二叉树的五种基本形态

7.2　算法基础

7.2.1　算法的概念

算法就是解决问题的方法和步骤。算法可以定义为：为了解决某一类问题而设计的一个有限长的操作序列。如例 7.4 中用到的欧几里得算法。

【例 7.4】　求任意两个正整数 A 和 B 的最大公约数。

当 A 和 B 的值比较大时，比如 2 345 671 232 和 45 678 901 234 的最大公约数，通过一般的方法无法直接算出，需要设计一个合理的解决问题的方法和步骤。为此，古希腊数学家欧几里得提出了一个求任意两个正整数最大公约数的通用算法。

第一步，比较 A 和 B 的大小，将较大的数设为 A，较小的数设为 B；

第二步，用 A 除以 B，得到余数 C；

第三步，如果 C 为 0，则最大公约数就是 B；否则将 B 赋值给 A，C 赋值给 B，重复进行第二步、第三步。

以上三步就构成了求最大公约数的算法，被称为辗转相除法或欧几里得算法。

算法是有穷步骤的集合，这些步骤确定了解决某类问题的一个运算序列。对于该类问题的任何初始输入值，它都能一步一步地执行计算，经过有限步骤后终止计算并产生计算结果。归纳起来，算法具有如下一些性质。

1）算法名称

为了便于描述和交流，经典的算法都会有一个名称。比如例 7.4 中求最大公约数的算法被命名为欧几里得算法或辗转相除法。

2）输入

算法一般应有一些输入的数据或初始条件。如例 7.4 中，辗转相除算法必须输入 A 和 B 的值才能求出两个具体数的最大公约数。

3）输出

算法对输入数据进行运算处理后，应该有一个或多个运算结果作为输出。如例 7.4 中，如果输入 A、B 的值分别为 12 和 8，那么算法的输出为 4(即 12 和 8 的最大公约数)。

4）有效性

算法的每一步都是可执行的，人们用纸和笔做有限次计算后，应该能得到运算结果。比如用辗转相除法求 12 和 8 的最大公约数，可以由以下 5 步完成：

(1) $A=12, B=8$。

(2) 计算 A/B，即 12/8 商 1 余 4，即得 $C=4$。

(3) 因为 C 不等于 0，则将 B 的值赋给 A，即 $A=8$；将 C 的值赋给 B，即 $B=4$。

(4) 计算 A/B，即 8/4 商 2 余 0，即得 $C=0$。

(5) 因为 C 等于 0，那么 12 和 8 的最大公约数即为此时 B 的值，即 4。

5）正确性

算法的输出结果必须是正确的。如例 7.4 中，如果按照算法求得 12 和 8 的最大公约数为 3，那该算法是不正确的，只有正确的算法才有意义。

6）有穷性

一个算法必须在执行有限操作步骤后终止。如例 7.4 中，算法执行 5 步后即终止。当然，如果求两个大数的最大公约数，如 2 345 671 232 和 45 678 901 234 的最大公约数，也会在有限操作步骤内终止。

7.2.2 算法的表示

算法是解决问题的步骤。为了方便表达和交流，要用合适的载体表达出来。通常可以用自然语言、伪代码、流程图、程序设计语言、N-S 图、PAD 图等方法表达。例 7.4 中的欧几里得算法就是用中文自然语言来表达的。下面介绍其他几种常用的方法。

1. 伪代码

伪代码通常采用自然语言、数学公式、字母符号来描述算法的步骤，是一种接近于计算机编程语言的算法描述方法，书写方便，格式紧凑，便于向计算机程序过渡，所以人们在实际中通常都采用伪代码来描述算法。

【例 7.5】 欧几里得算法的伪代码描述。

算法开始：

```
输入 A,B 的值;
如果 A<B,则 swap(A,B);                //swap(A,B)表示交换 A、B 的值
C= A mod B;                           //表示将 A 除以 B 的余数赋给 C
while(C>0)                            //当 C>0 时,开始循环
```

```
{
    A = B;
    B = C;
    C = A mod B;
}                                    //循环结束
输出 B 的值;
```

算法结束。

此处用伪代码书写的算法包含了自然语言中文、英文单词 swap(即交换)和 mod(即取余)、字母和数学符号等。这样描述的算法可读性好,也比较容易转换成计算机程序。

2. 流程图

流程图是最早出现的用图形表示算法的工具,它由一些图形框和带箭头的线条组成,可以表达算法中需描述的各种操作,具有准确、直观、可读性好的特点,被广泛采用。

流程图又称为框图,其中框用来表示指令动作、指令序列或条件判断,箭头用来说明算法的走向。美国国家标准化协会规定了一些常用的流程图符号,如表 7.2 所示。

表 7.2 标准流程图符号及含义

名 称	符 号	含 义
起止框	圆角矩形	表示算法的开始和结束,框内一般填写"开始"或"结束"
输入输出框	平行四边形	表示算法的输入输出操作,框内填写需要输入输出的各项
处理框	矩形	表示算法中的各种处理操作,框内填写的是指令或指令序列
判断框	菱形	表示算法中的条件判断,框内填写判断条件
流程线	→ ← ↓ ↑	表示算法的执行流程,箭头指向流程的方向
连接点	圆圈	当流程图在一个页面画不下的时候,常用它来表示相对应的连接处

算法的流程图主要由表 7.2 中的 6 种元素组合而成。

例 7.4 中的欧几里得算法用流程图表达,如图 7.8 所示。

由图 7.8 可见,流程图可以用直观的处理方案和流程表达算法的思想。作为一个程序设计者,需要学会针对问题进行算法设计,并用流程图把算法表达出来,以提高程序设计的正确性和效率。

7.2.3 简单算法

算法是有穷步骤的集合,这些步骤确定了解决某类问题的一个运算序列。求和、排序、查找是数据处理领域中常用的几种简单算法。

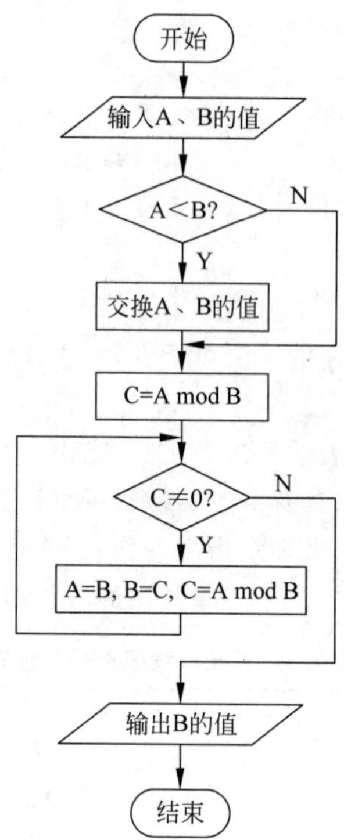

图 7.8 欧几里得算法的流程图表示

1. 求和

【例 7.6】 求 1+2+3+…+100 的和。

方法一：

```
sum = 0
for i in range(1,101):
    sum = sum + i
print(sum)
```

方法二：

```
sum = 0
sum = (1 + 100) * 100/2
print(sum)
```

对于这个数列的求和，第二种方法的复杂度会低一些。

2. 查找

查找又称为检索(search)，是数据处理中最常见的一种运算。在日常生活中，我们几乎每天都离不开进行“查找”的工作。例如，我们从电话簿中寻找一个朋友的电话，或从全班学生成绩表中寻找出某一位同学的成绩。由于查找运算的使用频率很高，几乎在任何一个计算机系统软件和应用软件中都会涉及，所以当问题所涉及的数据量相当大时，查找方法的效率就显得格外重要。为了提高查找效率，要专门设置面向查找/检索的数据结构，即查找表。

查找表是同一种数据类型的数据元素的有限集合。在查找表中，每一个元素(或记录)

称为对象，查找表可用对象类来定义。查找是在查找表中寻找是否存在关键字等于某个给定关键字数据元素的过程。若找到，则称查找成功，否则称查找失败。

关键字是数据元素中用于识别该元素的某个域，能够唯一标识该元素的关键字称为主关键字，通常不能唯一区分各个不同数据元素的关键字称为次关键字。例如，在图书目录中，书名和馆藏号是关键字，但书名可以有重复，而每一种书的馆藏号(主关键字)是唯一的。因此，使用基于主关键字的查找，查找结果应该是唯一的。最主要的查找通常都是以主关键字为基准进行的查找。

顺序查找是最基本的查找方法之一。顺序查找(sequential search)又称为线性查找，它主要用于在线性结构中进行查找。顺序查找的基本思想是：从表的一端开始，顺序用各对象的关键字与给定值进行比较，直到找到与其值相等的对象，称为查找成功，并给出该对象在表中的位置；若整个表都已检测完仍未找到关键字与给定值相等的对象，则称查找失败，并给出失败信息。

顺序查找某个数据元素是否存在的函数设计如下：

```
def sequest(alist,item):
    pos = 0                                     #初始查找位置
    itempos = -1
    found = False                               #未找到数据对象
    while pos < len(alist) and not found:       #列表未结束且还未找到元素则一直循环
        if alist[pos] == item:                  #找到匹配对象,返回其位置值
            found = True
            itempos = pos
        else:                                   #否则查找位置后移一位加 1
            pos = pos + 1
    return itempos
```

一般情况下，关键字之间可能构成某种次序关系，如键值为数值型时，数值的大小就是一种次序关系。若顺序表中各对象按照键值的某种次序排列成有序表时，通常可用效率较高的查找算法如二分查找来进行查找。

有序表上的二分查找(binary search)算法的基本思想是：在一个查找区间中，确定出查找区间的中心下标，将待查找数据元素和中心下标上的数据元素进行比较，若两者相等则查找成功；否则，若前者小于后者，则把查找区间定为原查找区间的前半段继续此过程；若前者大于后者，则把查找区间定为原查找区间的后半段继续此过程。这样的查找过程一直进行到查找区间的开始下标大于查找空间的结束下标为止。由于二分查找算法每次比较后都把查找区间折半，所以该算法也称为折半查找算法。

3. 排序

排序作为数据处理领域中的一种运算，其主要目的是提高查找效率。排序是对数据元素序列建立某种有序排列的过程。更确切地说，排序是把一个无序的数据元素序列重新整理成按关键字递增(或递减)排列的过程。表 7.3 是一个学生成绩表，其中每个学生的记录内容有学号、姓名、数学、语文、物理、英语。学号、姓名、数学、语文、物理、英语构成了学生记录的 6 个域(或称字段)。在排序时，如果用学号域来排序，会得到一个有序序列；如果用物理域来排序，则会得到另外一个有序序列。

表 7.3　学生成绩表

序号	学号	姓　名	数学	语文	物理	英语
0	1004	Wang Yun	84.0	70.0	78.0	77.0
1	1002	Zhang Peng	75.0	88.0	92.0	85.0
2	1012	Li Cheng	90.0	84.0	66.0	80.0
3	1008	Chen Hong	80.0	95.0	77.0	84.3
⋮	⋮	⋮	⋮	⋮	⋮	⋮
$n-1$	1022	Hai Xia	90.0	95.0	88.0	100.0

被排序的对象即数据元素一般称为记录。记录一般由若干个数据项（又称作域）组成，其中可用来标识一个记录的数据项或其组合，称为关键字（key），简称键。该数据项的值称为键值。排序是以关键字为基准进行的。例如，对表 7.3 所示的学生成绩表，我们既可以按学号来排序，也可以按物理成绩来排序。按学号排序时，学号域就是排序的关键字；按物理成绩排序时，物理域就是排序的关键字。

直接插入排序是一种最简单的排序方法。它的基本思想是：顺序地把待排序的数据元素按其关键字值的大小插入到已排序数据元素子集合的适当位置。子集合的数据元素个数从只有一个数据元素开始逐次增大，当子集合大小最终与集合大小相同时排序完毕。

7.2.4　算法的评价

解决一个问题，通常有多种不同的方法，从而可以设计出多个不同的算法。虽然这些算法都能正确执行，但是肯定存在一定的差异。怎样评价一个算法的优劣呢？这得要从算法执行所占用计算机的运行时间和存储空间两个方面来看。很显然，执行时间短、占用存储空间少的算法是好算法；反之则为比较差的算法。算法分析指通过分析算法的各个步骤得到算法执行时所用时间和存储空间的估算量。算法的优劣通常用算法的复杂度来衡量，包括时间复杂度和空间复杂度，两者可通过算法分析获得。算法的复杂度一般与算法所解决问题的规模有关。

1. 问题规模

问题规模一般用字母 n 表示，表示算法所处理的数据范围的大小。进行算法分析时，首先要确定算法所解决问题的规模。

例如，1.5.3 节中所提到的汉诺塔问题，金片的数目 n 即为该问题的规模；例 7.4 中求正整数 m、n 的最大公约数，则 m、n 中较小的数就是该问题的规模；对 n 个学生某门课程的成绩从高到低排序，学生人数 n 就是该问题的规模。

2. 时间复杂度

时间复杂度并不关心某个算法的具体执行时间，因为精确的时间估计是十分困难的，不仅与算法本身有关，还与所使用的计算机硬件、操作系统等都有关。算法的时间复杂度关心的是算法中最耗费时间的指令的执行次数。

【例 7.7】 求几何级数的和：$\text{sum}=1+2+\cdots+n$。

该问题中最耗费时间的是加法指令执行的次数，n 个数相加，需执行 $n-1$ 次加法，所以解决该问题的时间复杂度是 $T(n)=n-1$。

时间复杂度一般表示为 $T(n)=f(n)$，即问题规模的函数。实际中，人们对时间复杂度

的函数形式本身并不感兴趣，而是关心随着问题规模的增长，时间增长率的情况，这里的增长率称为阶。例 7.7 中，$T(n)$的阶是 n，则时间复杂度 $T(n)=\Theta(n)$。

又例如，如果计算出某个算法的时间复杂度函数为 $T(n)=n(n-1)/2=n^2/2-n/2$，那么 $T(n)$的阶是 n^2，则该算法的时间复杂度 $T(n)=\Theta(n^2)$。因为随着 n 的增长，函数式中主要增长因素是 n^2。所以考虑时间复杂度的时候，常常只考虑最主要的增长率。

通常，当解决某问题算法的时间复杂度是用多项式表示时，一般认为该算法是比较好的算法；否则就是不太好的算法。

3. 空间复杂度

空间复杂度通常指执行算法所需要的存储开销，比如用到了多少个变量等。空间复杂度一般表示为 $S(n)=f(n)$，即问题规模的函数。

例如，对 n 个学生成绩 $G_1,G_2,\cdots,G_n$ 进行排序，需把 n 个学生成绩都放到存储器中，那么解决该问题算法的空间复杂度函数为 $S(n)=n$。与时间复杂度一样，我们只关心空间复杂度的增长率，即空间复杂度的阶，所以此算法的空间复杂度 $S(n)=\Theta(n)$。

早期的计算机存储单元的容量小，而且价格昂贵，因此设计算法时不仅需要考虑算法的时间复杂度，而且要考虑其空间复杂度，尽量少使用存储空间。随着计算机硬件技术的发展，存储器的容量增加，价格下降，算法的空间复杂度被放到了次要的位置。有时为了设计时间复杂度较优的算法，会以牺牲空间复杂度为代价。

在评价算法时，时间复杂度和空间复杂度较低的算法是较优的算法。

7.3 应用举例

【例 7.8】 设有有序表为{−1,0,1,3,4,6,8,10,12}(数据元素的值即为关键字)，请给出查找关键字为 6 和 5 的数据元素的二分查找过程。

图 7.9(a)给出了查找关键字为 6 的对象时的查找过程，找到所查对象一共做了 3 次关键字比较。图 7.9(b)给出了查找关键字为 5 的对象时的查找过程，直到确定查找失败，也执行了 3 次关键字比较。

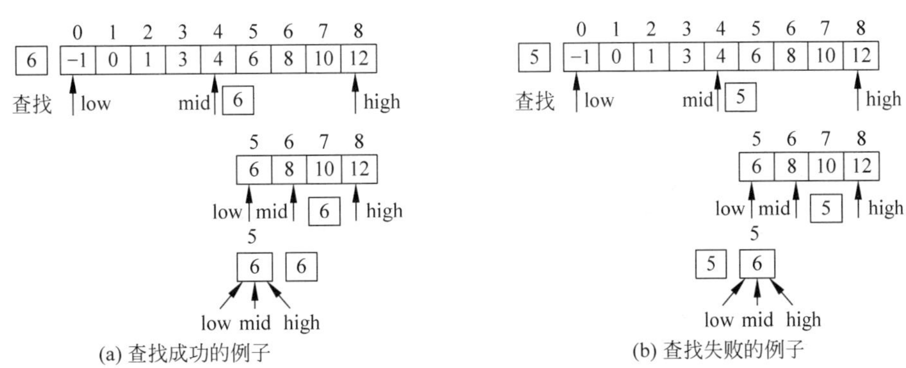

图 7.9 二分查找的过程

【例 7.9】 以(64,5,7,89,6,24)的数据为测试示例，编写一个测试直接插入排序函数的程序。

按照直接插入排序算法，排序过程如图 7.10 所示。图中标有下划横线的数据元素为本次排序过程后移了一个位置的数据元素，标有符号□的数据元素为存放在临时变量 temp 中的本次过程中要插入的数据元素。由于临时变量 temp 中保存了本次要插入数据元素的副本，所以原来存放该数据元素的内存单元可以被予以一个新的数值。

初始关键字序列：	[64]	5	7	89	6	24
第一次排序：	[5	64]	7	89	6	24
第二次排序：	[5	7	64]	89	6	24
第三次排序：	[5	7	64	89]	6	24
第四次排序：	[5	6	7	64	89]	24
第五次排序：	[5	6	7	24	64	89]

图 7.10　直接插入排序示例

直接插入排序的测试程序如下所示。

```
def insertSort(list):
    for i in range(len(list) - 1):
        if list[i]> list[i + 1]:
            t = list[i + 1]
            j = i + 1
            while j > 0 and list[j - 1]> t:     # 后移元素
                list[j] = list[j - 1]
                j = j - 1
            list[j] = t                          # 插入待排序元素
        return list
li = [64,5,7,89,6,24]
print(insertSort(li))
```

程序的运行结果为：

```
5  6  7  24  64  89
```

本章小结

数据结构专门研究数据的特性和数据之间存在的关系，以及如何在计算机中有效地存取和处理数据。算法是解决问题的方法和步骤，与数据结构是相辅相成的。

本章主要内容如下。

(1) 对数据结构、数据、数据项、数据元素、数据对象的基本概念进行简单介绍。

(2) 数据结构包括逻辑结构和存储结构。

(3) 对几种常用的数据结构进行介绍。

(4) 算法具有的性质包括算法名称、输入、输出、有效性、正确性和有穷性。

(5) 算法可以用自然语言、伪代码、流程图、程序设计语言、N-S 图、PAD 图等方法表达。

(6) 介绍几种简单的求和、排序、查找算法。

(7) 算法的优劣通常用算法的复杂度来衡量，包括时间复杂度和空间复杂度。

本章人物

高德纳(Donald Ervin Knuth)是算法和程序设计技术的先驱，计算机排版系统 TeX 和字体设计系统 Meta Font 的发明者，因其作品《计算机程序设计艺术》荣获 1974 年度的图灵奖。

高德纳

1938 年 1 月 10 日，高德纳出生于威斯康星州密歇根湖畔的密尔沃基。

1956 年，高德纳以各科平均 97.5 分的创纪录高分从密尔沃基路德兰高级中学毕业，进入俄亥俄州克利夫兰的开思理工学院(Case Institute of Technology)攻读物理。

1960 年，高德纳在开思理工学院毕业，不但被授予学士学位，还被破例同时授予硕士学位。之后他进入加州理工学院研究生院，1963 年获得博士学位，留校工作至 1968 年；然后转入斯坦福大学任教，1972—1973 年曾经在奥斯陆大学当客座教授。

高德纳至今开启了两大工程，一个已经完成，一个尚未完成。第一个大工程就是撰写《计算机程序设计艺术》系列，开始于他读博士期间，计划出七卷，第一卷《基本算法》于 1968 年出版，第二卷《半数字化算法》于 1969 年出版，第三卷《排序与搜索》于 1973 年出版，第四卷《组合算法》已于 2011 年出版。

第二大工程是设计完成字体设计系统 Meta Font(其价值一言以蔽之：对整个西文印刷行业带来了革命性变革)、文学化编程(充分展示程序设计的艺术性：清晰、美感、诗意)以及最具革命性的排版系统 TeX(至今仍是全球学术排版的不二之选)。

习　题　7

7.1　选择题

1. 研究数据结构就是研究(　　)。
   A. 数据的逻辑结构
   B. 数据的存储结构
   C. 数据的逻辑结构与存储结构
   D. 数据的逻辑结构、存储结构及其基本运算

2. 线性结构指数据元素之间存在一种(　　)。
   A. 一对多关系　　B. 多对多关系
   C. 多对一关系　　D. 一对一关系

3. 树形结构是指数据元素之间存在一种(　　)。
   A. 一对多关系　　B. 多对多关系
   C. 多对一关系　　D. 一对一关系

4. 图形结构指数据元素之间存在一种(　　)。

A. 一对多关系　　B. 多对多关系

C. 多对一关系　　D. 一对一关系

5. 以下不是算法的性质的是(　　)。

A. 有效性　　B. 正确性

C. 有穷性　　D. 无限性

6. 计算机算法指的是(　　)。

A. 计算方法　　B. 排序方法

C. 解决问题的有限长的操作序列　　D. 调度方法

7.2　填空题

1. 算法的优劣通常用________和________来衡量。

2. 在顺序表中,逻辑上相邻的元素,其物理位置________相邻。

3. 在线性结构中,第一个节点有________个前驱节点,其余每个节点有且只有________个前驱节点;最后一个节点有________个后续节点,其余每个节点有且只有________个后续节点。

7.3　简答题

1. 算法具有哪些性质?

2. 简述四类基本的数据结构。

3. 什么是数据、数据项、数据元素、数据对象?

4. 数据的逻辑结构和存储结构有何区别?

第8章　数据库技术

作为计算机科学与技术的一个重要分支，经历了近70年发展的数据库技术已渗透到信息社会的各行各业。信息资源不仅是企业的重要财富，更是企业能在充满着前所未有的激烈竞争的当今社会立足的关键因素。如何能够及时并准确地获取与企业运营相关的数据并对它们进行有效的管理以及如何在海量的信息当中挖掘出有价值的信息以支持企业的决策行为已成为各大企业的重要研究课题。而数据库技术正是这一研究课题的必要技术手段。

8.1　数据库技术概述

8.1.1　数据、信息和数据处理

1. 数据与信息

要了解数据库技术，首先得从数据讲起。数据(data)指人类对客观事物的性质、状态以及相互关系等进行记录而使用的可以鉴别的物理符号。它不仅仅指数字，还可以是具有一定意义的文字、字母、图形等。在电子计算机诞生之后，在计算机科学中，数据指所有能被计算机存储并处理、反映客观事实的物理符号。在计算机的世界里，数据的表现形式是多种多样的，如数字、文本、图形、图像、音频、视频、动画、网页等。比如说，我们要记录天气时，既可以使用“雷暴雨”这种文字的形式，也可以使用一个如图8.1所示的图像来表达同样的含义，还可以通过声音、动画等形式来说明。

图8.1　雷暴雨

数据与数字两个概念只有一字之差，以至于我们很容易混淆。数字指的是1、2、3等这些物理符号，常用于表示数值大小及序号，它只是数据其中一种常见的表现形式而已。无论是哪种类型的数据，在电子计算机中都是使用二进制的形式存储的。

进入了21世纪之后，随着互联网和移动互联网技术的普及，人类世界进入了数据大爆炸的年代。短短几年间产生的数据量级就远超前面好几百年的总和。在海量的、杂乱无章的数据当中隐藏着对人类生产生活决策有价值的数据，这部分有意义的数据往往需要经过

一个加工提炼的过程才能得到。将这些为了满足决策的需要而经过加工处理的数据称为信息(information)。

世间万物皆有其特性和发展规律。信息就是客观事物的状态和运动特征的一种普遍形式，它以物质介质为载体，是传递和反映世界各种事物存在方式和运动状态的表征，是事物现象及其属性标识的集合。信息是一种资源，是有价值的。就像不能没有空气和水一样，人类也离不开信息。例如，某超市的营业时间为早上 9 点至晚上 9 点。人们获悉这条信息后，不会选择在早上 9 点前或晚上 9 点后去超市购物。由此可见，信息在人类社会活动中占据着非常重要的位置，因此有“物质、能量和信息是构成世界的三大要素”的说法。当今社会是信息社会，信息技术与生物技术、新材料技术一起构成了 21 世纪人类社会取得重大发展的三大支柱。

信息具有可感知、可理解、可存储、可传递等特征。为了表现信息，人们常使用一些媒介，例如文字、音频、图像、视频、动画等，这些媒介被称为数据。

综上所述，数据是信息的载体，信息是数据的内涵，两者既紧密联系又相互区别。如果把数据比喻成沙子，那么信息就是隐藏在这些沙子中的金子，是最具有价值的部分。数据具有多种表现形式，同一信息可有不同的数据表现形式。同一数据可以有不同的解释，例如 2046，可以是一个十进制的数，也可以是一个八进制的数，还可以表示王家卫导演的一出电影。因此，往往需要联系数据的上下文来理解其蕴含的信息。

2. 数据处理

人类社会在生产和生活过程当中产生了海量的数据。例如，我们每天通过微信与其他人沟通，从而产生了许多文字、语音、图像或者视频等形式的数据。为了从大量的、可能是杂乱无章的、难以理解的数据中获取有价值的、能提供决策依据的信息，必须进行数据处理。数据处理指对各种数据进行采集、存储、整理、分类、统计、加工、利用、传输等一系列活动的统称，是一个将数据转换成信息的过程。如果把海量数据比喻为沙子，把信息比喻为沙子里的金子，那么数据处理就是沙子里淘金。数据处理贯穿于社会生产和社会生活的各个领域。数据处理技术的发展及其应用的广度和深度，极大地影响着人类社会发展的进程。从算盘、加法器、差分机，一直到电子计算机的诞生，人类在进行数据处理时追求高效，不断推动着计算工具的发展和演变。在电子计算机诞生之后，计算机硬件和软件技术也在不断地发展，同时也推动了数据处理方式的不断变化。

8.1.2 数据管理技术的发展

在数据处理的众多环节中，数据管理是其中的基本环节。数据管理指对数据的组织、编目、定位、存储、检索和维护等，是数据库系统研究内容的核心。自从电子计算机于 1946 年诞生至今，计算机硬件在不断地发展，同时也推动了数据管理技术的不断发展。如图 8.2 所示，数据管理技术依次经历了人工管理阶段、文件系统阶段和数据库系统阶段。

1. 人工管理阶段

在 20 世纪 50 年代中期以前，计算机的软硬件均比较落后。在硬件方面，没有外存或只有磁带外存，输入输出设备简单；在软件方面，当时还没有操作系统，也没有可对数据进行管理的软件系统。计算机主要用作科学计算，数据的组织是面向应用的。各个应用使用独立的程序，数据是程序的组成部分，如图 8.3 所示。如果要修改数据就会导致程序发生变

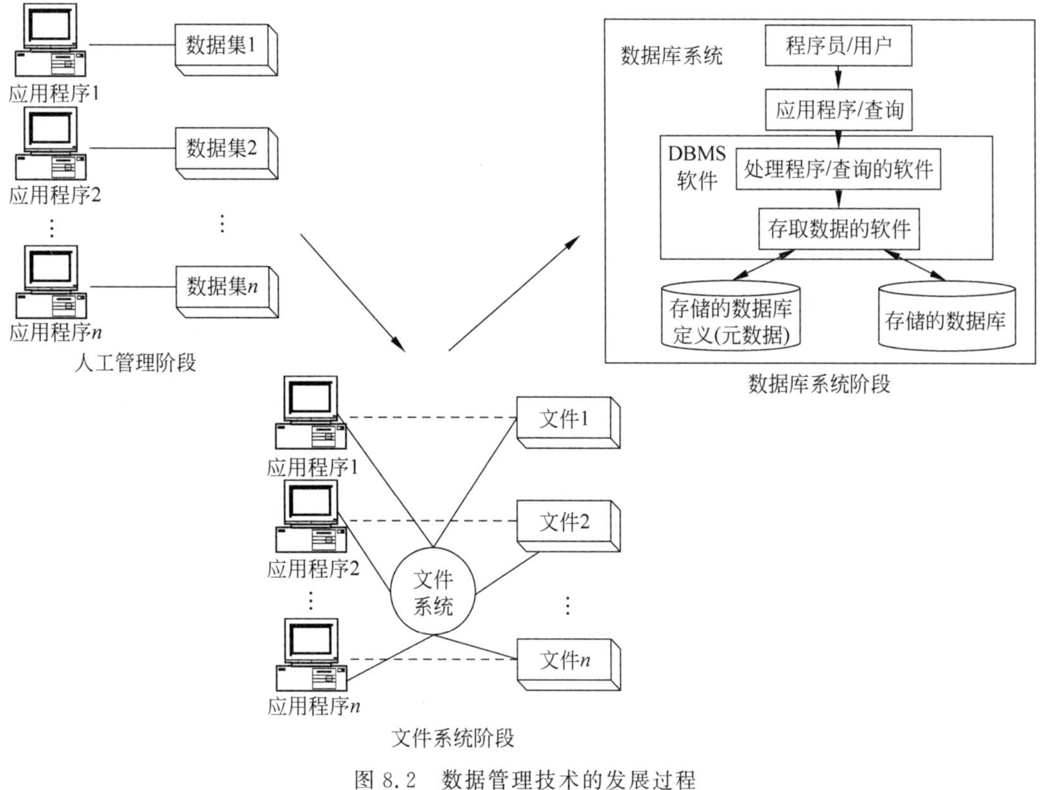

图 8.2 数据管理技术的发展过程

图 8.3 人工管理阶段数据与程序的关系

化。由于数据是经常会变化的，这就导致程序员编写和维护程序的工作量非常繁重。例如，在进行数据处理时，数据随程序一起送入内存，用完后全部撤出计算机，不能保留；数据的管理由程序员个人考虑安排，应用程序与计算机物理地址直接关联，数据管理低效且缺乏安全性；不同应用之间存在着大量重复的数据，数据无法共享。

2. 文件系统阶段

20 世纪 50 年代后期到 60 年代中期，计算机的存储技术得到了很大的发展，大容量存储设备——硬盘等直接存取设备的出现，使得数据可以长期保存在磁盘上，不仅提高了计算机的输入输出能力，也大大推动了软件技术的发展。操作系统和高级程序语言的出现使数据处理步上了一个新的台阶，操作系统中的文件系统以文件的形式对数据进行统一的管理；数据被组织成文件存储在外存中，且文件组织多样化；操作系统为用户使用文件提供了友好界面，文件的逻辑结构与物理结构分离开了，程序员只需要通过文件名，由文件系统负责找到该文件名对应的物理地址，就可以实现对数据的存储、检索、插入、删除以及修改，如图 8.4 所示；各个应用程序可以以文件为单位共享数据，数据和程序之间有了一定的独立性。文件系统使得计算机数据管理的方法得到极大改善，计算机除了用于科学计算，还被企

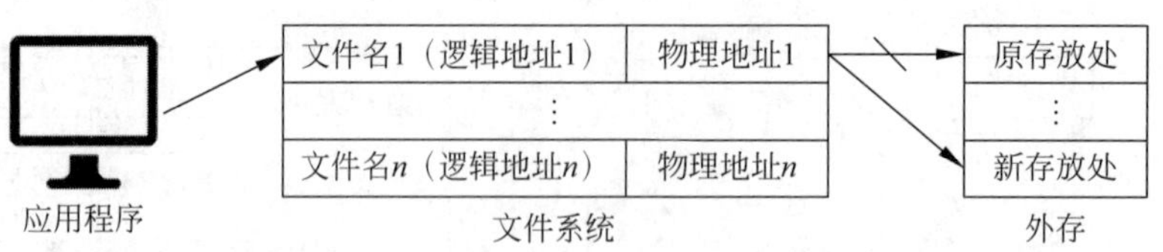

图 8.4　文件系统的文件访问原理

业用于信息管理。

然而，这种数据管理技术也存在不足之处。如图 8.5 所示，以校园信息管理系统为例，学校各个部门因应其职能不同，需要对学生相关信息进行存储和管理。学校的教务处主管教务，建立了"教务"文件，以存储与教务相关的信息，如学生的学号、姓名、性别、班级、电话、课程号、课程名、成绩等；保卫处负责校园门禁管理和人员的户籍管理，建立了"户籍"文件，以存储学生的学号、姓名、性别、班级、籍贯、户口所在地、电话等信息；而校医院则建立了"健康"文件，以记录与学生的健康状况相关的信息，如学生的学号、姓名、性别、班级、身高、体重、药物过敏情况、电话等。这些文件存在着部分相同的数据，如学生的学号、姓名、性别、班级、电话等，同时又各自存储着一些特有的数据。

"教务"文件

学号	姓名	性别	班级	电话	课程号	课程名	成绩
202101231234	张怡	女	21软件工程3班	13567766778	0211	计算机概论	85
⋮							

"户籍"文件

学号	姓名	性别	班级	籍贯	户口所在地	电话
202101231234	张怡	女	21软件工程3班	广州	广州番禺	13567766778
⋮						

"健康"文件

学号	姓名	性别	班级	身高	体重	药物过敏	电话
202101231234	张怡	女	21软件工程3班	160	45	无	13567766778
⋮							

图 8.5　采用文件系统进行校园信息管理

如图 8.6 所示，由于一个文件对应一个应用，而且极有可能是各部门独立而非统筹建立的，数据缺乏统一的规范化标准，同一个数据，如学号，在"户籍"中可能是字符型的，而在其他文件中却是数值型的，因此这些文件的格式可能是多种多样的。即使文件内数据间的关联被记录了，但不同文件之间的数据关联却缺乏记录。因此，在面对一些复杂问题的查询时，需要编写程序才能实现。

由于一个文件对应一个应用，尽管不同部门所需数据有部分相同，仍需建立各自的文件，数据不能共享，这就导致了大量相同数据的重复存储，如学生的基本信息（学生的学号、姓名、性别、班级、电话等）要记录三次，浪费存储空间。我们把这种在一个以上位置不必要地重复存储的数据称为数据冗余（data redundancy）。数据冗余问题会随着学生人数的增加

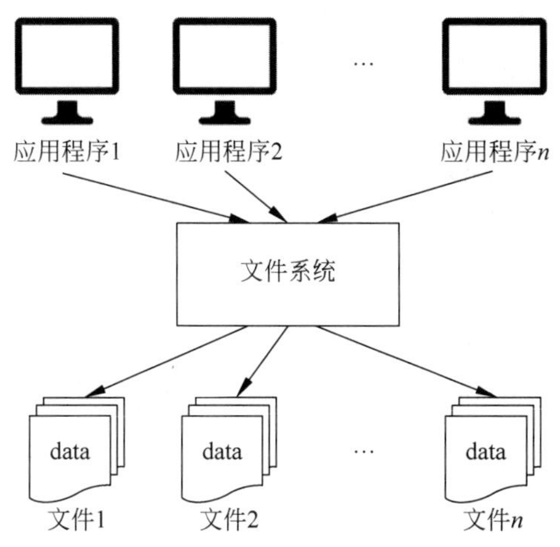

图 8.6 文件系统中应用程序与数据分离

而变得越发严重。

数据冗余不仅仅会浪费存储空间，而且会导致数据不一致(data inconsistency)和数据异常(data abnormally)。所谓数据不一致，指本应相同的数据在不同的位置上出现不同且相互冲突的版本。数据异常则可简单理解为数据的不正常。如学生张怡在大二的时候转专业了，教务处在"教务"文件中对其班级进行了更新，但保卫处和校医院不知情，因此"户籍"和"健康"文件中记录的张怡依旧属于原班级。这是由于修改行为没有在三个文件中统一执行而导致的数据不正常，即修改异常。在一新生入学时，教务处在"教务"文件中增加了一条记录，但"户籍"和"健康"文件中没有同时增加该学生的信息，这种异常称为插入异常。同理，由于没有统一执行删除数据而导致的数据异常称为删除异常。由此可见，数据冗余增加了数据修改和维护的难度。此外，文件系统以文件为基本单位进行数据存储，在安全保密方面无法做到更细的粒度，可采取的安全保密措施十分有限。

3. 数据库系统阶段

在前述校园信息管理系统的例子中，如果全校统筹考虑，各职能部门抽取共同的数据需求——学生的基本信息，只存储一个备份并实现数据共享，则可以降低数据冗余，避免数据的不一致和数据异常的发生。到了 20 世纪 60 年代中后期，随着计算机在数据管理领域应用的日渐普遍，要处理的数据量急剧膨胀，要联机实时处理的业务不断增多，人们对数据共享提出了更迫切的要求。同时，计算机硬件技术的飞速发展使得硬件价格大幅下降，而软件价格在系统中的比重日益上升，研制和维护应用程序所需成本相对增加。为了降低软件的研发和维护费用，人们希望在数据经常发生变化的时候，尽可能不需要修改程序代码。在这样的需求推动下，再加上大容量磁盘和网络技术的出现，数据库技术问世了。

数据库是存储在计算机里的相关数据的集合。这些数据是结构化的，无有害的或不必要的冗余，并为多种应用服务；数据的存储独立于使用它的程序；对数据库插入新数据、修改和检索原有数据均能按一种公用的和可控制的方式进行。

数据库技术研究如何组织和存储数据，如何高效地获取数据并进行数据处理。它的根本目标是降低数据冗余，实现数据共享。在进行数据管理时，从整体关联用户出发而不再只针对某种特定的应用来考虑数据的组织和存储。以前述校园信息管理为例，教务处、保卫处、校医院等部门可由学校统一分析其数据管理需求，从数据共享的角度出发，将各部门关心的学生基本信息抽取出来构建一个独立的数据表，各部门共享学生基本信息表里面的数据，又可根据与其部门职能相关的业务构建独立的数据表，并且与这些业务相关的数据表只对相关的业务人员开放访问的权限，如图 8.7 所示。例如，校医院的医生具有访问健康表的权限，而无权查看户籍表与教务表的数据；当校医院的医生需要联系某学生时，可以通过学号在学生基本信息表里找到该生的电话号码。

学生基本信息表

学号	姓名	性别	班级	电话
202101231234	张怡	女	21软件工程3班	13567766778
⋮				

学号	籍贯	户口所在地
202101231234	广州	广州番禺
⋮		

户籍表

学号	身高	体重	药物过敏
202101231234	160	45	无
⋮			

健康表

学号	课程号	课程名	成绩
202101231234	0211	计算机概论	85
⋮			

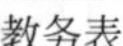

教务表

图 8.7　采用数据库系统进行校园信息管理

事实上，图 8.7 中的学生基本信息表、户籍表、健康表与教务表的数据是相关联的。我们把这些相关联的数据集合称为数据库（database，DB）。数据库是为了解决数据管理问题而构建的，存储的是反映真实世界某些方面的数据，具有特定的用户群体。数据库系统（database system，DBS）采用数据库技术实现有组织地、动态地存储大量关联数据，方便多用户（或应用程序）访问。如图 8.8 所示，数据库系统中有一个重要的组成部分——数据库管理系统（database management system，DBMS），它帮助用户创建和管理数据库。用户对数据库的一切操作，包括定义、构造、更新、查询等，都是通过 DBMS 进行的。此外，DBMS 还能解决数据存储过程中引发的一系列问题，保证数据库正常运作。

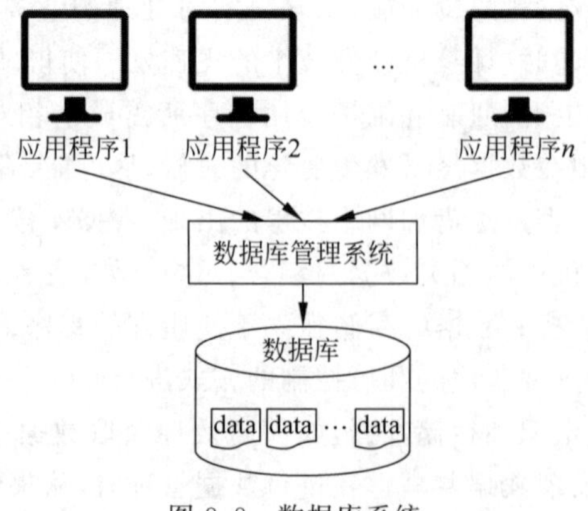

图 8.8　数据库系统

8.1.3 数据库技术的发展历史

早期的数据库系统是从文件系统发展起来的。这些数据库系统使用不同的数据模型来描述数据库中的信息结构，如 1969 年 IBM 公司研制出了基于层次模型的数据库管理系统；20 世纪 60 年代末 70 年代初，美国数据库系统语言协会下属的数据库任务组提出了一个著名的报告，对网状数据模型和语言进行了定义。

早期的模型和系统存在的一个问题是它们不支持高级查询语言。在使用这些系统时，即便是一个简单的查询，用户也得花费很大的力气去编写查询程序。1970 年，IBM 公司的研究员 Edgar Frank Codd 博士发表了题为 *A Relational Model of Data for Large Shared Data Banks* 的论文。该论文提出了数据库系统应以表格的形式将数据组织给用户看，这种形式被称作关系。尽管在关系的背后可能隐藏着极其复杂的数据结构，但用户可不必关心数据的存储结构而实现对数据的快速查询，从而大大地提高了数据库程序员的工作效率。关系数据库模型和方法为关系数据库技术奠定了理论基础，并开创了数据库技术领域的新纪元。1981 年，美国计算机协会给 Codd 颁发了图灵奖以表彰他所做出的杰出贡献。

20 世纪 70 年代后期，关系数据库从实验室走向了社会。之后几乎所有新研发的系统都是关系型的，数据库技术得到了迅猛发展。许多数据库提供商开发了各种针对不同应用的数据库管理系统，使数据库技术日益渗透到企业管理、商业决策、情报检索等领域，微机的普及进一步推动了其走向更广大的用户群，数据库技术成为了实现和优化信息管理的有效工具。

进入 21 世纪，随着计算机网络技术的发展，人们对数据的联机处理提出了进一步的要求。Internet 使数据库技术的重要性得到了充分的放大。一些新的领域如计算机集成制造、计算机辅助设计、地理信息系统等对数据库提出了新的需求，它们为数据库的应用开辟了新的天地，同时也直接推动了数据库技术的革新和发展。

如今，数据库技术的应用已经从最初的一般管理渗透到各行各业，我们每天无论是在超市购物，还是在图书馆检索馆藏书目，无论是在银行存取款，还是在网上预订火车票或飞机票，都或多或少地和数据库发生某些联系。这些应用都具有以下几个共同的特点：一是涉及的数据量大；二是数据需要长期保存；三是数据需要被多个应用程序（或多用户）所共享。数据库技术已经成为信息系统的一个核心技术。

总之，没有数据库技术，人们在浩瀚的信息世界中将显得手足无措。

8.1.4 数据库技术的发展现状与趋势

数据库技术的应用领域非常广泛，对现代社会的渗透可谓无孔不入。大到公司、大型企业或是政府部门，小到家庭或个人，都需要使用数据库技术来存储和管理数据信息。

传统数据库中很大一部分用于商务领域，如证券行业、银行、销售部门、公司或企业单位，以及学校、医院、国家政府部门、国防军工领域、科技发展领域等。以银行为例，银行中大量的客户资料、客户资金、每一笔交易的流水都是重要的数据。把这些数据存储在数据库中，就可以方便地对其进行查询和管理，包括随时根据一定的条件把数据从数据库中调阅出来；客户取钱后，把原有的资金余额扣减了取款金额后再存储回数据库中等。数据库技术的支持使数据的管理更加易于操作，处理效率更高。

关系数据库走出实验室走向商业领域并取得了巨大的成功，这也刺激了其他领域对数据库技术需求的迅速增长。然而,传统的关系数据库并不能完全满足新领域所提出的数据管理需求。例如,多媒体数据的形式和操作都比传统的数据要复杂。新的挑战带来了新的发展契机。新一代数据库技术的研发促进了数据库技术与其他学科的结合并涌现出了各种新型的数据库,如数据库技术与多媒体技术相结合的产物——多媒体数据库、数据库技术与分布式处理技术相结合的产物——分布式数据库、数据库技术与移动计算技术相结合的产物——嵌入式移动数据库、数据库技术与 Web 技术相结合的产物——Web 数据库、数据库技术与人工智能相结合的产物——演绎数据库、数据库技术与地理信息系统相结合的产物——空间数据库,等等。

随着大数据、人工智能、物联网的崛起,数据库技术有以下几个发展趋势:

(1) 从集中式逐渐转到分布式。随着数据量的增加和硬件性能的瓶颈,尤其是摩尔定律的限制,传统的集中式架构完全无法满足客户的要求,不论是数据库还是整个应用软件,都有从集中式转分布式的趋势。

(2) 从 SQL 到 NoSQL。目前,Oracle、MySQL、SQL Server 等大部分的数据库产品是基于二维表结构并使用 SQL 语言的。但是随着数据库应用领域的不断扩大,图像、文档、流媒体大幅度增加,数据量爆发式增长,数据库形态将越来越丰富,未来将从 SQL 到 NoSQL 的方向发展,包括文档数据库、键值数据库、图数据库和时序数据库。而目前,根据 DB Engines 第三方的统计,图数据库是发展最快的。

(3) 从云下到云上。以云为基础的云数据库将越来越多地影响人们的生活。现阶段云数据库更多地应用在互联网行业以及传统行业的互联网场景。随着产业端更多的业务创新,云数据库的需求将有望被进一步拉动。

(4) 智能化。随着复杂海量的数据的不断增长以及越来越多种类的数据库的出现,数据库管理员承担的优化任务越来越繁重,人工调优能力逐渐跟不上数据库的发展,引入人工智能来弥补人能力的不足势在必行。通过人工智能优化算法,可对任务进行有效的自动化分析,减少人工成本并提高数据库的性能。云数据库更大范围的普及将推动数据库智能化的实现。

总之,无论被应用在哪个领域,新一代数据库系统必须要支持数据管理、对象管理和知识管理,必须保持或继承关系数据库系统的技术,必须对其他系统开放。这是经过多年的研究和讨论后,学术界与产业界对新一代数据库系统应具备的基本特征达成的共识。

8.1.5 数据库技术的相关学科

在计算机世界里,数据库技术已成为数据存储、信息管理、资源共享的最有效、最先进的工具。数据库技术是一门涉猎甚广的学科。要想打开这扇技术大门进入这一领域,必须要先掌握计算机科学的一些基础理论知识,包括程序设计语言、算法设计与分析、计算机组成原理基础、数据结构、操作系统基础、离散数学、计算机网络和软件工程等。

8.2 数据库管理系统

数据库管理系统(DBMS)是一种操纵和管理数据库的软件系统。它位于用户和操作系统之间,用于建立、使用和维护数据库,并对数据库进行统一的管理和控制,以保证数据的安

全性和完整性。DBMS 提供了良好的界面接口供用户访问数据库中的数据,可方便地定义和操纵数据以及进行多用户下的并发控制和数据库恢复。通过 DBMS,多个应用程序和用户可用不同的方法在同时或不同时刻去建立、修改和查询数据库。

8.2.1 数据库管理系统的功能

DBMS 是由众多程序模块组成的大型软件系统,由软件厂家提供。不同的 DBMS 产品虽然实现的软硬件基础有所差异,大型系统功能较强而小型系统功能较弱,但基本具备以下功能:

1) 数据定义

DBMS 提供了数据定义语言。用它书写的数据库的逻辑结构、完整性约束和物理存储结构被保存在内部的数据字典中,作为数据库各种数据操作(如查找、修改、插入和删除等)和数据库维护管理的依据。

2) 数据操纵

DBMS 提供了数据操纵语言,用户可使用 DML 实现对数据的查找、修改、插入和删除。

3) 数据的组织、存储和管理

DBMS 要分类组织、存储和管理各种数据,包括数据字典、用户数据、存取路径等,需确定以何种文件结构和存取方式在存储级上组织这些数据,如何实现数据之间的联系。数据组织和存储的基本目标是提高存储空间的利用率,选择合适的存取方法提高存取效率。

4) 数据库的运行管理

在数据库运行时,DBMS 对所有操作实施管理和监控,包括多用户环境下的并发控制、安全性检查和存取限制控制、完整性检查和执行、运行日志的组织管理、事务的管理和自动恢复等。一方面要保证用户事务的正常运行,另一方面要保证数据库的安全性和数据的完整性。这些功能由 DBMS 提供的数据控制语言来完成。

5) 数据库的建立与维护

DBMS 提供了数据库初始数据的输入、转换程序以及为数据库管理员提供日常维护的软件工具,包括工作日志、数据库备份、数据库重组以及性能监控等程序。

6) 通信

DBMS 具有与操作系统的联机处理、分时系统及远程作业输入的相关接口,负责处理数据的传送。对于网络环境下的数据库系统,还应该包括 DBMS 与网络中其他软件系统的通信功能以及数据库之间的互操作功能。

8.2.2 数据库管理系统的层次结构

根据处理对象的不同,数据库管理系统的层次结构由高级到低级可分为应用层、语言翻译处理层、数据存取层和数据存储层,如图 8.9 所示。

1) 应用层

应用层是 DBMS 与终端用户和应用程序的界面层,处理的对象包括各种各样的数据库应用,如一些应用程序、最终用户通过应用接口发来的事务请求等。

2) 语言翻译处理层

语言翻译处理层处理的对象是数据语言。该层对数据库语言的各类语句进行语法分

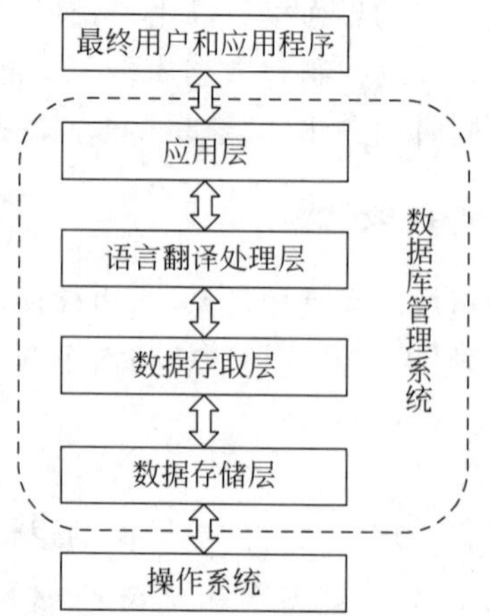

图 8.9　数据库管理系统的层次结构

析、视图转换、授权检查、完整性检查、查询优化等。通过调用下层的基本模块，生成可执行代码，并运行代码，完成上一层的事务请求。

3）数据存取层

数据存取层处理的对象是单个记录。它将上一层基于集合的操作转换为基于单记录的操作。这些操作包括扫描、排序以及记录的查找、插入、修改、封锁等，并完成数据记录的存取、存取路径的维护、并发控制、事务管理等工作。

4）数据存储层

数据存储层处理的对象是数据页和系统缓冲区，使用操作系统提供的基本存取方法执行数据物理文件的读写操作。

8.2.3　常见的数据库管理系统及其特点

1. 关系数据库管理系统

目前市场上应用最广泛的是关系数据库管理系统，商业化的代表产品有 IBM DB2、Oracle、Microsoft SQL Server、Microsoft Access、Sybase、MySQL 等多种，它们的特点和适用范围都有所区别。

IBM DB2、甲骨文公司的 Oracle 数据库一直是大型数据库应用领域的两大竞争产品。由于价格较为昂贵，一般小公司或政府办公部门不采用这类产品，主要应用在银行、保险、电信等大型企业中，也号称是企业级数据库，它们优点在于性能高，故障率低，扩展能力强。这些数据库一般安装在 Mainframe 或 UNIX 机器上。

Microsoft SQL Server、Microsoft Access 都是 Microsoft 推出的产品，一般只能安装在 Windows 操作系统上。其中，Microsoft SQL Server 使用 Transact-SQL 语言完成数据操作。为打开市场，Microsoft 一直计划增强 SQL Server 对非 Windows 操作系统的支持。该产品具有开发、维护简单和价格低廉的优点，一般应用于对性能与故障率要求不高的政府部门、中小型企业中。而 Microsoft Access 是集成在 Microsoft Office 里的、在 Windows 环境下非常流行的桌面型数据库管理系统。使用 Microsoft Access 无须编写任何代码，只需通过直观的可视化操作就可以完成大部分数据管理任务。它具有界面友好、易学易用、开发简

单、接口灵活等特点。

Sybase 首先提出 Client/Server 数据库体系结构的思想，可在 UNIX 或 Windows NT 平台上的客户机-服务器环境下运行。它介于大型与小型产品之间，可作为一个中间的选择方案。

MySQL 数据库是甲骨文公司的产品，其采用双授权政策，分为社区版和商业版。由于其具有体积小、速度快、总体拥有成本低、开放源码等特点而广泛被 Internet 上的许多中小型网站所采用。

上述产品都源自国外。我国自主研发的关系数据库基本发源于 20 世纪 90 年代，具有代表性的厂商有达梦、人大金仓、神州通用、南大通用等，这些数据库多应用于央企、国家财政、军事等领域。然而遗憾的是，由于这些产品技术创新不足、产品稳定性不佳、性能无法得到企业认可，在商业市场上并没有产生很大的影响力。2019 年，华为宣布将开源其数据库产品并命名为 openGauss。这是一款高性能、高安全、高可靠的企业级关系型数据库管理系统，具有多核高性能、全链路安全性、智能运维等企业级特性。

2. 非关系数据管理系统

随着互联网 Web 2.0 的兴起，传统的关系数据库在应对超大规模和高并发社交网络的数据处理时显得力不从心。在新的应用需求推动下，NoSQL 诞生了。NoSQL 指的是非关系分布式数据库，它对高并发的大规模访问有着效率上的优势。NoSQL 的主要代表产品有 MongoDB、BigTable、Cassandra 等。

MongoDB 是一个用 C++ 语言编写的基于分布式文件存储的数据库，旨在为 Web 应用提供可扩展的高性能数据存储解决方案。它是一个介于关系数据库与非关系数据库之间的产品，是非关系数据库当中功能最丰富的、最像关系数据库的产品。它最大的特点是支持的查询语言非常强大，其语法类似于面向对象的查询语言，几乎可以实现类似关系数据库单表查询的绝大部分功能，而且还支持对数据建立索引。目前《纽约时报》、趋势科技公司等已经将 MongoDB 作为数据库应用之一。

BigTable 是一种基于 Google 文件系统的数据存储系统，用于存储大规模结构化数据，具有可压缩、高性能、高可扩展性等特点，适用于云计算。它被广泛用于 Google 的应用程序，如 MapReduce、Google 地图、YouTube 视频等。

Cassandra 是一个类似于 BigTable 的混合型非关系数据库。它最初由 Facebook 开发，后转变成了一个开源的项目。它是一个网络社交云计算方面理想的数据库，Facebook、Twitter、思科等公司都将 Cassandra 作为数据库应用之一。

8.3 数据库系统

8.3.1 数据库系统的组成

数据库系统(DBS)是在计算机中为实现数据的有组织存储、管理、访问和维护而引入数据库技术后的系统构成。数据库系统一般由以下几个部分组成，如图 8.10 所示。

1）数据库

数据库是长期存储在计算机中按照一定的结构组织在一起的、可共享的、相互关联的数

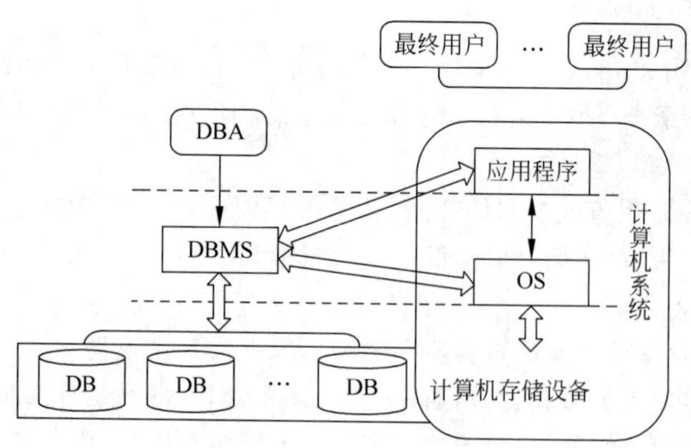

图 8.10　数据库系统的组成

据集合，是数据库系统的基础。

2）数据库管理系统

数据库管理系统是一种能完成描述、管理、维护数据库并提供数据插入、修改、删除和检索操作的软件系统，是数据库系统的核心。

3）计算机系统

计算机系统包括数据库赖以存在的硬件设备、为 DBMS 提供支持的操作系统，以及一些可方便用户使用数据库、提高系统开发效率的应用程序。

4）数据库管理员

数据库管理员（database administrator，DBA）由一个或一组专业人士来担任，负责为存取数据库的用户授权，协调和监督用户对数据库和数据库管理系统的使用，维护系统的安全性和确保系统的正常运作。

DBA 的具体工作职责如下。

（1）数据库的设计与创建。包括数据库、表等结构的创建以及存储结构的定义和访问策略的制定。

（2）数据库的日常运行监控。包括对数据库会话、日志、文件碎片、用户访问等进行监控，随时监控数据库服务的运行异常和资源消耗情况，评估数据库服务的整体运行状况，及时发现数据库的隐患。

（3）数据库的用户管理。包括访问权限分配与密码修改等。DBA 可为不同用户分配不一样的访问权限，以保护数据库不被未经授权的用户访问或破坏。

（4）数据库的备份管理。包括备份策略的制定和调整、对备份的监控、备份定期删除等，并在灾难出现时对数据库信息进行恢复。

（5）故障处理。包括对数据库服务出现的任何异常如设备故障、网络故障、程序错误等进行及时处理，尽可能避免问题扩大化甚至中止服务。

DBA 是 DBS 中最重要的角色。DBA 不仅能够接触到数据库中的核心数据，还掌握着数据库其他用户的数据访问权限分配。因此，作为 DBA，不仅需要具备广博的知识和深厚的技术能力，还应该具有良好的职业道德素养和高度的信息安全意识。DBA 除了要认真完成责任范围之内的数据库维护之外，还要承担保护数据库数据的责任，否则有可能引起非常严重的后果。

2020 年 1 月，中国裁判文书网公布了“陈某武、陈某华、姜某乾等侵犯公民个人信息罪”的刑事裁定书。经法院二审审理查明：2013 年至 2016 年 9 月 27 日，被告人陈某华从某信息服务公司数据库获取区分不同行业、地区的手机号码信息提供给陈某武，被告人陈某武以人民币 0.01 元/条至 0.2 元/条不等的价格在网络上出售，获利金额累计达人民币两千余万元，涉及公民个人信息两亿余条。盗取手机号码信息的技术人员，既违反了民事法律规定，须承担相应民事赔偿责任；还违反了刑法中涉及泄露、盗取私人信息的相关规定：非法泄露个人信息，最高可判处三年有期徒刑。

对数据工作人员来说，接触数据的同时也要遵守职业道德和法律法规，尽职尽责维护数据安全，坚决避免不必要的信息泄露和传播。

5）最终用户

最终用户是数据库的主要使用者，会对数据库提出查询和更新等操作要求。

8.3.2 数据库系统的体系结构

数据库技术中采用分级的方法，将数据库系统的结构划分为多个层次，其中最著名的是美国 ANSI/SPARC 数据库系统研究组 1975 年提出的三级划分法。它将数据库分为用户级、概念级、物理级三个抽象级别，并分别对应外模式、概念模式、内模式三级模式。使不同级别的用户可以根据其角色和工作职能的不同查看和访问数据库的不同数据范围，从而有效地组织、管理数据。相比文件系统的数据管理方法而言，三级划分法降低了数据冗余，保证了数据的一致性，提高了数据独立性。

1. 三级模式结构

所谓模式，是对数据库的抽象描述，数据模型是其主题。模式描述的主要内容包括数据项的名称、数据项的数据类型、约束、文件之间的相互联系等。如教务信息系统的数据库其模式可定义为如图 8.11 所示。模式只是对数据记录类型的描述，不涉及具体实例的值，是相对稳定的。

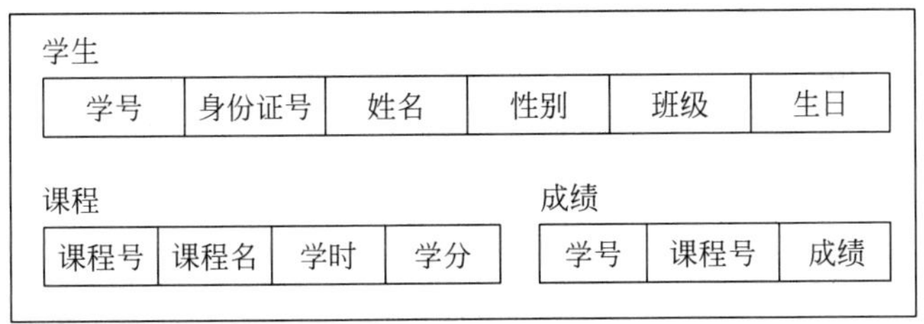

图 8.11 教务信息系统模式图

三级模式结构是数据库领域公认的标准结构，依照这三级模式构建起来的数据库分别称为用户级数据库、概念级数据库和物理级数据库。不同级别的用户可访问的数据库是不一样的，从而形成对数据库不同的视图。所谓视图，指观察、认识和理解数据的范围、角度和方法，是数据库在用户“眼中”的反映。

1）概念模式

概念模式简称模式，它描述了现实世界中的实体及其性质与联系，定义了记录、数据项、数据的完整性约束条件及记录之间的联系，是数据库的框架。概念模式是数据库中全体数据的逻辑结构和特征的描述，是所有用户的公共数据视图。一个数据库只有一个概念模式。概念模式把用户视图有机地结合成一个整体，综合平衡考虑所有用户的需求，可实现数据的一致性，并最大限度地降低数据冗余度，准确地反映数据间的联系。依照概念模式构建的数据库就是概念级数据库，是DBA看到和使用的数据库，又称为DBA视图。概念级数据库由概念记录（即模式的一个逻辑数据单位）组成，一个数据库可有多个不同的用户视图，每个用户视图由数据库某一部分的抽象表示所组成。但一个数据库应用系统只存在一个DBA视图，它把数据库作为一个整体的抽象表示。

2）外模式

外模式又称子模式、用户模式，描述的是数据库用户（包括程序员和最终用户）能够看见和使用的局部数据的逻辑结构和特征。用户级数据库对应于外模式，是最接近于用户的一级数据库，是用户能够看到和使用的数据库，又称为用户视图。用户级数据库主要由外部记录（用户所需要的数据记录）组成，不同用户视图可以互相重叠，用户的所有操作都是针对用户视图进行的。外模式是与某一应用有关的数据的逻辑表示。用户根据外模式用数据操纵语句或应用程序操作数据库中的数据。外模式主要描述组成用户视图的各个记录的组成、相互关系、数据项的特征、数据的安全性和完整性约束条件。一个数据库可以有多个外模式，但一个应用程序只能使用一个外模式。

3）内模式

内模式是整个数据库的最底层表示，它定义的是存储记录的类型、存储域的表示、存储记录的物理顺序、索引和存储路径等数据的存储组织，是数据物理结构和存储方式的描述。一个数据库只有一个内模式。

物理级数据库对应于内模式，是数据库的底层表示，它描述了数据的实际存储组织，又称内部视图。物理级数据库由内部记录（包含了实际所需数据和DBMS管理数据时所需的相关指针和标志等系统数据）组成，它并不是真正的物理存储，而是最接近于物理存储的一个抽象级。

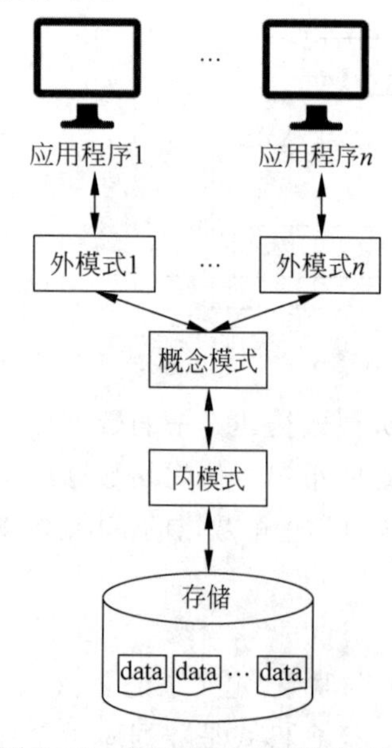

图8.12　数据库的三级模式结构

如图8.12所示，在数据库的三级模式结构中，概念模式只有一个，是数据库的中心与关键；内模式只有一个，它依赖于概念模式，独立于外模式和存储设备；外模式面向具体的应用，可以有多个，它们独立于内模式和存储设备。应用程序依赖于外模式，独立于模式和内模式。

2. 两级映射

两级映射实现了数据库体系结构中三个抽象层次的联系与转换。对于每一个外模式，都存在一个外模式-模式的映射，它确定了数据的局部逻辑结构与全局逻辑结构之间的对应关系。外模式可有多个，有多少个外模式，就有多少个外模式-模式的映射。由于概念模式和内模式都是唯一的，因此从概念模式到内模式的映射是唯一的，它确定了数据的全局逻辑结构与存储结构之间的对应关系。

数据库的三级模式结构通过两级映射联系了起来。

当用户向数据库提出数据访问请求时，通过应用程序向 DBMS 发出操作指令。DBMS 接收到指令后，检查该操作权限是否合法。若该操作权限合法，则在数据字典中找到数据库的三级模式结构定义，把外模式中的用户请求转换成概念模式中对应的请求；然后再把这个请求转换成内模式中的请求，OS 根据这一请求在存储设备中提取出数据以物理记录的形式返回。如果是查询，必须又经过反向的映射，由 OS 把物理记录转换成内部记录，再由 DBMS 转换成对应的概念记录，最终根据用户外部视图匹配成外部记录的格式返回给用户，如图 8.13 所示。在这个数据访问的过程中，DBMS 为应用程序在内存中开辟了一个数据库的系统缓冲区，用于数据的传输和格式的转换。

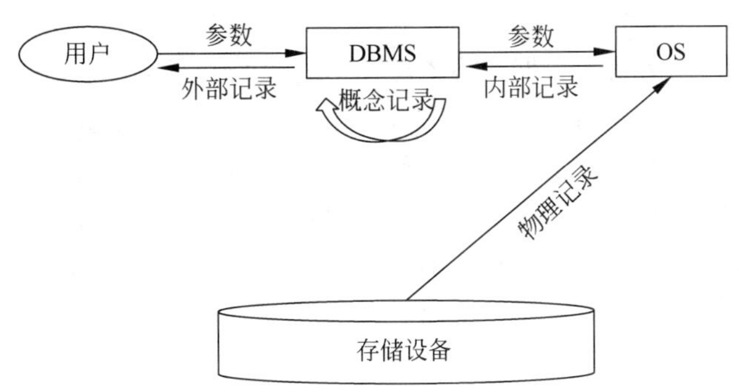

图 8.13　用户访问数据的过程

3. 数据独立性

数据独立性指在数据库三级模式体系结构中，某一层次模式上的改变不会使它的上一层模式也发生改变的能力。数据独立性是数据库系统最重要的目标之一。在使用数据库系统进行数据管理时，把数据的定义从应用程序中剥离开来，并由 DBMS 专门负责对数据进行存取，从而大大减少了因数据结构的改变而引起的应用程序的修改和维护的工作量，降低了软件开发和维护的成本。数据库的三级模式结构和两级映射维护了数据与应用程序之间的无关性，保证了数据库系统较高的数据独立性。

数据库系统的数据独立性包括两个层次：逻辑独立性和物理独立性。

数据的逻辑独立性指用户的应用程序与数据库的逻辑结构是相互独立的。例如，在不破坏原有记录类型之间的联系的情况下增加新的记录类型，在原有的记录类型之间增加新的联系，或在某些记录类型中增加新的数据项时，数据的整体逻辑结构改变了，而用户对数据的需求没发生变化，则数据的局部逻辑结构不需修改。这时，只需修改外模式-模式的映射，保证数据的局部逻辑结构不变。由于应用程序是依据数据的局部逻辑结构编写的，所以应用程序无须修改，从而保证了数据与程序间的逻辑独立性。

数据的物理独立性指用户的应用程序与存储在磁盘上的数据库中的数据是相互独立的。数据在磁盘上如何存储是由 DBMS 管理的，用户不需要了解，应用程序只需要处理数据的逻辑结构。当数据的存储改变时，例如改变存储设备或引进新的存储设备、改变数据的存储位置、改变物理记录的体积、改变数据物理组织方式等，只需相应地调整模式-内模式的映射，使其概念模式仍保持不变即可。此时，外模式保持不变，因此不必修改应用程序，从而确保了数据的物理独立性。

由于应用程序对于它们所访问的数据的逻辑结构依赖程度很大，因此逻辑独立性往往比物理独立性更难做到。

8.3.3 数据库系统的分类

从数据库最终用户的角度看，数据库系统按照体系结构的不同可分为单用户数据库系统、主从式数据库系统、分布式数据库系统和客户-服务器(C/S)结构的数据库系统。

1. 单用户数据库系统

单用户结构的数据库系统的应用程序、数据库管理系统和数据都装在一台计算机上，被一个用户独占。其优点是结构简单，数据易于管理和维护，但不同计算机之间不能共享数据。

2. 主从式数据库系统

如图 8.14 所示，在主从式数据库系统里，一个主机连接多个终端的用户，应用程序、数据库管理系统和数据都集中存放在主机上，多个用户可以通过不同的终端向主机发出数据处理请求，主机完成任务处理后将处理结果返回给终端。使用这种结构可以实现并发地存取数据库，共享数据资源，且数据集中管理易于维护。但主机的性能成为系统的关键。如果主机的任务过于繁重，容易成为系统的瓶颈而导致系统性能大幅下降。一旦主机出现故障，则整个系统瘫痪，因而系统的可靠性不高。

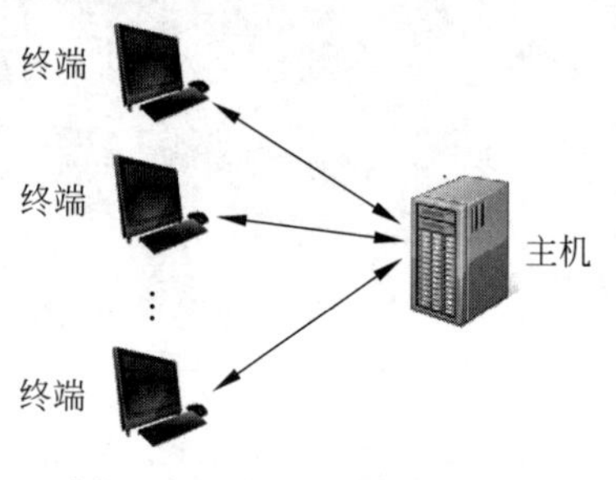

图 8.14　主从式数据库系统

3. 分布式数据库系统

分布式数据库系统有两种，一种是数据库中的数据在逻辑上是一个整体，但物理分布在计算机网络的不同节点上。这种系统只适用于用途比较单一的数据库应用，例如在不大的单位或者部门里的数据库应用。另一种分布式数据库系统无论是逻辑上还是物理上都是分布的，各个子系统是相对独立的，适用于多用途、差异大的数据库和大范围的数据库集成，如图 8.15 所示。分布式数据库系统是计算机网络发展的必然产物，它满足了跨地域的公司或组织对数据库应用的需求。但数据的分布存储给数据的处理、管理和维护带来了一定的困难，系统的效率往往受到计算机网络状态的制约。

4. C/S 结构的数据库系统

如图 8.16 所示，在 C/S 结构的数据库系统里，由网络中一个或多个节点上的计算机负责执行 DBMS 功能，这些计算机称为数据库服务器；其他节点上的计算机安装 DBMS 的外

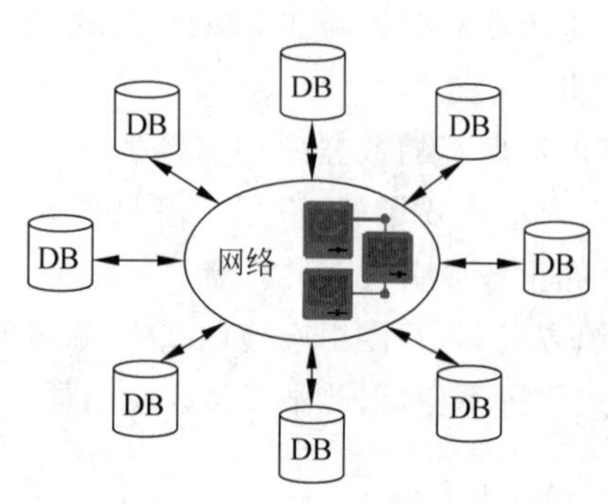

图 8.15　分布式数据库系统

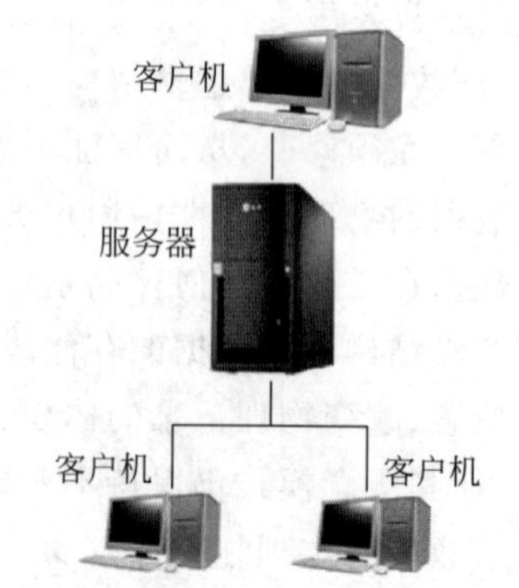

图 8.16　C/S 结构的数据库系统

围应用开发工具，以支持用户的应用，这些计算机称为客户机。当用户通过客户机发出数据处理请求时，这些请求被传送到数据库服务器中，数据库服务器处理后将结果通过客户机返回给用户。这种系统具有较高的性能和负载能力以及更强的可移植性，可在多种不同的软硬件平台上使用多种不同的数据库开发工具来构建。

8.3.4　数据库系统的特点与功能

数据库系统是在文件系统的基础上发展起来的，但它们之间又有着本质的区别。

1. 文件系统的不足之处

文件系统是操作系统中负责管理辅助存储器上的数据的子系统。在文件系统中，数据根据其内容、结构和用途被组织成相互独立的文件。文件是面向应用的，每一个文件都属于一个特定的应用程序，不同的应用程序独立地定义和处理自己的文件。因此，文件系统存在以下的不足之处。

(1) 数据共享性差，冗余度大。因为文件与应用程序紧密相关，所以相同的数据集在不同的应用程序中会被重复定义和存储，无法共享。

(2) 数据存在不一致性。由于相同的数据在不同的文件中重复存储，而这些文件又是相对独立的，若在某个文件中修改了某数据，而在另一存储该数据的文件中没有进行同样的修改，就会造成数据的不一致。

(3) 数据独立性差。文件是为某一特定的应用服务的。随着应用环境和需求的变化，文件结构可能要被修改，如扩充字段的长度、改变字段的表示格式等。文件结构一旦改变，应用程序无可避免要修改。此外，应用程序如发生改变也有可能影响文件的定义。

(4) 数据结构化程度低。在文件系统中，文件与文件之间是相对独立的，缺乏对现实世界中事物间联系的描述能力，很难从整体上对数据进行组织以适应不同的应用需求。

(5) 数据缺少统一管理。文件系统在数据的结构、编码、表示格式、命名以及输出格式等方面不易做到规范化、标准化，数据安全和保密性较差。

2. 数据库系统的特点与功能

针对文件系统的缺点而发展出来的数据库系统是以统一管理和共享数据为目标的。在数据库系统中，数据不再面向某个应用，而是作为一个整体来描述和组织并由 DBMS 来进行统一的管理，因此数据可被多个用户多个应用程序共享。它具有以下特点与功能：

(1) 数据结构化。数据库系统采用一定的数据模型，不仅描述了数据本身的特点，而且描述了数据之间的联系。

(2) 可实现数据共享。数据库系统以数据为中心组织数据，全盘考虑所有用户的应用需求，形成综合性的数据库，供不同的应用共享。

(3) 数据冗余度小。在数据库系统中，不同的应用程序根据处理要求，从数据库中获取需要的数据，这样就减少了数据的重复存储，有利于维护数据的一致性。

(4) 程序和数据之间具有较高的独立性。在数据库系统中，用户不用关心数据的存储方式和存取路径等细节。程序和数据相互独立有利于加快软件开发速度，节省开发费用。

(5) 具有良好的用户接口。数据库系统为不同的用户提供多种用户界面。例如为具备数据库专业知识的用户提供了数据库查询语言界面，为程序员提供了程序设计语言界面，为普通用户提供了简单易用的图形化界面。

（6）对数据实行统一管理和控制。数据库系统对数据的统一管理包括数据库的恢复、数据的安全性和完整性以及并发控制等，能够确保系统可靠地运行并迅速排除故障，保护数据不受非授权者访问和破坏，并防止错误数据的产生。

8.4 关系数据库的建立与应用

从 1970 年“关系数据库之父”Codd 首次提出数据库的关系模型之后，因为关系模型具有坚实的数学理论基础且简单明了，所以一经推出就受到了学术界和产业界的高度重视和广泛响应，迅速成为数据库市场的主流并保持其市场统治地位至今。即便目前数据库领域的研究融合了许多其他领域的技术成果，但这些研究工作大都是以关系模型为基础的。

8.4.1 关系数据库的基础

模型是现实世界当中事物某些特征的抽象与模拟。例如，建筑界使用的沙盘就是对建筑物结构和地理位置的模拟。数据模型是模型的一种，它是对现实世界当中事物的数据特征的抽象和模拟。关系模型是一种容易被人理解的数据模型，它和其他数据模型一样，由数据结构、数据操作和数据完整性约束这三部分组成，是关系数据库系统实现的理论基础。

1. 关系模型的数据结构

1）概述

在信息世界中，我们将客观存在的并且可以相互区别的事物称为实体。例如，学生 A 是一个实体，学生 B 也是一个实体，同一个班的所有学生构成了一个实体集。

实体所具有的特征称为属性。例如，学生可由学号、身份证号、姓名、性别、班级、生日等属性来描述。不同的实体依靠不同的属性值来区分。每个属性可取的值的范围称为值域，例如性别这个属性的值域为“男/女”。在实体所有的属性集中，能唯一区分每一个实体的最小的属性集合称为键。例如，每个学生的学号都不可能相同，因此学号可作为学生的键。

实体间的联系对应了现实世界中事物间的联系。实体间的联系类型有三种：一对一联系、一对多联系和多对多联系。例如学校与校长之间、系和系主任之间是一对一联系；班级和学生之间、院系和教师之间是一对多联系；学生与课程之间、课程与教师之间是多对多联系。

在关系模型中，无论是实体还是实体与实体间的联系均用关系（Relation）来表示。每个关系的数据结构是一个规范化的二维表，如表 8.1～表 8.3 分别列出了“学生”关系、“课程”关系和“成绩”关系。在一个二维表中，每一行称为元组，也叫记录；每一列是一个属性，也称为字段；关系中元组的一个属性值称为分量。

在关系中，能唯一区分每一个元组的最小的属性集合称为候选键。例如，如果用身份证号、学号、姓名、性别、班级等属性来描述学生，那么，除了学号之外，由于身份证号的唯一性，我们可以通过身份证号来唯一确定每个元组，因此，学号和身份证号都是该关系的候选键。每个关系至少要有一个候选键。一般我们从候选键中选取其中一个作为主键来区分元组。若关系 A 中的一个属性或属性集是关系 B 的候选键，则将该属性或属性集称为 A 的外键。例如，在“成绩”关系中，“学号”属性是“学生”关系的候选键，因此“学号”是“成绩”关系的外键。

表 8.1 “学生”关系

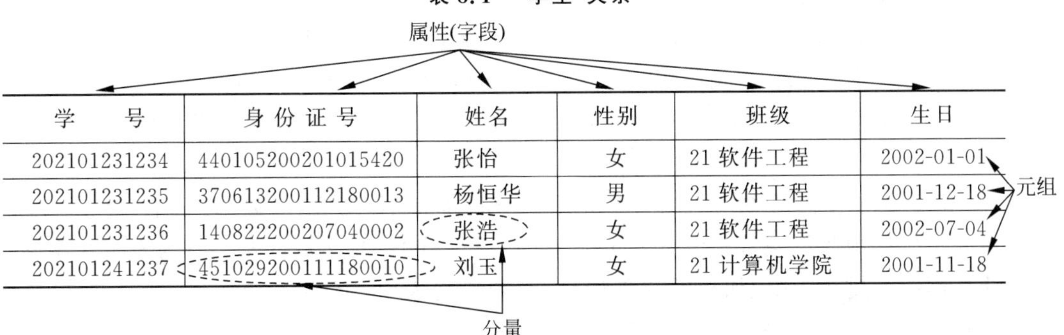

学　号	身份证号	姓名	性别	班级	生日
202101231234	440105200201015420	张怡	女	21 软件工程	2002-01-01
202101231235	370613200112180013	杨恒华	男	21 软件工程	2001-12-18
202101231236	140822200207040002	张浩	女	21 软件工程	2002-07-04
202101241237	451029200111180010	刘玉	女	21 计算机学院	2001-11-18

表 8.2 “课程”关系

课程号	课程名	学时	学分
1024	计算机基础	64	2.5
1025	高等数学	128	5

表 8.3 “成绩”关系

学号	课程号	成绩
202101231234	1024	85
202101241237	1025	76

在进行数据库设计时，我们常把关系形式化地表示为：关系名（字段 1，字段 2，…，字段 n，…）。例如，前面描述的“学生”关系，其关系模式可表示成：学生（学号，身份证号，姓名，性别，班级，生日）。为了设计时一目了然，常常会在主键底下加上下划线，如学生（<u>学号</u>，身份证号，姓名，性别，班级，生日）。

关系模式相当于一个表的抽象框架，是相对稳定的。当我们往框架里面填入具体的数据之后，每一个元组称为关系实例。关系实例会随着数据的插入、删除和修改而经常变化。

2）关系的性质

关系模型中对关系做了一些规范化的限制，要求在数据库中的关系必须满足以下性质：

（1）元组有限性。即二维表中行的个数是有限的。由于计算机系统硬件设备的限制，在数据库技术中提到的关系指的是有限的关系。

（2）元组各异性。即每个元组均不能相同。因为现实生活当中不存在完全相同的两个实体。而将同一个实体在一个表中重复存储两次也是没有意义的。

（3）元组次序任意性。即二维表中行的次序可以任意交换。关系是一个集合，集合中的元素不考虑次序。关系实例排序的先后不会影响关系的实际含义。而且，在实际的应用当中，为了加快检索速度，提高数据处理的效率，经常会对关系中的元组进行排序。这将会打乱元组的初始顺序，但对关系不会产生任何影响。

（4）字段各异性。即在一个二维表中不能存在相同的属性名。重复地描述一个实体的某一特征是没有意义的。

（5）字段同质性。即二维表中同一列中的数据必须是同一种数据类型和来自同一个值域。如在“成绩”关系中，成绩是介于 0～100 的数值型数据，不能将有些课程成绩记为“优秀”等文本型。

(6) 字段次序任意性。即在定义一个关系模式时，其字段的先后次序不会影响关系的实际意义。但关系模式一旦定义之后，不能随意地调换字段在元组中的顺序，否则会引起歧义。如在上述定义的“学生”关系模式下，不能将元组(202013829438，448273200203051292，男，张伟，20 级法学 1 班，20020305)插入，这将意味着存在性别为“张伟”、姓名为“男”的实体。

(7) 分量原子性。即关系中每一个元组的分量都是不可分割的数据项，不允许表中有表。在现实生活中我们经常会像图 8.17(a)这样组织数据，但这不符合关系的规范化定义。在设计数据库的过程当中，如遇到这种情况，必须要将表中嵌套的表拆分，如表 8.17(b)所示，直到每个元组的分量都不能再分为止。

学号	成绩	
	数据库	高等数据
202101231234	85	76
202101231235	70	88

(a)

规范化

学号	数据库	高等数学
202101231234	85	76
202101231235	70	88

(b)

图 8.17　关系的规范化

3) E-R 图

在关系模型中，实体与实体之间的联系是通过在其对应关系中包含相同的字段来实现的。例如，在“学生”与“课程”之间存在着多对多的联系，一个学生可以选修多门课程，一门课程可以由多个学生同时选修。多对多联系实际上是两个一对多联系的组合。在实际应用中，任何多对多的联系都要拆成多个一对多的联系来处理。因此，我们可以定义下列关系模式来描述学生选修课程这一事件。

学生(学号，身份证号，姓名，性别，班级，生日)

课程(课程号，课程名，学时，学分)

成绩(学号，课程号，成绩)

上述关系模式可用 E-R 图[①]表示，如图 8.18 所示。

从学生选课的 E-R 图可看出，在“学生”与“成绩”之间存在着一对多的联系，一个学生可以选修多门课程，因而有多个成绩记录；而每一条成绩记录只能属于某个学生。同样地，在“课程”与“成绩”之间也存在着一对多的联系，一门课程可以由多个学生同时选修，因而有多个成绩记录；而每一条成绩记录只能与某一门课程相关。在“成绩”关系中，“学号”是外键，“课程号”也是外键。同时，“学号”与“课程号”的组合又构成了“成绩”关系的主键。由此可见，外键实现了实体间的联系。通过外键“课程号”，我们可以在“课程”关系中找到某课程的学分；通过外键“学号”，我们可以在“学生”关系中找出对应的学生姓名。因此，要进行诸如“王东同学已经获得多少学分”的统计只需要经过一定的关系运算就可以实现。

① 在设计数据库时常用 E-R 图来表示实体及其联系。在 E-R 图中，矩形表示实体，椭圆形表示实体的属性，菱形表示实体间的联系。

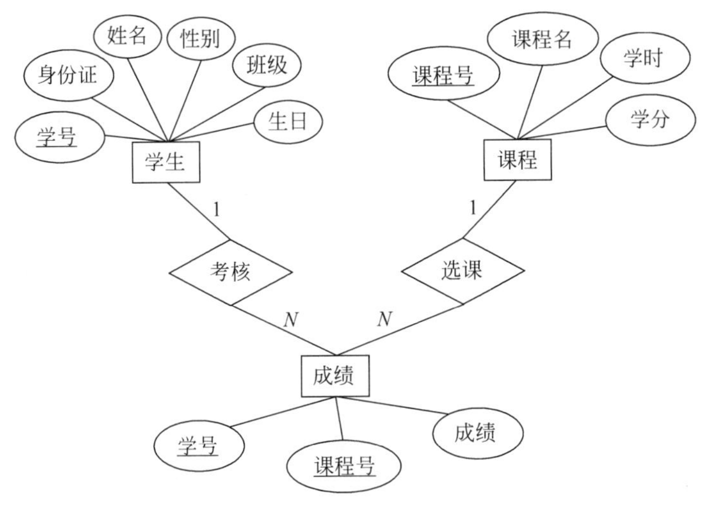

图 8.18　学生选课的 E-R 图

在解决实际问题时，我们可以将问题所涉及的实体以及实体和实体之间的联系用关系模式来描述，这样就会得到一系列和问题相关的关系模式。这些关系模式的集合组成了一个关系数据库模式。关系数据库模式是一个抽象的框架，是搭建一个关系数据库的基础。当关系实例被填入后，这些关系实例的集合就组成了关系数据库实例。

2. 关系模型的数据操作

与非关系数据模型基于记录的操作方式不同，关系模型中操作的对象和结果都是集合。在关系模型中，数据操作可分为数据查询与数据更新（即插入、删除、修改）两大类。关系操作是以关系代数和关系演算为理论基础的，并通过 DBMS 提供的数据定义和数据操纵功能来实现。关系代数使用关系的运算来表达查询要求。关系演算使用谓词来表达查询要求，两者均为抽象的查询语言，在表达能力上是完全等价的。

在实际的应用当中，关系语言的非过程化程度非常高，即用户只需提出数据操作要求，具体的存取路径由 DBMS 来选择并负责优化，用户不必考虑其中的细节。我们常使用一种介于关系代数和关系演算之间的语言——结构化查询语言 SQL——来实现查询功能。本节的最后一部分将对此进行详细的介绍。

3. 关系模型的数据完整性约束

为了维护数据在数据库中与现实世界中的一致性，防止错误数据的录入，关系模型提供了三类完整性约束规则。这些规则是对关系的约束条件。在数据库运行时，不符合这些约束条件的数据会被 DBMS 拒之门外，只有通过约束条件检验的数据才可以被录入。

1）实体完整性（entity integrity）

实体完整性规则规定：若属性 A 是关系 R 的主键中的属性，则属性 A 不能取空值（NULL）。

一个关系通常对应现实世界的一个实体集。例如，“学生”关系对应于学生的集合。现实世界中的实体都是可区分的，都具有某种唯一性标识。因此，对应关系中主键作为唯一性标识，其包含的所有属性不能取空值。否则，就意味着主键丧失了唯一性标识的作用，导致某个实体不可识别，这与现实世界的情况相矛盾。

注意：关系中的主键是由一个或多个属性组成的。例如，“学生”关系的主键为“学号”，而“成绩”关系的主键是“学号”与“课程号”的集合。根据实体完整性规则，在“成绩”关系中，无论是“学号”还是“课程号”，都不允许出现空值。

实体完整性规则有利于防止数据库中出现非法的不符合语义的数据。

2）参照完整性（referential integrity）

现实世界中的实体之间往往存在着某种联系。同样地，在关系模型中实体及实体间的联系都是用关系来描述的。这样就自然存在着关系与关系间的引用。这种引用通过外键来实现。在前述的例子中，有以下两个关系。

课程（课程号，课程名，学时，学分）

成绩（学号，课程号，成绩）

其中，“成绩”关系中“课程号”是“课程”关系的主键，因此，“课程号”是“成绩”关系的外键。“成绩”关系引用了“课程”关系，“成绩”关系的“课程号”属性需要参照“课程”的主键。若在“成绩”关系中出现元组（202101231230，1024，85），这意味着学号为 202101231230 的学生选修了课程号为 1024 的课程，那么，课程号为 1024 的课程必须在“课程”关系中出现，否则，这位学生就选修了一门不存在的课程，这与事实不符。反之，在“课程”关系中出现的课程，并不一定会出现在“成绩”关系中，因为事实上存在开设了课程但没有学生选修的情况。

若关系 A 中的某属性集是关系 B 的主键，则称 A 为参照关系，B 为被参照关系。因此，“成绩”关系是参照关系，“课程”关系是被参照关系。

参照完整性规则规定：参照关系 A 中外键的取值要么为空，要么为被参照关系 B 中某元组的主键值。简单地说，如果关系 A 的外键的取值不为空，那么根据该取值去关系 B 中寻找，一定能找到一条相符合的元组。

参照完整性规则约束了关系之间不能引用不存在的实体，防止数据库在实现实体间的联系时出现错误引用。在数据库运行时，若相关实体的数据发生更新，DBMS 会依照已定义的参照关系检测数据更新操作的合法性，从而保证数据的一致性。

3）用户自定义完整性（user-defined integrity）

实体完整性和参照完整性是关系模型必须满足的基本规则，在设计关系模式时定义并由 DBMS 自动支持，适用于任何关系数据库系统。除此之外，用户还可根据应用环境的需要，自定义一些数据的约束条件。

用户自定义完整性就是用户针对某一具体应用环境而添加的约束规则。

例如，如果考试采用百分制，用户可以定义一条规则，规定每门课的成绩必须为 0～100，否则不允许录入；对于“学生”关系中的“性别”属性，用户可以定义一条规则，规定“性别”的取值必须是“男”或者“女”。用户自定义完整性一经定义，由系统承担检验与纠错工作。如此一来，用户不必在应用程序中添加额外的代码去检查数据完整性，既大大地减轻了工作量，又可确保数据的正确录入。

8.4.2 关系数据库的实现

在完成了关系模型的设计之后，就可以选择开发环境和工具来实现数据库了。对于初入门者，具有良好图形界面、简单易用的 Access 是个不错的选择。Microsoft Access 是面向

个人用户及小型公司的数据库开发工具。它提供了多种向导、生成器、模板，把数据存储、数据查询、界面设计、报表生成等操作规范化，可方便地建立功能完善的数据库管理系统。即使是不懂得编程的普通用户，也可以轻易地完成大部分数据管理的任务。

下面以 8.4.1 节的例子为设计基础，创建“选课管理数据库”来说明使用 Microsoft Access 进行数据管理和应用的步骤（注意：本章使用的是 Access 2013 版）。

第 1 步. 创建 Access 数据库。

安装了 Office 之后，可以在操作系统的“开始”菜单里找到 Microsoft Office 组中的 Microsoft Access 的快捷方式并单击打开，会出现如图 8.19 所示的界面。

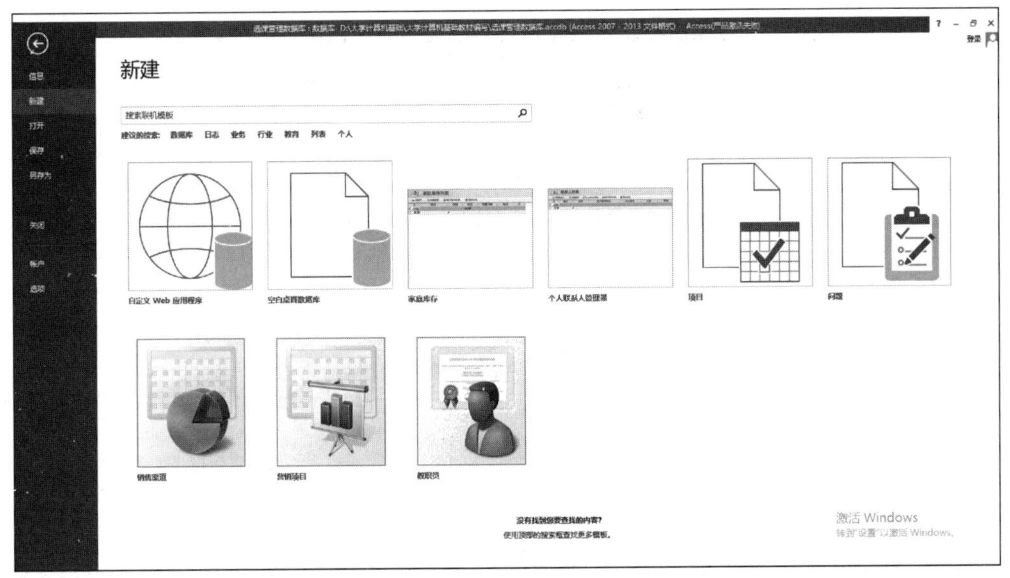

图 8.19　创建 Access 数据库

创建 Access 数据库有两种方法。

一是利用系统提供的模板进行创建。Access 包含一套经过专业化设计的数据库模板，可用来跟踪联系人、任务、事件、学生和资产以及其他类型的数据。每个模板包含了预定义表、窗体、报表、查询、宏和关系。如果这些模板符合需求，则可以利用系统现有的设计开始工作。在图 8.19 所示界面上的“新建”选项卡中选择符合设计需求的数据库模板后按照向导的指示一步一步操作即可。

二是先创建一个空白数据库，然后再逐步添加表等其他对象。如果在系统提供的模板里找不到符合设计需求的模板就使用这种方法。单击图 8.19 中“可用模板”组中的“空数据库”，在窗口右侧区域输入数据库的名称，选择存放路径之后单击“创建”按钮即可。

创建数据库后会生成一个“. accdb”后缀的文件。

第 2 步. 创建表结构。

表对应着关系模型中的关系，是 Access 数据库中最基本的对象。一个数据库包含若干个表，数据都是存储在表里面的，对数据的一切操作都是基于表进行的。

首先要建立表的结构，然后才可以往表里面输入数据。建立表的结构的方法有几种，其中最常用的方法是使用“设计视图”，步骤如下。

（1）在“创建”选项卡中的“表格”组里单击“表设计”（如图 8.20 所示），进入“表设计”视图（如图 8.21 所示）。

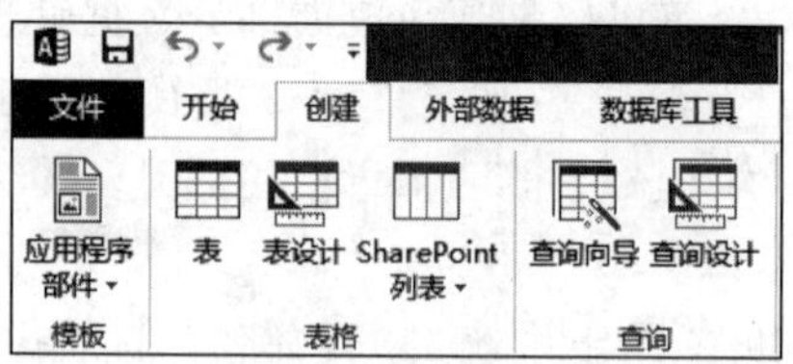

图 8.20　创建表

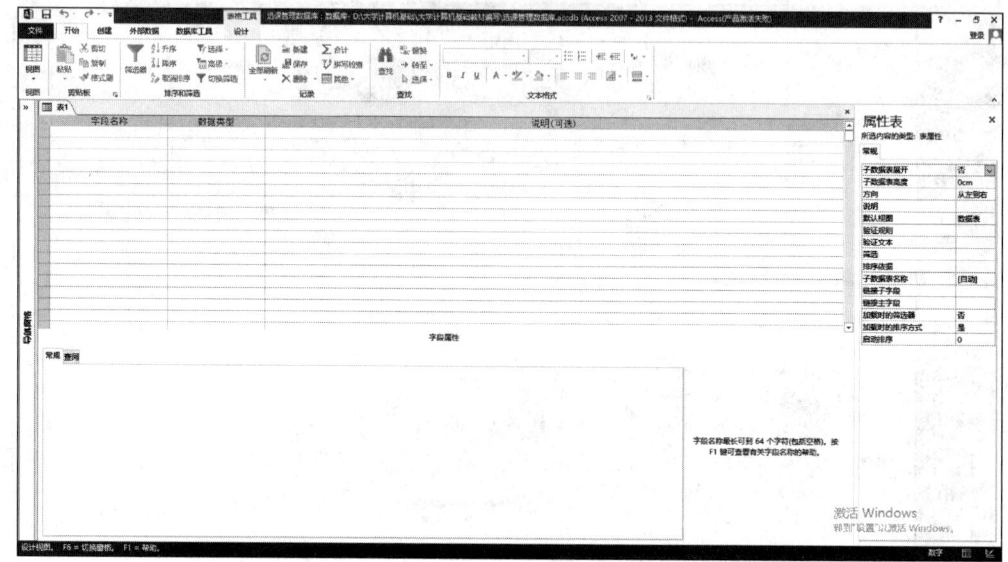

图 8.21　“表设计”视图

（2）定义表的字段名称、数据类型及字段属性。

在 Access 中，字段的命名规则如下。

（1）字段名长度为 1～64 个字符。

（2）字段名可以包含字母、汉字、数字、空格和其他字符。

（3）字段名不能包含句号(.)、叹号(!)、方括号([])、先导空格或不可打印的字符，如回车符。

除了要根据命名规则定义字段的名称外，还必须为关系的属性定义合适的数据类型。数据类型决定用户能保存在该字段中的值的种类。Access 提供了非常丰富的数据类型，如文本、备注、数字、日期/时间、货币、自动编号、是/否、OLE 对象、超级链接、查阅向导等，如表 8.4 所示。

表 8.4　Access 提供的数据类型及其使用方法

数 据 类 型	使 用 说 明	大　　小
短文本（以前称为“文本”）	文本或文本与数字的组合，例如地址；也可以是不需要计算的数字，例如学号、电话号码、身份证号码或邮编	最多 255 个字符

续表

数据类型	使用说明	大 小
长文本(以前称为"备注")	用于长度超过 255 个字符或使用"格式文本"格式的文本,例如简历、备注或说明	最多 1GB 字符或 2GB 存储空间(每个字符占 2 字节),可在一个控件中显示 65 535 字符
数字	可用来进行算术计算的数字数据,涉及货币的计算除外(使用货币类型)。可通过设置"字段大小"属性定义一个特定的数字类型	1、2、4 或 8 字节,与"字段大小"属性定义有关。16 字节仅用于"同步复制 ID"
日期/时间	用于存储日期和时间值	8 字节
货币	货币值。使用货币数据类型可以避免计算时四舍五入。货币值要精确到小数点左方 15 位数及右方 4 位数	8 字节
自动编号	在添加记录时自动插入的唯一顺序(每次递增 1)或随机编号	4 字节。用于"同步复制 ID"时为 16 字节
是/否	字段只包含两个值中的一个,例如"是/否""真/假""开/关"	1 位
OLE 对象	在其他程序中使用 OLE 协议创建的对象(例如 Microsoft Word 文档、Microsoft Excel 电子表格、图像、声音或其他二进制数据),可以将这些对象链接或嵌入到 Microsoft Access 表中。必须在窗体或报表中使用绑定对象框来显示 OLE 对象	最大可为 1GB(受磁盘空间限制)
超级链接	存储超级链接的字段。超级链接可以是 UNC 路径或 URL,还可以链接到存储在数据库中的 Access 对象	最多 1GB 字符或 2GB 存储空间(每个字符 2 字节),可在一个控件中显示 65 535 字符
附件	图片、图像、二进制文件和 Office 文件	对于压缩附件,其大小为 2GB;对于未压缩附件,其大小大约为 700KB,具体取决于附件的可压缩程度
计算	用于显示根据同一表中的其他数据计算而来的值,可以使用表达式生成器来创建计算	
查阅向导	创建允许用户使用组合框选择来自其他表或来自值列表中的值的字段。在数据类型列表中选择此选项,将启动向导进行定义	与主键字段的长度相同,且该字段也是"查阅"字段;通常为 4 字节

在"设计"视图中,当选择表里某一字段时,"字段属性"区会依次显示出该字段的相应属性。字段的属性描述了字段所具有的特征。不同的字段类型有不同的属性描述。在此介绍常用的几种属性。

(1) 字段大小。

"字段大小"属性用于控制数据类型为"文本"或"数字"的字段的使用空间大小。

对于"文本"类型的字段,其取值范围是 0~255,默认值为 255,可以根据字段要保存的信息长度选择取值范围内的整数。例如,可将"学生"表中"性别"字段的"字段大小"设置为 1。

对于“数字”型的字段，可以单击“字段大小”属性框，然后单击右侧的向下箭头按钮，并从下拉列表中选择一种类型。例如，可将“成绩”表中“成绩”字段的“字段大小”设置为“小数”，还可进一步设置“小数位数”为1(即成绩只显示到小数点后一位)。

要注意的是，在字段值录入之后，改变字段大小属性有可能会导致部分数据的丢失。

(2) 格式。

“格式”属性用来决定数据的打印方式和屏幕显示方式。不同数据类型的字段，其格式选择有所不同。此属性只影响值的显示方式，不影响值在表中的具体保存。如果要让数据按照输入时的格式显示，则不要设置“格式”属性。

(3) 默认值。

在一个数据库中，有些字段的某种取值会经常出现。例如，“学生”表中“性别”字段只有“男”和“女”两种取值，这种情况就可以选择其中一种取值作为默认值，以减少数据输入的工作量。在设置“默认值”属性时，要注意默认值必须与该字段的数据类型相匹配，否则会出现错误。

(4) 有效性规则。

通过定义“有效性规则”属性，可以设置用户自定义完整性规则。若用户输入数据，系统会根据已设置的有效性规则来决定是否允许该数据的输入，从而防止非法数据输入到表中。对于不同的数据类型，有效性规则的形式有所不同。

对于“文本”类型的字段，可以限制文本字符的输入个数或者设置字段的值域。例如“学生”表中“性别”字段的“有效性规则”属性可设为“＝"男" or ＝"女"”。

对于“数字”类型的字段，可以将数据限定在一定范围内。例如，“成绩”表中“成绩”字段的“有效性规则”属性可设为“＞＝0 and ＜＝100”。

对于“日期/时间”类型的字段，可以将数值限制在一定的日期范围内。

(5) 必填字段。

在数据录入时，除了主键和索引字段之外，其他字段在默认的情况下是允许空值的。利用“必填字段”属性可以保证在数据录入时字段不能为空，必须要有数据。例如，可将“学生”表中“姓名”和“性别”字段的“必填字段”属性设为“是”，保证每个学生的姓名和性别都是可知的。

第3步，设置表的主键。

选定了字段后，单击“设计”选项卡中“工具”组里的“主键”命令，可为表设置主键。若主键包含多个字段，设置主键的时候先选中一个字段，再按住Ctrl键选其他字段，然后再设置主键。

在“选课管理数据库”中，分别建立“学生”“课程”“成绩”表的表结构，如图8.22所示。

第4步，建立表间的关系。

根据关系模型设计阶段的E-R图来建立表间的关系，实现数据库表的参照完整性。创建表间关系的步骤如下。

(1) 在“数据库工具”选项卡中的“关系”组里单击“关系”按钮，然后在“关系工具”的“设计”选项卡中单击“关系”组中的“显示表”按钮，打开“显示表”对话框，如图8.23所示。

(2) 在“显示表”对话框中选择要建立关系的表，再单击“添加”按钮加入到关系中，然后关闭“显示表”对话框。要确保添加进来的表不处于编辑状态。

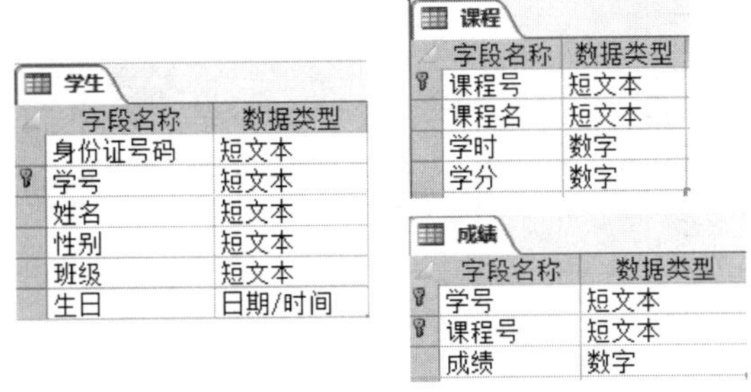

图 8.22 “学生”“课程”和“成绩”的表结构

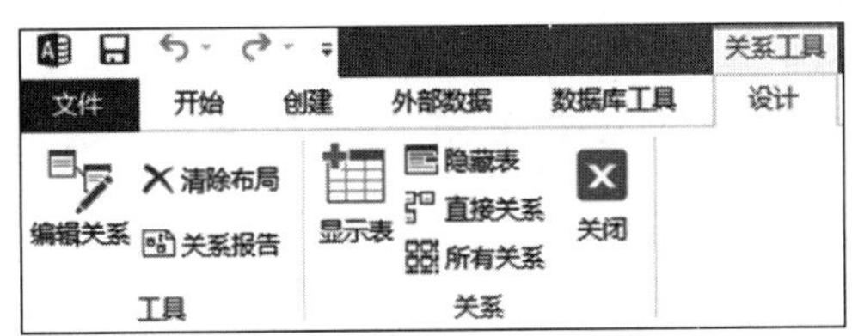

图 8.23 “关系工具”选项卡

(3) 将被参照关系的表的主键拖动到参照关系的表的外键上，这时屏幕会显示“编辑关系”对话框，如图 8.24 所示。检查显示两个列中的字段名称以确保正确性。

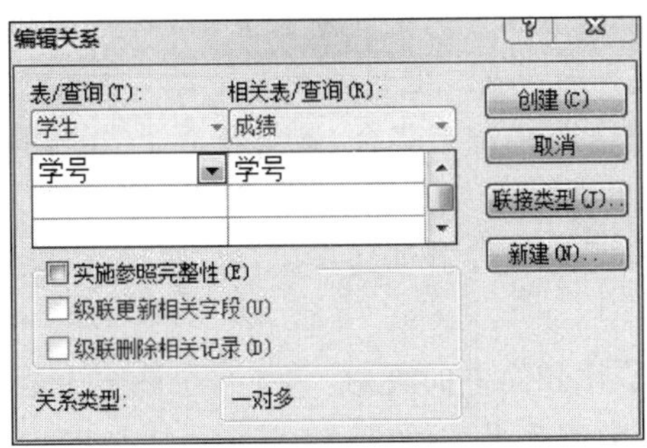

图 8.24 “编辑关系”对话框

(4) 在“编辑关系”对话框中，单击“实施参照完整性”复选框，并根据需求决定是否选取“级联更新相关字段”和“级联删除相关记录”，然后单击“创建”按钮。

(5) 表间关系建好后，如果是一对一联系，外键一方表示为钥匙符号；如果是一对多联系，外键一方表示为无限符号∞。

(6) 所有的表间关系建好后，就可退出关系窗口。

注意：在 Access 中只能对同一个数据库中的表建立表间关系；建立表间关系时，相关的字段必须具有相同的数据类型和大小。

为确保参照完整性，可定义“选课管理数据库”中三个表之间的关系如图 8.25 所示。

第 5 步，向表中输入数据。

建立表结构之后，就可以向表中输入数据了。双击 Access 左侧的“所有表”窗口中带表格图标的表名，即可进入该表的“数据表”视图。向表中输入数据以及记录的增加、删除、筛选等操作与 Excel 中相似。

此外，还可以利用已有的表导入数据。Access 支持符合 Access 输入输出协议文件类

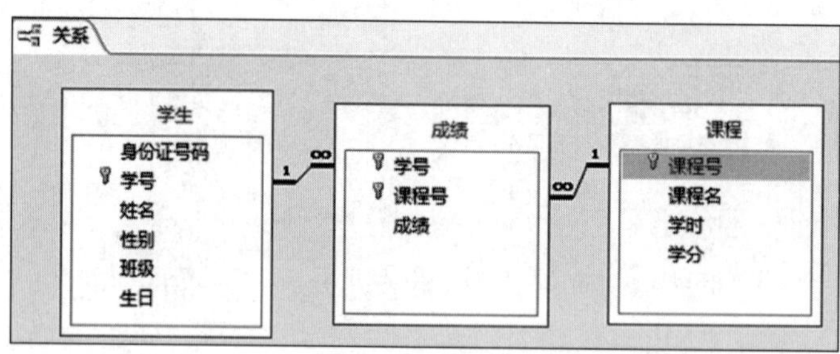

图 8.25 “选课管理数据库”的表间关系

型（如 Access 文件、Excel 文件和文本文件等）的数据导入到 Access 数据库。“外部数据”选项卡中的“导入”命令组提供了相关的功能，用户只需按照向导的指示操作即可。

8.4.3 数据查询与 SQL

使用数据库技术不仅可实现数据的集中管理，还能快速响应用户对数据操作的请求。数据查询是主要的数据操作之一，它要求系统根据给定的条件，从数据库的一个或多个表中筛选出符合条件的记录供用户浏览或分析。通过数据查询，也可以完成大量的数据插入、修改和更新。

在 Access 数据库中，查询可作为一个对象独立保存，并且和表一样使用不同的名字来标识，查询的结果也显示成表的形式。但查询和表是有本质上的区别的，查询可基于一个表或多个表；查询是符合一定条件的记录集合，该集合是动态的，既会随着查询条件的更改而变化，也会随着基于的表的更改而发生改变。

在 Access 中，可使用向导和设计器创建查询，也可以建立灵活的 SQL 查询。

1. 使用向导创建查询

使用向导可以实现一些比较简单的查询，如在一个或多个表中查询指定字段以及对部分或全部记录进行总计、计数或求平均值等。

【例 8.1】 在“选课管理数据库”中查询学生的基本情况，包括学生的学号、姓名和性别，其步骤如下。

(1) 在“创建”选项卡中“查询”组里单击“查询向导”按钮，打开“新建查询”对话框，如图 8.26 所示。

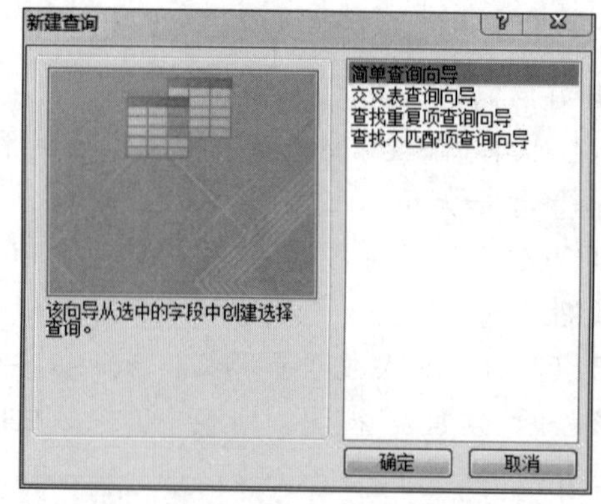

图 8.26 “新建查询”对话框

（2）在“新建查询”对话框中选择“简单查询向导”并单击“确定”按钮。

（3）在“简单查询向导”对话框“可用字段”列表里选择“班级”并单击 [>] 按钮，将“性别”字段添加到“选定字段”列表里。用同样方法添加“学号”和“姓名”字段，如图 8.27 所示。

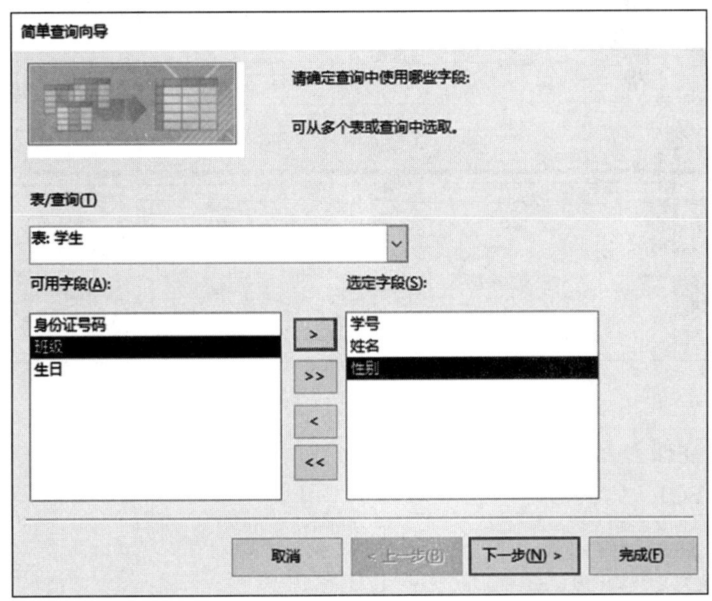

图 8.27　添加学生的“学号”“姓名”和“性别”字段

（4）单击“下一步”按钮，输入查询指定标题“学生基本情况”，单击“完成”按钮，就可以完成该查询的创建并看到查询结果。

2. 使用设计器创建查询

使用查询设计器可以自定义查询条件，实现一些稍微复杂的查询。

【例 8.2】 在“选课管理数据库”中查询学生选课及通过考试的情况，输出学生的学号、姓名和考试及格的课程名，并按照学号的升序排列，查询以“选课并通过的名单”为名。其步骤如下。

（1）在“创建”选项卡中“查询”组里单击“查询设计”按钮，打开“显示表”对话框，添加“学生”表、“课程”表和“成绩”表。

（2）在查询设计视图的设计网格中设置如图 8.28 中所示的参数。

（3）在“查询工具”的“设计”选项卡中的“结果”组里，单击“运行”按钮查看查询结果。

（4）单击工具栏的“保存”按钮，将查询保存为“选课并通过的名单”。

3. SQL 查询

SQL 具有简单的关键字语法和强大的功能，包括数据查询、数据操纵、数据定义和数据控制，是一种综合的、通用的、高度非过程化的关系数据库语言，是关系数据库语言的标准。以下是 SQL 中最常用的查询语法。

1）增加记录

```
INSERT INTO <表名> (字段列表)
VALUES (值列表)
```

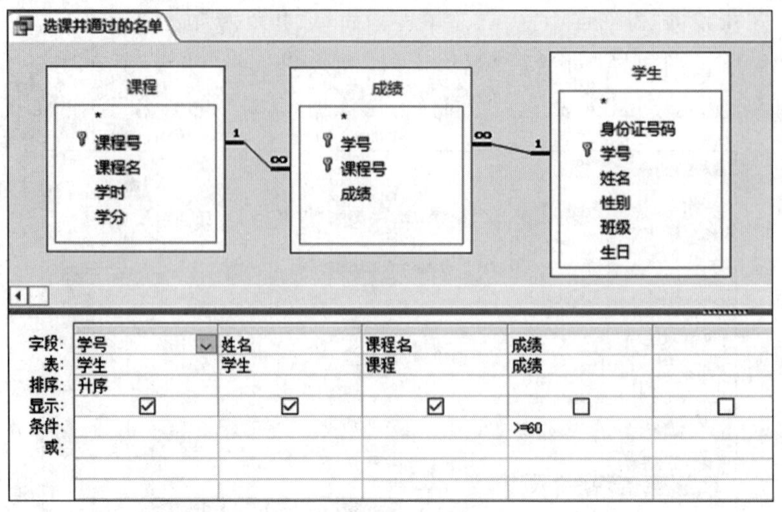

图 8.28　设置参数

【例 8.3】　往课程表添加一条课程号为“1032”、课程名为“大学物理”、学时为 64、学分为 3 的记录，其 SQL 可表示为：

```
INSERT INTO 课程 (课程号,课程名,学时,学分)
VALUES ('1032','大学物理',64,3);
```

或

```
INSERT INTO 课程
VALUES ('1032','大学物理',64,3);
```

注意：使用 INSERT INTO 语句向表中追加单个记录时，必须指定每一个将被赋值的字段名，并且要给出该字段的值。如果没有指定所有的字段名，则要根据表结构中的字段顺序依次给出字段列表的值；如果没有指定某个字段的值，则在缺少值的列中插入默认值或 NULL 值。插入的记录将追加到表的末尾。

2）修改记录

```
UPDATE <表名>
SET 字段名 = 表达式
[WHERE <行选择说明>]
```

【例 8.4】　将成绩表里所有记录的成绩字段增加 5，其 SQL 可表示为：

```
UPDATE 成绩
SET 成绩 = 成绩 + 5;
```

也可以指定条件进行修改。

【例 8.5】　将课程表里课程名为“计算机基础”的课程改名为“大学计算机基础”，其 SQL 可表示为：

```
UPDATE 课程
SET 课程名 = '大学计算机基础'
WHERE 课程名 = '计算机基础';
```

3）删除记录

```
DELETE FROM <表名>
[WHERE <行选择说明>]
```

【例 8.6】 删除成绩表里的所有记录，其 SQL 可表示为：

```
DELETE FROM 成绩;
```

也可以指定条件进行删除。

【例 8.7】 在课程表中删除课程号为“1024”的记录，其 SQL 可表示为：

```
DELETE FROM 课程
WHERE 课程号 = '1024';
```

4）查询记录

```
SELECT <字段列表>
FROM <表列表>
[INTO <新表名>]
[WHERE <行选择说明>]
[GROUP BY <分组说明>]
[HAVING <组选择说明>]
[ORDER BY <排序说明>]
```

(1) 查看所有记录。

【例 8.8】 在“选课管理数据库”中查询课程表的全部记录情况，其 SQL 可表示为：

```
SELECT *
FROM 课程;
```

(2) 投影查询。

投影查询就是允许用户显示指定的列。

【例 8.9】 在学生表中查询学生的学号、姓名和性别，其 SQL 可表示为：

```
SELECT 学号,姓名,性别
FROM 学生;
```

(3) 条件查询。

在查找特定条件的数据时，可以使用 WHERE 子句指定条件。

【例 8.10】 在成绩表中查找不及格的学生的学号，其 SQL 可表示为：

```
SELECT 学号
FROM 成绩
WHERE 成绩< 60;
```

若条件较多，条件之间可以使用逻辑运算符(NOT、AND、OR)以及括号进行连接。

【例 8.11】 在成绩表中查找课程号为“1026”的不及格学生的学号，其 SQL 可表示为：

```
SELECT 学号
FROM 成绩
WHERE 成绩< 80 AND 课程号 = '1026';
```

若查询的条件限制在某个范围时，除了可以用 AND 来连接两个不等式条件之外，还可以使用 BETWEEN…AND…的结构。

【例 8.12】 在成绩表中查找成绩在[60,80]这个区间内的记录，其 SQL 可表示为：

```
SELECT *
FROM 成绩
WHERE 成绩 BETWEEN 60 AND 80;
```

同理，不在某个区间之内可以使用 NOT BETWEEN…AND…的结构。

若查询的范围是一个具有有限个数值的集合，则可以使用 IN 关键字。

【例 8.13】 在成绩表中查找成绩为{60,70,80}的学生，其 SQL 可表示为：

```
SELECT *
FROM 成绩
WHERE 成绩 IN (60,70, 80);
```

同理，不在这个集合之内可以使用 NOT IN 表示。

(4) 模糊查询。

在查询信息时，若某些条件不能具体给出，可以使用 LIKE 关键字结合通配符进行模糊查询。Access 支持的通配符及其含义如表 8.5 所示。

表 8.5　Access 通配符及其含义

通配符	含　义
%	包含 0 个或多个字符
_	包含 1 个字符
[]	指定范围，如[a-d]代表 a、b、c 和 d
[^]	不属于指定的范围，如[^a-d]代表排除了 a、b、c 和 d 以外的其他字符

【例 8.14】 显示学生表中姓“马”的同学的基本信息，其 SQL 可表示为：

```
SELECT *
FROM 学生
WHERE 姓名 LIKE '马%';
```

【例 8.15】 若要查找的马姓同学的姓名只有两个字，则可将上述 SQL 改为：

```
SELECT *
FROM 学生
WHERE 姓名 LIKE '马_';
```

(5) 空值查询。

在 SQL 语句中可以使用 IS NULL 或 IS NOT NULL 来判断字段是否为空。

【例 8.16】 将成绩表中有成绩的记录显示出来，其 SQL 可表示为：

```
SELECT *
FROM 成绩
WHERE 成绩 IS NOT NULL;
```

(6) 排序查询。

在查询时，若要结果按照某个字段排序显示，则用 ORDER BY 子句。

【例 8.17】 在“选课管理数据库”中查询学生的基本情况(包括学生的学号、姓名和性别),结果按照学号的降序排列,其 SQL 可表示为:

```
SELECT 学号,姓名,性别
FROM 学生
ORDER BY 学号 DESC;
```

若将 DESC 改成 ASC 或者不写,则查询结果会根据 ORDER BY 后面的字段升序排列。

ORDER BY 后面可以跟一个列表来实现多级排序。

【例 8.18】 在学生表中查询学生的基本情况,并按性别的升序显示结果;对于性别相同的记录,再按学号的降序进行排列。其 SQL 可表示为:

```
SELECT *
FROM 学生
ORDER BY 性别 ASC,学号 DESC;
```

(7) TOP 查询。

在实现排序的查询中,若只显示满足条件的前几条记录,可以使用 TOP 关键字。

【例 8.19】 在成绩表中查找课程号为“1026”的成绩最高的前三名学生的学号,其 SQL 可表示为:

```
SELECT TOP 3 学号
FROM 成绩
WHERE 课程号 = '1026'
ORDER BY 成绩 DESC;
```

(8) 统计查询。

在 SQL 中常用的统计函数如表 8.6 所示。

表 8.6 统计函数及其含义

统计函数	含 义
COUNT(字段名)	统计特定列中的记录个数(若字段名写成 * ,则统计的是选择的记录个数)
SUM(字段名)	求总和
AVG(字段名)	求平均值
MAX(字段名)	求最大值
MIN(字段名)	求最小值

【例 8.20】 求学生表里所有学生的平均年龄,其 SQL 可表示为:

```
SELECT AVG(年龄)
FROM 学生;
```

在进行统计时,还可以使用 DISTINCT 关键字来排除重复行。

【例 8.21】 若要统计成绩表中有多少个学生的信息,其 SQL 可表示为:

```
SELECT COUNT(DISTINCT 学号)
FROM 成绩;
```

注意：利用 SELECT 语句进行统计时，统计值是没有列名的。若要给统计值加上列名，可以在统计函数（字段名）后面加上“AS 列名”。例如，例 8.21 可以写成：

```
SELECT COUNT(DISTINCT 学号) AS 学生人数
FROM 成绩;
```

(9) 分组查询。

在查询时，可使用 GROUP BY 对结果进行分组显示。分组的标准一定要有意义。

【例 8.22】 统计成绩表中各学生其所选科目的平均分，其 SQL 可表示为：

```
SELECT AVG(成绩)
FROM 成绩
GROUP BY 学号;
```

在分组之后，可以使用 HAVING 关键字来指定分组之后的条件。

【例 8.23】 统计成绩表中各学生所选科目的平均分，并显示平均分不及格的学生学号，其 SQL 可表示为：

```
SELECT 学号
FROM 成绩
GROUP BY 学号
HAVING AVG(成绩)< 80;
```

(10) 多表连接查询。

很多情况下，查询的问题需要将多个表的数据融合在一起才能找到答案，这时就需要进行多表连接查询。

【例 8.24】 查找选修了“1026”课程的学生学号及姓名。由于成绩表中记录了选课关系，而学生的姓名在成绩表中没有记录，但可以通过学号在学生表中找到。因此，该问题涉及成绩表和学生表的连接，其 SQL 可表示为：

```
SELECT 成绩.学号,姓名
FROM 成绩,学生
WHERE 课程号 = '1026' AND 成绩.学号 = 学生.学号;
```

或

```
SELECT 学生.学号,姓名
FROM 成绩,学生
WHERE 课程号 = '1026' AND 成绩.学号 = 学生.学号;
```

注意：在例 8.24 中，由于学生表和成绩表都有学号字段，因此查询时必须指明学号字段所属表的名称。

该查询还可以使用嵌套的方式实现：

```
SELECT 学号,姓名
FROM 学生
WHERE 学号 IN (
SELECT 学号
FROM 成绩
WHERE 课程号 = '1026');
```

在 Access 中,SQL 查询是功能最强大的查询方式,使用向导和设计器创建的查询都可以通过单击“开始”选项卡中“视图”下拉菜单里的“SQL 视图”选项查看由系统自动生成的 SQL 代码。用户也可以编写代码创建 SQL 查询来完成一些复杂的、向导和设计器无法实现的查询工作。建立 SQL 查询的步骤如下:

(1) 在“创建”选项卡中“查询”组里单击“查询设计”按钮,如图 8.29 所示,打开“显示表”对话框,添加要查询的表(也可以不添加)。

(2) 在查询窗口空白处右击,打开快捷菜单并单击“SQL 视图”,如图 8.30 所示。

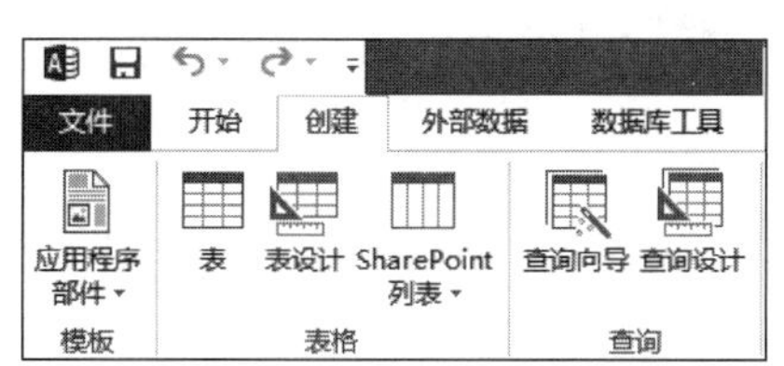

图 8.29　打开“查询设计”

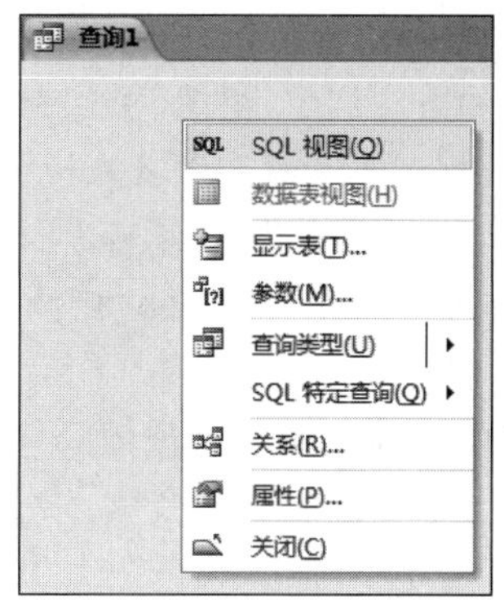

图 8.30　打开 SQL 视图

① 在 SQL 视图中查询编辑区输入合法的 SQL 语句。如存在语法错误,系统会在运行时报错。

② 在“查询工具”的“设计”选项卡中的“结果”组里,单击“运行”按钮查看查询结果,如图 8.31 所示。

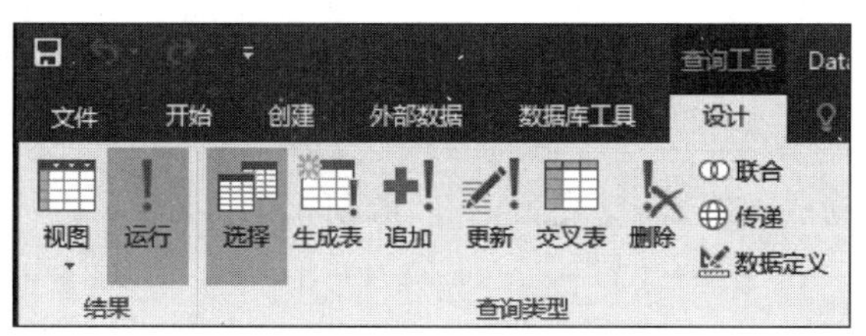

图 8.31　运行 SQL 查询

③ 如要保存此查询,可单击工具栏的“保存”按钮,输入查询名并保存。

默认情况下,如果打开的数据库不是位于受信任位置,或者未选择信任该数据库,则 Access 禁止运行所有操作查询,包括追加查询、更新查询、删除查询或生成表查询。

如果在尝试运行某个动作查询时系统好像没有什么反应,可查看 Access 状态栏中是否显示“此操作或事件已被禁用模式阻止”的消息,或出现图 8.32 所示的安全警告。

图 8.32　Access 禁用数据库内容的安全警告

此情况发生时,可通过单击消息栏上的“启用内容”按钮使活动内容能够运行。

8.4.4 关系数据库在 openGuass 中的实现

本节将以华为开发的开源免费数据库平台 openGauss 为例讲解关系数据库的实现与应用。openGauss 内核源自 PostgreSQL。为了让初学者更容易上手，本节使用 Navicat 连接 openGauss 数据库。

Navicat 是一套可创建多个连接的数据库管理工具，用以方便管理 MySQL、Oracle、PostgreSQL、SQLite、SQL Server、MariaDB 和 MongoDB 等不同类型的数据库，并支持管理某些云数据库，例如阿里云、腾讯云。Navicat 提供良好的图形用户界面，用户可以以安全且简单的方法创建、组织、访问和共享信息，其提供的功能不仅符合专业开发人员的所有需求，对数据库服务器初学者来说也是非常友好的。

下面以 8.4.1 节的案例设计为基础，创建“选课管理数据库”（EMS）来说明使用 openGauss 进行数据管理和应用的步骤。由于篇幅有限，openGauss 和 Navicat 的安装步骤请见附录 B。

1. 连接 openGauss 数据库

首先在桌面或开始菜单里找到如图 8.33 所示的图标，并单击打开 Docker。

图 8.33 启动 Docker

单击 ⓘ，启动已安装的 openGauss，如图 8.34 所示。

图 8.34 启动 openGauss

当 openGauss 启动成功时，会呈现如图 8.35 所示的界面。

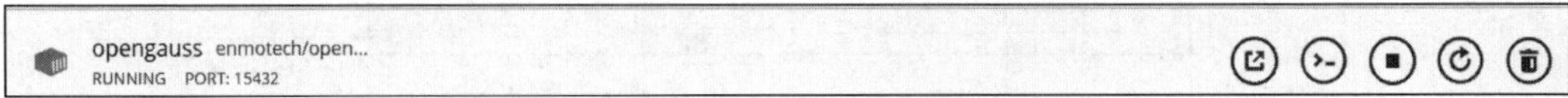

图 8.35 openGauss 启动成功

打开 Navicat 软件，单击连接，然后在下拉菜单里面选择 PostgreSQL，如图 8.36 所示。

在 Navicat 上新建连接主要包含如图 8.37 所示的几个信息。其中，连接名可以自定义，主机填 localhost（因为连接的是本地数据库），端口填 15432（因为将 Docker 容器内的 5432 映射成 15432）。要特别注意用户名和密码，这里的用户名和密码填的是安装时设置的（具体可参照附录 B Windows 10 下 openGauss 的安装）。

2. 创建数据库

在 Navicat 上新建数据库主要是通过图形界面的操作面板来操作的。首先，如图 8.38 所示，在之前创建的 myopengauss 连接下，右击打开快捷菜单，单击“新建数据库”。

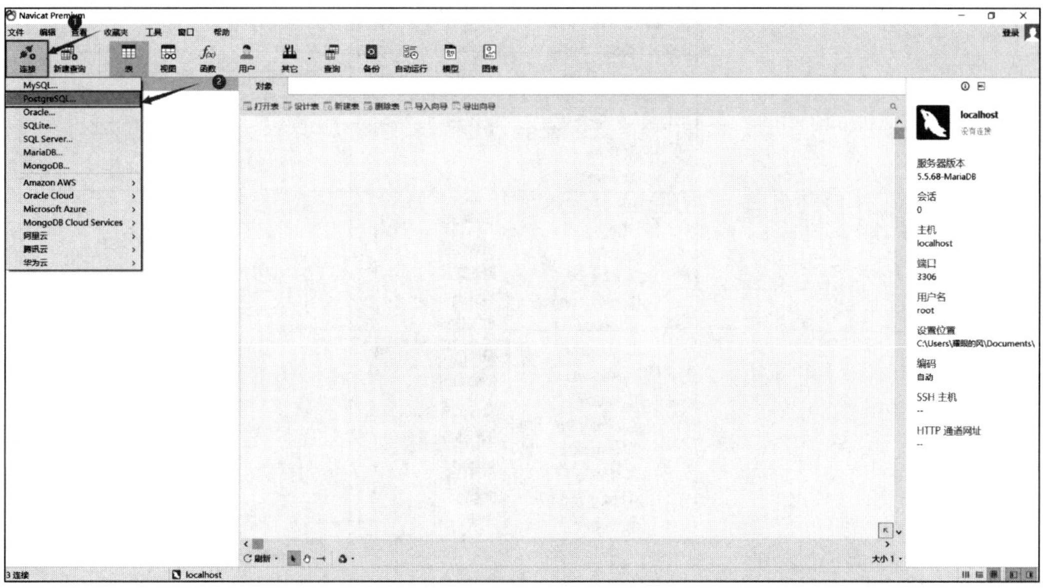

图 8.36　创建 Navicat 连接

PostgreSQL - 新建连接

常规　高级　数据库　SSL　SSH　HTTP

Navicat　数据库

连接名: myopengauss

主机: localhost

端口: 15432

初始数据库: postgres

用户名: gaussdb

密码: ●●●●●●●●●●●●●●●●●

☑ 保存密码

测试连接　确定　取消

图 8.37　配置 Navicat 的连接属性

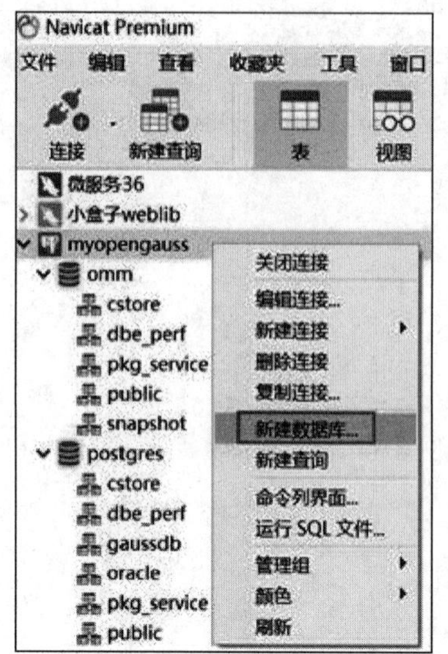

图 8.38 新建数据库

如图 8.39 所示，在弹出的“新建数据库”对话框中将数据库命名为 EMS，并在“所有者”下拉列表中选择 gaussdb，单击“确定”按钮即可创建名为 EMS 的数据库。

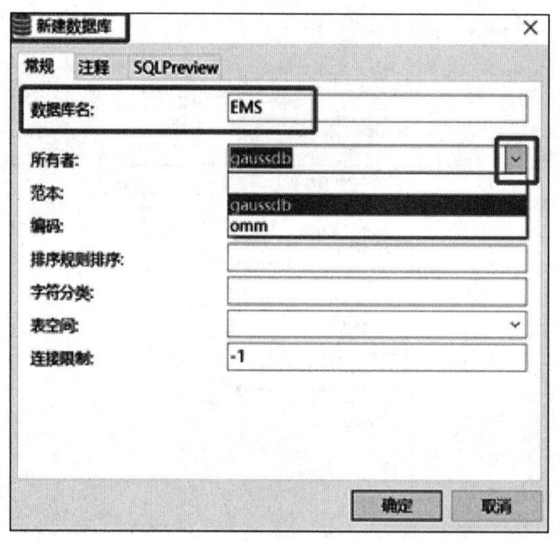

图 8.39 配置数据库 EMS 属性

3. 创建表结构

表对应着关系模型中的关系，是 openGauss 数据库中最基本的对象。一个数据库包含若干个表，数据都是存储在表里面的，对数据的一切操作都是基于表进行的。

首先要建立表的结构，然后才可以往表里面输入数据。建立表的结构的方法有几种，其中最常用的方法是使用 Navicat 的操作面板，步骤如下：

如图 8.40 所示，在 public 选项卡中的“表”下右击，打开快捷菜单，选择“新建表”→“常规”，进入如图 8.41 所示的“表设计”视图。

下面定义表的字段名称、数据类型及字段属性。

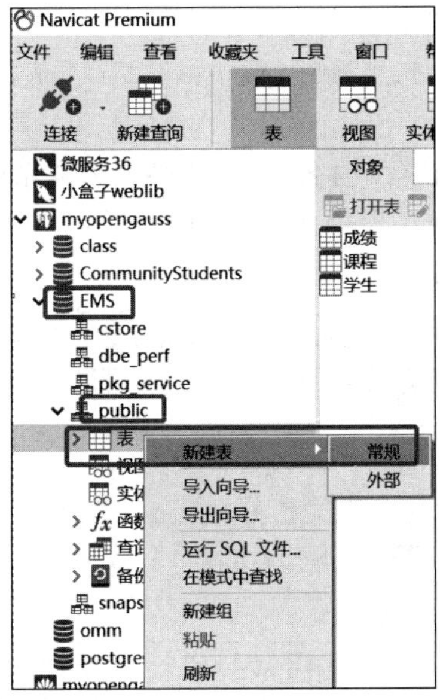

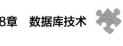

图 8.40　新建表

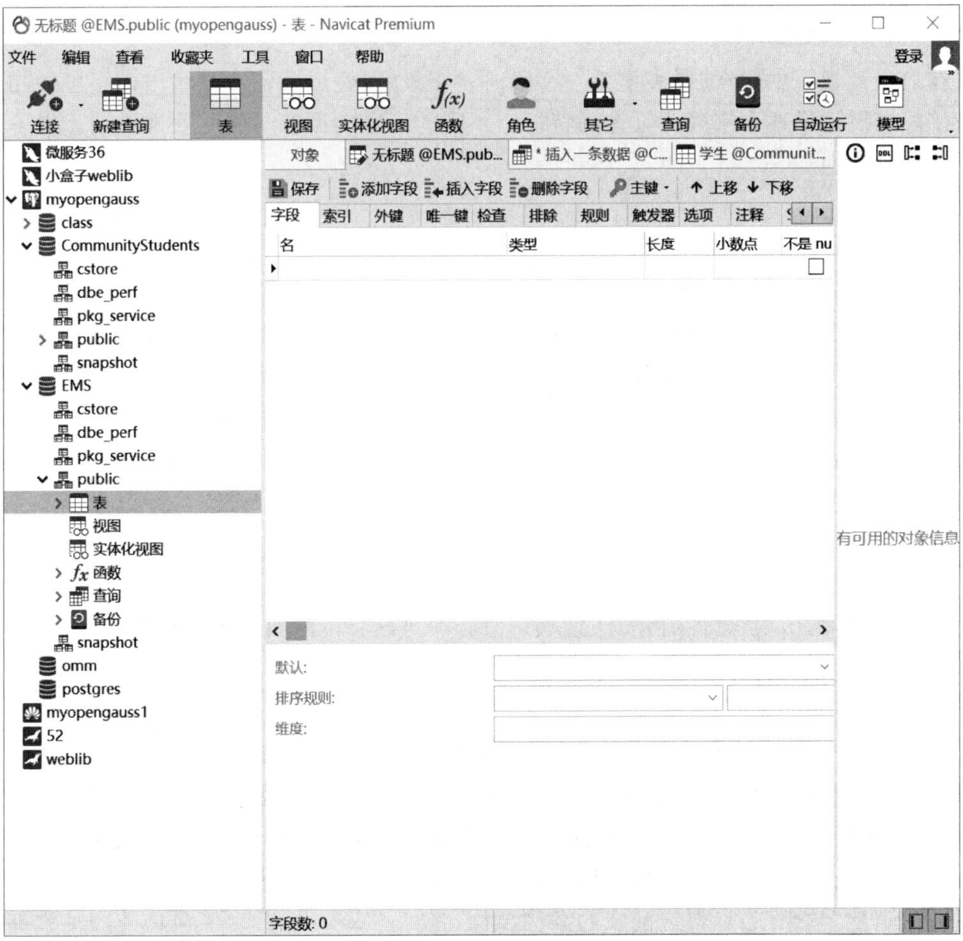

图 8.41　“表设计”视图

在 openGauss 中,对象名(表名、列名、函数名、视图名、序列名等对象名称)的命名规范是:对象名务必只使用小写字母、下画线、数字;不要以 pg 开头,不要以数字开头,不要使用保留字。

除了要根据命名规范定义字段的名称外,还必须为关系的属性定义合适的数据类型。数据类型决定用户能保存在该字段中的值的种类。openGauss 提供了非常丰富的数据类型,表 8.7 列出了一些常用的数据类型。

表 8.7　openGauss 常用的数据类型及其使用方法

数据类型	使用说明	大　小
数值	可用来进行算术计算的数字数据,可通过设置“字段大小”属性定义一个特定的数字类型。其中 NUMERIC 和 DECIMAL 是任意精度类型	1、2、4 或 8 字节,与“字段大小”属性定义有关。例如:NUMERIC[(p[,s])],DECIMAL[(p[,s])],p 为总位数,s 为小数位数
日期/时间	用于存储日期和时间值	4、8、12、16 字节
字符	字符串类型指 CHAR、CHARACTER、NCHAR、VARCHAR、CHARACTER VARYING、VARCHAR2、NVARCHAR2、CLOB 和 TEXT	10MB～1GB－8203B
布尔	即 true 或 false	1 字节

在表设计视图中,当选择表里某一字段时,“字段”属性区会依次显示出该字段的相应属性。字段的属性描述了字段所具有的特征。不同的字段类型有不同的属性描述。以下介绍常用的几种属性。

1) 长度

“长度”属性用于控制数据类型为“文本”或“数字”的“类型”的使用空间大小。

INT2 类型的字段的默认长度是 16,INT4 的默认长度是 32,FLOAT4 的默认长度是 24,FLOAT8 的默认长度是 53。NUMERIC 可以自己设置默认长度和小数点长度,可以根据字段要保存的信息长度选择取值范围内的数。例如,可将“学生”表中“性别”字段的“字段大小”设置为 1;“课程”表中的“学分”字段设为 NUMERIC,长度为 3,其中小数点长度为 1。

要注意的是,在字段值录入之后,改变字段大小属性有可能会导致部分数据的丢失。

2) 默认值

在一个数据库中,有些字段的某种取值会经常出现。例如,“学生”表中“性别”字段只有“男”和“女”两种取值,这种情况就可以选择其中一种取值作为默认值,以减少数据输入的工作量。在设置“默认值”属性时,要注意默认值必须与该字段的数据类型相匹配,否则会出现错误。

3) 不是 null

在数据录入时,除了主键和索引字段之外,其他字段在默认的情况下是允许空值的。利用“不是 null”属性可以保证在数据录入时字段不能为空,必须要有数据。例如,可在“学生”表中“姓名”和“性别”字段的“不是 null”属性下打钩,保证每个学生的姓名和性别都是可知的。

在理解了上述基础知识之后,可以开始在 Navicat 下新建数据库表。

首先新建“学生”表。根据前文的案例设计,“学生”表一共有 6 个字段,下面是添加字段的基本步骤。例如,对于“学号”这个字段,需要对名、类型、长度、小数点、不是 null、键等 6

个基本信息进行设置。“学号”设置如图 8.42 所示。

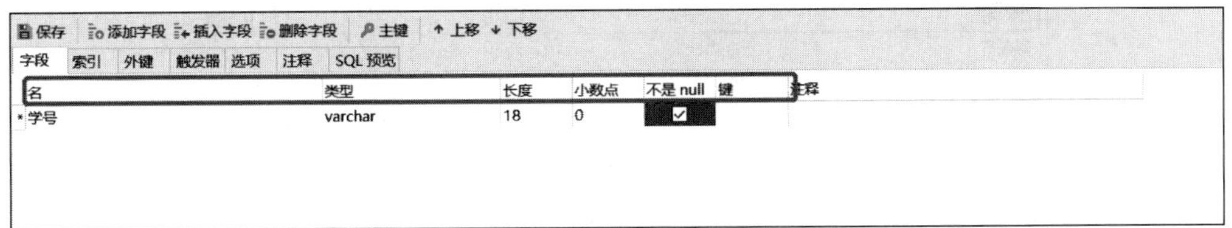

图 8.42　新建学生表字段

当完成一个字段的基本信息设置之后，单击“添加字段”菜单，新增一行字段进行设置，如图 8.43 所示。

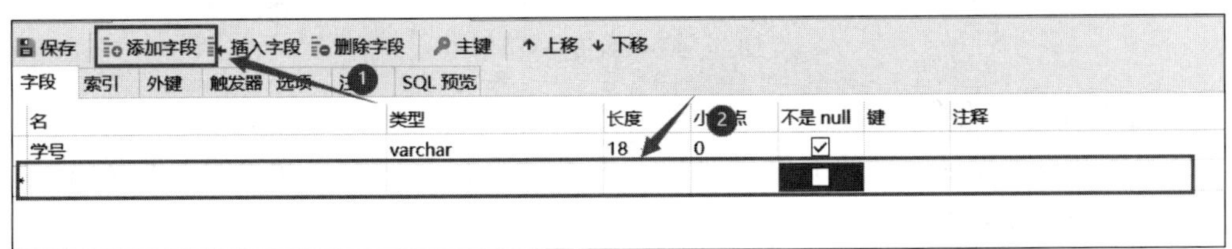

图 8.43　添加字段

按照上述操作步骤指引完成“学生”表所有字段的添加之后，在“学号”字段的“键”属性上右击，选择“主键”，从而将“学号”设为“学生”表，如图 8.44 所示。

名	类型	长度	小数点	不是 null	键	注释
身份证号	varchar	18	0	☑		
学号	varchar	12	0	☑		
姓名	varchar	10	0	☑		
性别	varchar	1	0	☑		
班级	varchar	20	0	☐		
生日	date		0	☑		

图 8.44　设置“学生”表的主键

类似地，完成“课程”表和“成绩”表的创建。最后，可得到分别如图 8.45、图 8.46 和图 8.47 所示的“学生”表、“课程”表和“成绩”表的结构。

名	类型	长度	小数点	不是 null	键	注释
身份证号	varchar	18	0	☑		
学号	varchar	12	0	☑	1	主键
姓名	varchar	10	0	☑		
性别	varchar	1	0	☑		
班级	varchar	20	0	☐		
生日	date	0	0	☑		

图 8.45　“学生”表结构

字段 索引 外键 唯一键 检查 排除 规则 触发器 选项 注释 SQL 预览

名	类型	长度	小数点	不是 null	键	注释
课程号	varchar	35	0	☑	1	主键
课程名	varchar	20	0	☑		
学时	int2	16	0	☑		
学分	numeric	3	1	☑		

图 8.46 “课程”表结构

保存 添加字段 删除字段 主键

字段 索引 外键 唯一键 检查 排除 规则 触发器 选项 注释 SQL 预览

名	类型	长度	小数点	不是 null	键	注释
课程号	varchar	35	0	☑	1	主键
学号	varchar	12	0	☑	2	主键
成绩	int2	16	0	☐		

图 8.47 “成绩”表结构

4. 建立表间的关系

根据关系模型设计阶段的 E-R 图来建立表间的关系，实现数据库表的参照完整性。创建表间关系的步骤如下。

（1）进入“成绩”表的设计视图，如图 8.48 所示，并单击外键按钮。

保存 添加字段 删除字段 主键

字段 索引 外键 唯一键 检查 排除 规则 触发器 选项 注释 SQL 预览

名	类型	长度	小数点	不是 null	键	注释
课程号	varchar	35	0	☑	1	主键
学号	varchar	12	0	☑	2	主键

图 8.48 “成绩”表的设计视图

（2）建立“成绩”表的“学号”和“学生”表中的“学号”的参照关系。

① 在“字段”栏中选择“学号”，如图 8.49(a)所示；

② 在“被引用的模式”下拉列表中选择“public”，如图 8.49(b)所示；

③ 在“被引用的表(父)” 下拉列表中，选择“学生”表，如图 8.49(c)所示；

④ 在“被引用的字段”下拉列表中，选择“学号”字段，如图 8.49(d)所示；

⑤ 单击“保存”，如图 8.49(e)所示，“成绩”表的“学号”和“学生”表的“学号”参照关系就确定了。

类似地，可建立“成绩”表的“课程号”和“课程”表中的“课程号”的参照关系。在建立好表间关系之后，选择“表”，打开“查看”菜单，选择 ER 图表，即可看到如图 8.50 所示的 E-R 图。

注意：建立表间关系时，相关的字段必须具有相同的数据类型和大小。

5. 向表中输入数据

1）手动输入数据

建立表结构之后，就可以向表中输入数据了。双击 Navicat 左侧的“表”窗口中带表格图标的表名，即可进入该表的“数据表”视图，如图 8.51 所示。向表中输入数据以及进行记录的增加、删除、筛选等操作与 Excel 中的相似。

2）从 Excel 表格批量导入数据

可在 Excel 文件的 Sheet1、Sheet2 和 Sheet3 表中分别录入“学生”表、“课程”表和“成

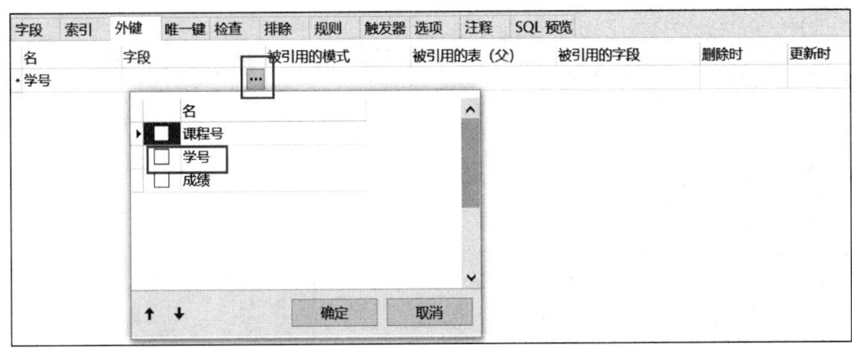

(a) 选择"学号"

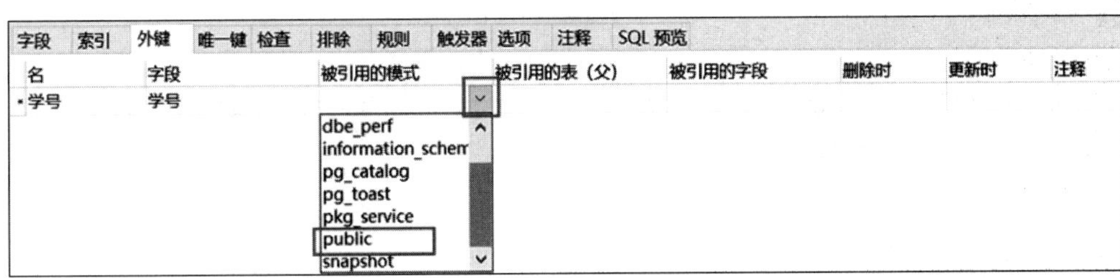

(b) 选择public

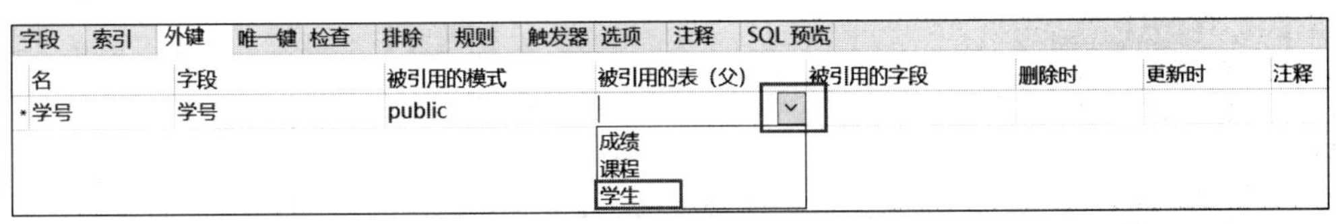

(c) 选择"学生"表

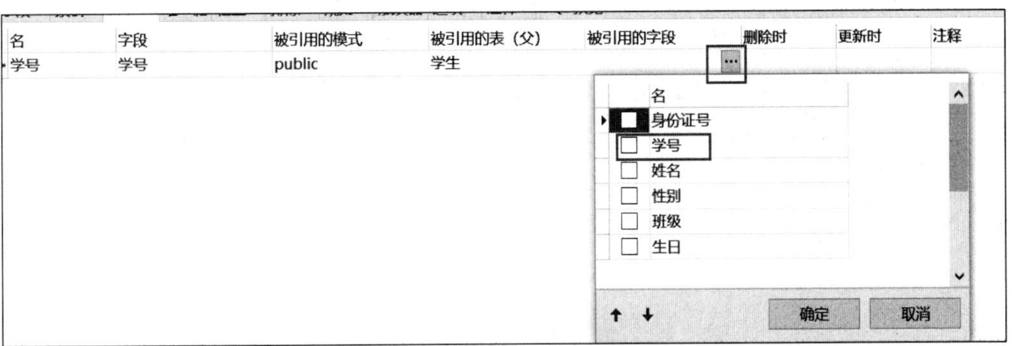

(d) 选择"学号"字段

保存 添加外键 删除外键
字段 索引 外键 唯一键 检查 排除 规则 触发器 选项 注释 SQL 预览

名	字段	被引用的模式	被引用的表（父）	被引用的字段
学号	学号	public	学生	学号

(e) 单击"保存"

图 8.49　创建外键

绩"表的数据，如图 8.52 所示。然后，在 openGauss 中执行"文件"→"导入"，如图 8.53 所示。

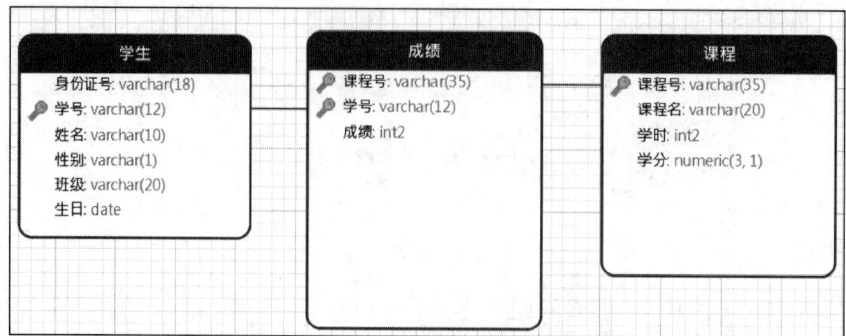

图 8.50　学生、成绩和课程的参照关系

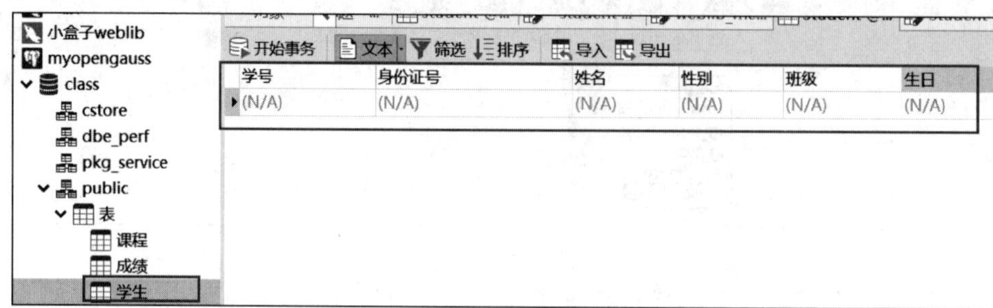

图 8.51　手动输入数据

	A	B	C	D	E	F
1	身份证号	学号	姓名	性别	班级	生日
2	440105200201015420	202101231234	张怡	女	21软件工程	2002-01-01
3	370613200112180013	202101231235	杨恒华	男	21软件工程	2001-12-18
4	140822200207040002	202101231236	张浩	女	21软件工程	2002-07-04
5	451029200111180010	202101241237	刘玉	女	21计算机学院	2001-11-18
6	130502200204080013	202101241238	雷琳	女	21计算机学院	2002-04-08
7	530324200205090004	202101241239	吴述	男	21计算机学院	2002-05-09
8	341204200208010027	202101251240	潘恩依	男	21医学院	2002-08-01
9	341423200209250006	202101251241	陈国柏	男	21医学院	2002-09-25
10	650202200203050010	202101251242	贺易	男	21医学院	2002-03-05
11	652929200205250016	202101251243	陈蕴艺	女	21医学院	2002-05-25
12						

图 8.52　“学生”表数据

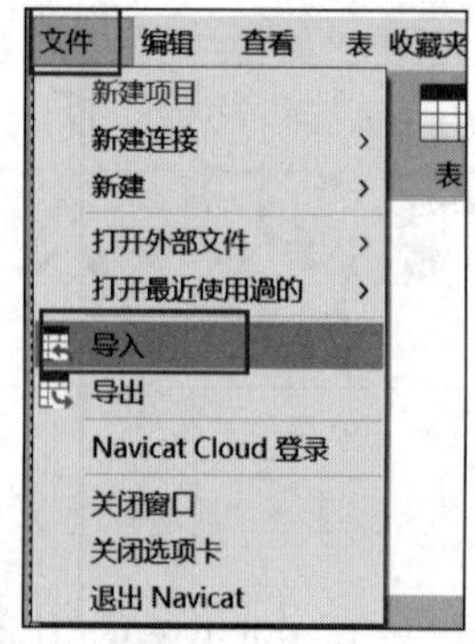

图 8.53　导入文件

在弹出的窗口中选择 Excel 文件并单击“下一步”按钮，如图 8.54 所示。

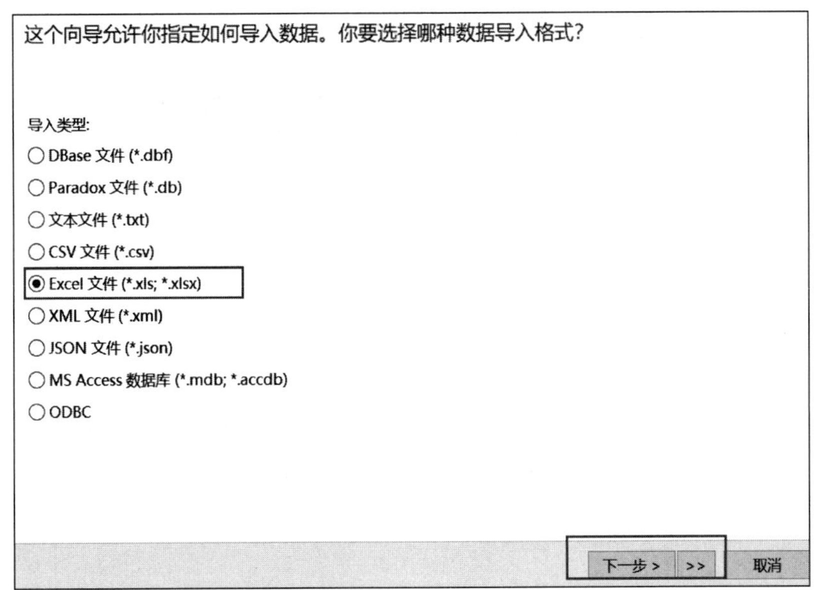

图 8.54 选择文件格式

在弹出的窗口中，单击▣，选择刚刚建立的 Excel 文件，如图 8.55(a)所示；此时，Excel 文件中的 Sheet1、Sheet2 和 Sheet3 会呈现在“表：”框中，如图 8.55(b)所示；然后，单击“下一步”，在出现的如图 8.55(c)所示的对话框中可为源定义一些附加的选项，如不需定义则直接单击“下一步”；最后，在出现的如图 8.56 所示的对话框中，单击“目标表”一栏，为各 Sheet 表选择其对应的数据库表。

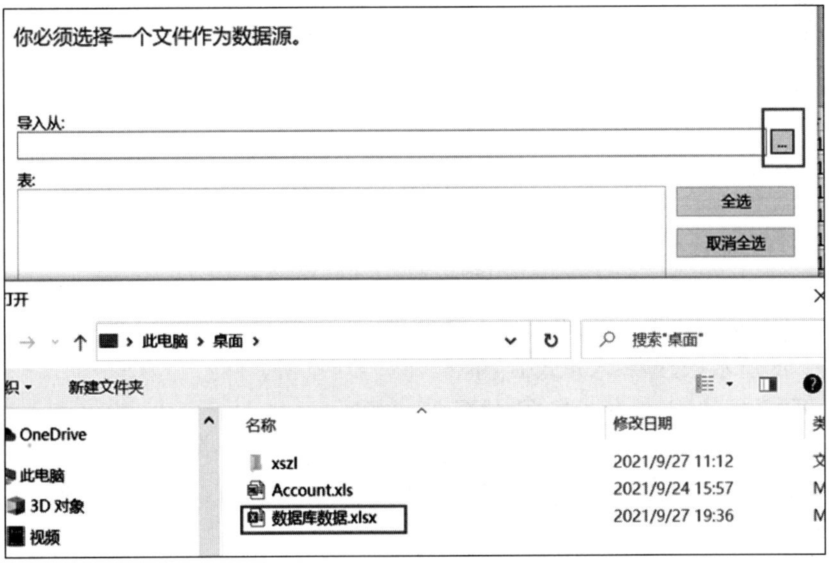

(a) 选择Excel文件

图 8.55 选择文件的操作步骤

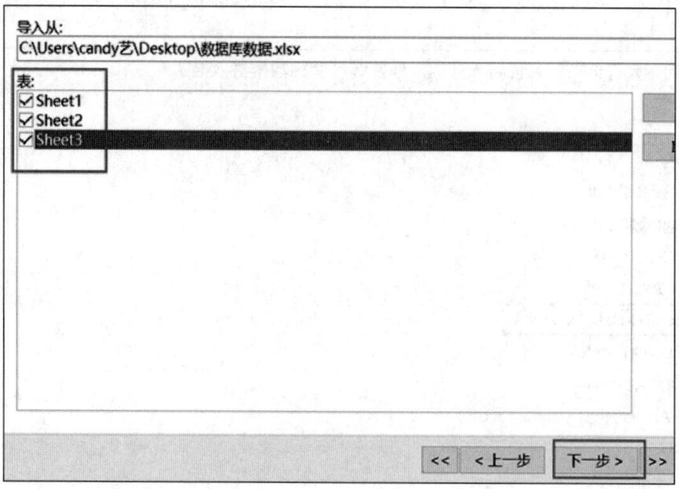

(b) Excel文件呈现在“表:”框中

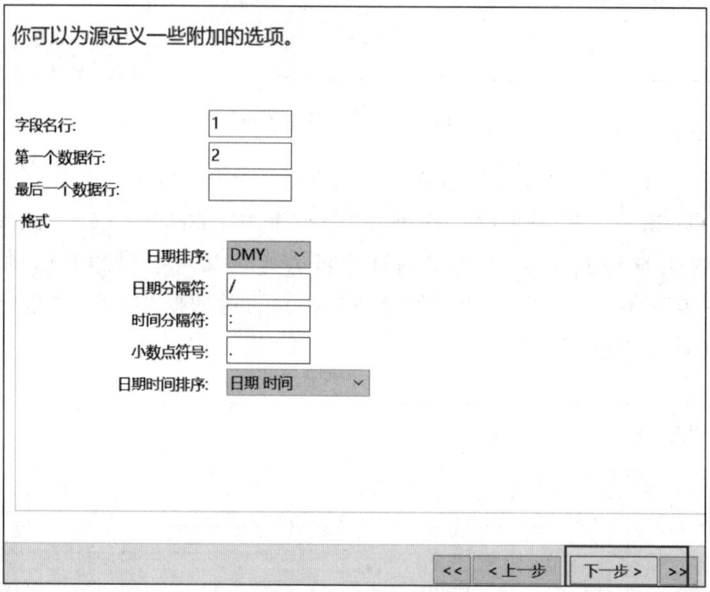

(c) 为源定义一些附加的选项

图 8.55 （续）

再次确认 Sheet1 的“学生”表的各个字段和目标字段的对应关系，如图 8.57 所示。

如图 8.58 所示，选择导入模式后，单击“下一步”按钮。

单击“开始”按钮，开始导入数据，如图 8.59 所示。

若导入成功，会在对话框信息栏里出现如图 8.60 所示的 Finished successfully 字样。

在 openGauss 中，SQL 查询是功能最强大的查询方式。以例 8.24 为例，建立 SQL 查询的步骤如下。

在菜单栏处单击“新建查询”，如图 8.61 所示。

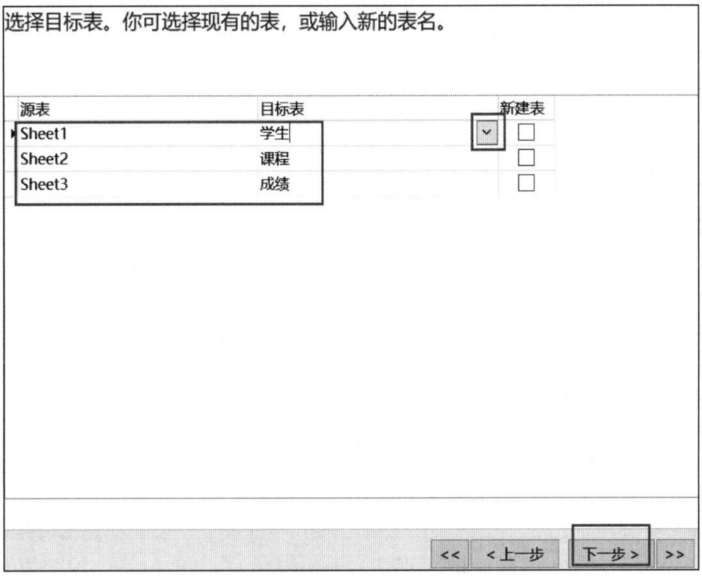

选择目标表。你可选择现有的表，或输入新的表名。

源表	目标表	新建表
Sheet1	学生	☐
Sheet2	课程	☐
Sheet3	成绩	☐

<< <上一步 下一步> >>

图 8.56 将 Sheet 与数据库表对应

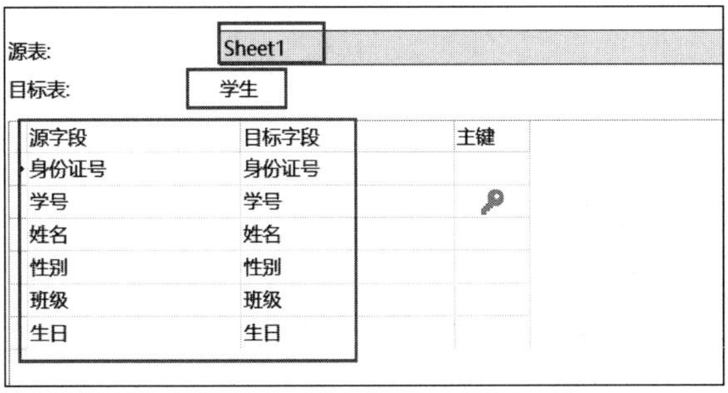

源表: Sheet1

目标表: 学生

源字段	目标字段	主键
身份证号	身份证号	
学号	学号	🔑
姓名	姓名	
性别	性别	
班级	班级	
生日	生日	

图 8.57 确认源表与目标表的对应关系

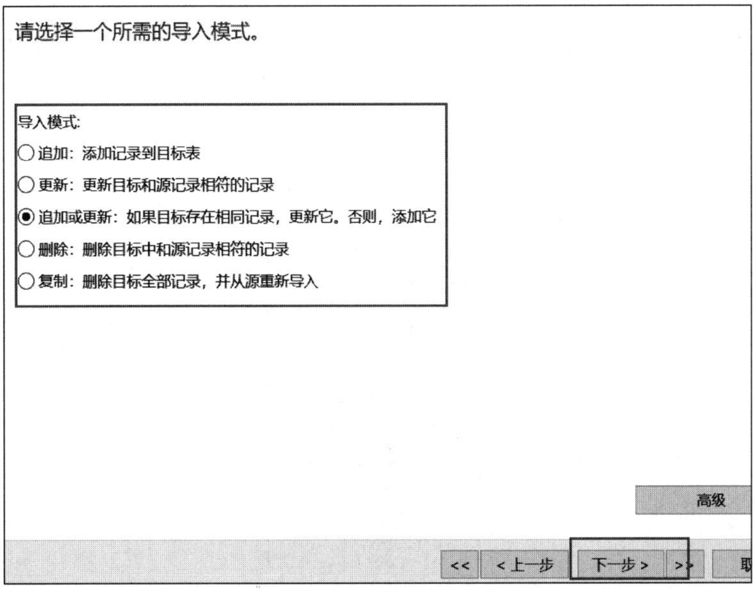

请选择一个所需的导入模式。

导入模式:

- ○ 追加：添加记录到目标表
- ○ 更新：更新目标和源记录相符的记录
- ◉ 追加或更新：如果目标存在相同记录，更新它。否则，添加它
- ○ 删除：删除目标中和源记录相符的记录
- ○ 复制：删除目标全部记录，并从源重新导入

高级

<< <上一步 下一步> >> 取

图 8.58 选择导入模式

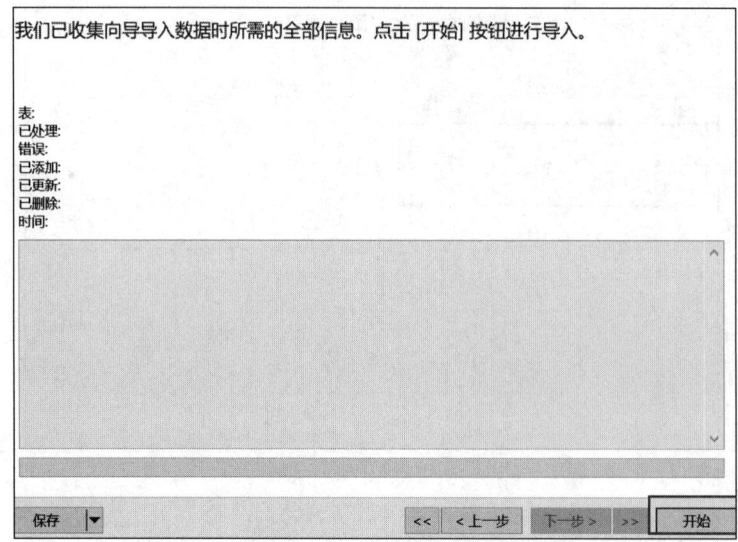

图 8.59　开始数据导入

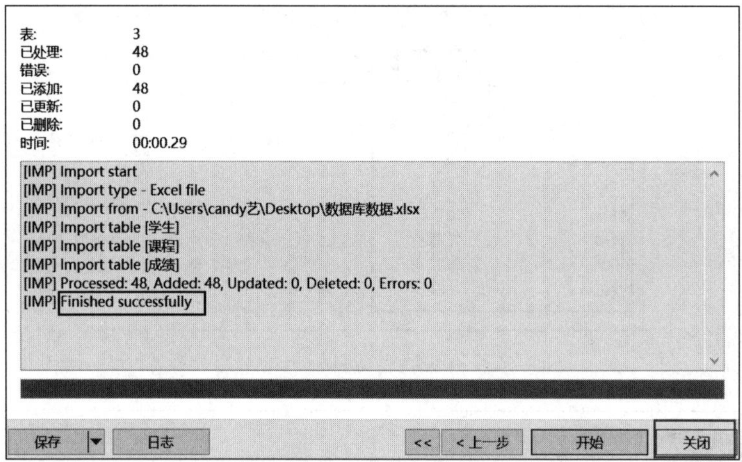

图 8.60　数据导入成功

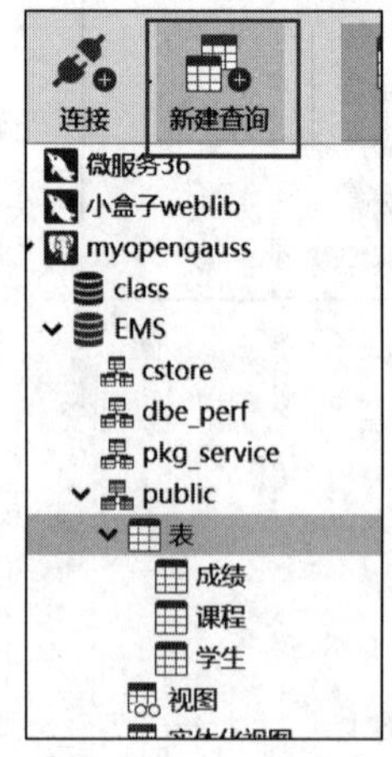

图 8.61　新建查询

在如图 8.62 所示的“无标题-查询”编辑区中输入 SQL 语句：

```
SELECT 学生.学号,姓名
FROM 成绩,学生
WHERE 课程号 = '1026' AND 成绩.学号 = 学生.学号;
```

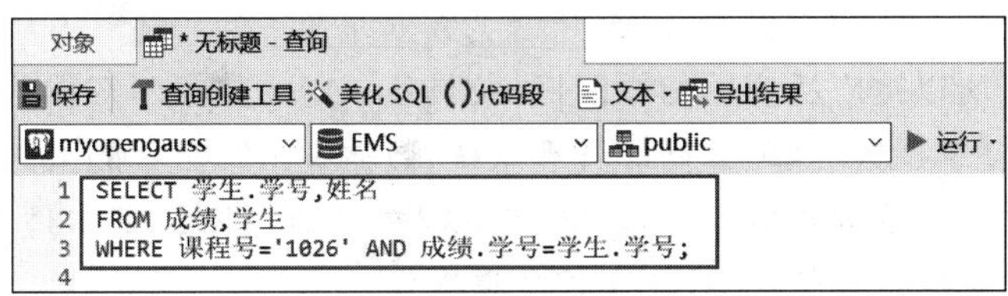

图 8.62 输入 SQL 语句

在查询信息时，若某些条件不能具体给出，可以使用 LIKE 关键字结合通配符进行模糊查询。openGauss 支持的通配符及其含义如表 8.8 所示。

表 8.8 openGauss 通配符及其含义

通 配 符	含 义
%	包含 0 个或多个字符
_	包含 1 个字符
[]	指定范围，如[a-d]代表 a、b、c 和 d
[^]	不属于指定的范围，如[^a-d]代表排除了 a、b、c 和 d 以外的其他字符

在“查询工具”的“设计”选项卡中的“结果”组里，单击“运行”按钮查看查询结果，如图 8.63 所示。

保存 查询创建工具 美化 SQL 代码段 文本 导出结果
myopengauss EMS public 运行

```
SELECT 学生.学号,姓名
FROM 成绩,学生
WHERE 课程号='1026' AND 成绩.学号=学生.学号;
```

信息 结果 1

学号	姓名
202101231231	杨恒华
202101231232	张浩
202101231233	刘玉
202101231234	雷琳
202101231235	吴述
202101231236	潘恩依
202101231237	陈国柏
202101231238	贺易
202101231239	陈蕴艺
202101231230	张怡

图 8.63 运行 SQL 查询

如要保存此查询，可单击工具栏的“保存”按钮，输入查询名并保存，如图 8.64 所示。

图 8.64 保存查询

本章小结

数据库技术已经融入到人类社会活动的各个领域，其理论体系颇具规模。

本章以数据处理发展的历史为背景，介绍了数据库相关的一些基本概念，帮助读者了解数据库技术今天之所以被广泛应用的原因，以及具备一定的数据库知识的必要性。

学习本章时，要掌握数据库、数据库管理系统、数据库系统三者的区别与联系，了解数据库管理系统和数据库系统的构成与功能，重点掌握关系数据库的基本理论与 SQL，并能够建立一个简单的数据库以及使用 SQL 实现数据操作。

本章人物

埃德加·弗兰克·科德（Edgar Frank Codd，1923—2003）被誉为“关系数据库之父”，1923 年 8 月 23 日生于英格兰多塞特的波特兰。在牛津的埃克塞特学院研习数学与化学后，科德作为一名英国皇家空军的飞行员参加了第二次世界大战。1948 年，他来到纽约，加入了 IBM 公司，成为一名数学程序员。之后他回到密歇根大学并取得了计算机科学博士学位。两年后，科德去往 IBM 公司位于圣何塞的阿尔马登研究中心工作。1970 年，科德发表题为 *A Relational Model of Data for Large Shared Data Banks* 的论文，文中首次提出了数据库的关系模型。由于该关系模型简单明了，具有坚实的数学理论基础，所以一经推出就受到了学术界和产业界的高度重视和广泛响应，并很快成为数据库市场的主流。

埃德加·弗兰克·科德

20 世纪 80 年代以来，计算机厂商推出的数据库管理系统几乎都支持关系模型，数据库领域当前的研究工作也大都以关系模型为基础。

1981 年，科德因在关系型数据库方面的贡献获得了图灵奖。

习 题 8

8.1 单选题

1. SQL 中 DELETE 的作用是（　　）。

   A. 插入记录　　B. 删除记录　　C. 查找记录　　D. 更新记录

2. 参照关系 A 中外键的取值要么为空，要么为被参照关系 B 中某元组的主键值。这是（　　）规则。

   A. 实体完整性　　B. 参照完整性
   C. 用户自定义完整性　　D. 属性完整性

3. 关系数据库中的数据表（　　）。

   A. 完全独立，相互没有关系　　B. 相互联系，不能单独存在
   C. 既相对独立，又相互联系　　D. 以数据表名来表现其相互间的联系

4. 创建表之间的关系时，正确的操作是(　　)。
   A. 关闭当前打开的表　　B. 打开要建立关系的表
   C. 关闭所有打开的表　　D. 关闭与之无关的表
5. Microsoft 公司的 SQL Server 数据库管理系统一般只能运行于(　　)。
   A. Windows 平台　　B. UNIX 平台
   C. Linux 平台　　D. NetWare 平台
6. 关于主键，下列说法错误的是(　　)。
   A. Access 并不要求在每一个表中都必须包含一个主键
   B. 在一个表中只能指定一个字段为主键
   C. 在输入数据或对数据进行修改时，不能向主键的字段输入相同的值
   D. 利用主键可以加快数据的查找速度

8.2　多选题

1. 数据库系统具有(　　)特点。
   A. 数据结构化　　B. 冗余度高　　C. 数据共享　　D. 数据独立性
2. 关系模型的数据完整性约束包括(　　)。
   A. 实体完整性　　B. 参照完整性
   C. 用户自定义完整性　　D. 属性完整性
3. 数据库管理系统的层次结构可分为(　　)。
   A. 应用层　　B. 语言翻译处理层
   C. 数据存取层　　D. 数据存储层
4. 若一个关系为 R(学号,姓名,性别,身份证号)，则(　　)可以作为该关系的主键。
   A. 学号　　B. 姓名　　C. 性别　　D. 身份证号
5. SQL 语言的功能有(　　)。
   A. 数据定义　　B. 数据查询　　C. 数据操纵　　D. 数据控制
6. 以下关于空值的叙述中，正确的是(　　)。
   A. Access 使用 NULL 来表示空值
   B. 空值表示字段还没有确定值
   C. 空值等同于空字符串
   D. 空值不等于数值 0

8.3　简答题

设“社团-学生”数据库要记录学生的学号、姓名、性别、出生日期等信息，要记录社团的编号、名称、活动地点等信息，还要记录学生参加社团的加入时间。

(1) 请根据题意画出 E-R 图。

(2) 请将 E-R 图转换成关系模式。

8.4　操作题

1. 建立 8.3 题的“社团-学生”数据库，建立表间关系，并往各表插入一些数据。
2. 在“社团-学生”数据库中使用 SQL 在学生表中：

(1) 插入一条记录，如('1536','张丽','女',NULL)。

(2) 修改(1)中插入的记录，把学生名称改为“李楠”。

(3) 把(2)修改后的记录删除。

3. 在“社团-学生”数据库实现以下查询。

(1) 查看学生表里的全部记录。

(2) 在学生表中查询学生的学号、姓名和性别。

(3) 在学生表中查找1994年之前出生的学生的学号。

(4) 在学生表中查找1994年之前出生的女同学的学号。

(5) 在学生表中查找22岁的学生的学号和姓名。

(6) 在学生表中查找张姓同学的学号和姓名。

(7) 在学生表中查找出生日期为空的学生学号和姓名。

(8) 在学生表中查询学生的基本情况，按性别的升序显示结果；对于性别相同的记录，再按学号的降序进行排列，只显示前5名同学的情况。

(9) 统计每个学生参加社团的数目，显示学生的学号及其参加社团数。

(10) 统计每个社团拥有的学生数量，显示社团编号、社团名称以及其学生人数。

第9章　计算机网络

在信息化社会中，越来越多的应用领域需要将一定地理范围内的计算机联合起来进行工作，从而促进了计算机和通信这两种技术的紧密结合，形成了计算机网络这门学科。计算机网络在当今社会经济中起着重要的作用，对人类社会进步做出了巨大的贡献。本章主要介绍计算机网络的概念、网络的体系结构、互联网技术和 TCP/IP 等知识。

9.1　概　　述

9.1.1　网络的定义

计算机网络是把分布在不同地点且具有独立功能的多个计算机系统通过通信设备和线路连接起来，在网络软件的支持下实现彼此之间数据通信和资源共享的系统。即一个计算机网络首先要有两台或两台以上具备独立功能的计算机，并且这些计算机之间通过有线或无线介质相互连接，按照某种约定和规则能够进行信息交换，最终实现连入网络的软硬件资源的共享。图 9.1 所示是用网络实现资源共享的简单示例。将 2 台打印机、4 台计算机通过共享器连接起来后，4 台计算机可以共享网络里的 2 台打印机，从而实现了硬件资源的共享。

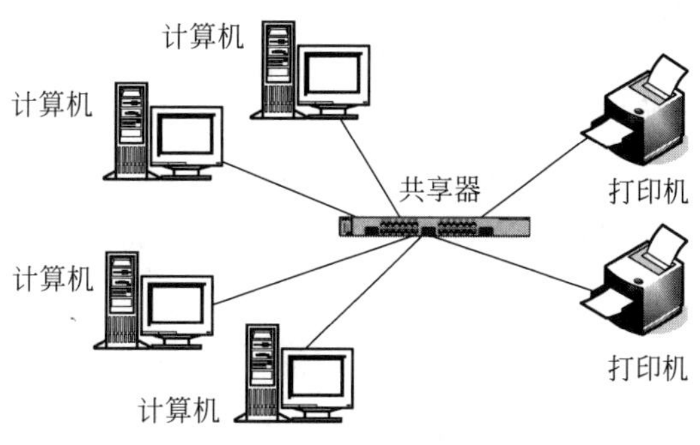

图 9.1　用网络实现打印机共享

9.1.2 网络的发展历史

计算机网络的发展经历了从简单到复杂的发展过程，大体上可分为远程终端联机阶段、计算机网络阶段、网络互联阶段和高速计算机网络阶段。

1. 远程终端联机阶段

远程终端联机阶段是计算机网络发展的初级阶段。在此阶段，一台计算机和许多终端相连，多个用户可以通过不同的终端共享一台计算机，如图 9.2 所示。

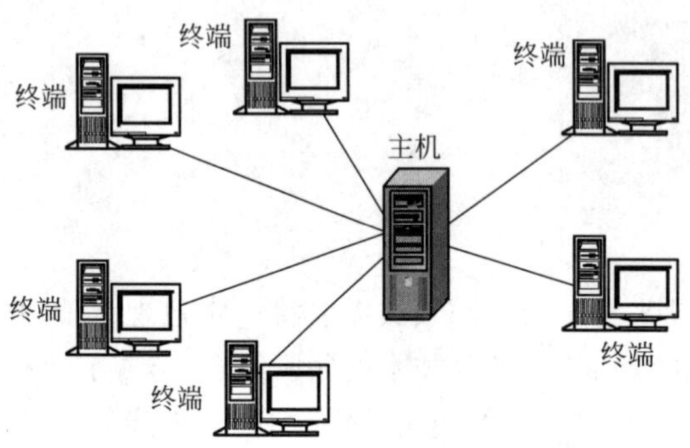

图 9.2 多个终端共享主机资源

2. 计算机网络阶段

1968 年，美国国防部高级研究计划局(Advanced Research Projects Agency，ARPA)提出研制 ARPANET 的计划，并于 1969 年建成了具有 4 个节点的实验网。随后的几年间，ARPANET 迅速发展，连入的主机数很快超过 100 台，地理范围也不断扩大。ARPANET 是世界上第一个实现了以资源共享为目的的计算机网络，所以往往将 ARPANET 作为现代计算机网络诞生的标志。

3. 网络互联阶段

国际标准化组织在 1984 年正式颁布了“开放系统互联参考模型”，使计算机网络体系结构实现了标准化。根据该模型，遵守相同互联标准的计算机网络可以连接起来，形成一个互联网络，以实现更大范围内计算机网络之间的通信和资源共享。图 9.3 是由网络 1、网络 2 和网络 3 相互连接形成的一个互联网络。

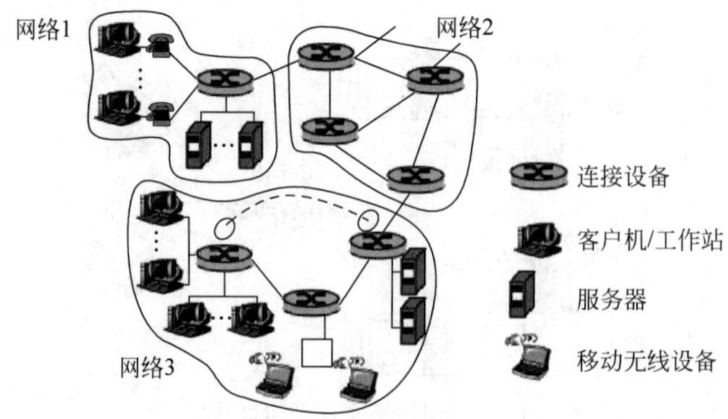

图 9.3 计算机网络互联

4. 高速计算机网络阶段

1993年，美国宣布建立国家信息基础设施（National Information Infrastructure，NII）后，全世界许多国家纷纷制定和建立了本国的NII，从而极大地推动了计算机网络技术的发展，使计算机网络进入了一个崭新的阶段。目前，全球以美国为核心的高速计算机因特网（Internet）已经建立，Internet成为人类最重要的、最大的知识宝库，为人类进行远程医疗、远程通信、远程协作、电子商务提供了重要的平台。

9.1.3 网络的基本组成

计算机网络主要完成数据处理与数据通信两大功能。从逻辑功能上看，计算机网络可以分为两部分，即资源子网和通信子网。如图9.4所示，虚线外的部分称为资源子网，虚线内的部分称为通信子网。

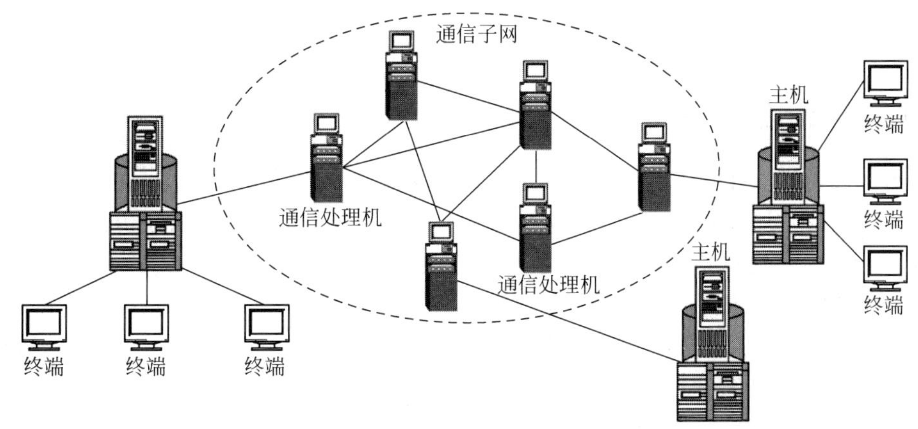

图9.4 计算机网络的组成

资源子网由主机系统（服务器）、终端（客户机）、连接设备、各种软件资源与信息资源组成。资源子网负责全网的数据处理业务，向网络用户提供各种网络资源和网络服务。

通信子网由通信控制处理机、通信线路及其他通信设备组成，负责完成网络数据传输、转发等通信处理任务。

从系统组成上看，计算机网络主要由网络通信系统、网络操作系统、网络应用系统组成。

网络通信系统提供节点间的数据通信功能，涉及传输介质、拓扑结构以及介质访问控制等一系列核心技术，决定着网络的性能。

网络操作系统用于对网络资源进行有效管理，提供基本的网络服务、网络操作界面、网络安全性和可靠性等，是实现用户透明性访问网络必不可少的人机接口。

网络应用系统是根据应用要求而开发的基于网络环境的应用系统。例如银行、医院、商业、机关、宾馆等各行各业中所开发的办公自动化、生产自动化、企业管理信息系统、电子银行系统、决策支持系统、医疗管理服务系统、电子商务和辅助教学等应用系统。

从硬件组成来看，计算机网络主要由下列部件组成。

（1）主机。主机（host）是资源子网的关键设备，主要负责数据处理、执行网络协议、进行网络控制和管理等工作，包括供用户访问的数据库。

（2）终端。终端（terminal）或客户机是用户访问网络的设备，主要作用是把用户输入的信息转换为适合于传送的信息并送到网络上，或把网络上其他节点通过通信线路传送来的信息转换为用户能够识别的信息。另外，智能终端还具有一定的运算、处理和管理能力。

（3）通信处理机。通信处理机是执行通信控制功能的专用计算机，主要作用是承担通信控制与管理工作，减轻主机的负担。

（4）共享器。共享器使多个网络用户共用一条传输线访问网络，如集线器、交换机、路由器等。

（5）调制解调器。调制解调器（modem）负责把计算机数字信号和模拟信号进行相互转换。借助于调制解调器可以进行远距离通信，并可实现多路复用。

（6）通信线路。通信线路是传输信息的载波媒体。

9.2 网络分类

计算机网络分类的方法有很多，从不同的角度观察网络系统，可以得到不同的分类结果。

9.2.1 按覆盖范围划分

根据网络的覆盖范围来划分，网络可分为局域网、城域网和广域网。

（1）局域网。局域网（local area network，LAN）指覆盖范围在10km以内的网络，通常在学校、企业、大型建筑物中使用。局域网的特点是传输速度快，可靠性高。

（2）广域网。广域网（wide area network，WAN）指城市与城市之间、国家与国家之间、城市与国家之间连接而成的网络。它所覆盖的地理范围可达几十公里、几百公里甚至遍及世界，形成国际性的远程网络。

（3）城域网。城域网（metropolitan area network，MAN）覆盖范围在局域网和广域网之间，通常指城市内部连接而成的网络，如政府网。

9.2.2 按网络的工作模式划分

根据网络的工作模式来划分，网络可分为客户机-服务器网和对等网。

1. 客户机-服务器网

在客户机-服务器（client/server，C/S）网络中，使用一台计算机来协调和提供服务给网络中的其他节点。服务器提供被访问的资源，如网页、数据库、应用软件和硬件等，如图9.5所示。服务器节点协调和提供某种服务，客户机节点获取这些服务。

客户机-服务器系统广泛运用于Internet上。例如，曾经十分流行的音乐服务系统Napster使用了这种模式，音乐爱好者们通过Internet连接到Napster服务器上，可以获取Napster服务器提供的服务，从提供的歌曲列表中选取喜爱的歌曲下载播放。

客户机-服务器系统的优点包括可以高效地运用于大型网络，有强大的网络管理软件监控网络活动；主要缺点是安装和维护系统的费用较高。

2. 对等网

在对等网络（peer-to-peer，P2P）模型中，每个节点既是客户机也是服务器。例如，一台微型计算机能够获取另一台微型计算机上的文件，同时也能为其他微型计算机提供文件，如图9.6所示。

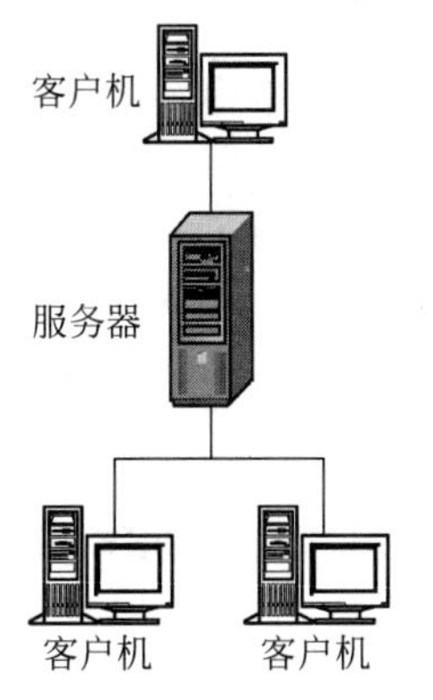

图 9.5 客户机-服务器模型

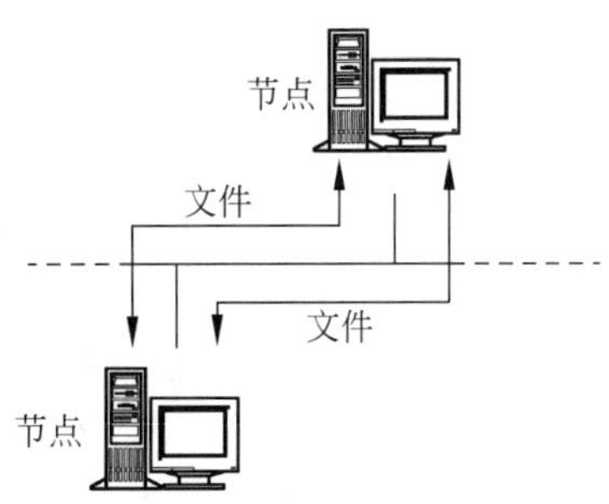

图 9.6 对等网络模型

Gnutella 是一种被广泛使用的对等系统,用户可以用它共享各种资源。Gnutella 与 Napster 的工作模式不同,它没有中心服务器,而是用户直接互联。

对等网络模型的优点:首先,这种网络很容易建立且造价不高;其次,在节点数低于 10 的情况下,这种小型网络通常工作良好;另外,不同于 C/S 网络模型,P2P 网络模型的操作不依赖某个单独的中心节点。但是,当节点数不断增加时,P2P 网络模型的性能有所下降,而且没有强大的网络管理软件来监控大型网络活动。正因为如此,P2P 网络常作为机构内部的小型网络,来实现网络上的文件共享。

9.3 数据传输

9.3.1 传输介质

传输介质是网络中连接收发双方的物理通路,也是通信中实际传送信息的载体。传输介质通常分为有线传输介质和无线传输介质。

1. 有线传输介质

1) 双绞线

双绞线由两根分别包有绝缘材料的铜线螺旋形地绞在一起,芯线为软铜线,线径为 0.4~1.4mm。两线绞合的目的是减少相邻线对间的电磁干扰,可以传输模拟和数字信号。长距离传送数字信号每秒可达几兆比特,短距离传送可达 1Gb/s。传输模拟信号时,带宽可以到约 1MHz。传输衰减受频率影响很大,容易受干扰和噪声的影响。双绞线分为屏蔽双绞线(shielded twisted pair,STP)和非屏蔽双绞线(unshielded twisted pair,UTP),如图 9.7 所示。

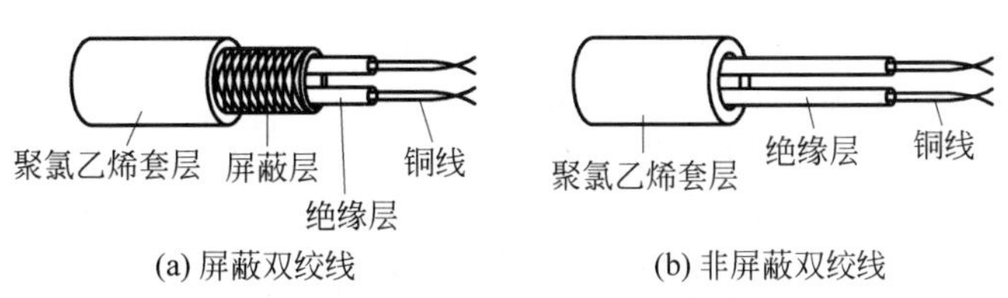

图 9.7 屏蔽双绞线和非屏蔽双绞线

2）同轴电缆

同轴电缆由一根内导体铜质芯线外加绝缘层、密集网状编织导电金属屏蔽层以及外包装保护性材料组成，其结构如图9.8所示。同轴电缆的特点是高带宽及良好的噪声抑制性。同轴电缆的带宽取决于电缆长度，1km的电缆可以达到1～2Gb/s的数据传输速率。通常，根据特性阻抗数值的不同，可将同轴电缆分为50Ω同轴电缆和75Ω同轴电缆。

（1）50Ω同轴电缆。50Ω同轴电缆又称为基带同轴电缆或细缆，可直接传送基带数字信号，传输速率最高可达10Mb/s。

（2）75Ω同轴电缆。75Ω同轴电缆又称为宽带同轴电缆、粗缆或CATV（cable TV，有线电视）电缆。常用的CATV电缆在传输模拟信号时，频带高达300～450MHz，距离可达100km。传输数字信号时，必须将其转换成模拟信号，1bit占1～4Hz的带宽，一般带宽为300MHz的CATV电缆可支持150Mb/s的传输速率。

3）光缆

光缆中的光纤为光导纤维的简称，由直径8～100μm的细玻璃丝构成。四芯光缆剖面如图9.9所示。光纤通信就是以光波为载体。当光线从高折射率的介质进入低折射率的介质时，折射角将大于入射角。当折射角足够大时，就会出现反射。如图9.10所示，当入射角大于某个临界角时就会出现全反射。

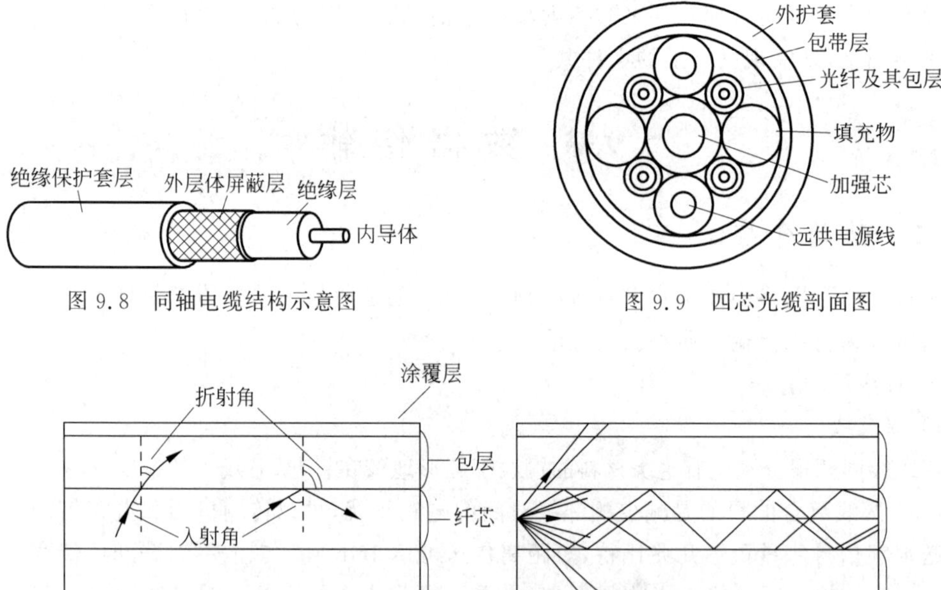

图9.8 同轴电缆结构示意图

图9.9 四芯光缆剖面图

图9.10 折射角大于入射角及光波在光纤中的传播

可以使多条不同入射角的光线在一条光纤中传输，这种光纤就称为多模光纤。若光纤的直径减小到只有一个光的波长，则光纤就像一根波导那样，可使光线一直向前传播，而不会产生多次反射，这样的光纤称为单模光纤。

光纤通信的优点有：通信容量非常大，抗雷电和电磁干扰性能好，传输距离远，传输速率高；单芯可实现传输，传输损耗小，中继距离长；无串音干扰，保密性好；体积小，重量轻。

2. 无线传输介质

上述同轴电缆、双绞线、光缆等都属于有线传输介质，随着信号传输距离的增大，工程成本将增加，系统性能价格比将下降，而且线路越长，故障率也会越高。此外，线路的铺设和安装还会受到房屋和地形条件的限制。为了克服有线传输介质的缺陷，可以采用无线传输方式，利用无线电波、红外线和微波等空间电磁波传送信息，信号完全通过空间从发射器发射到接收器。

1）无线电波

无线电波的覆盖范围广，具有很强的抗干扰能力，可用性强，目前大量应用于公共调频广播和无线传输（无线调频话筒、音视频无线传输、蓝牙技术等）领域。

2）红外线

红外线通信是一种廉价、近距离、无连线、低功耗和保密性较强的无线传输方式，在无线网络接入和近距离遥控音视频设备（音视频设备红外遥控编码、红外无线话筒等）等方面应用较广。红外线链路由发射器/接收器组成，发射器将电信号调制成红外光信号，接收器通过光敏元件将接收到的红外光信号解调成电信号。只要接收器处于视线范围内，不受不透光物体的遮挡，发射器与接收器之间就可以进行准确良好的通信。红外通信具有很强的方向性，几乎不受干扰信号串扰和阻塞的影响，而且安装方便，可实现每秒数兆比特的数据传输。在实际应用中，红外线容易受到背景噪声和日光环境的影响，因此对发射机的发射功率会有一定要求。

3）微波

微波指频率为 300MHz～300GHz 的电磁波。微波频率比一般的无线电波频率高，通常也称为“超高频电磁波”，具有传输距离远、通信容量大、可靠性高等优点，常用于卫星通信。

9.3.2 带宽

带宽（bandwidth）是对通信信道容量的度量，它表示在给定时间内有多少信息通过通信信道。在数字设备中，带宽通常以 b/s 表示，即每秒传输的位数。在模拟设备中，带宽通常以每秒传送周期或赫兹（Hz）来表示。带宽分为以下三类。

1）语音带宽

语音带宽又名语音级或低带宽，被用作标准的电话通信。微型计算机用标准的调制解调器和拨号服务时也使用该带宽。该带宽在传输文本文档时比较有效，但对质量要求高的音频和视频通信来说速度太慢。典型的带宽为 5～96kb/s。

2）中带宽

中带宽用于指定的租用线路上，连接小型机和大型机，以实现长距离的数据传输，一般不用于个人通信。

3）宽带

宽带是用于高容量传输的带宽。使用电缆或卫星连接的微型计算机及其他较特殊的高速设备使用该带宽。它能满足目前大多数通信需求，包括传输高质量的音频和视频。典型的带宽是 1.5Mb/s，当然也可能更宽。

9.3.3 协议

1. 人类活动的类比

要理解计算机网络协议的概念，也许一个最容易的办法是先与某些人类活动进行类比，因为人类无时无刻不在执行协议。例如，当你想要向某人询问时间的时候该怎么办？图 9.11 左半部分显示了这个典型的交互过程。

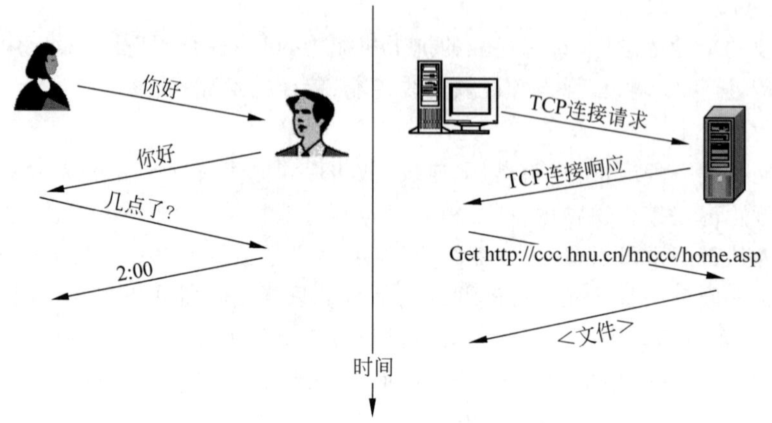

图 9.11　人类协议和网络协议的类比

对于礼貌的行为方式，人类协议要求一方首先进行问候（如图 9.11 中的第一个“你好”），以开始与另一个人通信。对方的典型响应是返回一个“你好”的报文，即用一个热情的“你好”进行响应，这隐含着能够继续向对方询问时间了。对最初“你好”的不同响应（如“不要烦我！”或“我不会说中文”等）可能表明：能勉强与之通信或不能与之通信。在这种情况下，按照人类协议，发话者将不再询问了。有时，一个人的询问根本得不到任何回答，在此情况下，通常是放弃向对方询问时间的想法。

注意：在人类协议中，有发送的特定报文、有根据接收到的回答报文或其他事件（如在某些给定的时间内没有回答）所采取的行动。

显然，传输和接收的报文以及当这些报文被发送和接收或其他事件出现时所采取的行动，在人类协议中起到了核心作用。如果人们执行不同的协议（例如，如果一个人讲礼貌，而另一个人不讲礼貌；或一个人明白时间这个概念，而另一个人却不知道）时，该协议就不能互动，因而不能完成有用的工作。在网络中，该道理同样成立。为了完成一项工作，要求两个（或多个）通信实体运行相同的协议。

2. 网络协议

网络协议类似于人类协议，只不过交换报文和采取动作的实体是某些设备（如计算机、路由器或其他具有网络能力的设备）的硬件或软件组件。计算机网络中的所有活动，凡是涉及两个或多个通信的远程实体都受协议的制约。例如，在两台物理连接的计算机的网络接口卡中，硬件实现的协议控制了两块网络接口卡间的“线上”比特流；端系统中的拥塞控制协议控制了发送方和接收方之间的分组发送速率。计算机网络中到处都运行着协议。

网络协议定义了在两个或多个通信实体之间交换的报文格式和次序，以及在报文传输、接收或其他事件上所采取的行动。

计算机网络广泛地使用了协议,不同的协议用于完成不同的通信任务。有些协议简单而直接,而有些协议复杂难懂。掌握计算机网络领域知识的过程就是理解网络协议的构成、原理和工作的过程。

9.4　网络拓扑结构

计算机网络是由多台独立的计算机通过通信线路连接起来的。然而,通信线路是如何把多台计算机连接起来的? 能否把连接方式抽象成一种可描述的结构? 如果能抽象成可描述的结构,则其网络结构是否一样? 如果不一样,它们各自的特点又是什么? 下面将依次回答上述问题。

计算机科学家通过采用图论演变而来的"拓扑"方法,把工作站(workstation)、服务器(server)等网络元素抽象为"点",把网络中的电缆等通信介质抽象为"线",这样从拓扑学的观点来看计算机网络系统,就形成了点和线组成的几何图形,从而抽象出了网络系统的具体结构。采用拓扑学方法抽象出的网络结构称为计算机网络的拓扑结构。基本的网络拓扑结构有总线型、树型、星型、环型和网状。任何一种网络系统都规定了它们各自的网络拓扑结构。通过网络之间的相互连接,可以将不同拓扑结构的网络组合起来,构成一个集多种结构为一体的互联网络。

1. 总线型

在总线型拓扑结构中,网络中的所有节点都直接连接到同一条传输介质上,这条传输介质称为总线。总线的两端是终结器。任何一台设备发送数据,都必须经过总线,如图 9.12 所示。使用这种结构必须解决的一个重要问题是当几个节点同时使用总线发送数据时产生的冲突。

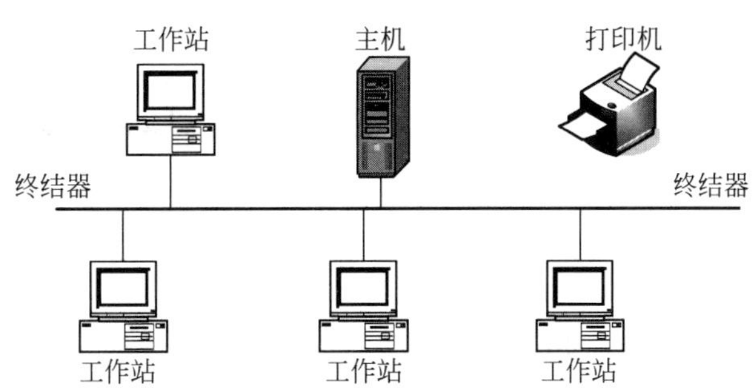

图 9.12　总线型网络拓扑结构

各个节点必须依据一定的规则分时地使用总线来传输数据。发送节点发送的数据帧沿着总线向两端传播,总线上的各个节点都能接收到该数据帧,并判断是否发送给本节点。如果是,则将该数据帧保留下来;否则,将丢弃该数据帧。

总线型拓扑结构的特点如下。

(1) 每个节点都可收到发送节点发出的信息;

(2) 故障定位困难;

(3) 任何时刻只能有一个站点发送数据。

总之,总线型结构具有费用低、端用户入网灵活的优点;缺点是一次仅能一个端用户发送数据，其他用户必须等待，直到获得发送权。

由于布线要求简单，扩充容易，端用户失效、增删不影响全网工作，所以总线型结构在局域网技术中被普遍使用。典型的总线型网络是以太网(ethernet)。

2. 星型

在星型拓扑结构中，每个用户节点都通过传输介质与中心节点相连，而且每个用户节点只能与中心节点交换数据。在这种结构中，由中心节点执行集中的通信控制，因此要求中心节点的功能要强，可靠性要高。图 9.13 是目前普遍使用的星型网络结构，处于中心位置的网络节点称为集线器，英文名为 hub。

星型拓扑结构的优点是：便于集中控制，因为用户节点之间的通信必须经过中心节点；易于维护和安装。

星型拓扑结构的缺点是：对中心设备的依赖性很高，一旦中心设备瘫痪，整个系统便趋于瘫痪。因此，中心设备必须具有极高的可靠性。

3. 树型

树型拓扑结构如图 9.14 所示。每个 hub 与端用户的连接仍为星型结构，hub 通过级联而形成树。这里，hub 的级联层数是有限制的，一般只能是 4 级级联，并因厂商不同而有所区别。

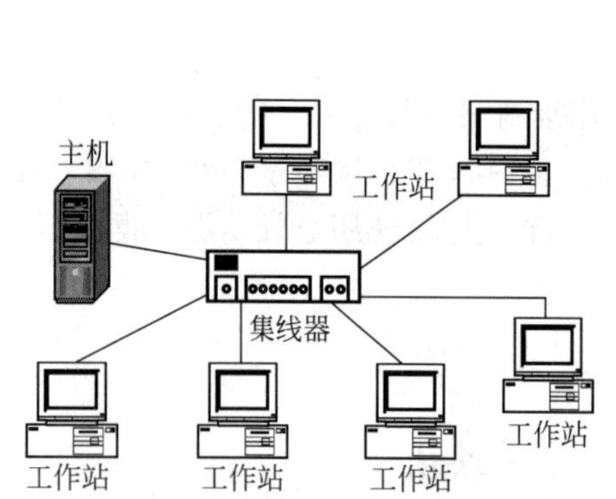

图 9.13　星型网络拓扑结构

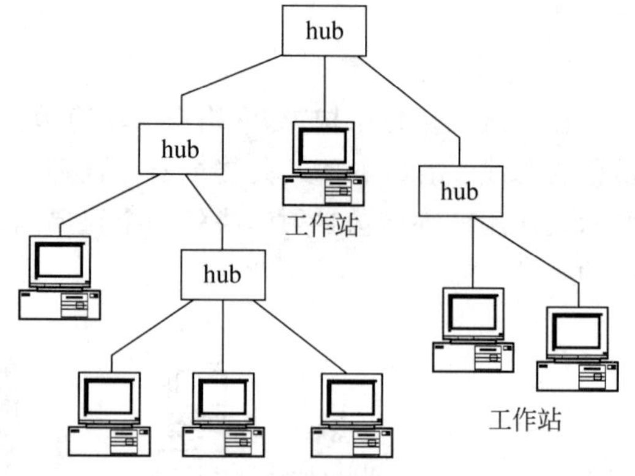

图 9.14　树型网络拓扑结构

4. 环型

环型网络结构在 LAN 中使用较多。这种结构中的传输介质从一个端用户连到另一个端用户，直到将所有端用户连成环状，形成一个闭合的环为止，如图 9.15 所示。在这种结构中，数据只能进行单向传输。

环型结构的一个好处是故障定位容易，因为环上传输的任何数据都必须穿过所有端点。当某段介质断开时，其上游设备仍可正常发出信号，而其下游设备却没有接到任何信号，经过这样的检测就可以断定哪一段介质出现问题。若环的某一点断开，环上所有端点之间的通信就会终止。为克服这一缺点，每个端点除与一个环相连外，还会连接到备用环上。当主环出现故障时，自动转到备用环上。典型的环型网络有令牌环(token ring)和 FDDI(fiber distributed data interface，光纤分布式数据接口)等。

5. 网状

网状拓扑结构使网络上所有节点实现点到点的连接，如图 9.16 所示。

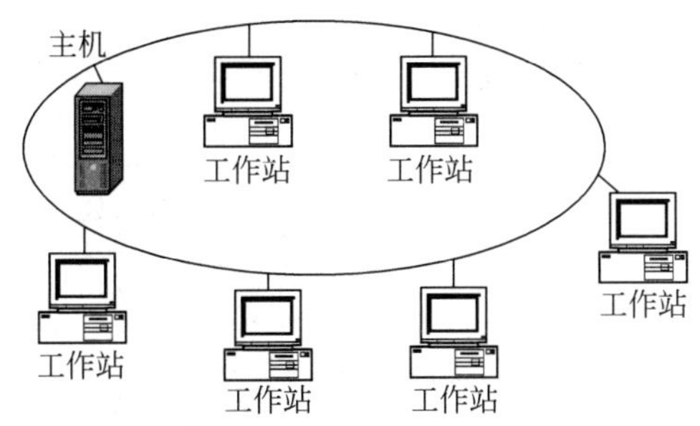

图 9.15 环型网络拓扑结构

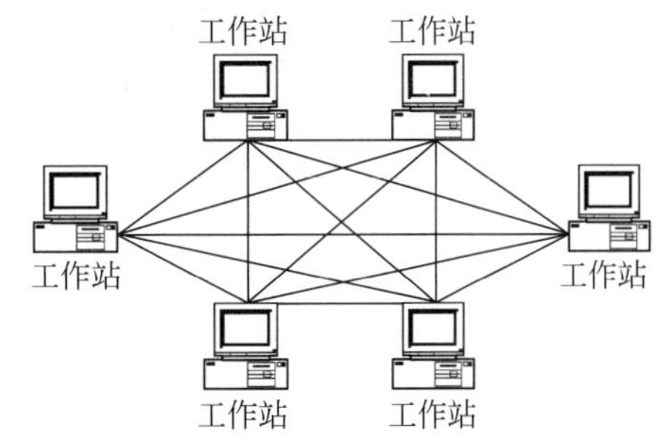

图 9.16 网状拓扑结构

这种拓扑结构主要指各节点通过传输线互相连接起来，并且每一个节点至少与其他两个节点相连。网状拓扑结构具有较高的可靠性，但其结构复杂，实现起来费用较高，不易管理和维护，不常用于局域网。

网状结构的优点是：

(1) 网络可靠性高。一般通信子网中任意两个交换机之间存在着两条或两条以上的通信路径，这样，当一条路径发生故障时，还可以通过另一条路径把信息送至交换机。

(2) 网络可组建成各种形状，采用多种通信信道和多种传输速率。

(3) 网内节点共享资源容易。

(4) 可改善线路的信息流量分配。

(5) 可选择最佳路径，缩短传输延迟。

网状结构的缺点是：

(1) 控制复杂，软件复杂。

(2) 线路费用高，不易扩充。

从目前网络技术的发展和应用情况来看，总线型网络结构主要在早期的 10Mb/s Ethernet 中使用。环型结构主要在 FDDI 网络中使用，比较适合构造大型的园区网，如一些大学的校园网采用 FDDI 网络。星型网络是构造网络系统的主流结构，大多数的高速网络都采用了通过交换机来连接各个节点的星型结构。交换机将数据转发和网络管理功能集成一体，便于实现网络配置、故障检测以及性能优化等网络管理功能。网状结构常用于广域网的骨干网中。

9.5 网络体系结构

计算机网络的体系结构是用层次结构设计方法设计出来的，是计算机网络层次结构及其协议的集合，或者是计算机网络及其部件所应完成的各种功能的精确定义。计算机网络的实现是在遵循这种体系结构的前提下用何种硬件或软件完成这些功能的问题。体系结构是抽象的，而实现是具体的计算机硬件和软件。

国际标准化组织在 1977 年成立了一个分委员会来专门研究网络通信的体系结构问题，并提出了开放系统互联参考模型，它是一个定义异构计算机连接标准的框架结构。OSI/RM 为面向分布式应用的“开放”系统提供了基础。开放指任意两个系统只要遵守参考模型和有关标准，就能实现互联。

OSI/RM 参考模型的系统结构是层次式的，由七层组成，从高层到低层依次是应用层、表示层、会话层、传输层、网络层、链路层和物理层，如图 9.17 所示。只要遵循 OSI/RM 标准，一个系统就可以和位于世界上任何地方也遵循这一标准的其他系统进行通信。

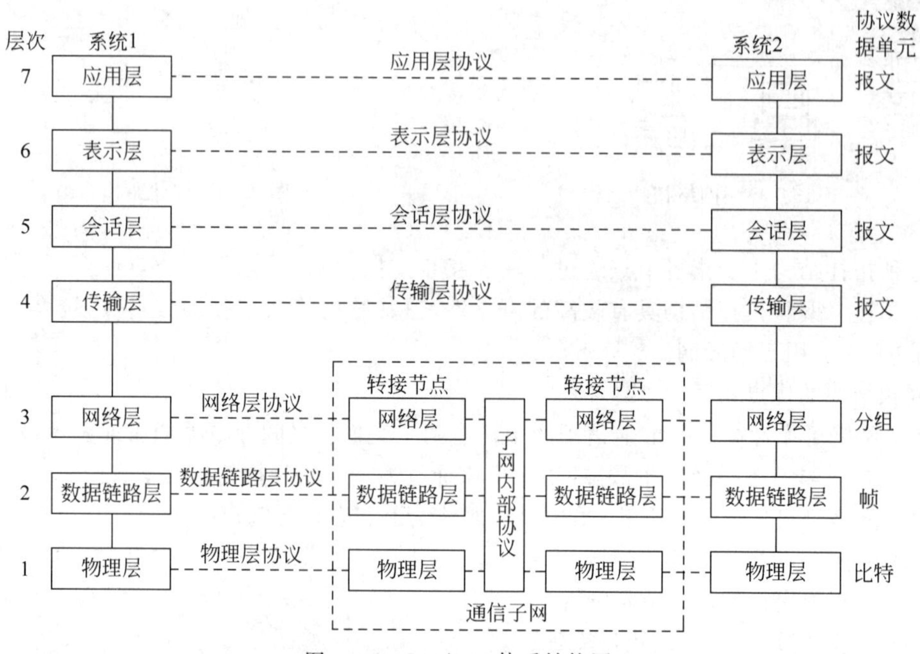

图 9.17　OSI/RM 体系结构图

在网络分层体系结构中，每一个层次在逻辑上都是相对独立的；每一层都有具体的功能；层与层之间的功能有明显的界限；相邻层之间有接口标准，接口定义了低层向高层提供的操作服务；计算机间的通信建立在同层次的基础上。

1. 物理层

物理层(physical layer)是 OSI/RM 参考模型分层结构体系最基础的一层，它建立在传输介质上，是实现设备之间的物理接口。物理层要解决在连接各种计算机的传输介质上传输非结构的比特流，而不是连接计算机的具体物理设备或具体的传输介质。物理层为建立、维护和拆除物理链路提供所需的机械的、电气的、功能的和规程的特性，并提供链路故障检测指示。

物理层的功能是实现节点之间的按位(bit)传输，保证按位传输的正确性，并向数据链路层提供一个透明的比特流传输。

2. 数据链路层

数据链路层(data link layer)的主要作用是通过一些数据链路层协议和链路控制规程，在不太可靠的物理链路上实现可靠的数据传输。数据链路层的功能是实现节点间二进制信息块的正确传输，检测和校正物理链路产生的差错，将不可靠的物理链路变成可靠的数据链路。

在数据链路层中，需要解决的问题包括信息模式、操作模式、差错模式、流量控制、信息交换过程控制规程。

3. 网络层

网络层(network layer)也称为通信子网层,是高层协议与低层协议之间的界面层,用于控制通信子网的操作,是通信子网与资源子网的接口。

网络层的功能是向传输层提供服务,同时接受来自数据链路层的服务,提供建立、保持和释放通信连接的手段,包括交换方式、路径选择、流量控制等,实现整个网络系统内连接,为传输层提供整个网络范围内两个终端用户之间数据传输的通路。

4. 传输层

传输层(transport layer)建立在网络层和会话层之间。实质上,它是网络体系结构中高、低层之间衔接的一个接口层,为终端用户之间提供面向连接和无连接的数据传输服务。

传输层的功能是从会话层接收数据,根据需要把数据切成较小的数据片,并把数据传送给网络层,确保数据片正确到达网络层,从而实现两层间数据的透明传送;为面向连接的数据传输服务提供建立、维护和释放连接的操作;提供端到端的差错恢复和流量控制,实现可靠的数据传输;为数据传输选择网络层所提供的最合适的服务。

5. 会话层

会话层(session layer)用于建立、管理以及终止两个应用系统之间的会话。会话最重要的特征是数据交换。

会话层的功能包括会话连接到传输连接的映射、会话连接的流量控制、数据传输、会话连接恢复与释放、会话连接管理与差错控制。

会话层提供给表示层的服务包括数据交换、隔离服务、交互管理、会话连接同步和异常报告。

6. 表示层

表示层(presentation layer)向上为应用层提供服务,向下接受来自会话层的服务。

表示层的功能主要有不同数据编码格式的转换,对数据进行压缩、解压缩及加密、解密等。

7. 应用层

应用层(application layer)为网络应用提供协议支持和服务。应用层服务和功能因网络应用而异,主要有事务处理、文件传送、网络安全和网络管理等。

9.6 网络互联

网络可通过连接设备实现互联。典型的网络连接设备有中继器、集线器、网桥、路由器、交换机和网关。

1. 中继器

中继器(repeater)又叫转发器,是物理层的连接设备,用于连接具有相同物理层协议的局域网,是局域网互联的最简单的设备。信号在介质的传输过程中会衰减,而衰减的信号可能会被接收方错误理解。中继器可以将经过它的信号进行再生/放大,然后发送给网络的其余部分。图 9.18 所示为中继器的作用实例。

2. 集线器

集线器(hub)是一个多端口中继器,也是物理层的连接设备,如图 9.19 所示。

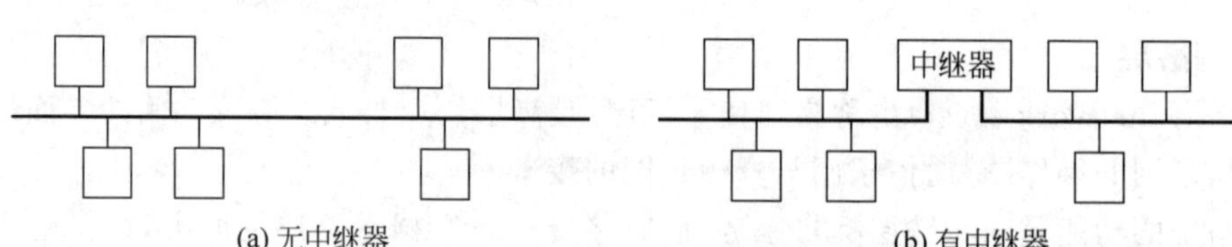

图 9.18　中继器的作用实例

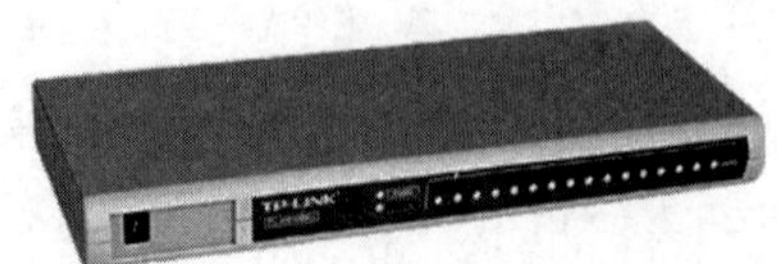

图 9.19　集线器示意图

集线器可以通过多条传输介质连接多台网络设备，组建星型拓扑结构的局域网。集线器的基本功能是信号分发，把一个端口接收的信号向所有端口分发出去。根据端口数目的多少，集线器一般分为 8 口、16 口和 24 口等几种。

3. 网桥

网桥(bridge)是数据链路层连接设备。当局域网上的用户日益增多、工作站数量日益增加时，局域网上的信息量也将随之增加，可能会引起局域网性能的下降，这是所有局域网共存的一个问题。在这种情况下，必须将网络进行分段，以减少每段网络上的用户量和信息量。将网络进行分段的设备就是网桥。网桥是一个通信控制器，它可以根据信号的目的地址来允许或阻止信号的通过：如果目的地址和发送端位于同一个网段中，则网桥不会让该信号送到其他网段，这样可以允许多对机器在同一时间进行通信。对于允许通过的信号，网桥也可以像中继器一样对信号进行再生/放大。

如图 9.20(a)所示，假设某一时刻，主机 1 想发信息给主机 2，主机 3 想发信息给主机 4，这时就会发生冲突，只能主机 1 发给 2 或主机 3 发给 4，不能同时进行主机 1 到 2 和主机 3 到 4 的信息发送。而在图 9.20(b)中，可以同时实现主机 1 到 2 和主机 3 到 4 的信息发送，因为网桥检测到主机 1 和 3 发送的目的地址分别位于各自的网段中，它不会让这些信息跨越网段。

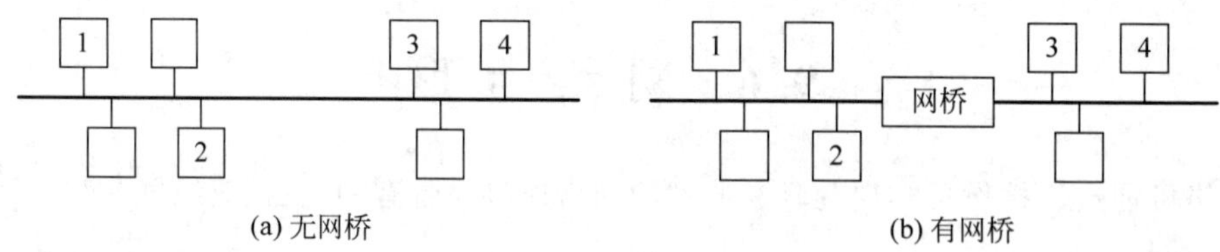

图 9.20　网桥作用示意图

4. 路由器

路由器(router)是网络层的连接设备。路由器实现网络层的互联，可以连接两个独立的网络，如局域网和城域网、局域网和广域网、广域网和广域网等，以形成互联网络。图 9.21 所示为用路由器连接起来的网络示意图。

5. 交换机

交换机(switch)也称为交换式集线器，是一种高性能的集线设备，外形上与集线器相

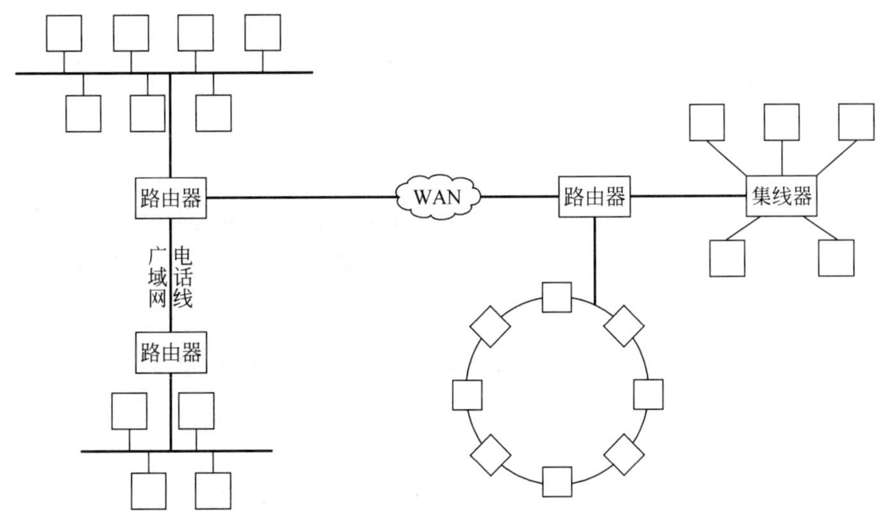

图 9.21 用路由器连接起来的网络

似。随着交换机价格的不断降低,它已逐渐取代 Hub。交换机与 Hub 的不同之处在于每个端口都可以获得同样的带宽。例如对于 100Mb/s 的交换机,每个端口都可以获得 100Mb/s 的带宽;而对于 100Mb/s 的集线器,则是所有端口共用 100Mb/s 的带宽。

交换机主要工作在数据链路层或网络层,工作在数据链路层的交换机称为二层交换机,工作在网络层的交换机称为三层交换机。可用交换机将多个物理网段连接到一个大型网络上。由于交换机是用硬件实现数据交换的,所以传输的速度很快。

6. 网关

网络层以上的连接设备,统称网关(gateway)或应用网关。网关是充当协议转换器的设备,通常是安装了必要软件的计算机,允许两个网络连接并通信,其中每个网络可以使用不同的协议。按照功能的不同,网关大致分为以下三类。

(1) 协议网关。协议网关能够将两个网络中使用不同传输协议的数据进行相互翻译转换。

(2) 应用网关。应用网关是为特定应用而设置的网关,如各种代理服务器。

(3) 安全网关。安全网关一般是使用了防火墙技术设置的网关,其用途是保护本地网络安全。

9.7 Internet 基础

Internet 产生于 20 世纪 70 年代后期,是美、苏冷战的结果。当时,美国国防部高级研究计划局(DARPA)为了防止苏联的核武器攻击唯一的军事指挥中枢,造成军事指挥瘫痪,导致不堪设想的后果,于 1969 年研究并建立了世界上最早的计算机网络之一 ARPANET。ARPANET 初步实现了各自独立的计算机之间数据的相互传输和通信,它就是 Internet 的前身。

20 世纪 80 年代,随着 ARPANET 规模的不断扩大,不仅在美国国内有很多网络和 ARPANET 相连,世界上也有许多国家通过远程通信,将本地的计算机和网络接入

ARPANET，从而形成了世界上最大的国际性计算机网络——Internet，即互联网。

本节主要介绍Internet的协议结构与协议簇、IP地址、域名系统、Internet的基本服务以及接入Internet的方法。

9.7.1 TCP/IP的结构

TCP/IP是Internet赖以存在的基础。在Internet中，计算机之间的通信必须共同遵循TCP/IP。TCP/IP的体系结构如图9.22所示，从上到下依次是应用层、传输层、网际层和网络接口层。

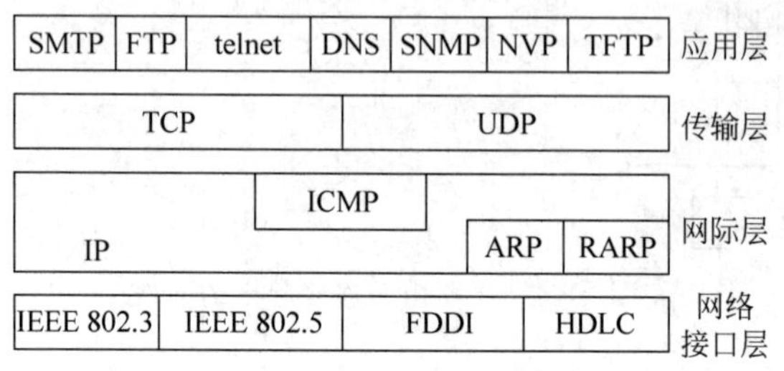

图9.22 TCP/IP的体系结构

1. 网络接口层

网络接口层是TCP/IP结构的最低层，它与OSI/RM参考模型中的物理层和数据链路层相对应。网络接口层是TCP/IP与各种LAN或WAN的接口。网络接口层在发送端将上层的IP数据报封装成帧后发送到网络上；数据帧通过网络到达接收端时，接收端的网络接口层对数据帧进行拆封，并检查帧中包含的MAC地址；如果该地址就是本机的MAC地址或者是广播地址，则上传到网络层，否则丢弃该帧。

2. 网际层

网际层主要解决的是计算机和计算机之间的通信问题，其功能包括：处理来自传输层的分组发送请求，收到请求后将分组装入IP数据包，填充报头，选择路径，然后将数据发往适当的接口；处理数据包；处理网络控制报文，即处理路径、流量控制、阻塞等。

3. 传输层

传输层用于解决发送端计算机程序到接收端计算机程序之间的通信问题。

4. 应用层

在应用层，用户调用访问网络的应用程序，应用程序与传输层协议配合，完成数据的发送或接收。

9.7.2 TCP/IP协议簇

TCP/IP协议簇是TCP/IP体系结构各层协议的统称，其包含的协议如下。

1. 网络接口层协议

网络接口层上运行的是局域网上的协议，如以太网(ethernet)协议、令牌环网(token ring)协议等。

2. 网际层协议

网际层包含五个协议：互联网协议(Internet protocol，IP)、地址解析协议(address

resolution protocol，ARP）、反向地址解析协议（reverse address resolution protocol，RARP）、互联网控制消息协议（Internet control message protocol，ICMP）和互联网组多播协议（Internet group multicast protocol，IGMP）。

IP 的基本任务是在 Internet 中传送 IP 数据包，具体包括数据包的传送、数据包的路由和拥塞控制等功能。另外，IP 还详细规定了 IP 数据包的格式。

ARP 负责将主机的 IP 地址转换为网络设备（如网卡）的物理地址。

RARP 负责将网络设备的物理地址转换为主机的 IP 地址。

ICMP 用于在主机之间传递控制消息，如网络通或不通、主机是否可达等诊断网络的消息都是由 ICMP 负责。

IGMP 是实现互联网组多播功能的协议。该协议运行于主机和与主机直接相连的组播路由器之间，是 IP 主机用来报告多址广播组成员身份的协议。

3. 传输层协议

传输层有传输控制协议（transmission control protocol，TCP）和用户数据包协议（user datagram protocol，UDP）。

TCP 提供可靠的基于连接的服务，能够保证信息无差错地从发送端应用程序传送到目的主机上的应用程序。TCP 具有差错控制、数据包排序和流量控制等功能。

UDP 提供不可靠的无连接的服务。UDP 只负责数据包的发出，不考虑对方的接收情况。因此，UDP 速度快、可靠性低，而 TCP 的速度较慢，但可靠性较高。

4. 应用层协议

应用层为用户访问网络应用程序提供接口。目前广泛使用的主要有超文本传输协议（HTTP）、简单邮件传输协议（SMTP）、文件传输协议（FTP）、远程登录协议（telnet）、域名系统（DNS）等。

9.7.3 IP 地址

IP 地址（Internet protocol address）指互联网协议地址，又称为网际协议地址。IP 地址是 IP 协议提供的一种统一的地址格式，它为互联网上的每一个网络和每一台主机分配一个逻辑地址，以此来屏蔽物理地址的差异。

1. IP 地址结构

在 Internet 上，计算机或路由器的每个网络接口（一般来说，一台计算机有一个接口，而一台路由器有多个接口）都有一个由授权机构分配的号码，称为 IP 地址。IP 地址能够唯一地确定 Internet 上的每个网络接口。由 32 位二进制数组成的 IP 地址称为 IPv4 地址。如没有特别说明，IP 地址均指 IPv4 地址。在实际应用中，将这 32 位二进制数分成 4 段，每段包含 8 位二进制数。为了便于应用，将每段都转换为十进制数，段与段之间用“.”号隔开，称为点分十进制，如 202.197.96.118 就是一个用十进制表示的 IP 地址。IP 地址由网络号与主机号组成，其结构如图 9.23 所示。

其中，网络号用来标识一个逻辑网络，主机号用来标识网络中的一个接口。一台 Internet 主机至少有一个 IP 地址，而且该 IP 地址是全球唯一的。如果一台 Internet 主机有两个或多个 IP 地址，则该主机属于两个或多个逻辑网络。

网络号(net-id)	主机号(host-id)

图 9.23　IP 地址结构

2. IP 地址编码方案

根据不同规模网络的需要，为了充分利用 IP 地址空间，将 IP 地址分为 5 类，分别称为 A 类、B 类、C 类、D 类和 E 类。其中，A、B、C 三类由一个全球性的组织在全球范围内统一分配，D 类和 E 类为特殊地址。

IP 地址采用高位字节的高位来标识地址类别，其地址编码方案如图 9.24 所示。A 类地址的第 1 位为 0，B 类地址的前 2 位为 10，C 类地址的前 3 位为 110，D 类地址的前 4 位为 1110，E 类地址的前 5 位为 11110。其中，A 类、B 类与 C 类地址为基本地址。

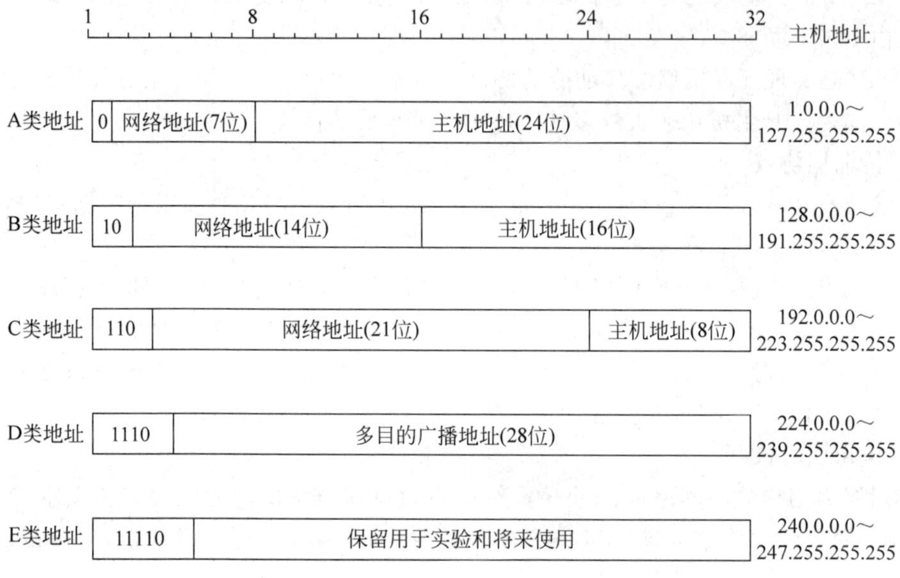

图 9.24　IP 地址的编码方案

对于 A 类 IP 地址，其网络地址空间长度为 7 位，最大的网络数为 126(2^7-2)。减 2 的原因是全 0 表示本网络，这个地址可以让机器引用自己的网络而不必知道其网络号；全 1 保留做循环测试，发送到这个地址的分组不输出到线路上，它们被内部处理并当作输入分组，这使发送者可以在不知道网络号的情况下向内部网络发送分组。这一特性也用来为网络软件查错。主机地址空间长度为 24 位，每个网络的最大主机数为 16 777 214($2^{24}-2$)，减 2 的原因是全 0 表示本主机所连接到的单个网络地址，全 1 表示该网络上的所有主机。A 类地址的范围是 1.0.0.0～127.255.255.255。

对于 B 类 IP 地址，其网络地址空间长度为 14 位，最大的网络数为 16 384(2^{14})；主机地址空间长度为 16 位，每个网络的最大主机数为 65 534($2^{16}-2$)。减 2 的原因是全 0 表示本主机所连接到的单个网络地址，全 1 表示该网络上的所有主机。B 类地址的范围是 128.0.0.0～191.255.255.255。

对于 C 类 IP 地址，其网络地址空间长度为 21 位，最大的网络数为 2 097 152(2^{21})；主机地址空间长度为 8 位，每个网络的最大主机数为 254(2^8-2)。减 2 的原因是全 0 表示本主机所连接到的单个网络地址，全 1 表示该网络上的所有主机。C 类 IP 地址的范围是 192.0.0.0～223.255.255.255。

D类地址是多播地址，主要是给 Internet 体系结构委员会使用。D类地址的范围是224.0.0.0～239.255.255.255。

E类IP地址保留用于实验和将来使用。E类IP地址的范围是240.0.0.0～247.255.255.255。

3. IPv6

IPv4 是 Internet 的核心协议，是 20 世纪 70 年代设计的。从计算机本身发展以及从 Internet 规模和网络传输速率来看，IPv4 已经不能满足时代的要求，最主要的问题就是 32 位的 IP 地址不够用。为了解决这个问题，最好的办法就是采用具有更大地址空间的下一代网际协议——IPv6。

IPv6 把原来的 IPv4 地址增大到了 128 位(bit)，其地址空间大约是 3.4×10^{38}，是原来 IPv4 地址空间的 2^{96} 倍。IPv6 没有完全抛弃原来的 IPv4，且允许与 IPv4 在若干年内共存，它使用一系列固定格式的扩展首部取代了 IPv4 中可变长度的选项字段。IPv6 对 IP 数据报协议单元的头部进行了简化，仅包含 7 个字段(IPv4 有 13 个)。这样，当数据报文经过中间的各个路由器时，各个路由器对其处理的速度可以更快，从而可以提高网络吞吐率。IPv6 内置了支持安全选项的扩展功能，如身份验证、数据完整性和数据机密性。

9.7.4 域名系统

在 Internet 上用数字来表示 IP 地址，人们记忆起来是比较困难的，为此引入了域名的概念。为每台主机取一个域名，通过为每台主机建立 IP 地址与域名的映射关系，用户在网上可以避免记忆 IP 地址，而记忆 IP 地址对应的域名即可。主机的 IP 地址与域名的对应关系就像某人的身份证号码和姓名之间的对应关系一样。显然，姓名比身份证号码更容易记忆。

域名系统是一个遍布在 Internet 上的分布式主机信息数据库系统，采用 C/S 模式工作。域名系统的基本任务是将文字表示的域名，如 www.scut.edu.cn 翻译成 IP 协议能够理解的 IP 地址格式，如 202.192.96.115，亦称为域名解析。域名解析的工作通常由域名服务器来完成。

1. DNS 的分级结构

要把计算机接入 Internet，一般必须获得唯一的 IP 地址和对应的域名。按照 Internet 上的域名管理规定，入网的计算机应该具有下列结构的域名：

主机名.机构名.网络名.顶级域名

与 IP 地址的格式类似，域名各部分之间也用“.”隔开。例如华南理工大学的 Web 服务器域名为 www.scut.edu.cn。其中，www 表示这台主机的名称，scut 表示华南理工大学，edu 表示教育科研网，cn 表示中国。

DNS 负责对域名进行转换。为了提高效率，Internet 上的域名采用了一种由上到下的层次结构。位于最顶层的称为顶级域名。

顶级域名目前采用两种划分方式，即以所从事的行业领域划分和以国别划分。以所从事的行业领域划分的顶级域名如表 9.1 所示，以国别划分的顶级域名如表 9.2 所示。

美国没有自己的国别顶级域名，通常采用行业领域的顶级域名。相对于国别顶级域名，行业领域的顶级域名称为国际域名。

表 9.1 部分行业领域的顶级域名

行业名	域名	行业名	域名
商业	.com	教育机构	.edu
军事部门	.mil	民间团体或组织	.org
政府机构	.gov	网络服务机构	.net

表 9.2 部分国家的顶级域名

国家	域名	国家	域名
中国	.cn	韩国	.kr
印度	.in	德国	.ge
巴西	.br	新加坡	.sg
意大利	.it	法国	.fr
加拿大	.ca	日本	.jp
澳大利亚	.au	英国	.uk

顶级域名由 Internet 网络管理中心负责管理。国别顶级域名下的二级域名由各个国家自行确定。我国顶级域名.cn 由中国互联网络信息中心负责管理，在.cn 下可由经国家认证的域名注册服务机构注册二级域名。我国将二级域名按照行业类别或行政区域划分。行业类别大致分为科研机构(.ac)、商业企业(.com)、教育机构(.edu)、政府部门(.gov)、网络机构和中心(.net)等；行政区域二级域名适用于各省、自治区、直辖市，共 30 多个，采用省市的简称，如北京市(.bj)、广东省(.gd)等。

2. 域名的解析过程

域名和 IP 地址之间是一一对应的。DNS 是 TCP/IP 协议中应用层的一种服务。IP 地址是网络层中的信息，是 Internet 上唯一可以识别的地址格式。所以，当以域名方式访问某台远程主机时，DNS 首先将域名翻译成对应的 IP 地址，通过 IP 地址与该主机联系。

一般情况下，当用户申请了域名后，该域名的使用将是长期不变的，而 IP 地址由于结构调整、网络重新规划等原因可能会经常发生变动。为了保证二者对主机识别的一致性，DNS 要能够跟踪这种变化，并进行二者之间的翻译，即使 IP 地址发生了变化，通过域名仍能找到原来的主机。这一工作由域名服务器来完成。

DNS 也是一个分布式的主机信息数据库，采用 C/S 模式工作。DNS 数据库是一个类似于文件系统的树状结构。域名服务器除了负责域名到 IP 地址的解析外，还必须具有与其他域名服务器通信的能力。一旦自己不能进行域名解析，也能够知道如何去联络其他域名服务器，以完成域名解析工作。

域名服务器的组织采用层次化的分级结构。每个域名服务器只对域名系统一部分内容进行管理，即只包含整个域名数据库的一部分信息。例如，根服务器用来管理顶级域名，不负责对顶级域名下的三级域名进行管理，但根服务器一定能够找到所有二级域名服务器。

当用户使用域名访问 Internet 上的某台主机时，首先由本地域名服务器负责解析。如果找到对应的 IP 地址，返回给客户端，否则，本地域名服务器以客户端的身份，向上一级域名服务器发出请求。上一级域名服务器会在本级管理域名中进行查询，如果找到，则返回；否则，再向更高一级的域名服务器发出查询请求，依次进行下去，直到找到目标主机的 IP 地

址为止。如图 9.25 所示，如果计算机 ntsvr. scut. edu. cn 要访问另一台计算机 videsvr. cctv. com. cn，则由本地域名服务器开始依次向上查找，在顶级域名. cn 下找到. com，再向下依次找到. cctv 和目标主机. videsvr，最终将解析后的 IP 地址返回给 ntsvr。

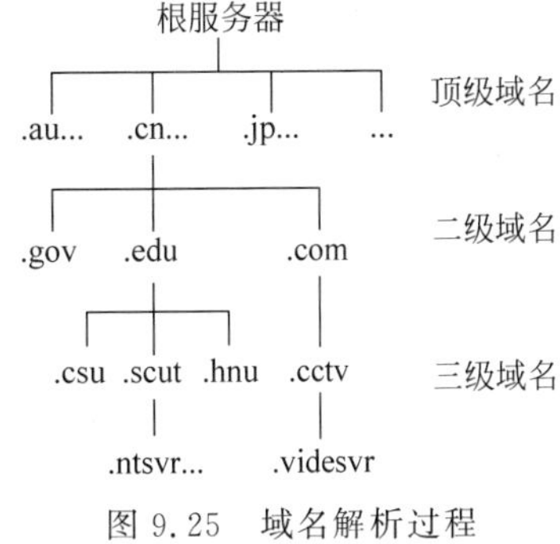

图 9.25　域名解析过程

为了提高解析效率，减少查询开销，每个域名服务器都维护一个高速缓存，存放最近解析过的域名和对应的 IP 地址。这样，当用户下次再查找该主机时，可以跳过某些查找过程，直接从高速缓存中查找到该主机的 IP 地址，这极大地缩短了查找时间，加快了查询过程，同时也减轻了根域名服务器的查找负担。

9.7.5　Internet 的基本服务

目前，Internet 提供的服务很多，其中基本服务有 Web 服务、文件传输、远程登录、电子邮件、IP 电话、即时通信等。

1. Web 服务

万维网即 WWW，是以超文本标记语言与超文本传输协议为基础，能够以十分友好的接口提供 Internet 信息查询服务的多媒体信息系统。这些信息资源分布在全球数百万个 WWW 服务器(或称 Web 站点)上，并由提供信息的专门机构进行管理和更新。用户通过一种称为 Web 浏览器的软件，可以浏览 Web 站点上的信息，并可单击标记为“链接”的文本或图形，随心所欲地转换到世界各地的其他 Web 站点，访问其上丰富的信息资源。

2. 文件传输

FTP 是 Internet 上使用得最广泛的文件传送协议，它能够屏蔽计算机所处位置、连接方式以及操作系统等细节，使 Internet 上的计算机之间实现文件的传送。用户登录到远程计算机上，搜索需要的文件或程序，然后下载到本地计算机，也可以将本地计算机上的文件上传到远程计算机上。

无论是 UNIX 还是 Windows 操作系统，都包含 FTP 协议。FTP 采用客户机-服务器工作方式，用户计算机称为客户机，远程提供 FTP 服务的计算机称为 FTP 服务器。FTP 服务是一种实时联机服务，用户在访问 FTP 服务器之前需要进行注册。不过，Internet 上大多数 FTP 服务器都支持匿名服务，即以 anonymous 作为用户名，以任何字符串或电子邮件地址作为登录口令。匿名用户一般只能获取文件，不能在远程计算机上建立文件或修改已存在的文件，通常对获取文件也有一定的限制。

目前，利用 FTP 传输文件的方式主要有 FTP 命令行、浏览器和 FTP 下载工具。

(1) FTP 命令行。UNIX 操作系统中有丰富的 FTP 命令集，能够方便地完成文件传送操作。

(2) 浏览器。IE 浏览器和 Navigator 浏览器中都带有 FTP 程序模块，因此可以在地址栏中直接输入 FTP 服务器的 IP 地址或域名，浏览器将自动调用 FTP 程序完成连接。当连接成功后，浏览器界面会显示出该服务器上的文件夹和文件名列表。

(3) FTP 下载工具。FTP 下载工具具有远程登录、对本地计算机和远程服务器的文件和目录进行管理以及相互传送文件等功能，此外还具有断点续传功能。当网络连接意外中断后，还可继续进行剩余部分的传输，提高了文件下载速率。CuteFTP是常用的FTP下载工具，它是一个共享软件，功能强大，支持断点续传、上传、文件拖放等。

3. 远程登录

telnet采用C/S工作方式。进行远程登录时需要满足以下条件：在本地计算机上必须装有包含telnet协议的客户程序；必须知道远程主机的IP地址或域名；必须知道登录用户名和密码。telnet远程登录服务分为以下四步。

（1）本地计算机与远程主机建立TCP连接。

（2）将本地计算机上输入的用户名和密码以及以后输入的任何命令或字符串转换成NVT格式传送到远程主机。

（3）将远程主机输出的NVT格式的数据转换成本地数据格式送回本地终端，包括输入命令回显和命令执行结果。

（4）最后，本地计算机撤销与远程主机的TCP连接。

世界上有许多图书馆都通过telnet对外提供联机检索服务，一些政府部门和研究机构也将他们的数据库对外开放，供用户通过telnet查询。当然，要在远地计算机上登录，首先要成为该系统的合法用户，拥有相应的用户名和密码。一旦登录成功，用户便可使用远程计算机对外开放全部信息和资源。

4. 电子邮件

电子邮件(E-mail)是一种利用计算机网络交换电子信件的通信手段，是互联网上使用最多、最受欢迎的一种服务。电子邮件将邮件发送到收信人的邮箱中，收信人可随时进行读取。电子邮件不仅使用方便，而且还具有传递迅速和费用低廉的优点。电子邮件不仅能够传递文字信息，还可以传递图像、声音、动画等多媒体信息。

1）电子邮件的收发过程

电子邮件系统采用C/S工作模式，由邮件服务器端和邮件客户端两部分组成。邮件服务器端包括接收邮件服务器和发送邮件服务器两种类型。发送邮件服务器使用SMTP。当用户发出一封电子邮件时，邮件服务器按照邮件地址送到收信人的接收邮件服务器中。接收邮件服务器为每个电子邮件用户开辟了一个专用硬盘空间，用于暂时存放收到的邮件信息。当收信人将自己的计算机连接到接收邮件服务器并发出接收指令后，通过邮局协议(POP3)或互联网邮件访问协议(IMAP)读取电子信箱内的邮件。

2）电子邮件地址

每一个电子邮箱都有一个E-mail地址。Internet上的E-mail地址统一格式如下：

收信人邮箱名@邮箱所在的主机名

其中，符号@读作at，表示"在"的意思；收信人邮箱名是用户在向电子邮件服务机构注册时获得的用户名，它必须是唯一的。例如，xhy@scut.edu.cn就是一个用户的E-mail地址，表示华南理工大学邮件服务器上的用户名为xhy的E-mail地址。

3）电子邮件客户端软件

常用的电子邮件客户端软件有Microsoft公司的Outlook Express、高通的Eudora以及国内开发的非商业软件Foxmail。

目前，电子邮件客户端几乎可以运行在任何硬件与软件平台上。它们所提供的功能基本相同，都可以完成以下操作：建立和发送电子邮件；接收、阅读和管理邮件；账号、邮箱和

通信录管理等。

4）电子邮件的格式

电子邮件由两部分组成，即信封和内容。RFC822[①]只规定了邮件内容中的首部格式，而邮件的主体部分则让用户撰写。首部包含发信人的地址、收信人的地址、邮件主题、邮件发送的日期和时间等。用户写好首部后，邮件系统将自动将信封所需的信息提取出来并写在信封上。电子邮件系统根据邮件信封上的收信人地址等信息来传输邮件。用户在从自己的信箱中读取邮件时才能见到邮件的内容。

5）邮件账号的设置

要发送和接收电子邮件，首先要有一个合法的邮件账号。当前邮件账号主要有两种类型：收费账号和免费账号。收费邮件账号要求使用者每年交纳一定费用，一般邮箱较大，安全保密性较好，如单位内的收费邮箱。当前提供免费邮件的服务较多，各大门户网站都能申请到，不过安全保密性较差，经常有一些垃圾邮件入侵。

5. IP电话

IP(Internet phone)电话又称为网络电话，狭义上指通过互联网打电话，广义上则包括语音、传真、视频传输等多项电信业务。

IP电话通话方式有3种：计算机与计算机、计算机与电话机、电话机与电话机。

能打网络电话的计算机必须是一台能上互联网的计算机，同时要装有声卡、扬声器和麦克风，并且安装了IP电话软件，如Microsoft的NetMeeting、国内开发的E_话通等。这样，通信双方约定时间，同时上网就可以进行通话了。

电话机用户应当具备拨号到本地网络的IP电话网关的功能。IP电话网关其实是一台通过专线与Internet相连的主机，通常由电信公司建立，提供IP电话接入服务。计算机方呼叫远端电话的过程为：先通过Internet登录到IP电话网关进行账号确认和提交被叫号码，然后由网关完成呼叫。电话呼叫远端计算机的过程为：计算机应当向Internet提供一个固定的地址，并且在电话所在的网关上进行登记；电话向网关呼叫，通过网关自动呼叫被叫计算机(计算机保持开机)。

电话机用户通过本地电话拨号连接到本地的IP电话网关，输入账号、密码并确认后输入被叫号码，使本地IP电话网关与远端的IP电话网关进行连接；远端的IP电话网关通过当地的电话网关呼叫被叫用户，从而完成电话机用户之间的通信。

6. 即时通信

即时通信可以及时地传送文字、语音、图片、视频等信息。

要使用即时通信，首先要在计算机中安装一个即时通信软件，通过软件登录到即时通信服务器，提出申请并获得一个唯一的即时通信号码。有了即时通信号码后，就能寻找并添加网友，别人也可以添加你为好友。可以通过即时通信软件与在线的朋友发消息、通话等，这些操作都是实时的。

国内的即时通信，首推微信(WeChat)，它是腾讯公司于2011年1月21日推出的一个为智能终端提供即时通信服务的免费应用程序，支持跨通信运营商、跨操作系统平台，通过

---

① RFC是一系列以编号排定的文件。文件收集了有关Internet的相关资讯以及UNIX和Internet社群的软件文件。目前RFC由ISOC赞助发行。

网络快速发送免费(需消耗少量网络流量)语音短信、视频、图片和文字,同时,也可以使用通过共享流媒体内容的资料和基于位置的社交插件,如“朋友圈”“公众平台”“微信小程序”等。

9.7.6 Internet 的接入

Internet 服务提供商(Internet Service Provider,ISP)是众多企业和个人用户接入 Internet 的桥梁。当计算机连接 Internet 时,它并不是直接连接到 Internet 上,而是采用某种方式与 ISP 提供的某一种服务器连接起来,通过它再接入 Internet。

根据经营业务范围的不同,ISP 有很多类型。其中,主干网 ISP 从事高速长距离回路的接入服务,通常采用大型高速路由器和适配器来提供服务。

目前,中国经营主干网的 ISP 有中国公用计算机互联网(ChinaNet)、中国教育和科研计算机网(CERNET,其拓扑图如图 9.26 所示)、中国科技网(CSTNET)等,它们拥有自己的国际信道和基本用户群。其他的 Internet 服务提供商属于二级 ISP,这些 ISP 基本上都是经 ChinaNet 接入 Internet。按 ISP 提供的增值业务,ISP 大致可以分为两大类:一类是以接入服务为主的接入服务提供商(Internet access provider,IAP),另一类是以信息内容为主的内容服务提供商(Internet content provider,ICP)。

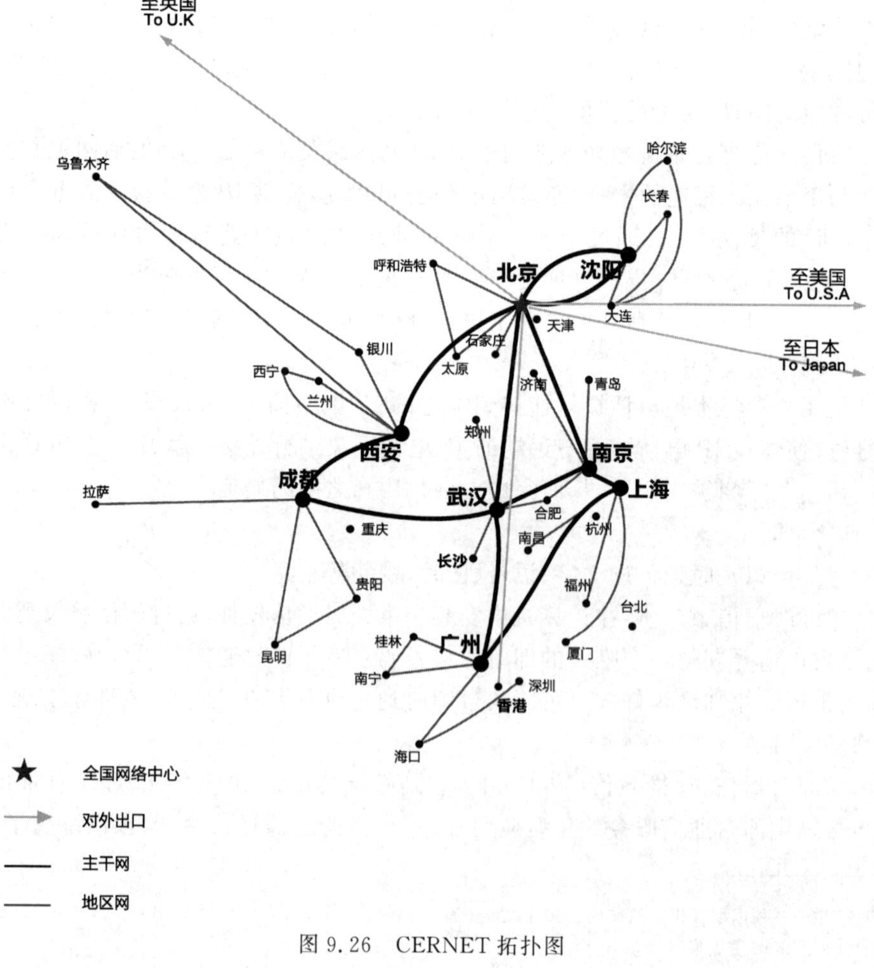

图 9.26　CERNET 拓扑图

终端用户接入网络的方式可以分为住宅接入、公司接入、无线接入。

1. 住宅接入

住宅接入(residential access)指将居民家里的计算机接入互联网。住宅接入可以采用以下接入形式。

1) 电话拨号接入

电话拨号接入的方式是通过电话线将用户的计算机与网络服务商的主机连接起来。电话拨号接入 Internet 方式需要的硬件有:一台计算机、一条直拨电话线和一个调制解调器。安装好硬件后,再找一个提供拨号上网服务的 ISP,获取上网的用户名、密码等信息,就可以通过电话线拨号上网了,如图 9.27 所示。

图 9.27 电话拨号接入

拨号上网是使用电话线传输信息,在上网的同时无法接听或拨打电话。另外,拨号上网的传输速率较低,传输大数据量的文件时无法保证质量。

2) ISDN 接入

ISDN 的中文名称是综合业务数字网(integrated services digital network),中国电信将其称为"一线通"。用户利用普通的电话线可以同时享受语音、数据、视频等丰富多彩的数字通信服务,即在一条电话线上实现一边上网一边打电话。

虽然是普通的电话线,但它提供给用户的却是两个标准的 64Kb/s 的数字信道,其最高上网速率可以达到 128Kb/s,是普通 modem 的 2~3 倍。

ISDN 接入方式所需的硬件有:一台计算机、普通电话线、ISDN modem 等。硬件安装好后,再找一个可提供 ISDN 上网服务的 ISP,办好上网手续后即可上网,如图 9.28 所示。

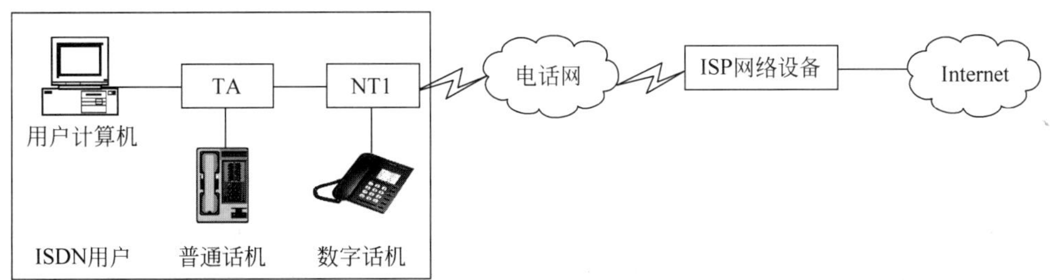

图 9.28 ISDN 接入示意图

ISDN 比普通拨号方式初次安装费用要高,但 ISDN 以包月费用稍低、传输速率较高以及一线通等优点,使它在普通的电话拨号方式之外,成为用户入网比较理想的选择。

3) ADSL 接入

非对称数字用户线路(asymmetric digital subscriber line,ADSL)是一种上、下行不对称的高速数据调制技术,提供下行 6~8Mb/s、上行 1Mb/s 的上网速率。它以铜线为传输介质,采用先进的数字调制技术和信号处理技术,在普通电话线上传送电话业务的同时还可以给用户提供高速宽带数据业务和视频服务。

ADSL 接入方式所需硬件有：一台计算机、一块网卡、普通电话线、分频器和 ADSL modem 等。硬件安装好后，再找一个能提供 ADSL 上网服务的 ISP，办好上网手续后即可上网，如图 9.29 所示。

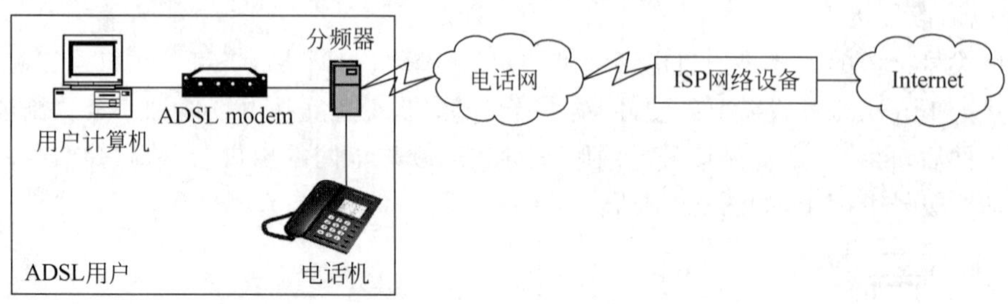

图 9.29　ADSL 接入示意图

2. 公司接入

公司接入(company access)指在公司和大学校园，将终端用户组成局域网。将局域网接入 Internet 后，局域网的每台计算机安装和设置网络后即可上网，如图 9.30 所示。

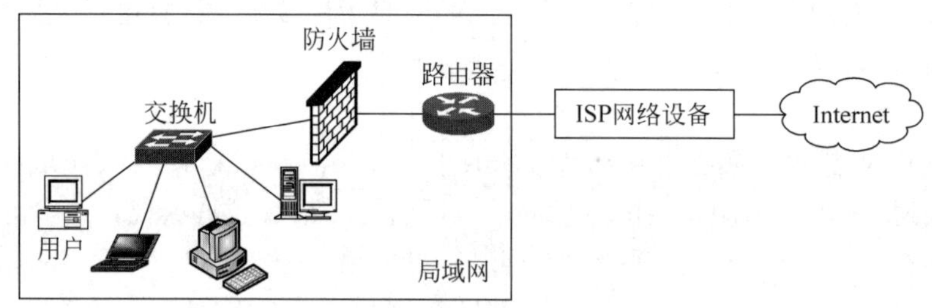

图 9.30　局域网接入示意图

将局域网接入 Internet 有专线接入方式和使用代理服务器接入方式两种方案。

1）专线接入方式

专线接入指通过相对固定不变的通信线路接入 Internet，以保证局域网上的每一个用户都能正常使用 Internet 上的资源。这种接入方式是通过路由器将局域网接入 Internet。路由器的一端接在局域网上，另一端则与 Internet 上的连接设备相连接，此时的局域网就变成了 Internet 上的一个子网，子网中的每台计算机都可以拥有单独的 IP 地址。

2）代理服务器接入方式

通过局域网的服务器，由一根电话线或专线将服务器与 Internet 连接，局域网上的每台主机通过服务器的代理共享服务器的 IP 地址，以访问 Internet。这种方式需要有代理服务器。

代理服务器是一种非常重要的 Internet 接入技术，其作用是代理网络用户去取得网络信息。

代理服务器位于用户端系统与服务器之间。对于服务器而言，代理服务器是客户机，它向服务器提出各种服务申请；对于用户端系统而言，代理服务器则是服务器，它接收用户端系统提出的申请并提供相应的服务。也就是说，用户端系统访问 Internet 时所发出的请求不再直接发送到远程服务器，而是被送到了代理服务器上。代理服务器会检查本机的缓冲区内有无需要的信息，若有，就直接发送给用户端系统；否则，就向远程的服务器提出相应的申请，接收远程服务器提供的数据并保存在自己的缓冲区内，然后用这些数据对客户机提供相应的服务。

代理服务器的主要功能包括：

(1) 为工作站提供访问的代理服务，使多个不具有独立 IP 地址的工作站通过代理服务器使用 Internet 服务。

(2) 提供缓存功能，可提高 Internet 的浏览速度。

(3) 用作防火墙，为网络提供安全保护措施。使用代理服务器的网络，只有作为代理服务器的那一台计算机与 Internet 相连，代理服务器内部网络与 Internet 隔开，使客户机的内部资源不会受到外界的侵犯。

常用的代理服务器软件有 Sygate、Wingate、MSProxyServer 等。

3. 无线接入

无线接入(wireless access)指以无线传输方式接入互联网。无线接入 Internet 的方式主要有两类：无线局域网接入和广域无线接入网接入。

在无线局域网接入中，无线用户与位于几十米半径内的无线接入点通信，彼此传输/接收分组。无线接入点通常与有线的 Internet 相连，为无线接入点覆盖范围内的合法无线用户提供访问 Internet 的服务。

在无线局域网接入时，用户端使用计算机和无线网卡，服务器端则使用无线信号发射装置提供连接信号，如图 9.31 所示。

图 9.31 无线局域网接入示意图

当通过无线局域网技术访问 Internet 时，通常需要用户端位于无线接入点的几十米半径之内，可用于家庭接入、咖啡店接入，建筑物接入。但是当用户端位于海滩上或位于行驶的汽车中时，采用这种方法则不可行，此时可以采用广域无线接入网接入。

在广域无线接入网接入中，漫游的 Internet 无线用户利用移动电话基础设施接入 Internet。电信提供商建立的基站可以为数万米半径范围内的无线用户提供服务。

采用广域网接入时，用户端需要购买额外的卡式设备(PC 卡)，将其直接插在计算机的 PCMCIA 槽或 USB 接口，实现无线上网。服务端则由中国移动或中国联通等服务商提供接入服务，如 GPRS(general packet radio service，通用无线分组业务)或 CDMA(code division multiple access，码分多址)，如图 9.32 所示。

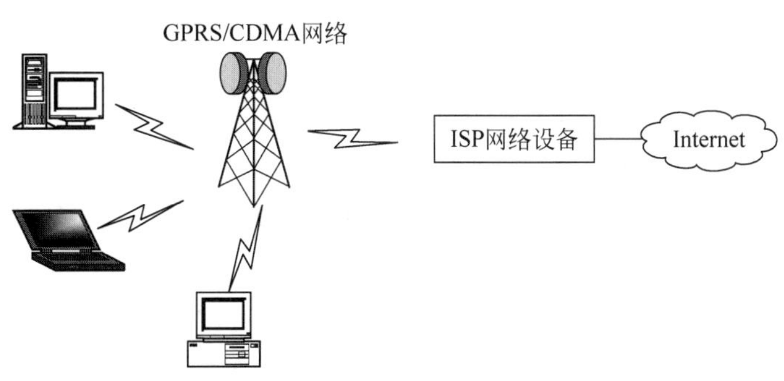

图 9.32 广域无线接入网接入示意图

采用广域无线接入网接入时,只要有手机信号并开通数字服务的地区都可以使用,是目前广泛使用的接入网络的方式之一。

本章小结

计算机网络是把分布在不同地点且具有独立功能的多个计算机系统通过通信设备和线路连接起来,在网络软件的支持下实现彼此之间数据通信和资源共享的系统。

计算机网络的发展经历了四个阶段:远程终端联机系统阶段、计算机网络阶段、网络互联阶段、高速计算机网络阶段。

计算机网络具有数据处理与数据通信两大功能。从逻辑功能上看,计算机网络可以分为资源子网和通信子网两部分。

根据网络的覆盖范围来划分,网络可以分为局域网、城域网和广域网。根据网络的工作模式来划分,网络可以分为客户机-服务器网和对等网。

传输介质是网络中连接收发双方的物理通路,也是通信中实际传送信息的载体。传输介质通常分为有线传输介质和无线传输介质。有线传输介质包括双绞线、同轴电缆和光缆;无线传输介质有短波、微波、卫星、红外线和激光等。通信信道的容量用带宽度量。

网络协议定义了在两个或多个通信实体之间交换的报文格式和顺序,以及在报文传输、接收或其他事件方面所采取的动作。

网络拓扑结构指一个网络中各个节点之间互联的几何图形,即指各个节点之间的连接方式。基本的网络拓扑结构有总线型、树型、星型、环型和网状。

计算机网络的体系结构是用层次结构设计方法设计的计算机网络的层次结构及其协议的集合。国际标准化组织提出了 OSI/RM,它是一个定义异构计算机连接标准的框架结构。

根据网络互联所在层次的不同,所用的连接设备也不同。常用的连接设备有中继器、集线器、网桥、路由器、交换机和网关。

TCP/IP 是 Internet 赖以存在的基础。在 Internet 中,计算机之间的通信必须共同遵循 TCP/IP。TCP/IP 的体系结构分为 4 层,从上到下依次为应用层、传输层、网际层和网络接口层。

Internet 上计算机或路由器的每个网络接口都有一个由授权机构分配的号码,称为 IP 地址。IPv4 地址由 32 位二进制组成,IPv6 地址由 128 位二进制组成。IP 地址能够唯一地标识 Internet 上的每个网络接口。

DNS 既是一个遍布在 Internet 上的分布式主机信息数据库系统,也是应用层的协议,可完成域名到 IP 地址的解析。

Internet 提供的基本服务有 Web 服务、文件传输、远程登录、电子邮件、IP 电话、网上寻呼等。

接入 Internet 的方式通常有住宅接入、公司接入和无线接入。

本章人物

蒂姆·伯纳斯-李

蒂姆·伯纳斯-李（Tim Berners-Lee,1955 年 6 月 8 日出生），英国计算机科学家。

他是万维网的发明者，南安普敦大学与麻省理工学院教授。1990 年 12 月 25 日，在欧洲核子研究组织，他和比利时计算机科学家罗伯特·卡里奥(Robert Cailliau)一起成功通过 Internet 实现了 HTTP 代理与服务器的第一次通信。

万维网联盟(W3C)是伯纳斯-李为关注万维网发展而创办的组织，并担任 W3C 的主席。他是万维网基金会的创办人，是麻省理工学院计算机科学及人工智能实验室创办主席及高级研究员，是网页科学研究倡议会的总监，是麻省理工学院集体智能中心咨询委员会成员。

2004 年，英国女王伊丽莎白二世向伯纳斯-李颁发了不列颠帝国勋章的爵级司令勋章。2009 年 4 月，他获选美国国家科学院外籍院士。在 2012 年夏季奥林匹克运动会开幕典礼上，他获得了“万维网发明者”的美誉。伯纳斯-李本人也参与了开幕典礼，在计算机前工作并在 Twitter 上发表消息“This is for everyone.”，体育馆内的 LCD 光管随即显示出该消息。

2017 年，他因“发明万维网、第一个浏览器和使万维网得以扩展的基本协议和算法”而获得 2016 年度图灵奖。

习 题 9

9.1 选择题

1. 计算机网络最突出的优点是(　　)。

A. 存储容量大　　B. 精度高

C. 共享资源　　D. 运算速度快

2. 在下列网络拓扑结构中，所有数据信号都要使用同一条电缆来传输的是(　　)。

A. 总线结构　　B. 星型结构

C. 网状结构　　D. 树型结构

3. 在计算机网络中，通常把提供并管理共享资源的计算机称为(　　)。

A. 服务器　　B. 工作站　　C. 网关　　D. 网桥

4. 下面互联设备中，属于数据链路层的互联设备是(　　)。

A. 集线器　　B. 网桥　　C. 路由器　　D. 网关

5. UDP 和 TCP 都是(　　)层协议。

A. 物理　　B. 数据链路　　C. 网络　　D. 传输

6. 一个 IPv4 地址由(　　)位二进制组成。

A. 8　　B. 16　　C. 32　　D. 64

7. HTTP 是一种(　　)。

A. 高级程序设计语言　　B. 超文本传输协议

C. 域名　　D. 网络地址

8. 下列是非法 IP 地址的是(　　)。

A. 192.118.120.6　　B. 123.137.190.5

C. 202.119.126.7　　D. 320.115.9.10

9. 下面用来衡量通信信道容量的是(　　)。

A. 协议　　B. IP 地址

C. 数据包　　D. 带宽

10. 对一座办公楼内某实验室中的微机进行联网,按网络覆盖范围来分,这个网络属于(　　)。

A. WAN　　B. LAN　　C. NAN　　D. MAN

11. 路由选择是 OSI 模型中(　　)层的主要功能。

A. 物理层　　B. 数据链路层

C. 传输层　　D. 网络层

12. 下列用来传输文件的协议是(　　)。

A. HTTP　　B. telnet　　C. FTP　　D. DNS

13. 下列传输介质中,数据传输能力最强的是(　　)。

A. 电话线　　B. 光纤

C. 同轴电缆　　D. 双绞线

14. 调制解调器(modem)的功能是实现(　　)。

A. 模拟信号与数字信号的相互转换　　B. 模拟信号的放大

C. 数字信号的编码　　D. 数字信号的整形

15. 主机域名 www.scut.edu.cn 由 4 个子域组成,其中(　　)子域是最高层域。

A. www　　B. scut

C. edu　　D. cn

9.2　填空题

1. 从逻辑功能上看,计算机网络可以分为两部分,即________和________。

2. 根据网络的工作模式来划分,网络可分为________和________。

3. 有线传输介质通常有________、________和________。

4. 基本的网络拓扑结构主要有________、________、________、________和________。

5. 通过无线接入 Internet 的方式主要有两大类:________和________。

6. TCP/IP 的体系结构分为 4 层,从上到下依次为________、________、________和________。

7. 网络协议定义了在两个或多个通信实体之间交换的________和________,以及在报文传输、接收或其他事件方面所采取的动作。

8. 顶级域名目前采用两种划分方式:以________划分和________以划分。

9. 按功能的不同,网关大致分为三类:________、________和________。

9.3 简答题

1. 简述 ISO 的 OSI/RM 参考模型的组成及各层的主要功能。
2. 常用的网络连接设备有哪些？它们分别在网络的哪一层实现互联？
3. Internet 上的主要应用有哪些？
4. 简述域名与 IP 地址的区别与联系。
5. 简述 IP 地址的编码方案。
6. 简述网络中代理服务器的主要功能。

第10章 信息安全

最近几十年,企业对信息安全的需求经历了两个重要变革。在广泛使用数据处理设备之前,企业主要是依靠物理和行政手段来保证重要信息的安全。如将重要的文件放在上锁的文件柜里(物理手段),对雇员实行检查制度(行政手段)等。很显然,由于计算机的使用,需要有自动工具来保护存放于计算机中的文件和其他信息。在计算机系统里,用来保护数据和阻止黑客入侵的工具一般称为计算机安全工具。

影响安全的第二个变革是分布式系统、终端用户与计算机之间以及计算机与计算机之间传送数据的网络和通信设施的应用。在信息传输时,需要有网络安全措施来保护数据传输。

上述两种形式的安全没有明显的界线。例如,对信息系统最常见的攻击就是计算机病毒,它可能先感染磁盘,然后才加载到计算机上,从而进入系统;也可能是通过Internet进入系统。无论是哪一种情况,一旦病毒驻留在计算机系统中,就需要内部的计算机安全工具来检查病毒并恢复数据。

本章主要介绍信息安全的基本概念及基本技术,主要内容包括密码技术、防火墙技术、恶意程序、入侵检测技术,最后简述与计算机及网络相关的法律法规、计算机知识产权保护等相关知识。

10.1 信息安全的基本概念

10.1.1 信息安全特征

假定Alice和Bob是一对情人,希望进行"安全地"通信。Alice希望即使他们在一个不安全的媒体上进行通信,入侵者能够在该媒体上截获Alice传输给Bob的报文,却只有Bob能够明白她所发送的报文。Bob想确认从Alice接收到的报文确实是由Alice所发送的,Alice同样要确认和她通信的人的确就是Bob。Alice和Bob还要确保其报文的内容在传输过程中没有被篡改。针对以上问题,一般认为安全通信应具有下列特性:

1. 机密性

机密性指仅有发送方和预定的接收方能够理解传输的报文内容。因为入侵者可以截取

到报文，这要求报文必须在一定程度上进行加密(encrypted)，即进行数据伪装，从而使得入侵者不能解密(decrypted)截获到的报文。机密通信通常依赖于密码技术。例如，Alice 发给 Bob 的信息，应该只有 Bob 能读懂信息的内容，其他人即使截获到了该信息，也读不懂。

2. 身份验证

身份验证指发送方和接收方都应该能够证实通信过程所涉及的另一方，确信通信的另一方确实具有他们所声称的身份。人类面对面的通信可以通过视觉轻松地来解决。当通信实体在不能看到对方的媒体上交换信息时，身份验证就不是那么简单了。例如，Bob 收到一封电子邮件，其中所包含的文本信息称这封邮件来自他的朋友 Alice。Bob 如何验证这封邮件确实是 Alice 所发？这种情况下，可以采用身份验证技术来验证通信双方的身份。

3. 完整性

完整性指信息在传输、交换、存储和处理过程中保持非修改、非破坏和非丢失的特性。例如，Alice 发给 Bob 的信息内容是“Bob，I love you. Alice”，而 Bob 收到的信息却是“Bob，I don’t love you. Alice”。显然，这样的通信没有保证信息的完整性。

4. 不可否认性

不可否认性就是通信双方对于自己通信的行为都不可抵赖。例如，Alice 发给了 Bob 一封信，Bob 也收到了 Alice 的信。此时，Alice 应不能抵赖说她没发这封信，Bob 也不能抵赖说他没收到这封信。

5. 可用性

可用性指合法用户在需要的时候，可以正确使用所需的信息而不会遭到服务拒绝。系统为了控制非法访问可以采取许多安全措施，但不应阻止合法用户对系统的使用。

6. 可控性

可控性指对流通在网络系统中的信息传播及具体内容能够实现有效控制的特性，即网络系统中的任何信息都要在一定传输范围和存放空间内可控。

10.1.2 信息安全保护技术

信息安全强调的是通过技术和管理手段，实现和保护消息在公用网络信息系统中传输、交换和存储的机密性、完整性、不可否认性、可用性、不可抵赖性和可控性。当前采用的网络信息安全保护技术主要有两类：主动防御技术和被动防御技术。

1. 主动防御技术

主动防御技术一般采用数据加密、存取控制、权限设置和虚拟专用网络等技术来实现。

(1) 数据加密。密码技术被认为是保护信息安全最实用的方法。对数据最有效的保护就是加密，而加密的方式可用多种算法来实现。

(2) 存取控制。存取控制表征主体对客体具有规定权限操作的能力。存取控制的内容包括人员限制、访问权限设置、数据标志、控制类型和风险分析等。

(3) 权限设置。权限设置用于规定合法用户访问网络信息资源的资格范围，即能对资源进行何种操作。

(4) 虚拟专用网技术(virtual private network，VPN)。VPN 技术就是在公网的基础上进行逻辑分割而虚拟构建的一种特殊通信环境，使其具有私有性和隐蔽性。VPN 也是一种策略，可为用户提供定制的传输和安全服务。

2. 被动防御技术

被动防御技术主要有防火墙技术、入侵检测系统、漏洞扫描器、口令验证、审计跟踪、物理保护与安全管理等。

(1) 防火墙(firewall)技术。防火墙是内部网与Internet(或一般外网)之间实现安全策略要求的访问控制保护，其核心的控制思想是包过滤技术。

(2) 入侵检测系统(intrusion detection system，IDS)。IDS就是在系统中的检查位置执行入侵检测功能的程序或硬件执行体，负责对当前的系统资源和状态进行监控，检测可能的入侵行为。

(3) 漏洞扫描器。漏洞扫描器是可自动检测远程或本地主机及网络系统的安全漏洞的专用程序，可用于观察网络信息系统的运行情况。

(4) 口令验证。口令验证利用密码检查器中的口令验证程序查验口令集中的薄弱口令，防止攻击者假冒身份登录系统。

(5) 审计跟踪。审计跟踪用于对网络信息系统的运行状态进行详尽审计，并保持审计记录和日志，帮助发现系统存在的安全弱点和入侵点，尽量降低安全风险。

(6) 物理保护与安全管理。物理保护与安全管理通过指定标准、管理办法和条例，对物理实体和信息系统加强规范管理，减少人为管理因素不力的负面影响。

10.2 密码技术及应用

密码是一个古老的话题。早在4000年前，古埃及人就开始使用密码来保护传送的消息。2000多年以前，罗马国王就开始使用我们现在称为"恺撒密码"的密码系统。但是，密码技术的重大发展则是近代的事。特别是在20世纪70年代后期，Diffie与Hellman的开创性论文*New Direction in Crytography*的发表，成为现代密码学的一个里程碑。现代密码学得到重大发展的另一个原因则是现代飞速发展的计算机、电子通信的广泛应用。

经典的密码学是关于加密和解密的理论，主要用于保密通信。如今，密码学已得到更加深入和广泛的发展，其内容已不再是单一的加密技术，而且已被有效、系统地用于电子数据的保密性、完整性和真实性等各个方面。现代密码技术的应用已深入到数据处理过程的各个环节，如数据加密、密码分析、数字签名等。

10.2.1 基本概念

密码技术使得发送方可以伪装数据，并使入侵者不能从截取到的数据中获得任何信息。接收方必须能够从伪装数据中恢复出原始数据。图10.1说明了一些重要术语。

假设Alice要给Bob发送一个报文，Alice报文的最初形式(例如，"Bob，I love you. Alice")称为明文。Alice使用加密算法加密其明文，生成的加密报文称为密文，入侵者获得的密文是一些乱码。有趣的是，在许多现代密码系统中，加密技术是公开的，即使对于潜在的入侵者也可用。显然，如果任何人都知道数据编码的方法，则一定有一些秘密信息可以阻止入侵者解密被传输的数据，这些秘密信息就是密钥。

如图10.1所示，Alice提供了一个密钥K_A，它是一串数字或字符，作为加密算法的输入。加密算法以密钥和明文m为输入，生成的密文(用$K_A(m)$表示)作为输出。类似地，

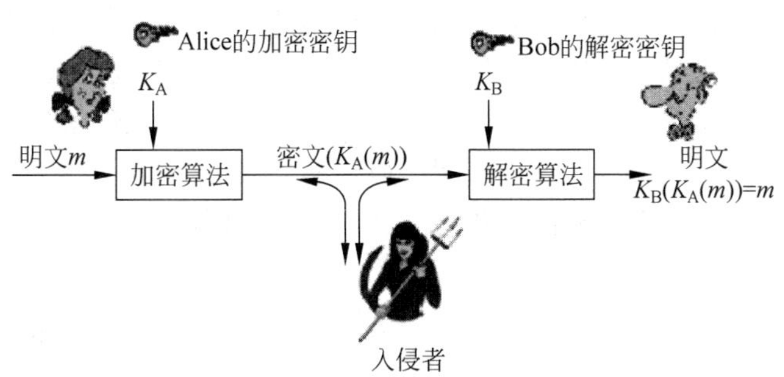

图 10.1 密码学的组成部分

Bob 为解密算法提供密钥 K_B，解密算法将密文和 Bob 的密钥作为输入，输出原始明文。即如果 Bob 接收到一个加密报文 $K_A(m)$，他可以通过计算 $K_B(K_A(m))$获得明文 m。在对称密钥密码系统中，Alice 和 Bob 的密钥是相同的并且是保密的。在公开密钥密码系统中，两人使用一对密钥：一个密钥是公开的，另一个密钥是保密的。

10.2.2 对称密钥密码系统

在对称密钥密码系统中，通信双方必须事先共享密钥。当给对方发送信息时，先用共享密钥将信息加密然后发送；接收方收到加密数据后，用共享的密钥解密信息，获得明文。图 10.2 示意了对称密钥密码体制。图中 Alice 和 Bob 使用同一个密钥 $K_{A\text{-}B}$ 进行加密和解密信息，从而实现保密通信。

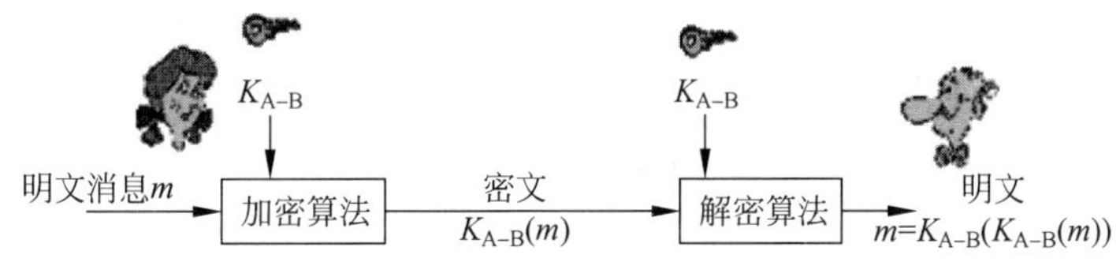

图 10.2 对称密钥密码体制

实现对称密钥的算法主要使用数据加密标准(data encryption standard，DES)，DES 是 IBM 公司研制的，1977 年被美国定为联邦信息标准。DES 的基本思想是在一个 56 位密钥的控制下，将按 64 位分组的明文信息加密成 64 位分组的密文信息。整个加密过程由 16 轮独立的加密循环组成，每一个循环使用一个不同的 48 位的子密钥(从密钥中产生)和加密函数，每轮只处理 64 位的一半信息。

对称密钥具有加密速度快、保密度高等优点。但是，密钥是保密通信安全的关键，发信方必须安全、妥善地把密钥分发给接收方，不能泄露其内容。如何才能把密钥安全地送到接收方，是对称密钥加密技术的突出问题。因此，此方法的密钥分发过程十分复杂，所花代价很高。多人通信时密钥的组合数量会出现爆炸性的膨胀，使密钥分发更加复杂。如 n 个人进行两两通信，总共需要的密钥数为 $n(n-1)/2$。通信双方必须统一密钥，才能发送保密信息。如果发信者与收信者素不相识，也就无法向对方发送秘密信息了。

10.2.3 公开密钥密码系统

公开密钥密码系统要求密钥成对使用，即加密和解密分别由两个密钥来实现。每个用户都有一对选定的密钥,一个可以公开,即公开密钥,用于加密;另一个需要保密,即秘密密钥,用于解密。公开密钥和秘密密钥之间有密切的关系。当给对方发送信息时,用对方的公开密钥进行加密;而在接收方收到数据后,用自己的秘密密钥进行解密。故该技术也称为非对称密码技术。图 10.3 示意了公开密钥密码体制。Alice 先用 Bob 的公钥加密信息发给 Bob;Bob 用自己的秘密密钥解密信息获得明文,从而实现保密通信。

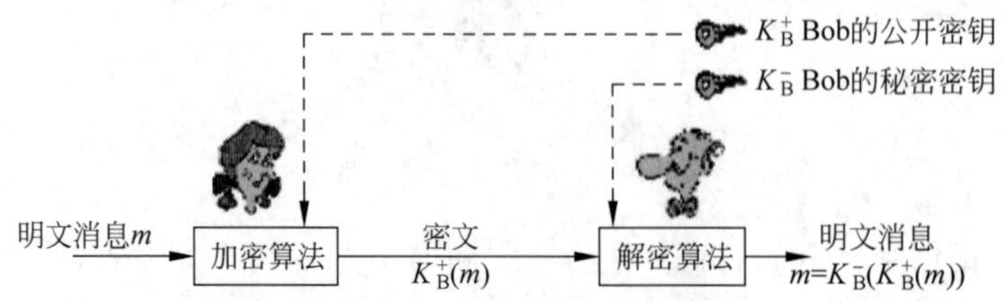

图 10.3　公开密钥密码体制

公开密钥算法主要使用 RSA 算法,RSA 是美国麻省理工学院的三位科学家 Rivest、Shamir 和 Adleman 于 1976 年提出并在 1978 年正式发表的,是第一个既能用于数据加密也能用于数字签名的算法。RSA 的安全性基于数论中的欧拉定理和计算复杂性理论中的求两个大素数的乘积是容易的,但要分解两个大素数的乘积,求出它们的素因子则是非常困难的。

公开密钥密码系统的优点是:①密钥少,便于管理。网络中的每一个用户只需保存自己的解密密钥,n 个用户仅需 n 对密钥。②密钥分配简单。加密密钥(公开密钥)分发给其他用户,而解密密钥(秘密密钥)则由用户自己保管。③不需要秘密的通道和复杂的协议来传送密钥。公开密钥密码系统的缺点是加、解密速度慢。

10.2.4　计算机网络中的数据加密

现代计算机网络是按层次化结构设计的,其每一层建立在下一层的基础之上,同时又为更高一层提供服务。对等层不同节点之间的通信,主要靠协议来完成。具体数据通信则是由某一节点的给定层向下一层传送,最终传送到物理层;通过物理介质传送给另一目标节点,然后再从底层往上传送至对应的给定层。计算机网络中的数据加密可以在 OSI 七层协议的多层上实现,从加密技术应用的逻辑位置来看,主要有链路加密、端到端加密和混合加密三种方式。图 10.4 给出了网络通信中加密的两种主要形式,其中,短粗黑线表示链路加密设备,黑点表示端加密设备。

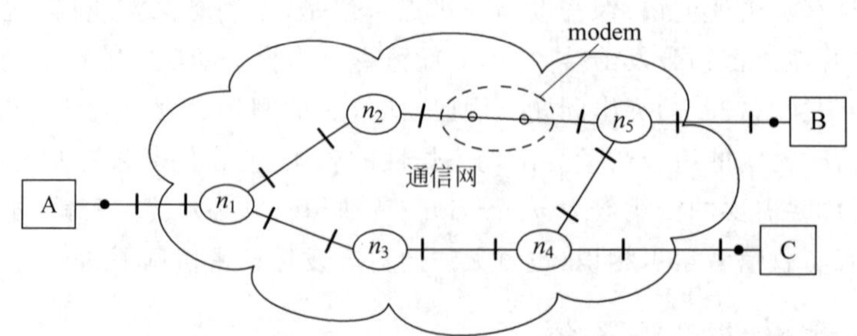

图 10.4　网络加密的两种方式示意图

1. 链路加密

链路加密是一种面向物理层的数据加密方式。密码设备布置在两个节点的通信线路上，介于各自节点与相应的调制解调器之间（为简单起见，图中 Modem 只画出了一对）。加密主要是在 1、2 层进行，不同的链路采用不同的加密密钥，以免相互影响信息安全。

链路加密的简要原理是：当数据信息进入物理层传输时，对所有的信息加密进行保护，信息到达计算机之前必须进行解密处理才能使用。这意味着：一是链路加密主要是在物理层进行的，技术要求所有节点必须是物理安全的；二是每个通信节点的主机内部的数据信息是以明文的方式存放的，明显地存在安全隐患。

链路加密的优点是：可以方便地采用硬件来实现，不依赖于机型和操作系统，具有高速、可靠、保密等特点。同时，由于各节点采用的密钥有所不同，原始加密密文从源节点到目标节点，对沿途各节点都是不透明的。因此，较适用于多节点网络或共享通信线路加密使用。缺点是中间节点不可暴露，维护节点的安全性代价较高，比如硬件开销、每个节点都要有加密器及运行维护、密钥处理开销大等。

2. 端到端加密

端到端加密属于高层加密方式，加密过程是在两个端系统上完成的。密码设备只在通信的两端设置（图 10.4 中的 A、B 或 C），中间节点一律不设密码设备。

端到端加密的原理是源端在发送源消息之前将消息加密成密文，并以密文消息的形式经通信网传送到目的端。各端点采用相同的密码算法和密钥，对传送通路上的各个中间节点来说，其数据是保密的。换句话说，加密方式不依赖于中间节点，中间节点没有义务对其他层的协议信息进行解密，只有收端用户正确解密才能恢复明文。

端到端加密方法的优点是：用户可以随意选择加密算法，数据一直处于密文的保护之下；即使中间某条链路发生失误，也不至于影响数据安全；可以使用软硬件实现加密，因此具有灵活、安全性高等特点。其缺点是如果收、发双方的身份暴露，将导致安全通信失败。

3. 混合加密

混合加密是基于端到端加密和链路加密综合考虑的。因为端到端加密只对报文加密，报头（源/目的地址）则是明文传送，显然易受流量分析攻击；而链路加密则能较好地抵挡这种攻击。因此，为保护报头之类的敏感信息，可以采用两者混合使用的方式，如图 10.5 所示。这里，报文将被两次加密，而报头则只由链路方式加密。

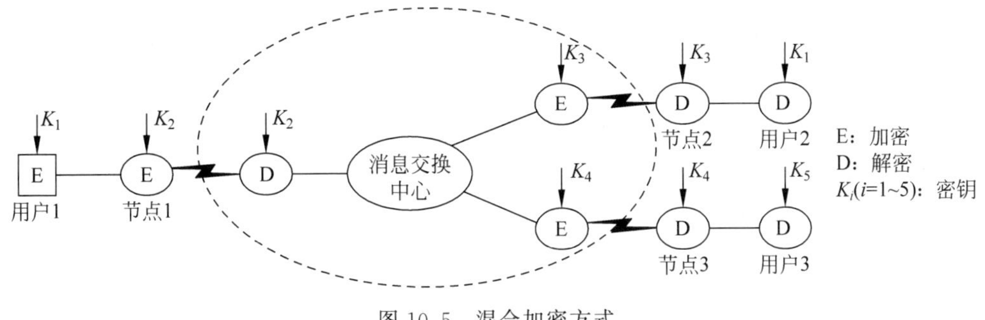

图 10.5 混合加密方式

一般来说，从成本、灵活性和安全性方面考虑，端到端加密更有优势，加密的目的是整个传输过程的数据保护。但是有些远端设备的设计不支持端到端加密方式，使用上也受一些

限制。因此，对某些远端处理设备，采用链路加密可能更合适，尤其是当链路中节点较少时优点更突出。两者可视具体情况选用或混合使用。

10.2.5　数字签名

在网络通信当中，假设 Alice 发送了一个消息给 Bob。针对这次通信，双方事后可能会发生一些争执，比如说 Bob 伪造了一个不同的消息，可能是更改了 Alice 要转账的金额、篡改了 Alice 消息的内容，但声称是从 Alice 那里收到的。另外一种争执可能是 Alice 虽然发送了这个消息给 Bob，但是她可能事后否认。比如说在电子股票交易当中，Bob 是股票经纪人，他收到客户 Alice 的消息，要他进行一笔股票交易，但事后这笔交易让 Alice 赔了钱。于是 Alice 抵赖，说她从来没有发过这个消息给 Bob。那如何解决这些网络争端呢？

在现实生活当中，我们经常会在支票、信用卡收据上签名，签名能证明我们签发了这些内容，而且签名后的文件内容是不可更改的，事后也不可抵赖。要解决上面所提到的网络争端，可以采用与手写签名类似的数字签名方法。

数字签名是公开密钥密码体制发展的一个重要成果。例如，当 Alice 要发送消息给 Bob 的时候，Alice 首先将她的私钥和要发送的消息作为输入，输入到签名算法当中，生成的结果被称作数字签名，然后 Alice 将这个签名和原始的消息一起发送给 Bob；Bob 收到了带签名的消息后首先要进行验证，将 Alice 的公钥和得到的签名作为输入，输入到签名验证算法当中；如果得到的结果跟收到的消息是一致的，那 Bob 可以确定下面两件事情：第一，这个消息确实来自 Alice，因为 Bob 是用 Alice 的公钥来验证签名的。只有 Alice 有对应的私钥，所以消息一定是 Alice 发送的，而且 Alice 不可以抵赖发送过这个消息；第二，消息在传输的过程当中没有被篡改过。如果消息被第三方篡改，由于第三方没有 Alice 的私钥，所以他不能伪造出对应消息的签名。那么 Bob 在验证的时候，用 Alice 的公钥和原来的消息签名作为输入，输入到签名验证算法当中，得到的结果和修改后的消息肯定不一致。

由此可以看出，签名和加密不同，加密提供的是数据的保密性，而数字签名提供的是对消息的真实性，包括完整性、身份认证和不可否认性的保护。

一个数字签名方案由安全参数、消息空间、签名、密钥生成算法、签名算法、验证算法等成分构成。按接收者验证签名的方式不同，可将数字签名分为真数字签名和公证数字签名两类。如图 10.6 所示，在真数字签名方式中，签名者直接把签名消息传递给接收者，接收者无须借助于第三方就能验证签名。如图 10.7 所示，在公证数字签名方式中，签名者把签名消息经由被称作公证者的可信的第三方发送给接收者，接收者不能直接验证签名，签名的合法性是通过公证者作为媒介来保证的。也就是说，接收者要验证签名必须与公证者合作。

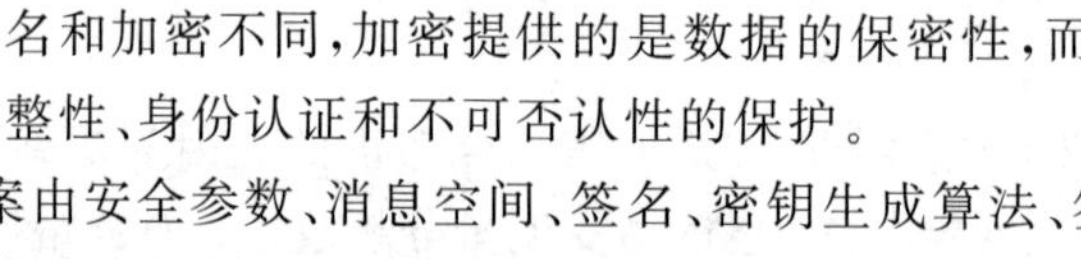

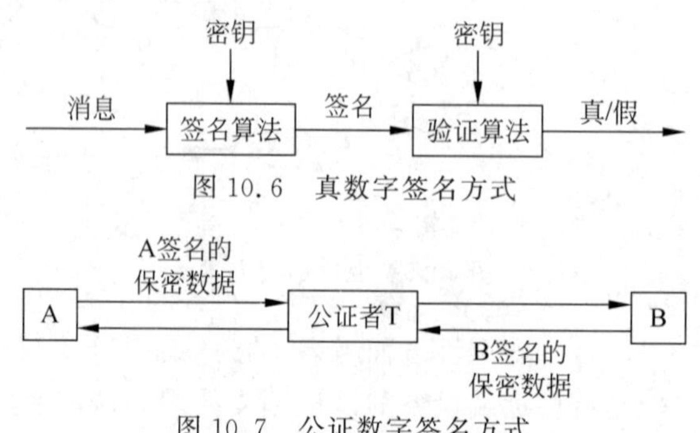

图 10.6　真数字签名方式

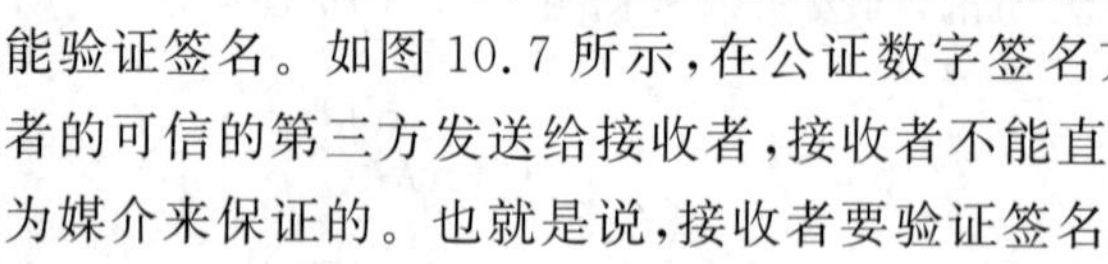

图 10.7　公证数字签名方式

数字签名算法可分为普通数字签名算法、不可否认数字签名算法、Fail-Stop数字签名算法、盲数字签名算法和群数字签名算法等。其中普通数字签名算法包括RSA数字签名算法、El-Gmamal数字签名算法、Fiat-Shamir数字签名算法、Guillou-Quisquarter数字签名算法等。

手写签名与数字签名的主要区别在于：一是手写签名是不变的；而数字签名对不同的消息是不同的。即手写签名因人而异，数字签名因消息而异。二是手写签名是模拟的。无论哪种文字的手写签名，伪造者都容易模仿；而数字签名是在密钥控制下产生的，在没有密钥的情况下，模仿者几乎无法模仿出数字签名。

10.3　防火墙技术

防火墙是应用最为广泛的网络安全技术。在构建安全网络环境的过程中，防火墙作为第一道安全防线，正受到越来越多的关注。

10.3.1　防火墙的基本概念

防火墙是由硬件（路由器、服务器等）和软件构成的系统，用来在两个网络之间实施接入控制策略，是一种屏障，如图10.8所示。防火墙用来限制企业内部网（intranet）与外部网（extranet）之间数据的自由流动，仅允许被批准的数据通过。设置Internet/intranet防火墙实质上就是要在企业内部网与外部网之间检查网络服务请求分组是否合法，网络中传送的数据是否会对网络安全构成威胁。

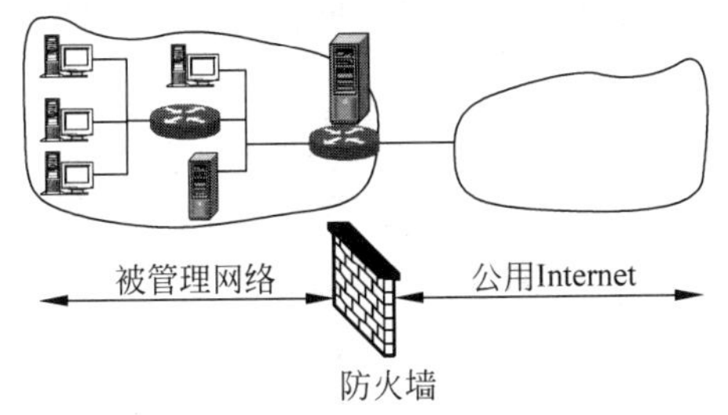

图10.8　在被管理网络和外部网络之间放置防火墙

10.3.2　防火墙的功能

防火墙的结构可以有很多形式，但是无论采取什么样的物理结构，从基本工作原理上来说，如果外部网络的用户要访问企业内部网的WWW服务器，它首先由分组过滤路由器来判断外部网用户的IP地址是不是企业内部网络所禁止使用的。如果是禁止进入的IP地址，那么分组过滤路由器将会丢弃该IP包；如果不是禁止进入的IP地址，那么这个IP包不是直接送到企业内部网的WWW服务器，而是被送到应用网关，由应用网关来判断发出这个IP包的用户是不是合法用户。如果该用户是合法用户，该IP包才能送到企业内部网的WWW服务器去处理；如果该用户不是合法用户，则该IP包将会被应用网关丢弃。这样，人们就可以通过设置不同安全规则的防火墙实现不同的网络安全策略。

网络防火墙的主要功能有：控制对网站的访问和防止网站信息的泄露；限制被保护子

网的暴露；具有审计功能；强制执行安全策略；对出入防火墙的信息进行加密和解密等。

10.3.3 防火墙的基本类型

防火墙有多种形式，有的以软件形式运行在普通计算机操作系统上，有的以硬件形式单独实现，也有的以固件形式设计在路由器中。总体来说，防火墙可分为三种：包过滤防火墙、应用层网关和复合型防火墙。

1. 包过滤防火墙

包过滤防火墙可允许或拒绝所接收的数据包。路由器负责审查数据包，以便确定其是否与某一条包过滤规则匹配。所使用的包过滤规则基于可以提供给 IP 转发的包头信息。包头信息中包括 IP 源地址、IP 目标地址、协议类型和目标端口等。如果规则与包的出入接口相匹配，并且规则允许该数据包通过，那么该数据包就会按照路由表中的信息被转发。但是，即使是与包的出入接口相匹配，而规则拒绝该数据包通过，那么该数据包也会被丢弃。如果出入接口没设匹配规则，用户配置的缺省参数会决定是转发还是丢弃该数据包。

包过滤路由器使得路由器能够根据特定的服务允许或拒绝流动的数据，因为多数的服务收听者都在已知的 TCP/UDP 端口号上。例如，Telnet 服务器在 TCP 的 23 号端口上监听远地连接，而 SMTP 服务器在 TCP 的 25 号端口上监听连接。为了阻塞所有进入的 Telnet 连接，路由器只需简单地丢弃所有 TCP 端口号等于 23 的数据包即可。为了将进来的 Telnet 连接限制到内部的数台机器上，路由器必须拒绝所有 TCP 端口号等于 23 并且目标 IP 地址不等于允许主机的 IP 地址的数据包。

包过滤的优点是：不用改动客户机和主机上的应用程序，因为它工作在网络层和传输层，与应用层无关；一个包过滤路由器能够协助保护整个网络，而且过滤路由器速度快、效率高。

但其弱点也是明显的：不能彻底防止地址欺骗；据以过滤判别的只有网络层和传输层的有限信息，因而各种安全要求不可能充分满足；在许多过滤器中，过滤规则的数目是有限制的，且随着规则数目的增加，性能会受到很大的影响；由于缺少上下文关联信息，不能有效地过滤如 UDP、RPC 一类的协议数据包。另外，大多数过滤器中缺少审计和报警机制，且管理方式和用户界面较差；对安全管理人员素质要求高，建立安全规则时必须对协议本身及其在不同应用程序中的作用有较深入的理解；配置困难，因为包过滤防火墙很复杂，人们经常会忽略建立一些必要的规则或者错误配置了已有的规则，以致在防火墙上留下漏洞等。

2. 应用层网关

应用层网关即防火墙部署在应用层。应用层防火墙是内部网与外部网的隔离点，起着监视和隔绝应用层通信流的作用，同时也常结合了过滤器的功能。它工作在 OSI 模型的最高层，掌握着应用系统中可用作安全决策的全部信息。应用层网关使得网络管理员能够实现比包过滤路由器更严格的安全策略。应用层网关不用依赖包过滤工具来管理 Internet 服务在防火墙系统中的进出，而是采用为每种所需服务在网关上安装特殊代码(代理服务)的方式来管理 Internet 服务。如果网络管理员没有为某种应用安装代理编码，那么该项服务就不被支持，并且不能通过防火墙系统来转发。同时，代理编码可以配置成只支持网络管理员认为必需的部分功能。

应用层网关采用的是一种代理技术，其优点在于：代理易于配置，可生成各项记录，可灵活而完全地控制进出的流量和内容，能够过滤数据内容，能为用户提供透明的加密机制，可以方便地与其他安全手段集成等。

其缺点在于：代理速度较路由器要慢，对用户不透明，对于每项服务可能要求不同的服务器，代理服务不能保证用户免受所有协议弱点的限制，不能改进底层协议的安全性等。

3. 复合型防火墙

出于对更高安全性的要求，常把基于包过滤的方法与基于应用代理的方法结合起来，形成复合型防火墙产品。这种结合通常采用以下两种方案：

1）屏蔽主机防火墙体系结构

在屏蔽主机防火墙体系结构中，包过滤路由器或防火墙与外部网络相连，同时，一个堡垒机安装在内部网络，通过在包过滤路由器或防火墙上对过滤规则的设置，使堡垒机成为外部网上其他节点所能到达的唯一节点，这确保了内部网络不受未授权外部用户的攻击。

2）屏蔽子网防火墙体系结构

屏蔽子网堡垒机放在一个子网内，两个分组过滤路由器放在该子网的两端，使该子网与外部网络及内部网络分离。在屏蔽子网防火墙体系结构中，堡垒主机和包过滤路由器共同构成了整个防火墙的安全基础。

复合型防火墙综合了包过滤和代理技术，具有先进的过滤和代理体系，能够从数据链路层到应用层进行全方位的安全处理。

10.3.4　防火墙的优、缺点

1. 防火墙的优点

(1) 防火墙能够强化安全策略。防火墙能够防止网络不良访问的发生，它执行站点的安全策略，仅允许“认可的”或符合规则的请求通过。

(2) 防火墙能够有效地记录网络上的活动。因为与外部网络相关的所有进出信息都必须通过防火墙，所以防火墙非常适用于收集关于系统和网络使用和误用的信息。作为访问的唯一点，防火墙能在被保护的网络和外部网络之间进行记录。

(3) 防火墙限制暴露用户点。防火墙能够用来隔开网络中的两个网段，可防止影响一个网段的问题通过整个网络而传播开来。

(4) 防火墙是一个安全策略的检查站。所有进出的信息都必须通过防火墙，防火墙便成为安全问题的检查点，使可疑的访问被拒之门外。

2. 防火墙的不足之处

(1) 不能防范恶意的知情者。防火墙可以禁止系统用户经过网络连接发送专有的信息，但不能防止用户将数据复制到移动存储设备(如移动硬盘、U 盘等)上而带出去。另外，如果入侵者已经在防火墙内部，则防火墙是无能为力的。内部用户可以偷窃数据，破坏硬件和软件，并且巧妙地修改程序而不接近防火墙。对于来自知情者的威胁，只能要求加强内部管理，如主机安全和用户教育等。

(2) 不能防范不通过它的连接。防火墙能够有效地防止通过它进行传输的信息，然而不能防止不通过它而传输的信息。例如，如果站点允许对防火墙后面的内部系统进行拨号访问，那么防火墙没有办法阻止入侵者进行拨号方式入侵。

(3) 不能防备全部的威胁。防火墙被用来防备已知的威胁。一个很好的防火墙设计方案可以防备部分新的威胁，但没有一个防火墙能够自动防御所有新的威胁。

(4) 防火墙不能防范病毒。防火墙不能防范、消除网络上的计算机病毒。

10.4 恶意程序

10.4.1 病毒及相关的威胁

对计算机系统来说，最复杂的威胁可能就是那些利用计算机系统的弱点来进行攻击的恶意程序。

1. 恶意程序

图 10.9 列出了软件威胁（恶意程序）的所有分类。这些威胁大致可以分为两类：依赖于宿主程序的和独立于宿主程序的。前者从本质上来说是不能独立于应用程序或系统程序的程序段，后者是可以被操作系统调度的独立程序。

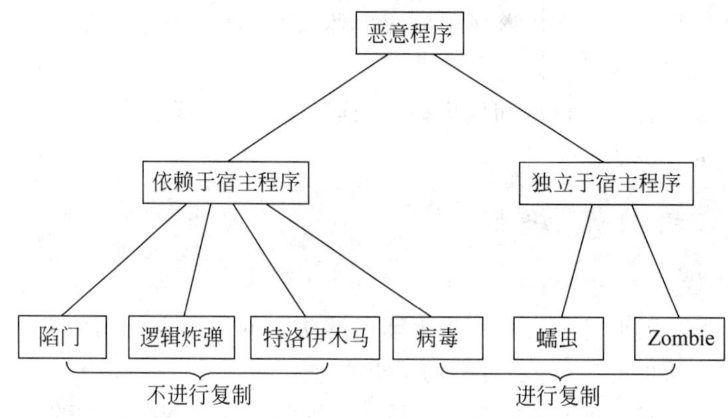

图 10.9 恶意程序的分类

也可以按其是否进行复制而将软件威胁分成两类：不进行复制的和进行复制的威胁。前者是在宿主程序被调用来执行某一特定功能时被激活的程序段；后是指一个程序段（如病毒）或一个独立的程序（如蠕虫）。当它执行时，可能会对自身进行复制，而且这些复制品将会在该系统或其他系统中被激活。

下面简要介绍除病毒和蠕虫以外的其他一些恶意程序。

1) 陷门

陷门或后门是程序的一个秘密入口。用户通过陷门可以不按照通常的访问步骤就能获得访问权。许多年来，陷门一直被程序员合理地用在程序的调试和测试中。但当陷门被一些无耻之徒用来作为获得未授权的访问权的手段时，它就成为一种威胁。要实现操作系统对陷门的控制是很困难的。安全策略必须贯穿在程序的开发和软件更新的各个层面上。

2) 逻辑炸弹

逻辑炸弹是最早出现的程序威胁之一，它预先设定了病毒和蠕虫的发作时间。逻辑炸弹是嵌在合法程序中的、只有当特定的事件出现时才会进行破坏（爆炸）的一组程序代码。

例如，可以将特定文件是否存在、一个星期中的某一天或某个特定用户使用计算机等作为逻辑炸弹的触发条件。一旦这些条件被满足，逻辑炸弹就会激发，从而破坏硬盘数据乃至整个文件，甚至会引起“死机”或其他一些危害。逻辑炸弹的一个典型事例就是(Tim Lloyd)事件。Tim Lloyd 所设计的逻辑炸弹摧毁了他前公司的制造软件程序，使公司蒙受了 1000 多万美元的损失，并导致 80 位员工失业。最后，Tim Lloyd 被处以 41 个月的监禁以及 200 万美元的赔偿金。

3）特洛伊木马

在希腊神话中，希腊在特洛伊战争中使用了特洛伊木马。希腊将士建造了一个巨大的中空型木马，在木马腹中隐藏了 30 名最英勇的希腊士兵，其余的士兵烧毁了他们的帐篷假装逃走，实际上隐蔽在附近。特洛伊人以为战争结束了，木马是他们的战利品，遂将木马拖入城内。深夜，木马内的希腊士兵为希腊军队打开了城门，希腊军队随即展开了一场里应外合的大屠杀，导致了特洛伊城的毁灭。

计算机安全中的特洛伊木马指一种实际上或表面上有某种有用功能的程序，它内部含有恶意代码。当其被调用时，会执行非预期的功能，产生一些意想不到的严重后果。

特洛伊木马使计算机可潜伏执行非授权功能。例如，为了在某个共享系统中获得对其他用户文件的访问权，某一用户可以设计一个木马程序。当该程序被执行时，它会通过改变调用用户文件的许可权，从而获得对该文件的访问权。该设计者通过将木马程序放在普通的目录中，并以看起来有用的程序名命名，来促使其他用户运行该程序。

特洛伊木马程序另一个比较普遍的危害是对数据的破坏。程序表面上看起来是在执行某种有用的功能(如计算)，但实际上却在悄悄地删除用户文件。例如，哥伦比亚广播公司的一名执行经理就曾受到木马程序的攻击，结果使其机器上的所有数据都被毁坏了。

4）Zombie

Zombie 可秘密地接管其他连接在 Internet 上的计算机，并使用该计算机发动攻击，而且这种攻击是很难通过追踪 Zombie 的创建者而查出来的。Zombie 被用在拒绝服务攻击上，尤其是对 Web 站点的攻击。它被放置在成百上千的、属于可信第三方的计算机中，通过向 Internet 发动不可抵抗的攻击取得对目标 Web 站点的控制。

2. 病毒

计算机病毒是一种可以通过修改自身来感染其他程序的程序。这种修改包括对病毒程序的复制，复制后生成的新病毒同样具有感染其他程序的功能。

生物病毒是一种微小的基因代码段(DNA 或 RNA)，它能掌管活细胞并采用欺骗性手段生成成千上万的原病毒的复制品。与生物病毒一样，计算机病毒执行时也能生成其自身的复制品。通过寄居在宿主程序上，计算机病毒可以暂时控制该计算机的操作系统。未感染病毒的软件一旦在受染机器上使用，在该新程序中就会产生病毒的副本。因此，通过可信用户在不同计算机间使用移动存储设备或借助网络向他人发送文件，病毒可能从一台计算机传到另一台计算机。在病毒环境下，访问其他计算机的某个应用或系统服务的功能，也给病毒的传播提供了一个极好的条件。

病毒程序能够执行其他程序所能执行的一切功能，唯一不同的是，它必须将自身附着在其他程序(宿主程序)上。当运行该宿主程序时，病毒也跟着悄悄地运行了。一旦病毒程序被执行，它就能执行一些意想不到的功能，如删除文件等。

1) 病毒的生命周期

在其生命周期中,病毒一般会经历如下四个阶段。

(1) 潜伏阶段。这一阶段的病毒处于休眠状态,这些病毒最终会被某些条件(如日期、某个特定程序或特定文件的出现或内存的容量超过一定范围等)所激活。但是,并不是所有的病毒都会经历此阶段。

(2) 传染阶段。病毒程序将自身复制到其他程序或磁盘的某个区域上,每个被感染的程序因此包含了病毒程序的复制品,从而也就进入了传染阶段。

(3) 触发阶段。病毒在被激活后,会执行某一特定功能从而达到某种既定的目的。与处于潜伏期的病毒一样,触发阶段病毒的触发条件是一些系统事件,包括病毒复制自身的次数等。

(4) 发作阶段。病毒在触发条件成熟时,即可在系统中发作。由病毒发作体现出来的破坏程度是不同的,有些是无害的,如在屏幕上显示一些干扰信息;有些则会给系统带来巨大的危害,如破坏程序以及删除文件等。

2) 病毒的分类

现有的比较典型的病毒可以分为如下几类。

(1) 寄生性病毒。寄生性病毒是一种比较传统但仍然常见的病毒。寄生性病毒将自身附着在可执行文件上并对自身进行复制。当受感染文件被执行后,它会继续寻找其他的可执行文件并对其进行感染。

(2) 常驻内存病毒。常驻内存病毒以常驻内存的程序形式寄居在主存储器上。从这一点来看,这类病毒会感染所有类型的文件。

(3) 引导扇区病毒。引导扇区病毒会感染主引导记录或引导记录,在系统从含有病毒的磁盘上引导装入程序时进行传播。

(4) 宏病毒。宏病毒可感染含有由应用程序解释的可执行宏代码或脚本语言。在20世纪90年代中期,宏和脚本代码病毒发展为最流行的病毒种类。NISTIR 7298(关键信息安全术语表,2013年)将宏病毒定义为一种病毒,其附加到文档并使用文档应用程序的宏编程功能来执行和传播。宏病毒会感染用于支持各种用户文档类型的活动内容的脚本代码。

(5) 电子邮件病毒。电子邮件病毒是利用发送、接收的电子邮件来传播病毒。传播迅速的电子邮件病毒(如Melissa)是利用Microsoft Word宏嵌在电子邮件附件中,一旦接收者打开邮件附件,该Word宏就被激活,然后执行下列操作:向用户电子邮件地址簿中的地址发送感染文件,然后就地发作。

(6) 隐蔽性病毒。设计这种病毒的目的是躲避反病毒软件的检测。

(7) 多态性病毒。多态性病毒在每次感染时,置入宿主程序的代码都不相同,因此采用特征代码法的检测工具是不能识别它们的。

(8) 变形病毒。变形病毒与多态病毒一样,每次感染时病毒都发生变异。不同的是,变形病毒在每次变异中都重写病毒体,因此增加了病毒检测的难度。病毒每次变异并不仅仅改变病毒代码的组织形式,而是病毒的行为也改变了。

3. 蠕虫

蠕虫指能进行自我复制并能自动在网络上传播的程序。电子邮件病毒可将自身从一台计算机传播到另一台计算机,但它仍然是病毒,因为它需要人工干预完成传播。蠕虫会自动

寻找更多的计算机并对其进行感染，那些被感染的机器又会作为感染源，进一步感染其他机器。

网络蠕虫利用互联网将自身从一台计算机传播到另一台计算机，只要系统中的蠕虫处于活动状态，它就能像计算机病毒或木马程序那样对系统进行极大的破坏。

网络蠕虫利用以下网络工具进行传播：

(1) 电子邮件设备：蠕虫将自身的副本以邮件的形式发送到其他系统。

(2) 远程执行功能：蠕虫在其他系统中执行自身的复制。

(3) 远程登录功能：蠕虫以合法用户身份进入远程系统，在远程计算机上运行并执行一些功能，然后使用命令将自身从一台计算机复制到另一台计算机。

网络蠕虫具有计算机病毒的一些特征，其生命周期也有潜伏阶段、传染阶段、触发阶段和发作阶段。在传染阶段，蠕虫一般执行如下操作。

(1) 通过检查远程计算机的地址库，找到可以进一步传染的其他机器。

(2) 和远程计算机建立连接。

(3) 将自身复制到远程计算机，并在远程计算机上运行。

网络蠕虫在将自身复制到某台计算机之前，也会判断该计算机先前是否已被感染过。在分布式系统中，蠕虫可能会以系统程序名或不易被操作系统察觉的名字来为自己命名，从而伪装自己。与计算机病毒一样，网络蠕虫也很难防御。

10.4.2 计算机病毒的防治

解决病毒攻击的理想方法是对病毒进行预防，即在第一时间阻止病毒进入系统。尽管预防可以降低病毒攻击成功的概率，但一般来说，要通过预防来阻止病毒的袭击是不现实的。下面列出了一些比较有效、可行的方法。

(1) 检测。一旦系统被感染，就立即断定病毒的存在并对其进行定位。

(2) 鉴别。对病毒进行检测后，辨别该病毒的类型。

(3) 清除。在确定病毒的类型后，从受染文件中删除所有的病毒并恢复程序的正常状态。

清除被感染系统中的所有病毒，目的是阻止病毒的进一步传播。如果对病毒检测成功但鉴别或清除没有成功，则必须删除受感染文件并重新装入无毒文件的备份。

1. 病毒的检测

计算机病毒发作时，通常会表现出一些异常症状。因此，用户需要经常关注以下现象的出现或者发生，以检测计算机病毒。

(1) 计算机运行比平常迟钝。

(2) 程序载入时间比平常久。

(3) 一个简单的工作，也要花很长时间来访问外存储器。

(4) 出现不寻常的错误信息。

(5) 进程对外存储器异常访问。

(6) 系统内存容量忽然大量减少。

(7) 硬盘可利用的空间突然减少。

(8) 可执行程序的大小发生改变。

(9) 硬盘坏簇莫名其妙地增多。

(10) 程序同时存取多部外存设备。

(11) 内存中增加来路不明的常驻程序。

(12) 文件、数据奇怪地消失。

(13) 文件的内容被加上一些奇怪的资料。

(14) 文件名称、扩展名、日期和属性被更改过。

(15) 打印机出现异常。

(16) 死机现象增多。

(17) 出现一些异常的画面或声音。

(18) 接收到包含奇怪附件的电子邮件，附件具有双扩展名，例如 jpg. vbs、gif. exe 等。

(19) 反病毒程序被无端禁用，且无法重新启动。

(20) 无法在计算机上安装反病毒程序。

异常现象的出现并不表明系统内肯定有病毒，仍需进一步检查。

2. 病毒的防治

计算机病毒的防治方法一般分为如下几种。

(1) 软件防治。软件防治是指定期、不定期地用反病毒软件检测计算机的病毒感染情况，反病毒软件升级方便，但是需要人为地对反病毒软件进行升级操作，以提高防治能力。

(2) 在计算机上插防病毒卡。防病毒卡可以达到实时检测的目的，但防病毒卡的升级不够方便。从实际应用的效果来看，对计算机的运行速度有一定的影响。

(3) 在网络接口卡上安装防病毒芯片。防病毒芯片可将计算机的存取控制与病毒防护合二为一，可以更加实时、有效地保护计算机及通向服务器的桥梁。但这种方法同样也存在芯片上的软件版本升级不够方便的问题，而且对网络的传输速度也会产生一定的影响。

(4) 服务器防病毒方式。在网络服务器中安装杀毒软件，实现服务器集中管理、查杀病毒。

病毒和反病毒技术都在不断发展。早期的病毒是一些相对简单的代码段，可以用较简单的反病毒软件来检测和清除。随着病毒技术的发展，病毒和反病毒软件都变得越来越复杂化和经验化。反病毒软件的发展可分为四代。

第一代，简单的扫描程序。第一代软件要求知道病毒的特征从而加以鉴别。这些基于病毒具体特征的扫描软件只能检测已知的病毒。有的第一代扫描软件包含文件长度的记录，通过比较文件长度的变化来确定病毒的种类。

第二代，启发式的扫描程序。第二代扫描软件不依赖于病毒的具体特征，而是利用自行发现的规律来寻找可能存在的病毒感染，如寻找和病毒相联系的代码段。例如，一种扫描软件可以用来寻找多态性病毒中用到的加密圈的起点，并发现加密密钥。一旦该密钥被发现，扫描软件就能对病毒进行解密，从而鉴别该病毒的种类，然后清除病毒。

第三代，主动设置陷阱。第三代反病毒程序是内存驻留程序，它可以通过受感染文件中病毒的行为（而非其特征）来鉴别病毒。这种程序的优点是不需要知道大量的病毒特征以及启发式依据，只需要鉴别一小部分的行为。该行为能够表明某一正试图进入系统的传染行为。

第四代，全面的预防措施。第四代产品是一组含有许多和反病毒技术联系在一起的包，

包括扫描软件和主动设置陷阱。此外，该包还包括一种访问控制功能，这就限制了病毒入侵系统的能力和病毒为了进行传播更新文件的能力。

目前，反病毒技术还在不断发展。利用第四代检测包，我们可以运用一些综合的防御策略拓宽防御范围，以适应多功能计算机上的安全需要。

10.5 入侵检测技术

网络系统面临的一个严重的安全问题是用户或软件的恶意或非法入侵。用户入侵方式包括未授权登录，或者授权用户非法取得更高级别的权限和操作。软件入侵方式即10.4节所述的病毒、蠕虫和特洛伊木马等。

10.5.1 入侵者

安全性的两大威胁之一是入侵者。入侵者通常是黑客和解密高手，可以分为如下三类。

(1) 假冒者。假冒者指未经授权使用计算机的人或穿透系统的存取控制冒用合法用户账号的人。

(2) 非法者。非法者指未经授权访问数据、程序和资源的合法用户；或者已经获得授权访问，但是错误使用权限的合法用户。

(3) 秘密用户。私密用户指夺取系统超级控制权并使用这种控制权逃避审计和访问控制，或者抑制审计记录的个人。

假冒者可能是外部使用者，非法者一般是内部人员；秘密用户可能是外部使用者，也可能是内部人员。

入侵者的攻击可能是友善的，也可能是用心险恶的。很多善意攻击者只是想探索一下网络，看看那里有什么；而有些图谋不轨的用户则企图读取受权限保护的数据、未经授权修改数据或者扰乱系统。

得克萨斯 A&M 大学曾经出现过备受关注的系统入侵案。1992 年 8 月，该校计算机中心发现一台计算机正通过网络攻击其他地方的计算机。通过分析，中心管理人员发现有多个外部的入侵者使用解密程序攻击校内计算机。计算中心断开受影响的计算机，堵上已知的安全漏洞，然后恢复正常操作。几天后，一位局域网系统管理员发现又有入侵者攻击，此次攻击比预想的要复杂得多。管理人员发现一个文件包含多个已被截获的口令。另外，有一台本地机器被当成一个黑客公告牌。黑客们经常用这个公告牌来彼此联络，讨论技术和进展。

对以上攻击的分析表明，黑客分为两种级别：①高级黑客，对技术的了解非常透彻；②低级黑客，只会使用黑客程序，几乎不知道黑客程序是如何工作的。

计算机紧急响应小组(Computer Emergency Response Team，CERT)正是由于意识到入侵问题的日益严重性而建立的。该小组收集与系统脆弱性有关的信息，将这些信息通告给系统管理员。但是，黑客也能获得 CERT 的通告。在得克萨斯 A&M 大学的黑客事件中，黑客就是根据 CERT 提供的漏洞报告进行攻击的。如果没有及时堵上 CERT 通告的漏洞，就可能受到攻击。

10.5.2 入侵检测

防火墙等安全技术在阻断入侵方面起到了一定的作用，但是，最好的入侵抵御系统并不存在。系统防御的第二道防线是入侵检测，这也是近年来研究的热点。入侵检测成为热点的原因如下。

(1) 如果检测到入侵的速度足够快，则在危及系统之前就可以识别出入侵者，并将他们驱逐出系统。即使没有非常及时地检测到入侵者，但入侵检测越快，破坏的程度就越低，恢复得也会越快。

(2) 有效的入侵检测系统可以看成是抵御入侵的屏障。

(3) 入侵检测可收集入侵技术信息，用以增强入侵抵御的能力。

入侵检测的前提是假设入侵者的行为在某些情况下不同于合法用户的行为。当然，入侵和合法用户正常使用资源的差别不可能十分明显，甚至他们的行为还有相似之处。

图 10.10 非常抽象地表明了入侵检测系统的设计者所面临的任务。虽然入侵者的典型行为有别于授权用户的典型行为，但两者仍有重叠部分。放宽定义入侵者行为，会发现更多的假入侵者，即将大量的合法用户判定为入侵者；严格定义入侵者行为，则会漏掉许多入侵者，即将入侵者当成合法用户。

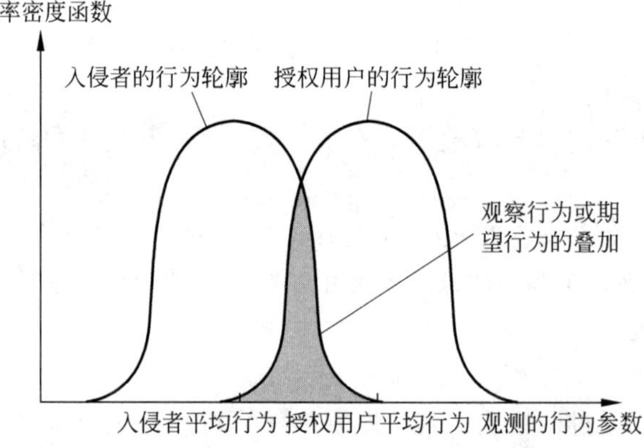

图 10.10 入侵者和授权用户的行为轮廓曲线

1. 入侵检测的原理

入侵检测系统是网络安全的必要手段，它在安全系统中的作用越来越大。传统的信息安全方法采用严格的访问控制和数据加密策略来达到防护的目的，但在复杂的网络系统中，这些策略是不充分的。传统的保护方法是系统安全不可缺少的部分，但也不能完全保证系统的安全。所以，入侵检测就成为一个不可缺少的网络安全技术。

入侵检测通常指对入侵行为的发觉或发现，通过对从计算机网络或系统中某些检测点(关键位置)收集到的信息进行分析、比较，从中发现网络或系统运行是否有异常现象和违反安全策略的行为发生。

具体来说，入侵检测就是对网络系统的运行状态进行监视，检测发现各种攻击企图、攻击行为或攻击结果，以保证系统资源的机密性、完整性和可用性。所谓入侵检测系统，指进行入侵检测过程配置的各种软件与硬件的组合。

入侵检测系统的目的是迅速地检测出入侵行为，在系统数据信息未受破坏或泄密之前，将其识别出来并抑制它。即使不能最快地破获入侵者，只要能够快速地识别入侵者，也能使系统免遭损失。通过检测收集有关入侵行为的信息，加强入侵防范机制措施是对防火墙作用的进一步加固和扩展。

一般的入侵检测系统原理如图 10.11 所示。入侵行为既指来自外部的入侵活动，也指来自内部未授权的活动。入侵检测的非法对象包括企图潜入系统或已成功潜入、冒充合法用户、违反安全策略、合法用户的信息泄露、资源挤占以及恶意攻击或非法使用等行为。

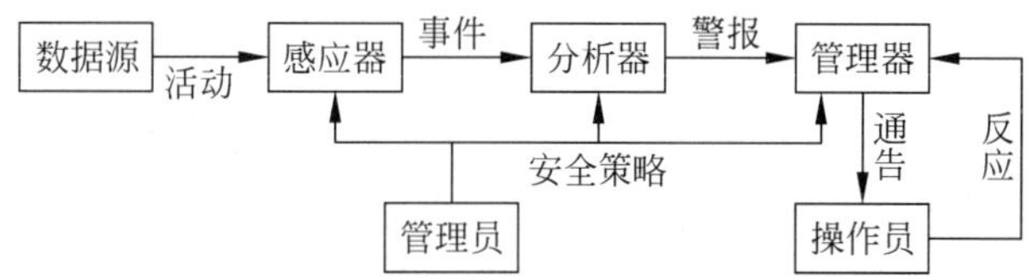

图 10.11　入侵检测系统原理

由图 10.11 可以看出，当数据信息由外部传送到内部或内部数据信息流正常传递时，网络系统的信息传递是稳定的。入侵检测系统的感应器作为检测设备，依应用环境而有所不同，一般用来审计记录、网络数据包和其他可监视的行为特征。这些入侵行为诱发的事件序列构成了检测的基础。而由管理员制定的安全策略对感应器、分析器和管理器进行指导和监控，这些安全策略包括检测内容、检测技术分类、审计、匹配规则等。

2. 入侵检测体系结构

入侵检测体系结构主要有三种形式：基于主机型、基于网络型和分布式体系结构。

1）基于主机型的体系结构

基于主机型的入侵检测体系结构如图 10.12 所示。该模型属于早期的入侵检测系统结构，检测目标是主机系统和本地用户。

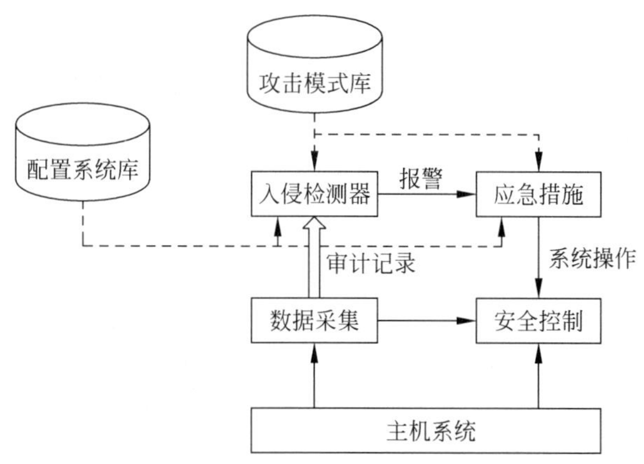

图 10.12　基于主机型的简单入侵检测体系结构

检测原理：通过主机的审计数据和系统监控器的日志发现可疑事件。该模型依赖于审计数据、系统统计日志的准确性、完整性以及安全事件的定义。

该模型的缺陷是：若入侵者逃避审计，则主机检测失效；主机审计记录无法检测类似端口扫描的网络攻击；该模型只适用于特定的用户、应用程序行为和日志等检测；会影响服务器的性能。

2）基于网络型的体系结构

当基于主机型的入侵检测方式难以适应网络安全需要时，人们就提出基于网络型的入侵检测系统的体系结构，如图 10.13 所示。

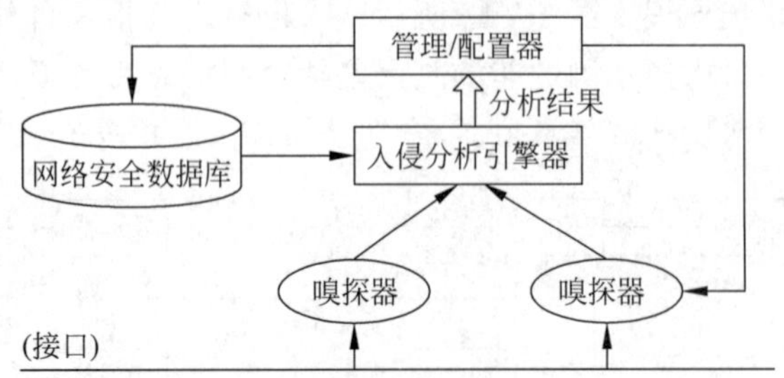

图 10.13 基于网络型的入侵检测体系结构

检测原理：根据网络流量、主机（单台或多台）的审计数据进行入侵检测。嗅探器由过滤器、网络接口引擎器和过滤规则决策器等组成。嗅探器是核心部件，其作用是按照匹配规则从网络上获取与入侵安全事件关联的数据包，直接传递给入侵分析引擎器进行归类筛选和安全分析判断。入侵分析引擎器接收来自嗅探器和网络安全数据库的信息并进行综合分析，将结果传递给管理/配置器，一方面由管理/配置器产生嗅探器需要的配置规则，另一方面通过管理来补充或更改网络安全数据库的内容。

基于网络型的入侵检测体系结构的优点是：配置简单，只需一个普通的网络访问接口即可；系统结构独立性好，进行通信流量监视时不影响诸如服务器平台的变化和更新；监视对象多，可监视包括协议攻击和特定环境攻击的类型；除了自动检测，还能自动响应并及时报告。当然，它也面临着需要解决的一些问题，如分组重组、高速网的快速检测以及加密等。

3）分布式体系结构

面对高速网的出现，基于网络型的入侵检测体系结构有诸多网络中的速度等问题无法克服。为了解决高速网络上的丢包问题，大约在 1999 年 6 月，出现了一种新的入侵检测体系结构。如图 10.14 所示，它将探测器分布到网络中的每台计算机上，使探测器可以检测到不同位置上流经它的网络分组；然后各探测器与管理模块相互通信；主控制台将不同探测点发出的所有告警信号收集在一起，通过关联分析，检测入侵行为。

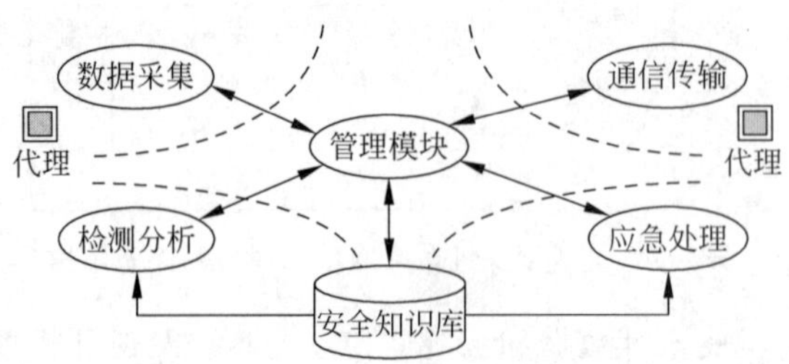

图 10.14 分布式入侵检测体系

图 10.14 中的管理模块主要用于接收各功能模块传递的信息，其中包括来自局域网监视器或主机代理的报告，并根据关联报告结果来检测入侵情况。其中数据采集、通信传输、

检测分析和应急处理这 4 个模块可独立分开，也可合在一起。但从控制策略的角度来看，检测分析、应急处理和安全知识库往往放在中央管理模块中。而数据采集、通信传输等功能更多由局域网监视器代理模块来完成。它除了要采集现场检测信息、分析局域网通信量以外，还要将结果报告给中央管理模块。在分布式入侵检测体系结构中，也有的采用主机代理模块来完成检测任务。对于被监视系统中作为后台进程运行的审计收集模块，其目的是收集主机上与安全事件有关的数据，并将结果传送给中央管理模块。

3. 入侵检测步骤

入侵检测技术主要用于记录审计、模式匹配和信息分析，因此它的具体任务如下。

(1) 监视、分析用户及系统活动。

(2) 审计系统结构及缺陷。

(3) 鉴别进攻活动模式、识别违反安全策略的行为并及时报警。

(4) 对异常行为模式进行统计分析。

(5) 评估重要系统和数据文件的完整性。

(6) 进行操作系统的实际跟踪管理。

因此，入侵检测步骤大致可以分为两个方面。

1) 收集信息

收集信息指多方位收集检测对象的原始信息，包括系统、网络、数据及用户活动的状态和行为，保证真实性、可靠性和完整性；在保证测试技术手段正确和安全的条件下，防止因技术原因造成获取信息不准确或被篡改而收集到错误的信息。

入侵检测获取原始信息的来源依据为：

(1) 系统和网络监控日志文件。日志文件经常会留下黑客作案或活动的踪迹。

(2) 目录和文件内容的变更。目录和文件内容是黑客经常光顾的目标，黑客以修改或破坏重要文件和数据为目的。

(3) 程序的非正常执行行为。黑客执行程序是为了分解或破坏程序进程，以达到破坏系统资源的目的。

(4) 物理攻击的入侵信息。入侵信息一是非授权的网络硬件连接，二是非授权的网络资源访问。

2) 数据分析

数据分析指根据采集到的原始信息，进行最基本的模式匹配、统计分析和完整性分析。这也就是通常所说的三种技术手段，模式匹配和统计分析用于实时的入侵检测，完整性分析则更多地用于事后分析。

(1) 模式匹配。亦即将收集到的信息与已知的网络入侵和系统误用模式数据库进行比较，从而发现违背安全策略的行为。

(2) 统计分析。首先给系统对象(如用户、文件、目录和设备等)创建一个统计描述，统计正常使用时的一些测量属性(如访问次数、操作失败次数和时延等)。测量属性的平均值和偏差将被用来与网络、系统的行为进行比较，只要其观察值超出正常值，就认为有入侵行为发生。

(3) 完整性分析。利用文件和目录的内容及属性，针对某个文件或对象是否更改等现象，判定有无入侵存在。完整性分析在发现被更改的或被安装木马的应用程序方面尤其有效。

4. 入侵检测方法分类

入侵检测方法的分类有多种形式。目前主要是按分析方法来分：一种是异常检测，另一种是误用检测。

1）异常检测

异常检测假设入侵者活动异常于正常主体的活动。根据这一理念建立主体正常活动的“活动简档”，将当前主体的活动状况与“活动简档”相比较，当违反其统计规律时，认为该活动可能是“入侵”行为。异常检测的难题在于如何建立“活动简档”以及如何设计统计算法，从而不把正常的操作作为“入侵”，或不会忽略真正的“入侵”行为。

2）误用检测

误用检测假设入侵者活动可以用一种模式来表示，系统的目标是检测主体活动是否符合这些模式。它可以将已有的入侵方法检查出来，但对新的入侵方法无能为力。其难点在于如何设计模式既能够表达“入侵”现象，又不会将正常的活动包含进来。

10.6　道德规范与社会责任

在计算机及网络给人类带来极大便利的同时，也不可避免地引发了一系列新的社会问题。因此，有必要建立和调整相应的社会行为道德规范和相应的法律制度，从法律和伦理等方面约束人们在信息社会中的行为。

10.6.1　道德规范与法律

信息安全的法律和道德问题涉及的范围非常广，并且随着信息技术的快速发展而发展。本节介绍部分法律法规。

1. 关于计算机及网络的法律法规

根据法律出版社 1999 年 1 月出版的《计算机及网络法律法规》一书统计，1991 年至 1999 年 1 月间，我国颁布相关法律法规 23 个，涉及计算机软件保护及著作权登记、计算机信息系统安全保护、计算机网络国际联网管理、计算机工程、电信设备进网管理、中国互联网络域名注册管理、中国公众多媒体通信管理、计算机信息系统保密、软件产品管理、金融机构计算机信息系统安全等诸多方面。其中与中国公民个人有较直接关系的法律法规有：

- 《计算机软件保护条例》。
- 《中华人民共和国计算机信息系统安全保护条例》。
- 《中华人民共和国计算机信息网络国际联网管理暂行规定》。
- 《中国公用计算机互联网国际联网管理规定》。
- 《计算机信息网络国际联网安全保护管理办法》。
- 《中华人民共和国计算机信息网络国际联网管理暂行规定实施办法》。
- 《计算机信息系统保密管理暂行规定》。

据初步统计，分散在上述法律法规中的涉及公民个人的禁止性规定及法律责任规定有 16 条、22 款。在中国法律管辖的范围内，所有利用计算机信息系统及互联网从事活动的组织和个人，都不得进行相关的违法犯罪活动，否则必将受到法律的制裁。

2. 关于大学生必须遵守的计算机方面的相关规定

(1) 遵守《中华人民共和国计算机信息系统安全保护条例》，禁止侵犯计算机软件著作权。

(2) 任何组织和个人不得利用计算机信息系统从事危害国家利益、集体利益和公民合法权益的活动，不得危害计算机信息系统安全。

(3) 从事国际联网业务的单位和个人，应当遵守国家有关法律、行政法规，严格执行安全保密制度，不得利用国际联网从事危害国家安全、泄露国家秘密等违法犯罪活动，不得制作、查阅、复制和传播妨碍社会治安的信息和淫秽色情等信息。

(4) 任何组织和个人不得利用计算机国际联网从事危害他人信息系统和网络安全、侵犯他人合法权益的活动。

(5) 国际联网用户应当服从接入单位的管理，遵守用户守则；不得擅自进入未经许可的计算机系统，篡改他人信息；不得在网络上散发恶意信息，冒用他人名义发出信息，侵犯他人隐私；不得制造、传播计算机病毒及从事其他侵犯网络和他人合法权益的活动。

10.6.2 知识产权保护

知识产权是由人类的知识和想法组成的无形资产，包括软件、数据、小说、录音资料、智能设备或者疾病的治疗方案等。本节主要介绍知识产权在信息安全方面的内容。

1. 知识产权的定义

根据我国《中华人民共和国民法通则》的规定，知识产权指民事权利主体(公民、法人)基于创造性的智力成果。知识产权有时也称为智力成果权、智慧财产权，它是人类通过创造性的智力劳动而获得的一项权利。

2. 计算机软件的版权

对于计算机产业的知识产权而言，一个很重要的问题是计算机软件的版权问题。软件版权在法律上称为"计算机软件著作权"。目前，根据知识产权的要求，可以将软件分为几种类型：①自由软件：即免费提供给用户使用的软件。②共享软件：即创作者将软件提供给用户进行复制或试用，但具有版权。用户在试用后如果希望长期使用该软件或者获得该软件的升级版，软件的版权拥有者有权要求用户进行注册或付费，并向注册用户提供更加丰富的服务和更多的软件功能。③商业软件：指被作为商品进行交易的软件。除自由软件外，其他计算机软件都是有版权的，各国法律禁止软件盗版(即指对版权软件进行非法复制和使用)。我国颁布了《计算机软件保护条例》，保护权益人的软件著作权。

计算机软件的开发工作量很大，尤其是一些大型软件，需要一个开发团队在很长的时间里付出艰辛的努力才能完成。计算机软件产品的可复制性给盗版者带来了可乘之机。如果不严格执行知识产权保护，任凭盗版软件横行，那么软件开发者就不能获得他们应得的回报，软件公司也无法维持生存，软件产业也就无法继续发展。

解决计算机软件版权的根本措施是制定和完善软件知识产权保护的法律法规，并严格执行；同时加大宣传力度，树立人人尊重知识、尊重软件知识产权的社会风尚；另外，在软件开发、维护过程中应尽量避免核心资料泄露，加强内部人员的管理和安全意识、职业道德教育等。

3. 专利权

专利权是由国家专利主管机关根据国家颁布的专利法授予专利申请者或其专利接受者在一定的期限内实施其发明以及授权他人实施其发明的专有权利。

专利主要是对发明、实用新型及新式样（又称“外观设计”）经申请并通过审查后所授予的一种权利，分为发明专利、实用新型专利和外观设计专利。

1）发明专利

中国专利法所称的发明分为产品发明（如机器、仪器、设备和用具等）和方法发明（制造方法）两大类。

产品发明指人们通过研究开发出来的关于各种新产品、新材料、新物质等的技术方案。专利法所述的产品，可以是一个独立、完整的产品，也可以是一个设备或仪器中的零部件，其主要内容包括制造品（如机器、设备）以及各种用品材料（如化学物质、组合物等具有新用途的产品）。

方法发明指人们为制造产品或解决某个技术课题而研究开发出来的操作方法、制造方法以及工艺流程等技术方案。方法可以是由一系列步骤构成的一个完整过程，也可以是一个步骤，它主要包括制造方法（即制造特定产品的方法）以及其他方法（如测量方法、分析方法、通信方法等）。

一般说来，在进行技术开发、新产品研制过程中取得的成果，因其技术水平较高，都应申请发明专利。

计算机软件本身一般是不申请发明专利的，但它是著作权法保护的对象，可以申请软件著作权登记。与硬件设备结合在一起的软件可以作为一项产品发明的组成部分，与整个产品一起申请专利。

另外，如果一个计算机程序在处理问题的技术设计中具有发明创造，在很多国家可以作为方法发明申请专利。例如，很多有关地址定位、虚拟内存、文件管理、信息检索、程序编译、数据压缩、自然语言翻译、程序编写自动化等方面的发明创造已经获得了专利权。

一旦一个发明创造获得了国家专利主管机关授予的专利权，那么在该管理权的有效期内，其他人就不能擅自使用该发明创造，否则将构成侵害他人专利权的行为。

2）实用新型专利

实用新型指对产品的形状、构造等所提出的实用的新的技术方案。实用新型专利只保护产品。该产品应当是经过工业方法制造的、占据一定空间的实体。一切有关方法（包括产品的用途）以及未经人工制造的自然存在的物品不属于实用新型专利的保护客体。

3）外观设计专利

外观设计又称为工业产品外观设计，指对产品的形状、图案以及色彩与形状、图案相结合所做出的富有美感并适于工业上应用的新设计。外观设计专利权被授予后，任何单位或者个人未经专利权人许可，都不得实施其专利，即不得为生产经营目的制造、销售、进口其外观设计专利产品。

专利被授权后，都有一定的专利保护期限。比如，发明专利权的期限为 20 年，实用新型专利权和外观设计专利权的期限为 10 年，均自申请日起计算。专利权期限届满后，专利权终止。专利权期限届满前，专利权人可以书面声明放弃专利权。

10.6.3 预防计算机犯罪

计算机犯罪是信息时代的一种高科技、高智能、高度复杂化的犯罪。计算机犯罪的特点决定了对其进行防范应当立足于标本兼治，综合治理，从发展技术、健全法制、强化管理、注重合作、加强教育、加强监管、打防结合、健全机制等诸多方面着手。

1. 技术防范

科学技术是第一生产力，也是预防打击计算机犯罪的最有力的武器。用先进的科技预防打击计算机犯罪是历史的必然，也是有效预防打击计算机犯罪的要求。特别是要注重研究制定发展与计算机网络相关的行业产品标准、IP跟踪技术、入侵检测技术、数据指纹技术、数据信息的恢复、网络安全技术等。这一切都必将为计算机网络犯罪侦查以及有效法律证据的提取保存提供有力的支持与帮助。只有大力加强技术建设，才能在预防打击计算机犯罪的战斗中占到先机。只有控制了计算机网络，才能在这场看不到硝烟的战争中获得最终的胜利。

2. 管理防范

完善安全管理机制，严格遵守安全管理规章，及时杜绝管理漏洞。具体来讲，在强化管理方面，除了要严格执行国家制定的安全等级制度、国际互联网备案制度、信息媒体出境申报制度、案件强制报告制度、病毒专管制度和专用产品销售许可证等制度外，还应当建立从业人员的审查和考核制度、从业人员上岗证制度以及相关人员的级别管理制度；建立软件和设备购置的审批制度；建立机房安全管理制度，如制订出入机房登记制度和设备安全操作规程等；建立网络技术开发安全许可制度，即所开发的项目在正式使用之前，除了正常的评审以外，应该对其安全性进行把关；建立定期检查与不定期抽查制度等。

3. 法制预防

严格执法是预防计算机犯罪的关键一步。应加快立法并予以完善，只有这样，才能使执法机关在预防打击计算机犯罪行为时有法可依。更为重要的是，能够依法有效地予以严厉制裁并以此威慑潜在的计算机犯罪。

4. 道德引导

良好的网络道德环境是预防计算机犯罪的第一步，所以需要加强人文教育，用优秀的文化道德思想引导网络社会，形成既符合时代进步要求，又合理合法的网络道德。

建立一支有战斗力的预防打击计算机犯罪的队伍。专业队伍战斗力的强弱直接决定了预防打击计算机犯罪的成败。只有技术过硬、打击有力的专业反计算机犯罪队伍才能有效地打击各种猖狂的犯罪，给予犯罪者应有的惩罚。这也是预防打击计算机犯罪的最后一道防线。只有这条战线坚不可摧，才能保证计算机网络世界的安全。只有加强预防打击计算机犯罪队伍的建设，才能真正全面监控计算机网络，才能进一步阻止各种计算机犯罪的发生。

5. 信息监控防范

信息监控防范指建立科学合理的信息监控、收集和分析系统，加快健全信息的收集、分析、运用的科学机制；广泛地收集情报，并对这些信息进行科学、合理地分析，有效地加以运用，及时发现计算机犯罪的苗头。只有如此，才能及时、有效地预防计算机犯罪，净化计算机网络空间，减少计算机犯罪的发案率，为侦查破案提供有效的信息帮助，给予计算机犯罪及时而有效的打击。

本章小结

本章阐述了信息安全的基本概念，简单介绍了密码技术、防火墙技术、恶意软件和入侵检测技术，主要内容如下：

信息安全包括机密性、完整性、身份验证、不可否认性、可用性、可控性等要素。

密码技术使得发送方可以伪装数据，并使入侵者不能从截取到的数据中获得任何有用信息。接收方必须能够从伪装数据中恢复出原始数据。

现代密码系统有对称密钥密码系统与非对称密钥密码系统。

计算机网络中的数据加密可以在 OSI 七层协议的多层上实现。从加密技术应用的逻辑位置来看，主要有链路加密和端到端加密两种方式。

防火墙是加强两个或多个网络之间安全防范的一个或一组系统。

防火墙分为三种：包过滤防火墙、应用层网关和复合型防火墙。

恶意程序指那些利用计算机系统的弱点来进行攻击的程序。

计算机病毒指在计算机程序中插入的破坏计算机功能或者毁坏数据、影响计算机使用，并能自我复制的一组计算机指令或者程序代码。

在计算机病毒的生命周期中，一般会经历四个阶段：潜伏阶段、传染阶段、触发阶段和发作阶段。

入侵检测指对入侵行为的发觉或发现，通过对从计算机网络或系统中某些检测点收集到的信息进行分析比较，从中发现网络或系统运行是否有异常现象和违反安全策略的行为发生。

入侵检测体系结构主要有三种形式：基于主机型、基于网络型和分布式体系结构。

入侵检测方法的分类有多种形式，按分析方法来分，分为异常检测和误用检测。

根据知识产权的要求，可以将软件分为自由软件、共享软件和商业软件。

中国专利法所称的发明分为产品发明和方法发明两大类。

本章人物

姚期智

姚期智 1946 年 12 月 24 日出生于中国上海，1967 年获得台湾大学物理学士学位，1972 年获得哈佛大学物理博士学位，1975 年获得伊利诺伊大学计算机科学博士学位，之后先后在美国麻省理工学院数学系、斯坦福大学计算机系、加州大学伯克利分校计算机系任助理教授、教授。1993 年，姚期智最先提出量子通信复杂性，基本上完成了量子计算机的理论基础；1995 年，姚期智提出分布式量子计算模式，后来成为分布式量子算法和量子通信协议安全性的基础；1998 年，姚期智当选为美国国家科学院院士。因为对计算理论包括伪随机数生成、密码学与通信复杂度的突出贡献，姚期智获得了

2000 年度的图灵奖,是唯一获得该奖的华人学者(截至 2020 年)。2004 年起,姚期智在清华大学任全职教授,同年当选为中国科学院外籍院士。2005 年,姚期智出任香港中文大学博文讲座教授,2011 年担任清华大学交叉信息研究院院长,2015 年当选为香港科学院创院院士。2016 年,姚期智放弃美国国籍成为中国公民,正式转为中国科学院院士,并于 2021 年获颁日本京都奖。

姚期智的研究方向包括计算理论及其在密码学和量子计算中的应用,并在三方面做出了突出贡献:一是创建理论计算机科学的重要领域——通信复杂性和伪随机数生成计算理论;二是奠定现代密码学基础,在基于复杂性的密码学和安全形式化方法方面有根本性贡献;三是解决线路复杂性、计算几何、数据结构及量子计算等领域的开放性问题并建立全新典范。

习 题 10

10.1 选择题

1. 在报文加密之前,它被称为(　　)。

A. 明文　　B. 密文
C. 密码电文　　D. 密码

2. 密码算法包括(　　)。

A. 加密算法　　B. 解密算法
C. 私钥　　D. 加密算法和解密算法

3. 在密码学的公钥方法中,(　　)是公开的。

A. 加密所用密钥　　B. 解密所用密钥
C. 加密所用密钥和解密所用密钥　　D. 加密所用密钥或解密所用密钥

4. 网络病毒(　　)。

A. 与 PC 病毒完全不同
B. 无法控制
C. 只有在线时起作用,下线后就失去干扰和破坏能力了
D. 借助网络传播,危害更强

5. 逻辑上,防火墙是(　　)。

A. 过滤器、限制器、分析器　　B. 堡垒主机
C. 硬件与软件的配合　　D. 隔离带

6. 最简单的数据包过滤方式是按照(　　)进行过滤。

A. 目标地址　　B. 源地址
C. 服务　　D. ACK

10.2 填空题

1. 信息安全的特征有________、________、________、________、________和________。

2. 对于计算机网络中的数据加密,从加密技术应用的逻辑位置来看,主要有________和________两种。

3. 现代密码系统主要有________和非对称密钥密码系统。

4. 防火墙分为三种，分别称为________、________和复合型防火墙。

5. 在病毒的生命周期中，一般会经历四个阶段：________、________、________和发作阶段。

6. 入侵检测体系结构主要有三种形式：基于主机型、________和________。

7. 根据知识产权的要求，可以将软件分为________、________和________。

8. 中国专利法所称的发明分为________和________两大类。

10.3 简答题

1. 报文机密性和报文完整性之间的区别是什么？

2. 对称密钥密码系统和公开密钥密码系统最主要的区别是什么？列举典型的对称密钥密码算法和公开密钥密码算法。

3. 叙述防火墙的作用，比较几种不同类型防火墙的优缺点。

4. 包过滤防火墙工作在OSI的什么位置？

5. 什么是恶意程序？请列举五种以上的恶意程序。

6. 简述计算机病毒与蠕虫的区别和联系。

7. 简述宏病毒的概念。

8. 简述入侵检测的概念，列出入侵检测系统的三种基本结构并进行比较。

9. 什么是知识产权？什么是专利权？

第11章 IT前沿技术

进入21世纪以来，信息技术领域前沿科学与技术出现了爆发的迹象。除了互联网之外，不断涌现的前沿技术包括物联网、云计算、大数据、区块链等。在这些技术的支持下，人工智能也得到了迅速的发展。本章对上述技术进行简要介绍。

11.1 云 计 算

云计算的产生和发展与并行计算、分布式计算等计算机技术密切相关。云计算的历史可以追溯到1956年，美国计算机科学家Christopher Strachey发表了一篇有关虚拟化的论文，正式提出了虚拟化的概念。虚拟化是今天云计算基础架构的核心，是云计算发展的基础。而后随着网络技术的发展，逐渐孕育了云计算的萌芽。

2006年8月9日，Google首席执行官Eric Schmidt在搜索引擎大会上首次提出了云计算的概念。从概念提出至今，云计算取得了飞速的发展与翻天覆地的变化，并被广泛应用于各行各业。

11.1.1 云计算的概念

云计算是基于互联网的相关服务的增加、使用和交付模式，通常涉及通过互联网提供的动态易扩展的、虚拟化的资源。云是网络、互联网的一种比喻说法。过去往往用云来表示电信网，后来用于表示互联网和底层基础设施的抽象。云计算可以提供超过每秒10万亿次的运算能力，可以用于模拟核爆炸、预测气候变化和市场发展趋势。云计算是分布式计算、并行计算、效用计算、网络存储技术、虚拟化、负载均衡、热备份冗余等传统计算和网络技术发展融合的产物。

云计算的定义有多种版本。到底什么是云计算，可以找到100种以上的解释。现阶段广为接受的是由美国国家标准与技术研究院给出的定义：云计算是一种按使用量付费的模式，它可以实现可用的、便捷的、按需的、从可配置计算资源共享池中获取所需的资源(如网络、服务器、存储、应用软件等)，这些资源能够被快速提供并释放，使管理资源的工作量和与服务供应商的交互减少到最低限度。

11.1.2　云计算的特点

云计算使计算分布在大量的分布式计算机上，而非本地计算机或远程服务器中。这使得企业能够将精力集中到需要解决的问题上，根据需求获取云上的计算资源和存储资源。这就好比是从古老的单台发电机模式转向了电厂集中供电的模式。它意味着计算能力也可以作为一种商品进行流通，就像煤气、水电一样，取用方便、费用低廉。与其他商品最大的不同在于，它是通过互联网进行传输的。云计算的特点如下。

1. 超大规模

“云”具有相当的规模，Google、Amazon、IBM 及国内的阿里、百度、腾讯等知名大公司的云都具有百万台以上的服务器；企业私有云一般拥有数百上千台服务器。“云”能赋予用户前所未有的计算能力。

2. 虚拟化

云计算支持用户在任意位置、使用各种终端获取应用服务。所请求的资源来自“云”，而不是固定的有形的实体。应用在“云”中某处运行，但实际上用户无须了解，也不用担心应用运行的具体位置。只需要一台笔记本或者一部手机，就可以通过网络服务来实现所需要的一切计算，包括超级计算这样的任务。

3. 高可靠性

“云”使用数据多副本容错、计算节点同构可互换等措施来保障服务的高可靠性，使用云计算比使用本地计算机更加可靠。

4. 通用性

云计算不针对特定的应用。在“云”的支撑下，可以构造出千变万化的应用，同一个“云”可以同时支撑不同的应用运行。

5. 高可扩展性

“云”的规模可以动态伸缩，满足应用和用户规模增长的需要。

6. 按需服务

“云”是一个庞大的资源池，可以按需购买，可以像自来水、电、煤气那样计费。

7. 极其廉价

由于“云”的特殊容错措施，可以采用极其廉价的节点来构成云。“云”的自动化集中式管理使大量企业无须负担日益高昂的数据中心管理成本，“云”的通用性使资源的利用率较之传统系统大幅提升，因此用户可以充分享受“云”的低成本优势，经常只要花费几百元、几天时间就能完成以前需要数万元、数月时间才能完成的任务。

8. 潜在的危险性

云计算服务除了提供计算服务外，还提供存储服务。云计算服务当前垄断在私人机构（企业）手中，他们仅仅能够提供商业信用。政府机构、商业机构（特别像银行这样持有敏感数据的商业机构）对于选择云计算服务应保持足够的警惕。因为一旦商业用户大规模使用私人机构提供的云计算服务，无论其技术优势有多强，都不可避免地让这些私人机构以“数据（信息）”的重要性挟制整个社会。对于信息社会而言，“信息”是至关重要的。另一方面，云计算中的数据对于数据所有者以外的其他云计算用户是保密的，但是对于提供云计算的商业机构而言却毫无秘密可言。这些潜在的危险，是商业机构和政府机构选择云计算服务

特别是国外机构提供的云计算服务时，不得不考虑的一个重要方面。

11.1.3 云计算的主要服务模式

云计算可以分为三个层面的服务模式，分别是 IaaS(infrastructure as a service，基础设施即服务)、PaaS(platform as a service，平台即服务)和 SaaS(software as a service，软件即服务)。

基础设施即服务包括计算资源、网络资源、存储资源、负载平衡设备、虚拟机等。这些服务对于软硬件资源都可按照终端用户的需求来进行扩展或收缩。典型的 IaaS 服务商包括 Amazon AWS、Microsoft Azure、阿里云、腾讯云、华为云等。

平台即服务是托管服务供应商提供工作平台给客户，包括运行时间、数据库、Web 服务、开发工具和操作系统等。典型的服务商包括 Amazon AWS、Microsoft Azure、阿里云、新浪云、腾讯云等。

软件即服务包括类似虚拟桌面、各种实用程序、内容资源管理、电子邮件、软件及其他软件部分。在此种模式中，云服务供应商负责安装、管理和运营各种软件，而客户则通过云来登入和使用它们。典型的服务商包括 Google、Salesforce、金蝶、用友等。

11.1.4 云计算的主要部署方式

云计算有四种部署模型，每一种都具备独特的功能，可满足用户不同的要求。

(1) 公有云。在公有云模式下，应用程序、资源、存储和其他服务，都由云服务供应商来提供给用户。这些服务多半都是免费的，也有部分按需或按使用量来付费。这种模式只能使用互联网来访问和使用，同时在私人信息和数据保护方面也比较有保证。这种部署模型通常可以提供可扩展的云服务并能高效设置。

(2) 私有云。私有云专门为某一个企业服务，可以由企业自己管理或第三方托管。在这种模式下，纠正、检查等安全问题需企业自己负责，出了问题也只能自己承担后果。此外，整套系统需要企业自己出钱购买、建设和管理。

(3) 社区云。社区云是建立在一个特定的小组里多个目标相似的公司之间的，他们共享一套基础设施，企业也像是共同前进，所产生的成本由他们共同承担。社区云的成员都可以登录云中获取信息和使用应用程序。

(4) 混合云。混合云是两种或两种以上的云计算模式的混合体，如公有云和私有云混合。它们相互独立，但在云的内部又相互结合，可以发挥出所混合的多种云计算模型各自的优势。

11.2 大　数　据

提及大数据几乎是无人不晓，但大数据这个概念并不是近几年才有的。早在 1980 年，著名未来学家阿尔文·托夫勒便在《第三次浪潮》(*The Third Wave*)一书中，将大数据热情地赞颂为“第三次浪潮的华彩乐章”。在 20 世纪 80 年代，我国已经有一些专家学者谈到了海量数据的加工和管理，但是由于计算机技术和网络技术的限制，大数据未能引起足够的重视，它蕴藏的巨大信息资源也暂时隐藏了起来。

随着云计算技术的发展,互联网的应用越来越广泛,新型社交网络(以微博、微信等为代表)以及新型移动设备(以智能手机、平板电脑为代表)的出现和快速发展,计算机应用产生的数据量呈现出了爆炸性增长。单个的数据并没有价值,但越来越多的数据累加,量变就会引起质变。

在企业、行业和国家的管理中,通常只是有效使用了不到20%的数据(甚至更少)。如今,原本看起来很难收集和使用的数据开始变得容易利用,如果通过各行各业的不断创新,将剩余80%数据的价值激发起来并有效利用,将会对世界带来巨大的改变。

按目前趋势看,大数据正在改变人们的生活及理解世界的方式,并逐步为人类创造更多的价值,更多改变正蓄势待发。

11.2.1 大数据的概念

本小节从大数据的定义和大数据的特点两方面介绍大数据。

1. 大数据的定义

大数据本身是一个很抽象的概念。提及大数据,很多人也只能从数据量上去感知大数据的规模,如百度每天要处理几十PB的数据;Facebook每天生成300TB以上的日志数据。大数据的应用范围如此广泛,与其相关的很多问题都引起了专家和学者的重视。大数据最基本的问题即大数据的定义目前还没有一个统一的定论。

Gartner[①]公司给出的定义是:"大数据"是需要新处理模式才能具有更强的决策力、洞察发现力和流程优化能力来适应海量、高增长率和多样化的信息资产。

麦肯锡全球研究所给出的定义是:大数据是一种规模大到在获取、存储、管理、分析方面大大超出了传统数据库软件工具能力范围的数据集合,具有海量的数据规模、快速的数据流转、多样的数据类型和价值密度低四大特征。

百度百科对大数据的定义是:大数据指无法在一定时间范围内用常规软件工具进行捕捉、管理和处理的数据集合,是需要新处理模式才能具有更强决策力、洞察发现力的海量、高增长率和多样化的信息资产。

2. 大数据的特点

大数据包括结构化、半结构化和非结构化数据,且非结构化数据越来越成为数据的主要部分。据国际数据公司(International Data Corporation,IDC)的调查报告显示:企业中80%的数据都是非结构化数据,这些数据每年都按指数增长60%。这些类型众多的数据对已有的数据处理模式带来了巨大的挑战。

IDC认为大数据有4V特点,即Volume(大量,指即数据量大)、Velocity(高速,指处理速度快)、Variety(多样,指数据类型多样)、Value(低价值密度,指有用数据与数据总量的比值低)。

IBM认为大数据必然具有真实性(Veracity,指数据的客观真实性),这样有利于建立一种信任机制,有利于领导者的决策。因此IBM认为大数据有5V特点。

11.2.2 大数据的相关技术

大数据的主要相关技术包括云计算技术和感知技术。

---

① 全球最具权威的IT研究与顾问咨询公司。

1. 云计算技术

大数据常和云计算联系到一起，因为实时的大型数据集分析需要分布式处理框架来向数十、数百或甚至数万的计算机分配工作。通俗而言，云计算充当了工业革命时期发动机的角色，而大数据则是电。在Google、Amazon、Facebook等一批互联网企业的引领下，一种行之有效的模式出现了：云计算提供基础架构平台，大数据应用运行在这个平台上。

云计算技术(如11.1节所述)包括虚拟化技术、分布式处理技术、海量数据的存储技术等，可以为大数据技术提供更多基于海量业务数据的创新型服务，且降低大数据业务的创新成本。

1）虚拟化技术

虚拟化技术是一种资源管理技术，是将计算机的各种实体资源，如服务器、网络、内存及存储等，予以抽象、转换后呈现出来，以打破实体结构间不可切割的障碍，使用户可以比原本的组态更好的方式来应用这些资源。这些资源的新虚拟部分不受现有资源的架设方式、地域或物理组态所限制。一般所指的虚拟化资源包括计算能力(例如虚拟机)和资料存储(例如云存储)。虚拟化技术是云计算平台的关键技术，因此也是大数据架构中计算平台和存储平台构建的关键技术。

2）分布式处理技术

分布式处理系统可以将不同地点的，或具有不同功能的，或拥有不同数据的多台计算机用通信网络连接起来，在控制系统的统一管理控制下，协调地完成信息处理任务。

下面以Hadoop[①]为例进行说明。Hadoop是一个能够对大量数据进行分布式处理的软件框架，是以一种可靠、高效、可伸缩的方式进行处理的。例如淘宝的海量数据技术架构中的计算层就用Hadoop集群，如图11.1所示。在计算层的集群上，系统每天会对数据产品进行不同的分布式计算。

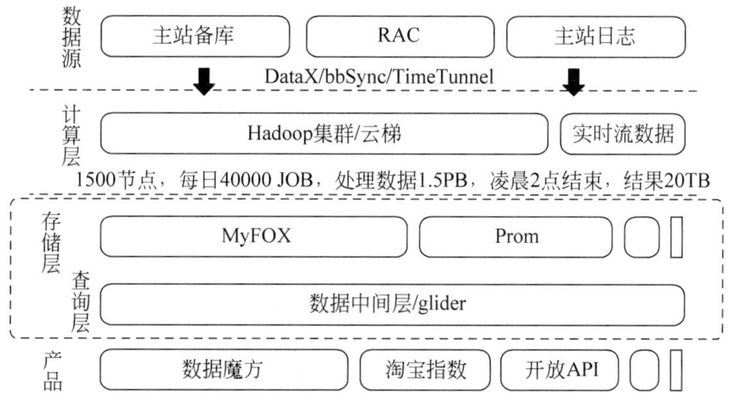

图11.1　淘宝的海量数据产品技术架构

3）存储技术

大数据可以抽象地分为大数据存储和大数据分析，大数据存储的目的是支撑大数据分析。到目前为止，它们是两种截然不同的计算机技术领域：大数据存储致力于研发可以扩

① Hadoop是一个由Apache基金会所开发的分布式系统基础架构。

展至 PB 甚至 EB 级别的数据存储平台；大数据分析关注在最短时间内处理大量不同类型的数据集。

以 Amazon 为例，Amazon S3 是一种面向 Internet 的存储服务。该服务旨在让开发人员能更轻松地进行网络规模计算。S3 提供了一个简明的 Web 服务界面，用户可通过它随时在 Web 上的任何位置存储和检索任意大小的数据。此服务让所有开发人员都能访问同一个具备高扩展性、可靠性、安全性和快速价廉的基础设施，Amazon 用它来运行其全球的网站。S3 的设计指标为在特定年度内为数据元提供 99.999 999 999% 的耐久性和 99.99% 的可用性，并能够承受两个设施中的数据同时丢失。S3 很成功也确实卓有成效，S3 云的存储对象已达到万亿级别，而且性能表现良好。目前全球范围内已经有数以十万计的企业在通过 AWS 运行自己的全部或者部分日常业务。这些企业用户遍布 190 多个国家，几乎世界上的每个角落都有 Amazon 用户的身影。

2. 感知技术

大数据的采集和感知技术的发展是紧密联系的，以传感器技术、指纹识别技术、RFID（radio frequency identification，射频识别）技术、坐标定位技术等为基础的感知能力的提升是物联网发展的基石。全世界的工业设备、汽车、电表上有着无数的数码传感器，随时测量和传递着有关位置、运动、震动、温度、湿度乃至空气中化学物质的变化，每时每刻都会产生海量的数据信息。而随着智能手机的普及，感知技术可谓迎来了发展的高峰期，除了地理位置信息被广泛的应用外，一些新的感知手段也开始登上舞台，比如共享单车、穿戴式设备等。除此之外，还有很多与感知相关的技术革新让我们耳目一新，比如业界正在尝试将生物测定技术引入支付领域等。

上述感知被逐渐捕获的过程就是就世界被数据化的过程。一旦世界被完全数据化了，则世界的本质也就是大数据信息了。

11.2.3 大数据的应用

现在的社会是一个高速发展的社会，科技发达，信息流通，人们之间的交流越来越密切，生活也越来越方便。大数据就是这个高科技时代的产物。

1. 互联网的大数据

互联网上的数据每年增长 50%，每两年便将翻一番，而目前世界上 90% 以上的数据是最近几年才产生的。互联网是大数据发展的前哨阵地。

(1) 百度围绕数据而生。百度对网页数据的爬取、网页内容的组织和解析，通过语义分析对搜索需求的精准理解进而从海量数据中找准结果，以及精准的搜索引擎关键字广告，实质上就是一个数据的获取、组织、分析和挖掘的过程。搜索引擎在大数据时代面临的挑战有：更多的暗网数据；更多的 Web 化但是没有结构化的数据；更多的 Web 化、结构化但是封闭的数据。

(2) 阿里巴巴拥有交易数据和信用数据。这两种数据更容易变现，挖掘出商业价值。除此之外，阿里巴巴还通过投资等方式掌握了部分社交数据、移动数据，如微博和高德。公司认为，未来的时代将不是 IT 时代，而是 DT 的时代。DT 就是 data technology（数据科技），说明大数据对于阿里巴巴集团来说举足轻重。

(3) 腾讯拥有用户关系数据和基于此产生的社交数据，例如微信和 QQ。这些数据可以分

析人们的生活和行为，从中挖掘出政治、社会、文化、商业、健康等领域的信息，甚至预测未来。

(4) 在美国，除了行业知名的 Google、Facebook 等互联网公司外，已经涌现了很多大数据类型的公司，它们专门经营数据产品。

概括起来，互联网大数据的典型代表应用包括：

(1) 用户行为数据。可以用于精准广告投放、内容推荐、行为习惯和喜好分析、产品优化等。

(2) 用户消费数据。可以用于精准营销、信用记录分析、活动促销、理财等。

(3) 用户地理位置数据。可以用于 O2O 推广、商家推荐、交友推荐等。

(4) 互联网金融数据。可以用于 P2P、小额贷款、支付、信用、供应链金融等。

(5) 用户社交等 UGC(user generated content，用户原创内容)数据。可以用于趋势分析、流行元素分析、受欢迎程度分析、舆论监控分析、社会问题分析等。

(6) 大数据平台(万物云、环境云等)。万物云是智能硬件大数据免费托管平台。目前，万物云的注册用户达到数千人，入库数据超过数十亿条。环境云是一个全面而便捷的综合环境大数据开放平台，环境云的入库数据现已超过数亿条。

2. 政府的大数据

美国总统奥巴马的成功竞选及连任的背后都有大数据挖掘的支撑。美国政府认为，大数据是“未来的新石油”，并将对大数据的研究上升为国家意志。这意味着大数据对未来的科技与经济发展必将带来深远影响。

在国内，现在城市都在走向智能和智慧，比如智能电网、智慧交通、智慧医疗、智慧环保、智慧城市，这些都依托于大数据。可以说大数据是智慧的核心能源。例如在交通管理方面，通过对道路交通信息的实时挖掘，能有效缓解交通拥堵，并快速响应突发状况，为城市交通的良性运转提供科学的决策依据。下面介绍两个政府大数据的应用案例。

【案例 1】 中国的粮食统计是一个老大难的问题。传统统计方式虽然有组织、有流程、有法律，但中央的统计人员依靠省统计人员，省靠市，市靠县，县靠镇，镇靠村，最后数据的可信性因传递层次多而大打折扣。而如今国家统计局采用遥感卫星，通过图像识别，把中国所有的耕地标识、计算出来；然后把中国的耕地网格化，对每个网格的耕地抽样进行跟踪、调查和统计；最后按照统计学的原理，计算(或者说估算)出中国整体的粮食数据。这种做法是典型采用大数据建模的方法，打破传统流程和组织，直接获得最终的结果。

【案例 2】 广州市伤害监测信息系统通过广州市红十字会医院、番禺区中心医院、越秀区儿童医院 3 个伤害监测哨点医院，持续收集市内发生的伤害信息，分析伤害发生的原因及危险因素。系统共收集伤害患者 14 681 例，接近九成半都是意外事故。整体上，伤害多发生于男性，占 61.76%；5 岁以下儿童伤害比例高达 14.36%，家长和社会应高度重视；45.19%的伤害都是发生在家中，其次才是公路和街道。收集到监测数据后，关键是通过分析处理把数据“深加工”以利用。如，监测数据显示，老人跌倒多数不是发生在雨天屋外，而是发生在家里。尤其是早上刚起床时和浴室里。这就提示，防控老人跌倒的对策应该着重在家居，起床要注意不要动作过猛，浴室要防滑、加扶手等。

3. 企业的大数据

企业组织利用相关数据和分析可以帮助它们降低成本，提高效率，开发新产品，做出更明智的业务决策等。例如，通过结合大数据和高性能的分析，下面这些对企业有益的情况都可能会发生：

（1）及时解析故障、问题和缺陷的根源，每年可能为企业节省数十亿美元。

（2）为成千上万的快递车辆规划实时交通路线，躲避拥堵。

（3）根据客户的购买习惯，为其推送他可能感兴趣的优惠信息。

（4）从大量客户中快速识别出金牌客户。

（5）使用点击流分析和数据挖掘来规避欺诈行为。

下面介绍两个企业大数据应用的典型案例。

【案例1】 奢侈品品牌商PRADA公司在纽约的旗舰店中每件衣服上都有RFID码。每当一个顾客拿起一件PRADA进试衣间，RFID就会被自动识别，同时将数据传至PRADA总部。每一件衣服在哪个城市、哪个旗舰店、什么时间被拿进试衣间、停留多长时间，这些数据都被存储起来加以分析。如果有一件衣服销量很低，传统做法是直接下架。而现今做法是如果RFID传回的数据显示这件衣服虽然销量低，但进试衣间的次数多，则对这件衣服在某个细节进行微小改变，就会重新创造出一件非常流行的产品。

【案例2】 美国有一家创新企业Decide.com，它可以帮助人们做购买决策，告诉消费者什么时候买什么产品，什么时候买最便宜，预测产品的价格趋势。这家公司背后的驱动力就是大数据。它在全球各大网站上搜集数以十亿计的数据，然后帮助数以十万计的用户省钱，为他们的采购找到最好的时间，降低交易成本，为终端的消费者带去更多价值。在这类模式下，尽管一些零售商的利润会进一步受挤压，但从商业本质上来讲，可以把钱更多地放回到消费者的口袋里，让购物变得更理性。这是依靠大数据催生出的一项全新产业。这家为数以十万计的客户省钱的公司，后来被eBay以高价收购。

4. 个人的大数据

与个人相关联的各种有价值的数据信息被有效采集后，可由本人授权提供给第三方进行处理和使用，并获得第三方提供的数据服务。

例如，每个拥有智能手机的用户都可以在智能手机或手机对应的云存储中存储个人的大数据信息。用户可确定哪些个人数据可被采集，并通过可穿戴设备或植入芯片等感知技术来采集捕获个人的大数据，如地理位置信息、社会关系数据、运动数据、购物数据等。用户可以将其中个人的运动数据授权提供给某运动健身机构，由它们监测自己的身体运动机能，并有针对性地制订和调整个人的运动计划；还可以将个人的消费数据授权给金融理财机构，由它们帮助制订合理的理财计划并对收益进行预测。当然，其中有一部分个人数据无须个人授权即可提供给国家相关部门进行实时监控的，如罪案预防监控中心可以实时地监控本地区每个人的情绪和心理状态，以预防自杀和犯罪。

11.2.4 大数据思维

大数据正在改变人们的生活和理解世界的方式。如今各行各业都应用了大数据思维模式，其主要原理及趋势如下。

1. 数据为核心

大数据时代，计算模式也发生了转变，从“流程”核心转变为“数据”核心，并用数据核心思维方式思考问题，解决问题。以数据为核心，反映了当下IT产业的变革：数据成为人工智能的基础，也成为智能化的基础；数据比流程更重要，数据库、记录数据库，都可开发出深

层次信息。例如 Hadoop 体系的分布式计算框架是数据为核心的范式。

2. 数据更有价值

大数据使数据变得更有价值了,使得产品由功能是价值转变为数据是价值。数据能告诉我们每一个客户的消费倾向,他们想要什么,喜欢什么,每个人的需求有哪些区别,哪些又可以被集合到一起来进行分类。大数据是数据数量上的增加,使我们能够实现从量变到质变的过程。举例来说,这里有一张照片,照片里的人在骑马,这张照片每分、每秒都要拍一张。但随着处理速度越来越快,从一分钟一张到一秒钟一张,变化到一秒钟 10 张后,就产生了电影。当数量的增长实现质变时,就从照片变成了一部电影。

我们应用数据价值思维方式思考问题,解决问题。信息总量的变化导致了信息形态的变化,量变引发了质变,最先经历信息爆炸的学科,如天文学和基因学,创造出了"大数据"这个概念。如今,这个概念几乎应用到了所有人类致力于发展的领域中。从功能为价值转变为数据为价值,说明数据和大数据的价值在扩大,数据为"王"的时代出现了。数据被解释是信息,信息常识化是知识,所以说数据解释、数据分析能产生价值。

3. 全数据样本

我们应用全数据样本思维方式思考问题,解决问题。从抽样中得到的结论总是有水分的,而全部样本中得到的结论水分就很少。大数据越大,真实性也就越大,因为大数据包含了全部的信息。

4. 效率和相关性思维

大数据思维由关注数据精确度转变为更关注数据被使用的效率,从传统的因果思维转向相关性思维。

例如,腾讯一项针对社交网络的统计显示,爱看家庭剧的男人是女性的两倍还多;最关心金价的是中国大妈,但紧随其后的却是 90 后;而在 2016 年,支付宝中无线支付比例排名前十的竟然全部在青海、西藏和内蒙古地区。

5. 人工智能

大数据可让软件更智能,具体表现在以下三方面。

(1) 大数据使软件从不能预测转变为可以预测,例如大数据帮助微软准确预测了 2014 年世界杯。

(2) 大数据时代可以让信息找人,因为人工智能让企业懂用户,机器懂用户,你需要什么信息,企业和机器不仅会提前知道,而且会主动提供你需要的信息。例如,Amazon 可以帮我们推荐想要的书;Google 可以为关联网站排序;具有"自动改正"功能的智能手机通过分析我们以前的输入,可将个性化的新单词添加到手机词典里。

(3) 大数据使企业由生产产品转变为由客户定制产品。大数据时代让企业找到了定制产品、订单生产、用户销售的新路子。用户在家购买商品已成为趋势,快递的快速让用户体验到实时购物的快感,进而成为网购迷。个人消费不是减少了,反而是增加了。

11.3 物 联 网

近年来,随着无线通信技术、射频识别技术、传感网络技术等的发展,物联网(internet of things,IoT)技术得到了迅猛的发展,物联网技术在相关领域中的应用也日趋丰富。

11.3.1 物联网的概念

物联网作为未来互联网的组成部分，具备自我配置能力并基于标准的具有互操作性的通信协议，是一种动态的全球网络基础设施。物联网通过“物”的标记与感知能力及其智能接口，实现任意时间、任意地点、任意物体之间的互联。

物联网最初被定义为把所有物品通过 RFID 和条码等信息传感设备与互联网连接起来，实现智能化识别和管理功能的网络。这个概念最早于 1999 年由麻省理工学院 Auto-ID 研究中心提出，实质上就是 RFID 技术和互联网的结合应用。RFID 标签可谓是早期物联网最为关键的技术与产品环节。当时人们认为物联网最大规模、最有前景的应用就是在零售和物流领域，利用 RFID 技术，通过计算机互联网实现物品或商品的自动识别和信息的互联与共享。2010 年，我国政府工作报告所附的注释中对物联网有如下说明：物联网是通过传感设备按照约定的协议，把各种网络连接起来，进行信息交换和通信，以实现智能化识别、定位、跟踪、监控和管理的一种网络。

物联网的本质是凭借每一个物品都被赋予的唯一编码标识，再以 RFID、传感器技术以及无线宽带网络技术等为基础，在任意时间、任意地点，将所有物品的信息进行采集并转换成信息流，通过互联网相结合，形成人与物之间、物与物之间全新的通信交流方式。这种全新的通信交流方式，将彻底改变人们对物品的管理模式、查询模式、控制模式、追溯模式，彻底改变企业的工作效率、管理机制以及人们的生活方式及行为模式。

物联网具有以下三个特征。

(1) 全面感知。利用 RFID、传感器、二维码等随时随地获取物体的信息。

(2) 可靠传递。通过各种电信网络与互联网的融合，将物体的信息实时准确地传递出去。

(3) 智能处理。利用云计算、模糊识别等各种智能计算技术，对海量的数据和信息进行分析和处理，对物体实施智能化的控制。

物联网技术的体系架构如图 11.2 所示，自底向上可分为感知层技术、网络层技术、应用层技术以及公共技术四个部分。

11.3.2 物联网的关键技术

物联网技术涉及的方面众多，其中主要的关键技术有 RFID 技术、传感技术、纳米技术和智能技术等。

1. RFID 技术

RFID 技术又称电子标签，是一种非接触式的自动识别技术，通过射频信号自动识别目标对象并获取相关数据。识别工作无须人工干预，可工作于各种恶劣环境，可识别高速运动物体并可同时识别多个标签，操作快捷方便。

RFID 是一种突破性的技术。与传统的条形码相比，它具有如下特点，第一，可识别单个的非常具体的物体，而条形码只能识别一类物体；第二，其采用无线电射频，可以透过外部材料读取数据，而条形码必须靠激光来读取信息；第三，可以同时对多个物体进行识读，而条形码只能一个一个地读。通过 RFID 技术，为物理世界中的“物”进行标识，可实现物理世界中万物的标识与识别。

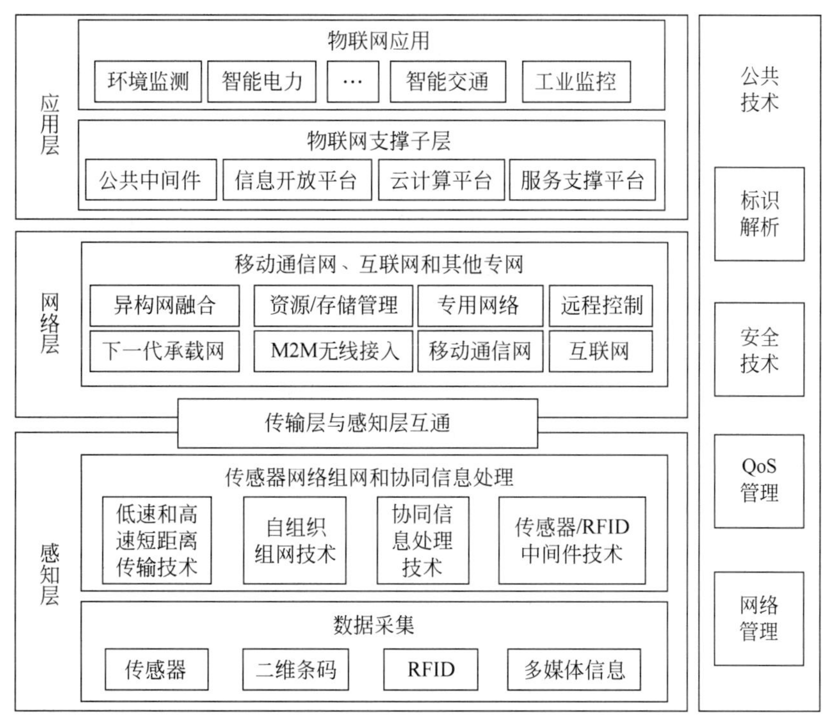

图 11.2　物联网技术体系架构

最基本的 RFID 系统由三大部分组成，如图 11.3 所示。

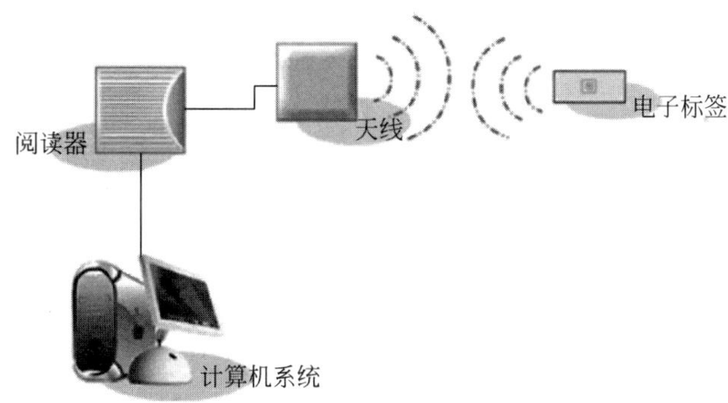

图 11.3　RFID 系统的组成

1）电子标签

电子标签又称为射频标签、应答器，一般由耦合元件(天线)及专用芯片组成。

电子标签是射频识别系统真正的数据载体，每个标签具有唯一的电子编码(ID 号)，而且一般保存有约定格式的电子数据。在实际应用中，RFID 标签通常贴在不同类型、不同形状的物体表面，甚至嵌入到物体内部，因此会根据需要做成不同形状。

2）阅读器

阅读器是读取(有时还可以写入)标签信息的设备，可设计为手持式或固定式。阅读器可无接触地读取并识别电子标签中所保存的电子数据，从而达到自动识别物体的目的。通常阅读器与计算机相连，所读取标签信息被传到计算机上进行下一步处理。

3）天线

天线是一种以电磁波形式把无线电收发机的射频信号接收或辐射出去的装置，可实现标签和阅读器间射频信号的传递。

2. 传感技术

传感技术同计算机技术与通信技术一起被称为信息技术的三大支柱，它是一门关于获取自然信息源的相关信息，并进行处理（变换）和识别的多学科交叉的现代科学与工程技术。传感技术主要由传感器、通信网络和信息处理系统构成，具有实时数据采集、监督控制以及信息共享与存储管理等功能。

传感技术主要通过物理量、化学量或生物量等多种传感器实现对物体状态以及环境信息的实时采集，自然信息源主要可分为光感、声感、压感、温度、湿度、加速度、化学反应、定位等；信息处理包括信号的预处理、后置处理、特征提取与选择等；识别的主要任务是对经过处理的信息进行辨识与分类，利用被识别（或诊断）对象与特征信息间的关联关系模型对输入的特征信息集进行辨识、比较、分类和判断。

传感器网络节点的基本组成包括如下几个基本单元：传感单元（由传感器和模/数转换功能模块组成）、处理单元（包括 CPU、存储器、嵌入式操作系统等）、通信单元（由无线通信模块组成）以及电源。

无线传感器网络由许许多多功能相同或不同的无线传感器节点组成，是集分布式信息采集、信息传输和信息处理技术于一体的网络信息系统，具有低成本、微型化、低功耗和灵活的组网方式、铺设方式以及适合移动目标等特点。

物联网正是通过遍布在各个角落和物体上的形形色色的传感器以及由它们组成的无线传感器网络，来最终感知整个物质世界的。

3. 纳米技术

纳米技术（nano-technology）是一门在 0.1～100nm 尺度空间，研究电子、原子和分子运动规律和特性的崭新高技术学科，其学科领域包括纳米物理学、纳米电子学、纳米材料学、纳米机械学、纳米生物学、纳米医学、纳米测量学、纳米信息技术、纳米环境工程、纳米显微学、纳米能源技术和纳米制造等。

纳米技术的本质在于以逐个原子的形式，以在分子层次上运作的能力，产生具有特定功能的宏观结构，最终目标是人类按照自己的意志直接操纵单个原子，制造具有特定功能的产品。

纳米技术在减小尺寸和降低成本方面的应用，可以提供高水平的集成。通过纳米技术、传感技术以及 RFID 技术等的结合，可以实现各类芯片与设备的小型化与集成化；也可以将感知单元嵌入物体内部，实现微小物体的互联及环境能量获取；通过纳米技术，物联网当中体积越来越小的物体能够进行交互和连接。

4. 智能技术

智能技术也是物联网的关键技术之一。智能技术主要是物的智能以及实现智能终端的相关技术，主要包括人工智能、先进的人-机交互技术与系统、语义网技术、信息服务技术、智能搜索技术、云计算技术以及海量信息处理与数据挖掘技术、智能控制技术以及智能信号处理技术。通过在物体中植入智能系统，可以使得物体具备一定的智能性，能够主动或被动实现与用户的沟通。

11.3.3　物联网的应用领域

如图 11.4 所示，物联网技术的应用领域主要有智能运输、智能建筑、数字化医疗、遥感勘探、环境监测与保护、消防、军事、煤炭、金融、水务、林业、电力、农业、气象、石化、物流供应链、移动 POS、工业自动化以及公共安全等十九个。

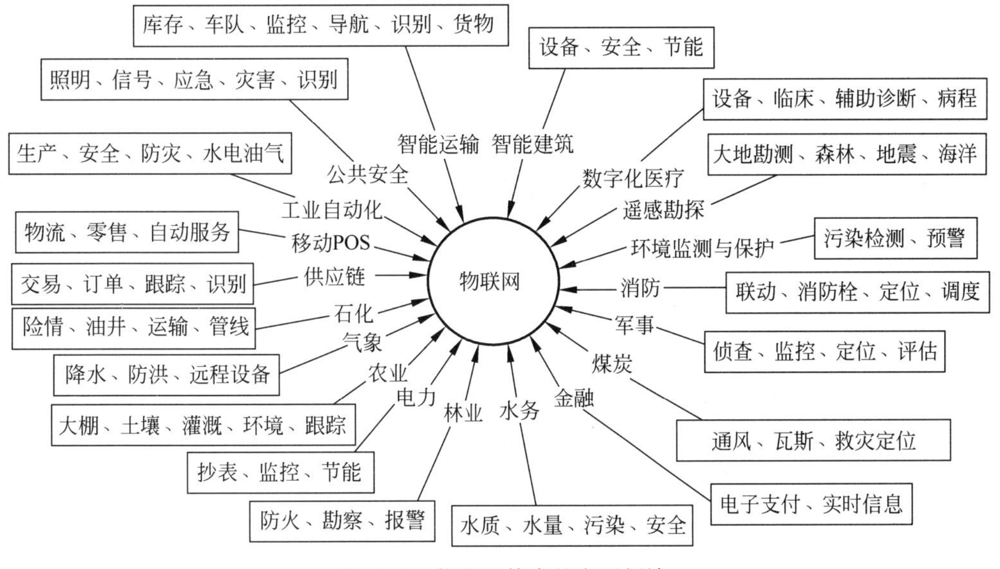

图 11.4　物联网技术的应用领域

智能运输领域：主要用于对库存和车队进行管理，监控、货物识别等。

智能建筑领域：主要用于实现安全与节能。

数字化医疗领域：实现医疗设备管理、临床监控、辅助诊断以及病程控制与管理。

遥感勘探领域：主要指面向大地、森林、海洋的勘探以及针对地震等自然灾害的检测。

环境监测与保护领域：针对环境污染进行检测以及预警。

消防领域：用于联动、监控、事故现场的定位以及相关的调度管理。

军事领域：实现实时智能侦查与监控、定位、评估。

煤炭领域：对煤炭开采的环境的通风情况、瓦斯浓度进行检测以及救灾定位。

金融领域：用于实现电子支付以及实时信息处理与信息服务。

水务领域：用于对水质、水量、污染的检测以及对相关水域的安全监控。

林业领域：主要用于森林防火与报警、森林勘察。

电力领域：用于自动抄表、电力及安全监控、节能。

农业领域：用于对大棚、土壤、灌溉、环境以及相关资源的跟踪。

气象领域：用于降水、防洪以及远程设备等的实时智能监控。

石化领域：用于对油井的监控、险情预警、运输及管线管理等。

物流供应链领域：对订单、交易以及物品进行跟踪定位与监控。

移动 POS 领域：用于物流、移动支付及自动服务等。

工业自动化领域：实现工业领域的自动化处理与管理、生产流程控制、防灾防事故等。

公共安全领域：涉及公民日常生活的公共安全方面的智能监控与安防，如应急处理、灾害预警等。

11.4 机器学习与人工智能

人工智能一词出现在1956年的达特茅斯会议上,当时人工智能先驱的梦想是建造具有人类智能体的软硬件系统,该系统具有人类的智能特征,而这里所说的人工智能为“通用人工智能”。这样的人工智能梦想曾在影视作品中大放异彩,如电影《星球大战》中的C-3PO机器人具有人类的理性和思考能力。不过,迄今为止,这种高层次的推理仍然难以实现,退而求其次,目前能够落地的都属于“狭义的人工智能”,如人脸识别等。

机器学习是实现人工智能的一种方式方法。机器学习是基于已有数据、知识或经验自动识别有意义的模式。最基本的机器学习使用算法解析和学习数据,然后在相似的环境里做出决定或预测。简而言之,机器学习基于数据学习来做决策。

11.4.1 机器学习的概念

你可能不知道机器学习,但在现实生活中人们或多或少会在机器学习的研究成果中获益。当我们举起手机拍照的时候,人脸会被框出来;使用智能手机打电话时可以通过语音进行拨号;门户网站会根据读者的喜好推送新闻;淘宝网购时可以选择“找相似”之后货比三家;马路上的违章驾驶行为发生时车牌号码会被自动识别等。这些应用的核心算法就是机器学习领域的内容。

机器学习是英文名称machine learning的直译。在计算科学领域,machine一般指的是计算机。机器学习就是让机器“学习”的技术。学习是人类在生活过程中通过实践而积累或获取一定的经验和技能的过程。但计算机是死物,怎么可能会“学习”?对于逻辑清晰的问题,我们可以依据规则编写程序,通过指令指示计算机工作,从而完成我们指定的任务。然而,现实生活中往往存在着很多问题,由于其中的因果逻辑过于复杂而无法直接建模并编程序解决。比如说,要判断一只动物是不是狗,人在成长和生活过程中积累了很多经验,通过定期对这些经验进行归纳之后,获得了一些生活规律,对于这个问题可以轻松作答。机器学习的思想就是模拟人类在生活中学习成长的过程,让计算机在数据中学习出规律或模型,然后对新数据进行预测,是一种让计算机利用数据而不是指令来进行各种工作的方法。下面举一个具体的例子。

表11.1给出了美国1790—1980年每隔10年的人口统计数据。假设现在要预测2030年美国的人口状况,该如何得到一个合理的结论?

表11.1 美国1790—1980年人口状况

年份/年	1790	1800	1810	1820	1830	1840	1850	1860	1870	1880
人口/百万	3.9	5.3	7.2	9.6	12.9	17.1	23.2	31.4	38.6	50.2
年份/年	1890	1900	1910	1920	1930	1940	1950	1960	1970	1980
人口/百万	62.9	76	92	106.5	123.2	131.7	150.7	179.3	204	226.5

对于人口预测这个问题,很显然,我们希望从已知的数据中得到人口与年份的某种规律。最简单的做法就是,先将上述样本点在*XOY*坐标系中标出,然后使用线性拟合的方法,得到一根“穿过”所有样本点的直线(如图11.5中直线所示),并且该直线与各个样本点

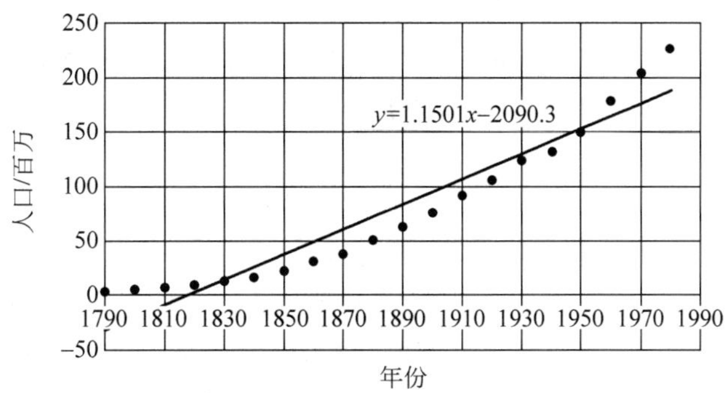

图 11.5 人口预测的线性拟合

的距离尽可能地小。这条直线可以用数学表达式写为

$$y = kx + b \quad y \geqslant 0$$

其中,x 表示年份,y 表示人口,k 和 b 是该线性模型的两个参数。根据已有的这些数据,我们就可以确定 k 和 b 的值。一旦得到这两个参数的值,人口预测的线性模型也就可以得到,从而可以预测出任意一年份的人口数量。

数据拟合的方法有很多种,如果用其他类型的线去拟合,比如二次多项式,我们可以得到一条更加贴合这些数据点的曲线(如图 11.6 曲线所示)。

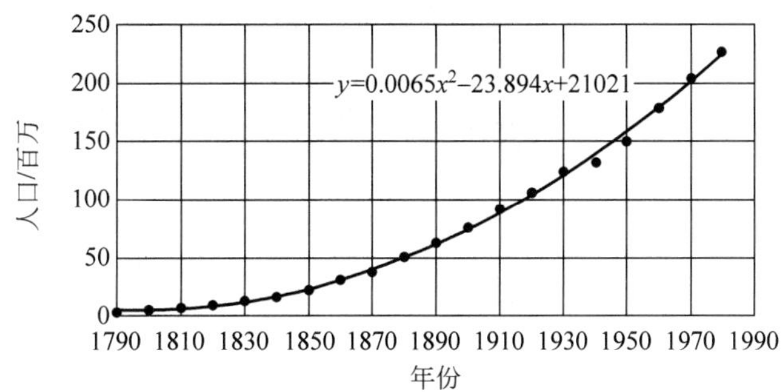

图 11.6 人口预测的二次多项式拟合

由此可见,我们可以根据一些已有的历史数据,通过建立模型对未来的数据进行预测。一般来说,历史数据越多,建立的模型越可能反映真实的状况,对未来数据的预测效果可能越好。我们将使用计算机存储历史数据并通过学习算法进行处理和建模的过程称为"学习"或"训练",训练过程中使用的数据称为"训练集",训练得到的结果称为"模型";学得模型后,使用其对新数据进行预测的过程称为"测试"(testing),被测试的数据称为"测试数据"。

11.4.2 机器学习能解决的问题及常用算法

近年来,互联网特别是移动互联网技术的发展迅速,使得数据呈爆炸式增长。机器学习能帮助我们从海量数据当中提取出有价值的信息,但并非所有问题都适合用机器学习算法去解决。对于那些具有一定量级的数据而且不存在清晰逻辑的问题,机器学习算法是很好的解决工具。从功能上来划分,常用机器学习解决的问题包括以下几类。

1. 分类问题

分类(classification)问题指根据数据样本中提取出来的特征,判断其属于有限个已知类别中的哪一类(标签)。常见的应用如下。

(1) 垃圾邮件的识别。识别邮箱中的邮件哪些是垃圾邮件,哪些是正常邮件。

(2) 信用卡欺诈检测。根据用户的信用卡交易记录,识别哪些交易是持卡用户操作的,哪些不是。

(3) 语音识别。根据用户的话语,识别出用户的具体要求,如 iPhone 的 Siri 程序。

(4) 字符识别。从手写的字体中识别出其所代表的文字。

(5) 车牌识别。识别出车牌中的字符,如停车场出入管理系统、交通监控系统等。

(6) 人脸识别。在众多数码照片中识别出某个人的照片,如考勤系统和安检系统。

(7) 疾病诊断。根据病人的症状和一个匿名的病人资料数据库,预测该病人可能患了什么病。

(8) 文本情感分析。对评论的文本进行情感分析,判断其所表达的情感类别是褒还是贬。

常用来处理分类问题的机器学习算法包括逻辑回归、支持向量机、朴素贝叶斯、深度学习、随机森林等。

2. 回归问题

回归(regression)问题指根据数据样本中提取出来的特征,为新的未预测的数据估计出一个连续的值而不是一个标签。常见的应用如下:

(1) 股票交易决策。根据一支股票已有的价格变化,预测其将来的价格,以便于为股票操作行为提供决策支持。

(2) 电影票房预测。根据影片的排片量、票价、上座率等因素预测电影最终的票房收入。

(3) 房价的预测。根据历史房价数据预测未来的房价。

常用来处理回归问题的机器学习算法包括线性回归、普通最小二乘回归、逐步回归、多元自适应回归样条等。

3. 聚类问题

聚类(clustering)问题是在不知道数据有哪些类别的情况下,根据数据的相似性以及其他对数据自然结构的衡量来实现数据的分组。聚类算法通常会将数据集中的样本划分为若干个不相交的子集。常见的应用如下:

(1) 用户群体的划分。

(2) 根据人脸来管理照片。

(3) 对 Web 上的文档进行分类。

(4) 通过基因分析对生物种群进行划分。

常用来处理聚类问题的机器学习算法包括 K-means、学习向量量化、高斯混合聚类、密度聚类、层次聚类等。

4. 规则学习

规则(rule)指语义明确的、能描述数据分布所隐含的客观规律。规则学习指从训练数据中学习出一组用于对未见示例进行判别的规则。规则学习可以找出数据的属性之间在统计学上的相关性。如沃尔玛超市曾对其一年多的原始交易数据进行分析,发现与尿片一起被购买最多的商品竟然是啤酒。根据这个发现,沃尔玛调整了货架的位置,把尿片和啤酒摆放在一起,从而大大提高了销量。

著名的规则学习算法包括 Prism、CN2、RIPPER 等。

11.4.3 机器学习的分类

根据数据类型的不同,对一个问题的建模可以使用不同的方式。根据学习方式来划分,机器学习可以分为监督学习、无监督学习、半监督学习和强化学习等。

1. 监督学习

监督学习(supervised learning)指利用一组已知类别的样本调整分类器的参数,使其达到所要求的性能的过程。监督学习需要用带有标签的数据作为训练数据,常见的应用场景包括分类问题和回归问题。

2. 无监督学习

现实生活中常常会有许多问题是缺乏足够的先验知识的,因此难以人工标注类别;即使进行人工标注类别,其需要的成本也会太高。无监督学习(unsupervised learning)方法有助于解决这一类问题。所谓无监督学习,就是根据类别未知的训练样本推断出数据的一些内在结构并解决模式识别中的各种问题。聚类和规则学习都属于无监督学习。

3. 半监督学习

若输入数据部分被标记,部分没被标记,这种情况下需要先学习数据的内在结构,以便更好地组织数据来进行预测。这种学习方式称为半监督学习(semi-supervised learning)。半监督学习是监督学习与无监督学习相结合的一种学习方法。常见的应用场景包括分类问题和回归问题。

4. 强化学习

强化学习(reinforcement learning)又称增强学习,是从动物学习、参数扰动自适应控制等理论发展而来的。在现实世界中,人类掌握的很多行为并不是通过学习行为方法然后得到行为结果,而是在不断的尝试中领悟,再根据自身行为引起的周围环境的反馈,调整自己下一步的动作和之后的行为模式。强化学习就是仿效这一过程的机器学习模型。强化学习是一种动态学习方法,它没有固定的答案,而是在训练过程中不断通过试错的方法来发现最优的行为策略。在强化学习下,输入数据直接反馈到模型,模型必须对此立刻做出调整。强化学习在动态系统、机器人控制等许多领域已经获得了成功应用。

11.4.4 机器学习的应用

机器学习技术的发展以及其与其他相关技术的结合,推动了许多智能领域的进步并改善了人类的生活。

1. 计算机视觉

机器学习与图像处理技术相结合,催生了计算机视觉这一研究热点。目前该领域的应用非常多,例如人脸识别、车牌识别、手写字符识别、图片内容识别、图片搜索等。机器学习方法大大提高了图像识别的准确率,甚至比人类平均的识别水平还高。

2. 自然语言处理

自然语言处理技术是将机器学习与文本处理技术相结合,使得机器能够理解人类语言的一种技术。自然语言是人类独有的、自身创造的符号。自然语言处理不仅是机器学习领域研究的方向,也是工业界关注的焦点,其典型的应用包括语音识别、输入法、机器翻译、搜索引擎智能识别、文本内容理解、文本情感判断等。

3. 社会网络分析

社会网络分析是研究一组行动者关系的研究方法,其关注的焦点是关系和关系的模式,因此采用的方式和方法在概念上有别于传统的统计分析和数据处理方法。基于海量数据的获取,机器学习方法与社会网络分析技术相融合,常见于以下应用场景:用户画像、热点发现、引文和共引分析、人际传播问题等。

4. 个性化推荐

随着互联网技术和社会化网络的快速发展,网络上的信息呈爆炸式增长。传统的搜索技术已经不能满足用户对信息发现的需求。机器学习中的个性化推荐算法可以自动为用户推荐他们感兴趣的商品或信息(如电影、音乐、新闻等),从而提高购买率或增加点击率,提升效益,因此在电商界及众多资源网站中得到了广泛的应用。

11.4.5 机器学习的入门之路

机器学习算法众多,但核心思想都是统计和归纳。机器学习方法大多来源于统计学。统计学者重点关注统计模型的发展与优化,而机器学习学者则更注重在解决实际问题时学习算法在计算机上的执行效率与准确度的提升。由此可见,要进入机器学习领域,必须要具备扎实的数学基础和一定的计算机编程基础。

常见的机器学习算法需要的数学基础,基本集中在概率与统计、微积分和线性代数这几门课程。概率与统计是机器学习的理论核心;微积分的计算及其几何意义是大多机器学习算法求解过程的核心;算法的高效执行有赖于线性代数知识的运用。

具备了一定的理论基础,要动手解决实际问题时,离不开计算机编程。Python 与 R 语言是机器学习领域备受欢迎的入门语言。它们自带丰富的功能强大的工具包,是从事数据科学工作者的必备之选。

掌握了必备的数学理论基础和计算机编程基础知识之后,就可以尝试着使用机器学习的方法去解决实际的问题了,其基本流程如下:

(1) 把具体问题抽象成数学问题。首先我们要把目标问题的性质搞清楚,是分类、回归、聚类还是其他;其次,我们要明确能获取到的数据有哪些。

(2) 获取数据。机器学习界有一句名言——成功的机器学习应用不是拥有最好的算法,而是拥有最多的数据。对于机器学习而言,越多的数据越有可能提升模型的精确性。

(3) 数据预处理与特征选择。使用归一化、离散化、缺失值处理、去除共线性等方法对数据进行清洗,并筛选出显著特征,摒弃非显著特征。

(4) 训练模型。根据问题的类型以及数据的特性选择恰当的机器学习算法进行训练。

(5) 模型诊断。对训练结果进行误差分析,判断是否存在过拟合或者欠拟合。

(6) 模型调优。根据模型诊断的结果重新调整算法参数。

(7) 反复迭代重复第(4)~(6)步,直到得到一个满意的模型及其参数。

(8) 模型融合。一般而言,模型融合后都能获得比单个模型更好的效果。

(9) 上线运行。

11.4.6 人工智能

人工智能(artificial intelligence,AI)是研究、开发用于模拟、延伸和扩展人类智能的集理论、方法、技术及应用系统于一体的一门新的技术科学,人工智能与人类智能的关系如图 11.7 所示。人工智能研究的主要目标是使计算机能够胜任一些过去只有人类智能才能完成的复杂工作。要实现这一研究目标,人类必须对自身的智能活动及其规律有深刻的理解,并在此基础上研究如何应用计算机的软硬件来模拟人类的某些智能行为。人工智能不仅是属于计算机科学的一个分支,还涉及神经生理学、心理学、哲学和认知科学、数学、仿生学、控制论、信息论等学科,因此与基因工程、纳米科学一起被认为是 21 世纪三大尖端技术。

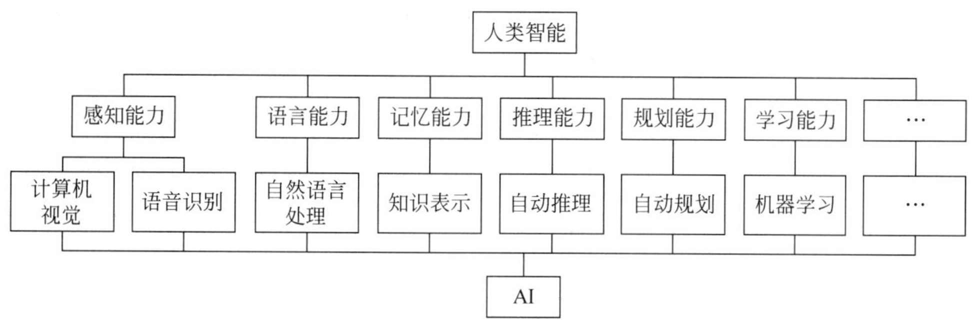

图 11.7 人工智能与人类智能的关系

1950 年,著名的英国计算机科学家 Alan Turing 发表了题为《计算机器和智能》的论文。在这篇划时代的论文中,图灵探讨了创造出具有真正智能的机器的可能性,并提出了著名的"图灵测试":如果一台计算机能够在 5 分钟内回答人类测试者提出的若干问题,且其超过 30%的回答被测试者认为是人类所答,则可以下结论称这台机器具有智能。图灵测试是人类在人工智能哲学方面提出的第一个严肃的提案,其概念极大地影响了人工智能在功能方面的定义。

1956 年夏季的达特茅斯会议推动了全球第一次人工智能浪潮的出现。此后,人工智能经历了从早期的逻辑推理阶段到中期的专家系统阶段,虽然也取得了一些进步,但与实现智能的机器这一目标还相距甚远。直至机器学习的诞生后,基于机器学习的图像识别和语音识别在某些垂直领域达到甚至超越了人的程度,使人类离人工智能的梦想更近了一步。

以下是人工智能发展史上几件值得铭记的事件:

1997 年 5 月,IBM 公司研制的深蓝(Deep Blue)计算机战胜了来自俄罗斯的国际象棋大师 Garry Kasparov,证明了人工智能在某些情况下有不弱于人脑的表现。

2014 年 6 月 8 日,俄罗斯人 Vladimir Veselov 创立的聊天程序 Eugene Goostman 成功让人类相信它是一个 13 岁的男孩,成为有史以来首台通过图灵测试的计算机。这被认为是人工智能发展史上的一个里程碑事件。

2015 年 11 月,*Science* 杂志封面刊登了一篇重磅研究。在这项研究中,研究者设计了一个 AI 系统,在向这个系统展示它从未见过的书写系统中的一个字符实例,并让它写出同样的文字和创造相似文字时,这个系统能够迅速学会写陌生的文字,同时还能识别出那些因书写造成的轻微变异。这项研究还通过了图灵测试,表明人工智能终于能像人类一样学习,标志着人工智能领域的一大进步。

2016 年 3 月，Google 旗下的 DeepMind 公司开发的人工智能程序 AlphaGo 战胜了围棋世界冠军、韩国棋手李世石。2017 年 5 月，AlphaGo 与世界排名第一的中国棋手柯洁对弈，并以 3 比 0 的总分获胜。据研究所得，一个 19×19 格围棋的合法棋局数为 10^{171}，棋局的变化接近于无穷大。因此，下围棋对于人工智能而言，相当于求解一个开放式的问题。AlphaGo 在人机对战中获胜，将人工智能推向了一个新高潮。

AlphaGo 的主要工作原理是"深度学习"（deep learning）。深度学习的概念是在 2006 年由 Geoffrey Hinton 在人工神经网络的基础上提出的，他通过组合底层特征形成更加抽象的高层特征，从而发现数据的分布式特征表示。深度学习被《麻省理工学院技术评论》杂志列为 2013 年十大突破性技术之首，它已经成为机器学习研究中的一个热点。基于深度学习的模型在图像识别、语音识别和自然语言处理等领域已经获得了巨大成功，典型的应用案例有科大讯飞的晓译翻译机。

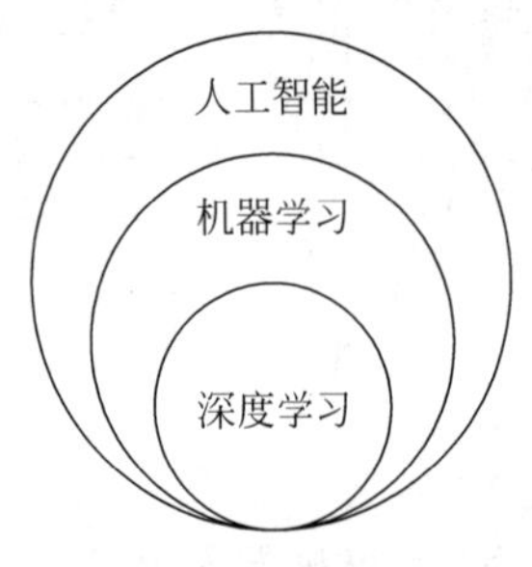

图 11.8　人工智能、机器学习与深度学习的关系

人工智能、机器学习和深度学习的关系如图 11.8 所示。

人工智能在前 60 年的发展中取得了一些阶段性的成果，通过监督深度学习算法解决语音识别、图像识别、自然语言理解等总样本量相对有限的问题已经比较成熟。AlphaGo 的出现，则标志着人工智能走向无监督深度学习的新时代。在云计算、大数据和移动互联网的快速发展和融合的背景之下，人工智能迎来了一个黄金时期，一方面得益于理论研究的推进以及工程化的成熟；另一方面，硬件计算能力的大幅提升使得计算成本飞速下降，使得那些计算复杂度超高的人工智能算法得以实现。

如今，人工智能已成为各大科技巨头以及各国政府的战略性发展方向。作为一个科学和工程领域的交汇点，人工智能正以前所未有的速度扩散到社会的每一个角落。可以预见，在不久的将来，人工智能将会成为如水和电一般的基础性资源，并深刻地改变我们的世界。

11.5　区　块　链

区块链（blockchain），从本质上讲，是一个共享数据库，存储于其中的数据或信息，具有不可伪造、全程留痕、可以追溯、公开透明、集体维护等特征。基于这些特征，区块链技术奠定了坚实的信任基础，创造了可靠的合作机制，具有广阔的应用前景。

11.5.1　区块链的概念

区块链起源于比特币。2008 年 11 月 1 日，一位自称中本聪（Satoshi Nakamoto）的人发表了《比特币：一种点对点的电子现金系统》一文，阐述了基于 P2P 网络技术、加密技术、时间戳技术、区块链技术等的电子现金系统的构架理念，这标志着比特币的诞生。两个月后，理论步入实践。2009 年 1 月 3 日，第一个序号为 0 的创世区块诞生。几天后的 2009 年 1 月 9 日出现了序号为 1 的区块，并与序号为 0 的创世区块相连接形成了链，标志着区块链的诞生。在比特币形成过程中，区块是一个一个的存储单元，记录了一定时间内各个区块节点全

部的交流信息。各个区块之间通过随机散列(也称哈希算法)实现链接,后一个区块包含前一个区块的哈希值。随着信息交流的扩大,一个区块与一个区块相继接续,形成的结果就叫区块链。

区块链是比特币的一个重要概念,它是一个去中心化的数据库,同时作为比特币的底层技术,是一串使用密码学方法相关联产生的数据块,每一个数据块中包含了一批次比特币网络交易的信息,用于验证其信息的有效性(防伪)和生成下一个区块。

11.5.2 区块链的特征

区块链的特征可以概括为以下五个方面。

(1) 去中心化。区块链技术不依赖额外的第三方管理机构或硬件设施,没有中心管制。除了自成一体的区块链本身,通过分布式核算和存储,各个节点实现了信息自我验证、传递和管理。去中心化是区块链最突出最本质的特征。

(2) 开放性。区块链技术基础是开源的,除了交易各方的私有信息被加密外,区块链的数据对所有人开放,任何人都可以通过公开的接口查询区块链数据和开发相关应用,因此整个系统信息高度透明。

(3) 独立性。基于协商一致的规范和协议(类似比特币采用的哈希算法等各种数学算法),整个区块链系统不依赖其他第三方,所有节点能够在系统内自动安全地验证、交换数据,不需要任何人为的干预。

(4) 安全性。只要不能掌控全部数据节点的51%,就无法肆意操控修改网络数据,这使区块链本身变得相对安全,避免了主观人为的数据变更。

(5) 匿名性。除非有法律规范要求,单从技术上来讲,各区块节点的身份信息不需要公开或验证,信息传递可以匿名进行。

11.5.3 区块链的核心技术

十多年来,区块链在原有基础上已经有了很大的变化和进展。截至现阶段,区块链的四大核心技术——分布式账本、共识机制、密码学以及智能合约,在区块链中分别起到了数据存储、数据处理、数据安全以及数据应用的作用。总体来说,四大核心技术共同构建了区块链的基础。

1. 分布式账本

分布式账本指的是交易记账由分布在不同地方的多个节点共同完成,而且每一个节点记录的是完整的账目,因此它们都可以参与监督交易合法性,同时也可以共同为其作证。

分布式账本构建了区块链的框架,它本质是一个分布式数据库。当一笔数据产生后,经一定的处理,就会存储在这个数据库里面,所以分布式账本在区块链中起到了数据存储的作用。

区块链由众多节点共同组成一个端到端的网络,不存在中心化的设备和管理机构,节点间的数据交换通过数字签名技术进行验证,无须人为式的互相信任,只要按照既定的规则进行即可。节点间也无法相互欺骗。因为整个网络都是去中心化的,每个节点都是参与者,每个节点都有话语权。

跟传统的分布式存储有所不同,区块链分布式存储的独特性主要体现在两个方面:一是区块链每个节点都按照块链式结构存储完整的数据，而传统分布式存储一般是将数据按照一定的规则分成多份进行存储。二是区块链每个节点的存储都是独立的、地位等同的，依靠共识机制保证存储的一致性；而传统分布式存储一般是通过中心节点往其他备份节点同步数据。在区块链中，没有任何一个节点可以单独记录账本数据，从而避免了单一记账人被控制或者被贿赂而记假账的可能性。由于记账节点足够多，理论上讲除非所有的节点被破坏，否则账目就不会丢失，从而保证了账目数据的安全性。

2. 密码技术

数据进入分布式数据库中，不是单纯的打包进来就可以了，底层的数据构架是由区块链密码学来决定的。打包好的数据块会通过密码学中的哈希函数处理成一个链式结构，后一个区块包含前一个区块的哈希值。

因为哈希算法具有单向性、抗篡改等特点，所以数据一旦上链就不可篡改，且可追溯。另外，用户账户也会通过非对称加密的方式进行加密，进而既保证了数据的安全和用户的隐私，又可验证数据的归属。单个或多个数据库的修改无法影响其他数据库，除非超过整个网络 51%的数据同时修改，这几乎不可能发生。

3. 共识机制

分布式账本去中心化的特点决定了区块链网络是一个分布式的结构，每个节点都可以自由地加入其中，共同参与数据的记录。但与此同时，也衍生出来令人头疼的问题，即网络中参与的节点越多，全网就越难以达成统一，于是就需要另一套机制来协调全网节点账目保持一致。

共识机制是一套规则，明确每个节点记录数据的途径，并通过争夺记账权的方式来完成节点间的意见统一，最后谁取得记账权，全网就用谁记录的数据。所以共识机制在区块链中起到了统筹节点行为、明确记录数据者的作用。

共识机制使得所有记账节点之间达成共识，去认定一个数据的有效性，这既是认定的手段，也是防止篡改的手段。区块链提出了多种不同的共识机制，适用于不同的应用场景，在效率和安全性之间取得平衡。

区块链的共识机制具备“少数服从多数”以及“人人平等”的特点。其中“少数服从多数”并不完全指节点个数，也可以是计算能力、股权数或者其他的计算机可以比较的特征量。“人人平等”是指当节点满足条件时，所有节点都有权优先提出共识结果；被其他节点认同后，最后有可能成为最终共识结果，成功记录数据。如比特币的共识机制采用的是工作量证明。

4. 智能合约

区块链网络在分布式账本的基础上搭建了应用层面的智能合约。当想要解决一些信任问题，可以通过智能合约将用户间的约定用代码的形式，将条件罗列清楚，并通过程序来执行。而区块链中的数据，则可以通过智能合约进行调用，所以智能合约在区块链中起到了数据执行与应用的功能。

智能合约基于分布式账本自动化地执行一些预先定义好的规则和条款。以保险为例，如果说每个人的信息（包括医疗信息和风险发生的信息）都是真实可信的，那就很容易在一些标准化的保险产品中，去进行自动化的理赔。在保险公司的日常业务中，虽然交易不像银行和证券行业那样频繁，但是对可信数据的依赖是有增无减的。因此，利用区块链技术，从

数据管理的角度切入，能够有效地帮助保险公司提高风险管理能力。

11.5.4 区块链的类型

目前区块链主要有三大类型，分别是公有链、私有链、联盟链。

1. 公有链

公有链即公有区块链，指任何人都能参与的区块链。在公有链中，世界上任何个体或者团体都可以发送交易，且交易能够获得该区块链的有效确认，任何人都可以参与其共识过程。公有链是最早的区块链，也是应用最广泛的区块链，各大虚拟数字货币均基于公有区块链，世界上有且仅有一条该币种对应的区块链。它的特点是不可篡改，任何人均可匿名参与，技术门槛低，是真正的去中心化。公有链的主要应用有比特币、以太坊等。

2. 私有链

私有链即私有区块链，指建立在某个企业内部，系统的运作规则根据企业要求进行设定，修改甚至是读取权限仅限于少数节点的区块链。私有链仍保留着区块链的真实性和部分去中心化的特性。私有链的特点是交易速度快，私密性强，交易成本低。

3. 联盟链

联盟链指其共识过程受到预选节点控制的区块链。联盟链由若干机构联合发起，介于公有链和私有链之间，兼具部分去中心化的特性。它主要应用在机构间的交易、结算或清算等 B2B 场景。例如，银行间进行支付、结算、清算的系统就能够采用联盟链的形式，将各家银行的网关节点作为记账节点。

11.5.5 区块链的应用领域

区块链在短短几年里便被人们熟知，依靠着巧妙的分布式算法和密码学，解决了互联网的安全隐患，成为未来几年内最有前景的行业之一。世界各地的公司都期望通过基于区块链的应用提高效率并降低成本。以下是一些将受益于这种技术转变的主要领域。

1. 金融领域

区块链在国际汇兑、信用证、股权登记和证券交易等金融领域有着潜在的巨大应用价值。将区块链技术应用在金融行业中，能够省去第三方中介环节，实现点对点的直接对接，从而在大大降低成本的同时快速完成交易支付。

2. 物联网和物流领域

区块链与物联网和物流领域也可以天然结合。通过区块链可以降低物流成本，追溯物品的生产和运送过程，并且提高供应链管理的效率。该领域被认为是区块链一个很有前景的应用方向。

3. 公共服务领域

区块链在公共管理、能源、交通等领域都与民众的生产生活息息相关。这些领域存在中心化特质，可以利用区块链的去中心化技术来改造。

4. 数字版权领域

通过区块链技术，可以对作品进行鉴权，证明文字、视频、音频等作品的存在，保证权属的真实、唯一性。作品在区块链上被确权后，后续交易都会进行实时记录，实现数字版权全生命周期管理，也可作为司法取证中的技术性保障。

5. 保险领域

在保险理赔方面，保险机构负责资金归集、投资、理赔，往往管理和运营成本较高。通过智能合约的应用，既无须投保人申请，也无须保险公司批准，只要触发理赔条件，就可实现保单自动理赔。

6. 公益领域

区块链上存储的数据，高可靠且不可篡改，天然适合用于社会公益场景。公益流程中的相关信息，如捐赠项目、募集明细、资金流向、受助人反馈等，均可以存放于区块链上，并且有条件地进行透明公开公示，方便社会监督。

本章小结

本章简要介绍了云计算、大数据、物联网、机器学习、人工智能、区块链的相关概念、技术及应用。

物联网是互联网的应用拓展。云计算相当于人的大脑，是物联网的神经中枢。大数据相当于人的大脑从小学到大学记忆和存储的海量知识，这些知识只有通过消化、吸收、再造才能创造出更大的价值。人工智能可以比喻为一个吸收了人类大量知识（数据）且不断地深度学习、进化而成的高人。人工智能离不开大数据，更是基于云计算平台完成深度学习进化的。

将通过物联网产生、收集的海量数据存储于云平台，再通过大数据分析，甚至更高形式的人工智能，可以为人类的生产活动、生活所需提供更好的服务。

本章人物

约翰·麦卡锡

约翰·麦卡锡（John McCarthy，1927 年 9 月 4 日—2011 年 10 月 24 日），出生于美国波士顿。1948 年，麦卡锡毕业于加州理工学院，获得数学学士学位。1951 年，麦卡锡毕业于普林斯顿大学，获得数学博士学位。麦卡锡成为 1956 年达特茅斯会议的发起人，该会议被视为 AI 学科诞生的标志。1955 年与 Minsky、Rochester 和 Shannon 一同为该会议撰写的建议书中提出 Artificial Intelligence 一词，从而被视为“人工智能之父”。1958 年，麦卡锡发明了 Lisp 编程语言，该语言至今仍在人工智能领域广泛使用。1960 年左右，麦卡锡提出了计算机分时（Time-Sharing）概念。1962—2000 年，麦卡锡担任斯坦福大学计算机系教授，后期工作主要关注常识和非单调推理。1965—1980 年，麦卡锡担任斯坦福 AI 实验室主任。

麦卡锡因对 AI 的贡献于 1971 年获图灵奖，1985 年获得 IJCAI（International Joint Conference on Artificial Intelligence，国际人工智能联合会议）颁发的第一届研究优秀奖（可看作是 AI 的终身成就奖），1990 年获得美国国家科学奖，2003 年获得富兰克林学院奖章。

习 题 11

11.1 选择题

1. 云计算的主要服务模式包括(　　)。

A. IaaS　B. VaaS　C. PaaS　D. SaaS

2. 云计算常见的部署方式(　　)。

A. 公有云　B. 私有云　C. 社区云　D. 混合云

3. 物联网的基本特征包括(　　)。

A. 按需付费　B. 全面感知　C. 可靠传递　D. 智能处理

4. RFID 又称为(　　)。

A. 电子卡片　B. 感应卡片　C. 电子标签　D. 感应标签

5. 最基本的 RFID 系统由(　　)三大部分组成。

A. 电子标签　B. 读写器　C. 天线　D. 传感器

6. 基础设施即服务是(　　)。

A. IaaS　B. VaaS　C. PaaS　D. SaaS

7. 平台即服务是(　　)。

A. IaaS　B. VaaS　C. PaaS　D. SaaS

8. 软件即服务是(　　)。

A. IaaS　B. VaaS　C. PaaS　D. SaaS

9. 房价预测属于(　　)问题。

A. 分类　B. 聚类　C. 回归　D. 规则学习

10. 人脸识别属于(　　)问题。

A. 分类　B. 聚类　C. 回归　D. 规则学习

11. 用户群体的划分属于(　　)问题。

A. 分类　B. 聚类　C. 回归　D. 规则学习

12. (　　)学习需要用带有标签的数据作为训练数据。

A. 监督　B. 非监督　C. 半监督　D. 强化

13. 聚类属于(　　)学习。

A. 监督　B. 非监督　C. 半监督　D. 强化

14. 大数据时代,计算模式也发生了转变,从"流程"核心转变为(　　)核心。

A. "数量"　B. "数据"　C. "经济"　D. "价值"

15. 区块链起源于(　　)。

A. 分布式账本　B. 智能合约　C. 比特币　D. 共识机制

16. 国际数据公司认为大数据有 4V 特点,分别为(　　)。

A. 数据量大　B. 处理速度快　C. 类型多样　D. 低价值密度

E. 真实性

17. 大数据的主要相关技术包括(　　)。

A. 虚拟化技术　B. 分布式处理技术　C. 存储技术　D. 感知技术

E. 文字处理技术

18. 区块链的特征包括（　　）。

A. 去中心化　　B. 开放性　　C. 独立性　　D. 安全性

E. 匿名性

11.2　简答题

1. 云计算的特点有哪些？
2. 物联网包括的关键技术有哪些？
3. 纳米技术在物联网当中起到什么作用？
4. 什么是智能技术？
5. 物联网的本质是什么？
6. 是不是所有问题都适合使用机器学习方法去解决？为什么？
7. 简述使用机器学习解决问题的基本流程。
8. 简述机器学习、深度学习和人工智能的概念及相互之间的关系。

附录A 微型计算机选购指南

随着计算机知识的不断普及和计算机应用领域的不断延伸，人们在学习和生活中越来越离不开计算机了。由于学校公用机房的条件限制，在家庭条件许可的情况下，很多学生都会打算自己去买一台计算机。但由于计算机硬件的飞速发展以及学生对计算机知识还不是很懂，怎样去选购一台合适的计算机就是一个问题。下面简单介绍怎样选购计算机以及选购时需要注意哪些问题。下面内容中提到的计算机均指微型计算机。

A.1 选购原则

在购买计算机之前一定要清楚自己买计算机的用途，不要为了买计算机而买计算机，而是要用到才买。因此，在购买之前就应该知道要用计算机做什么工作、需要计算机具备什么功能。在选购时应当遵循够用和耐用两个原则。

1. 够用原则

具体地说，就是在满足应用需求的同时精打细算，节约每一分钱。购买的计算机只要能满足应用需求就可以了，不要花大价钱一味地追求那些配置高档、功能强大的机器，因为这些机型的某些功能对用户来说也许根本就用不到或者很少用到，买了就是浪费。比如，使用计算机只是打打字、上上网、听听音乐、学习之类的，三四千元的中低档计算机足以应对，选七八千元的高档计算机就显得太奢侈了。

2. 耐用原则

耐用原则也同样重要，在精打细算的同时，必要的花费不能省。在做购机需求分析时要具有一定的前瞻性，也许今天只是用计算机打字、上网，可是随着计算机水平的提高，有可能明天就要做图形、3D，到那时自己的计算机可能就力不从心了。此时将计算机升级肯定不划算，不如当初购机时多花些钱。对于学生用机，这个问题应该着重考虑。如果不知道自己将来可能会用到什么样的软件，可以咨询本专业的老师或者高年级的同学。另外，产品的售后服务也是要考虑的，如果出问题时能享受优质的售后服务，即使多花一些钱也是合算的。由于现在计算机软硬件发展速度比较快，如果入学阶段就购买计算机，能坚持到毕业就差不多了。

A.2 买什么类型的计算机

1. 台式机还是笔记本

(1) 同等价位条件下，台式机的性能要优于笔记本，因此预算紧张的同学最好还是购买台式机。

(2) 笔记本最大的优势就是方便移动，便携性好。如果经常要拿到其他地方使用或者每个假期都要拿回家，并且性能要求也不是特别高的同学，可以选购笔记本。

(3) 笔记本相对台式机来说占用地方少，能耗低，更加符合当前的环保理念。

(4) 台式机拆卸方便，升级更加容易。

(5) 由于笔记本体积较小，对散热要求较高，因此在3D方面的性能比台式机会差些。如果要使用3D设计或者需要玩大型游戏的同学，最好还是选择台式机。

2. 兼容机还是品牌机

品牌机与兼容机是人们选购计算机时难以抉择的问题，两者之间到底谁是谁非一直是人们关心的话题。有人说品牌机质量好、可靠，售后服务有保障；有人说兼容机价格便宜，升级方便。下面针对它们各自的特点进行说明。

(1) 选材。品牌机为了取得良好的社会信誉，一般在生产时对于各个部件的质量要求非常严格，厂家都有固定的合作伙伴，配件的来源固定，这样避免了各种假货、次品的出现。而兼容机在选材中比较随便，一般按照用户的想法随意配置，而且在购买过程中各部件的来源不确定，这样避免不了出现质量问题。但是，如果具有一定的硬件辨别能力，在挑选过程中多加小心，这种情况是可以避免的。

(2) 生产。品牌机在生产过程中经过专家的严格测试、调试以及长时间的烤机，避免了机器兼容性的问题。在用户以后的使用过程中，因兼容性而出现的问题将会少得多。兼容机是按照用户的意愿临时进行组装的，虽然有时也会进行一定的测试，但毕竟没有专业的技术和检测工具，以后出现问题的概率肯定要比品牌机高。

(3) 价格。购买计算机重要的一点就是价格问题。由于品牌机在生产、销售、广告方面避免不了要花费很多的资金，因此它的价格肯定比兼容机的价格要高。兼容机由于少了上面的种种开支，价格方面就占有很大优势。

(4) 售后服务。为了提高销售量和知名度，品牌机都有自己良好的销售渠道和售后服务保障，这样在用户使用过程中出现问题时，就会很快地给予解决。而兼容机购货渠道不固定，如果在一些小公司购买，过一段时间，公司有可能倒闭，售后服务没有保障。

(5) 升级。由于要考虑稳定性，品牌机的配置一般是固定的，有的甚至不允许用户随意改动。另外现在一些低端的品牌机为了降低生产成本，一般采用集成化主板，这对于以后升级非常不利。兼容机的配置比较灵活，可以按用户的想法和要求随意组合，所以以后升级将会方便一些。

知道了两者的特点，那么选购哪种机器就一目了然了。硬件知识不熟、机器出现问题不会解决但有一定资金实力的用户可考虑购买品牌机；硬件知识丰富、有选购经验且会处理软硬件问题的用户可考虑购买兼容机。

A.3 兼容机配件的选购

由于计算机硬件的更新速度太快，因此这里不以具体某种特定型号的配件来介绍，主要告诉大家在选购时需要注意的方面。在选购之前应该上网了解一下当前的主流配置，根据自己购买计算机的目的及自己能够承受的价格进行相应的选购。下面介绍几种主要配件的选购。

1. CPU

在选购配件时首先要确定选购哪一种 CPU，因为后面的主板是和 CPU 关联的，CPU 主要体现出来的就是其运算能力。现在市面上的 CPU 主要是 Intel 和 AMD 两家公司的产品。随着技术的不断发展，两家公司的 CPU 性能差别已不大。相对来说 AMD 的价格会略低，但是稳定性上 Intel 略微占有一定优势。

由于现在 64 位已经非常普及，在挑选 CPU 时就不要再考虑 32 位的了。在选购 CPU 时，除了看主频以外，还有其他几个指标也必须清楚：

1）二级缓存及三级缓存

CPU 的性能除了主频以外，二级缓存及三级缓存对性能的影响也是非常大的，因此选购时也要特别关注。

2）制程工艺

通常情况下，制程工艺越高，CPU 能耗越低，在省电以及环保方面具有决定性作用。

3）包装类别

在选购 CPU 时，人们最常看到的包装有盒装以及散装两种。盒装的都带原装散热风扇，而散装的要另外再配置散热风扇。

由于现在 CPU 性能已经非常高了，如果对计算机性能要求不是特别高，只是运行普通的软件及一般游戏应用程序的同学，只需要选择当前主流配置中较低端的即可，不需要花大价钱去追求高性能 CPU。

2. 主板

确定了 CPU 以后，接下来就要选择相应的主板了。主板同样有两大类别，分别是支持 AMD CPU 的和支持 Intel CPU 的。选购主板时应该从下面几点来选择。

1）芯片类型

现在的主板芯片包括南桥芯片和北桥芯片。北桥芯片也称为主芯片，因此选择时首先看北桥芯片。北桥芯片决定了这块主板能支持哪种类型的 CPU，要根据上面选择的 CPU 类型来确定。南桥芯片通常决定了主板的整个扩展性能。

2）做工

主板通常有大板和小板两种设计，大板散热优于小板，因此稳定性也会高些。还可以看主板上的电容数量，电容越多，主板稳定性越好。另外还要观察各插槽之间的位置布局是否合理，这对散热也是有很大影响的。

3）集成度

现在很多主板把显卡、声卡、网卡等相关的功能都集成到主板上，具体选择具有哪类集成的主板要根据自己的应用要求来确定。如果多媒体处理要求不高并且预算也不太高的话，可以选择集成度较高的主板，这样可以省一大笔费用。对于选择带集成显卡的主板，如果只是用于日常学习，建议选择 AMD 的 CPU 及支持它的主板。

4）扩展性

因为 CPU、内存等其他配件都需要通过主板联系起来，因此选购时对主板的扩展性要特别关注。比如，观察主板具有几个内存插槽，支持哪种类型的存储器，有几个 USB 接口等。

5）品牌

主板品牌非常多。在市场上，根据各厂商的研发能力、推出新品的速度以及产品的齐全度，可以将主板分为一线品牌、二线品牌、三线品牌等。当前一线品牌主板主要有华硕、技嘉、微星等；二线品牌非常多，包括昂达、捷波、精英、双敏、映泰等；三线品牌基本上是没什么名气的。通常情况下，品牌越好，其主板的做工及稳定性越高。如果预算较高，尽量选择一线品牌的产品；如果预算不高，可以选择二线品牌的产品。

3. 内存

现在很多大型软件的运行，除了对 CPU 有一定的要求外，对内存也有较高要求。一般来讲，内存越大，运行速度越快。目前，内存的主要品牌有金士顿、黑金刚、迈刚、现代、海盗船、金邦等。在选择内存时，除了关注内存容量大小以外，还要关注内存的速度。

4. 硬盘

硬盘的主要品牌有希捷、迈拓、西部数据等。在选购硬盘时，除了要关注硬盘容量外，还应关注硬盘的转速、缓存、读取速度、单碟容量、噪声等。

5. 显卡

由于现在很多主板都集成显卡，因此对 3D 要求不高的用户，可以直接选购集成显卡，没必要单独购买。

在选购显卡时，应根据自己的需要，首先选定核心芯片的型号，因为核心芯片的型号基本上决定了显卡的性能在哪个层次。除了芯片型号外，同样还需要关注品牌、显存大小、显存位宽等相关参数。

6. 显示器

选购显示器时，主要根据能够接受的尺寸大小及品牌来选择。选购时要注意显示器的分辨率、响应时间、亮度、对比度及接口等相关参数。在购买显示器时，最好现场自己去试、去看，只有这样才能买到中意的产品。

现在的显示器以液晶显示器为主，在选购时，要注意观察是否有坏点、亮点，观察方法是把背景调成全白和全黑去判断。

7. 机箱电源

在选购机箱时，第一个要考虑的因素是外观，第二个是要注意材料质量及散热性能。

在选购电源时，一定要根据选购的其他配件耗电情况，大概计算出需要的功率大小。对于选择了独立显卡的计算机，选择的电源功率要更大一点。另外，电源的散热性能及稳定性也很重要，要特别注意。

8. 光驱

根据实际应用要求，可以选择带刻录功能的光驱或不带刻录功能的光驱。

最后，在进行配件选购时，不能单独考虑，而是要整体规划。例如，主板和 CPU 之间是

否兼容？主板和内存之间是否兼容？电源功率和其他配件的关系如何？各配件是否匹配？……这些问题都要考虑清楚。

A.4 注意事项

1. 注意计算机用途

在选购计算机时，要明确购买计算机的用途，根据用途来配置和购买。根据用途，计算机大概分为普通办公学习型、游戏高清型、专业设计计算型等。

(1) 普通办公学习型。如果主要使用常用的学习办公软件，偶尔玩非3D游戏等，选购时只需选择当前常见配置中的低端配置机器即可，集成显卡的主板完全能够满足要求。

(2) 游戏高清型。如果经常玩大型游戏、看高清视频，则对显卡要求比较高，一定要买一个独立显卡，电源功率要求也更高。

(3) 专业设计计算型。如果经常做很多大型计算，对CPU要求特别高，因此需要选购高端的CPU，内存容量也要更大。

2. 购买配件时注意真假

购买配件时，难免会出现一些不法商家以次充好、以假充真等现象，因此一定要小心。不熟悉产品的用户，最好选购具有防伪标签的配件并当场验货，现场监督安装。安装完以后可以使用CPU-Z、Everest等软件来检测是否和选购的配件参数一致。

3. 购买时注意价格

由于目前配件的价格相对透明，在购买之前应该到网站上(例如太平洋电脑网、京东商城等)对当前各配件的大概报价做一个了解。在选购时，可以通过对多个商家询价的方式找到一个可以接受的价格。需要注意的是，很多商家通过将主要配件价格定得较低来吸引顾客，但是通过将机箱电源、音响、键盘、鼠标等配件价格的提高，把整体价格又提上去了。

4. 注意售后

计算机在使用过程中很难避免出现各种问题，特别是硬件上的问题，因此售后服务是非常重要的。在挑选每个配件时都要问清楚保修时间。在购买笔记本及品牌机时一定不要贪便宜，要开发票，因为很多品牌机在保修时是需要凭发票才能保修的。

附录B Windows 10 下 openGauss的安装

B.1 openGauss 简介

openGauss 是一款开源关系型数据库管理系统，采用木兰宽松许可证 v2 发行。openGauss 内核源自 PostgreSQL，深度融合华为在数据库领域多年的经验，结合企业级场景需求，持续构建竞争力特性。同时 openGauss 也是一个开源、免费的数据库平台，鼓励社区贡献、合作。

在安装 openGauss 之前，首先要安装 Navicat。Navicat 是一套可创建多个连接的数据库管理工具，用以方便管理 MySQL、Oracle、PostgreSQL、SQLite、SQL Server、MariaDB 和 MongoDB 等不同类型的数据库，并支持管理某些云数据库，例如阿里云、腾讯云。Navicat 的功能足以满足专业开发人员的所有需求，但是对数据库服务器初学者来说又相当容易学习。Navicat 的用户界面设计良好，让用户可以以安全且简单的方法创建、组织、访问和共享信息。本文安装的是 Navicat Premium 15。

B.2 安装步骤

1. 开启 Windows 的子系统功能

(1) 先在 Windows 10 上安装 WSL(Windows subsystem for Linux)，步骤如下：

① 在开始菜单栏找到 PowerShell，以管理员身份打开 PowerShell 并运行，如图 B.1 所示。

图 B.1 以管理员身份运行 PowerShell

② 输入 dism. exe /online /enable-feature /featurename: Microsoft-WindowsSubsystem-Linux /all /norestart，开启 Windows 的子系统功能，如图 B.2 所示。

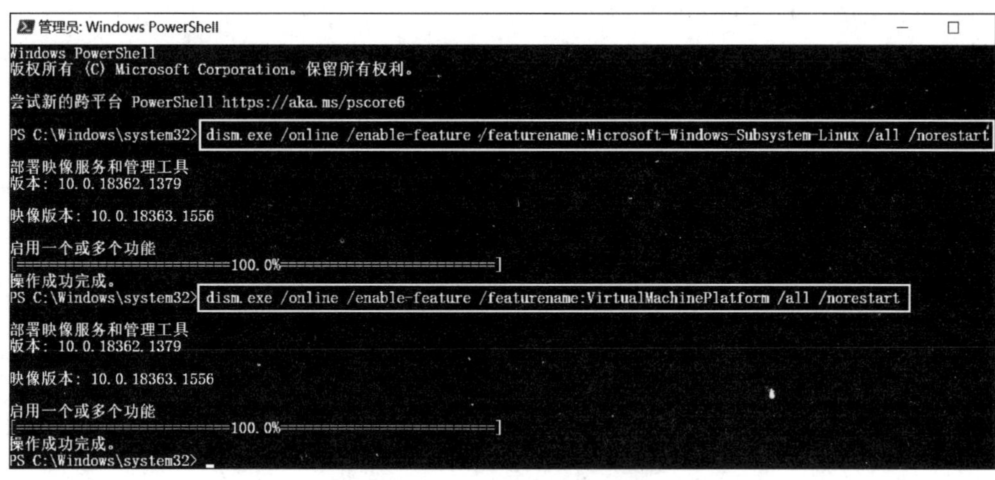

图 B.2　开启 Windows 的子系统功能

③ 输入 dism.exe /online /enable-feature /featurename: VirtualMachinePlatform /all /norestart，勾选虚拟机平台。

（2）重启计算机。

（3）下载并安装 WSL2 的 Linux 内核。

下载连接为 https://wslstorestorage.blob.core.windows.net/wslblob/wsl_update_x64.msi。

下载后双击 wsl_update_x64.msi 安装即可。安装完成后如图 B.3 所示，单击 Finish 按钮即可。

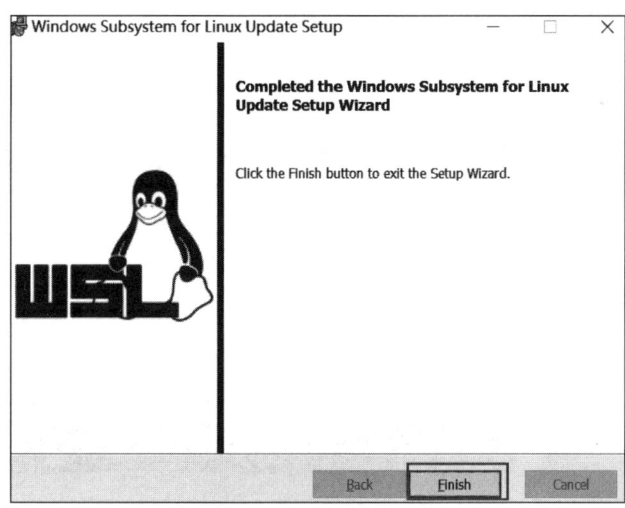

图 B.3　完成 WSL 安装

（4）依旧以管理员身份打开并在 PowerShell 中运行 wsl--set-default-version 2，设置 WSL 版本为 2，如图 B.4 所示。

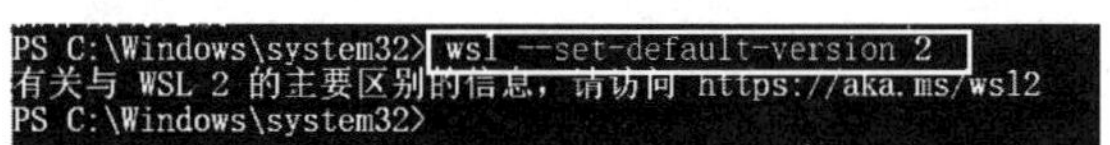

图 B.4　设置 WSL 版本

2．安装适用于 Windows 的 Docker

（1）Dockor 的下载链接为 https://www.docker.com/get-started，单击 Download for Windows 下载后安装，如图 B.5 所示。

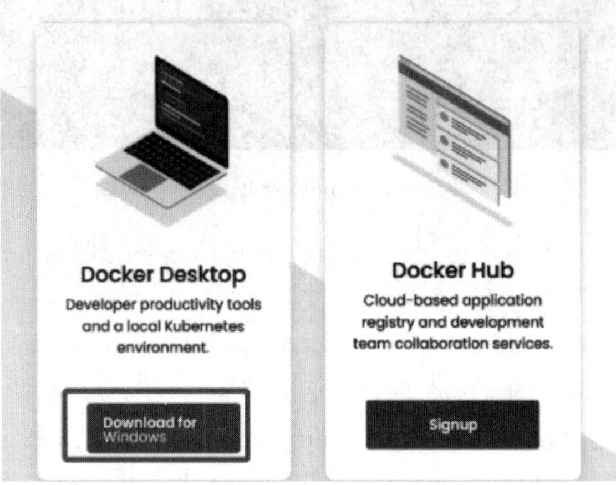

图 B.5　开始 Docker 安装

（2）下载后双击 Docker Desktop Installer.exe 安装即可。

安装成功后，在桌面双击打开，当看到如图 B.6 所示的界面即安装成功。

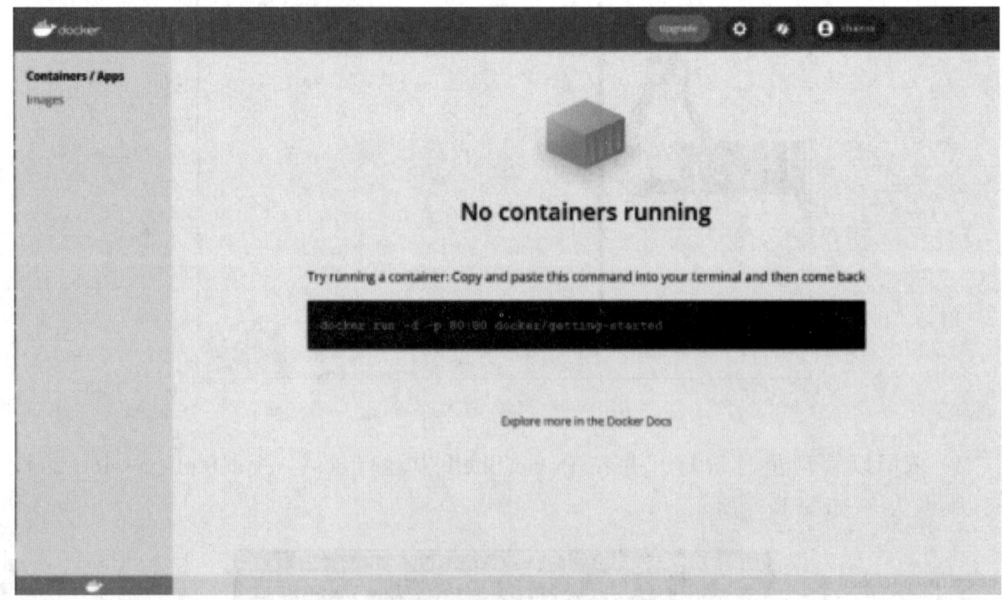

图 B.6　Docker 安装成功

3. 安装 openGauss

(1) 打开 PowerShell 并输入 docker pull enmotech/opengauss,拉取 openGauss 镜像。

(2) 输入 docker run --name opengauss --privileged = true -d -e GS_PASSWORD = opengaussDB@1234 -v D:\workspace_data\opengaussdata: /var/lib/opengauss -p 15432: 5432 enmotech/opengauss: latest,创建 openGauss 容器,如图 B.7 所示。

```
PS C:\Windows\system32> docker pull enmotech/opengauss
Using default tag: latest
latest: Pulling from enmotech/opengauss
284055322776: Pull complete
a7ca82b898d7: Pull complete
2f93c23d8eb5: Pull complete
3842013b7685: Pull complete
6bc7e92855e3: Pull complete
39c9c4e5b487: Pull complete
1f9d76df94b5: Pull complete
44db1c59ef84: Pull complete
63ab02376fd3: Pull complete
cf751b0b3be9: Pull complete
9dc428e2c8b4: Pull complete
Digest: sha256:d5a3e38fa2553a44e7fa1cd5cad0b4f0845a679858764067d7b0052a228578a0
Status: Downloaded newer image for enmotech/opengauss:latest
docker.io/enmotech/opengauss:latest
PS C:\Windows\system32> docker run --name opengauss --privileged=true -d -e GS_PASSWORD=opengaussDB@1234 -v D:\workspace_
data\opengaussdata:/var/lib/opengauss -p 15432:5432 enmotech/opengauss:latest
```

图 B.7 在 PowerShell 中创建 openGauss 容器

创建 openGauss 容器的语句解释如图 B.8 所示。

opengaussDB@1234可换成你想设置的密码
(密码规则：数字+大小写字符+常规符号)

```
docker run --name opengauss --privileged=true -d -e GS_PASSWORD=opengaussDB@1234
-v D:\workspace_data\opengaussdata:/var/lib/opengauss -p 15432:5432 enmotech/opengauss:latest
```

将容器内的/var/lib/opengauss路径映射到本机的D:\workspace_data\opengaussdata下
(D:\workspace_data\opengaussdata可以更换成你自己设置的文件夹路径，只要这个文件夹路径存在即可)

图 B.8 创建 openGauss 容器的语句解释

4. 连接数据库 openGauss

(1) 在菜单栏找到 [Navicat图标] 并打开 Navicat,然后单击 [连接图标] ,之后选择"华为云→华为云 云数据库 PostgresSQL",如图 B.9 所示。

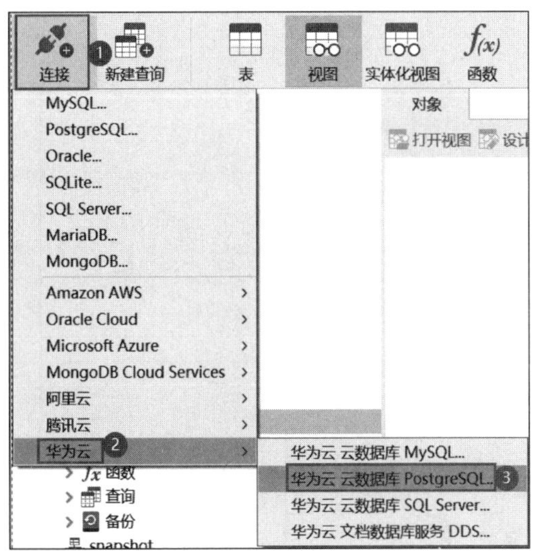

图 B.9 创建 openGauss 连接

（2）在弹出的“新建连接”窗口输入相应信息（结合上一步“安装 openGauss”的信息来填写）。添加完成后，双击 myopengauss，看到图标由灰色变成鲜亮色 myopengauss 即表示连接成功，如图 B.10 所示。

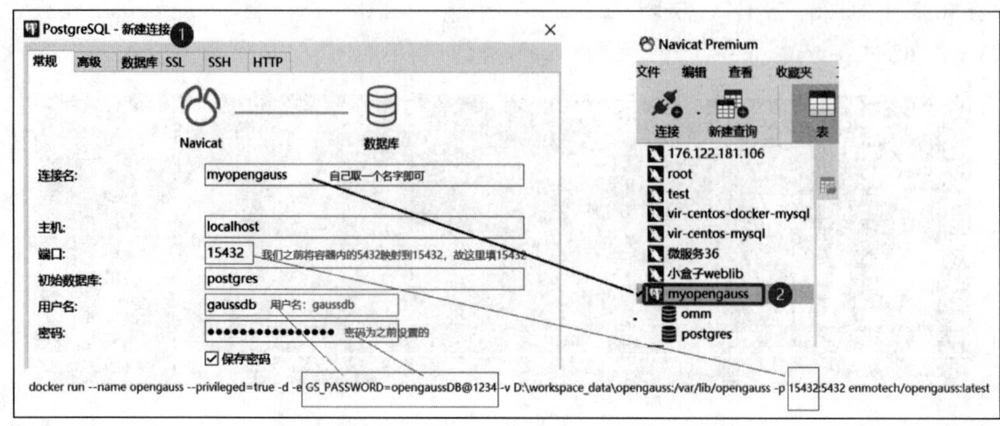

图 B.10 填写“新建连接”信息

参考文献

[1] 白中英.计算机组成原理[M].3版.北京：科学出版社，2003.

[2] 石磊，卫琳，石云，等.计算机组成原理[M].2版.北京：清华大学出版社，2006.

[3] 阮文江.大学计算机公共基础[M].北京：清华大学出版社，2007.

[4] 朱战立.计算机导论[M].北京：电子工业出版社，2005.

[5] 胡金柱.大学计算机基础[M].北京：清华大学出版社，2007.

[6] 甘岚，曾辉.计算机导论[M].北京：北京邮电大学出版社，2005.

[7] 白中英.数字逻辑与数字系统[M].3版.北京：科学出版社，2002.

[8] 陈光华.计算机组成原理[M].北京：机械工业出版社，2006.

[9] WAKERLY J F.数字设计原理与实践[M].林生，译.3版.北京：机械工业出版社，2003.

[10] 许兴存，曾琪琳.微型计算机接口技术[M].北京：电子工业出版社，2005.

[11] 王田苗.嵌入式系统设计与实例开发[M].北京：清华大学出版社，2005.

[12] 李代平.软件工程[M].北京：清华大学出版社，2008.

[13] 张尧学，史美林.计算机操作系统教程[M].2版.北京：清华大学出版社，2000.

[14] TANENBAUM A S.现代操作系统[M].陈向群，马洪兵，等译.3版.北京：机械工业出版社，2009.

[15] Windows 主页[EB/OL].[2021-08-05].http://windows.microsoft.com/ zh-cn/windows.

[16] MicrosoftWord 帮助[EB/OL].[2021-08-05].https://support.office.com/zh-CN/Word.

[17] Microsoft Excel 帮助[EB/OL].[2021-08-05].https://support.office.com/zh-cn/excel.

[18] Microsoft PowerPoint 帮助[EB/OL].[2021-08-05].https://support.office.com/zh-cn/Powerpoint.

[19] 杨振山，龚沛曾，杨志强，等.大学计算机基础[M].4版.北京：高等教育出版社，2004.

[20] 李秀，安颖莲.计算机文化基础[M].5版.北京：清华大学出版社，2004.

[21] 刘桂喜，余志新.计算机技术导论[M].北京：电子工业出版社，2004.

[22] 刘国燊.数据库技术基础及应用[M].2版.北京：电子工业出版社，2008.

[23] 王珊，张孝，李翠平，等.数据库技术与应用[M].北京：清华大学出版社，2005.

[24] 周安宁，张新猛，吕会红，等.数据库应用案例教程 Access [M].北京：清华大学出版社，2007.

[25] Microsoft Access 帮助[EB/OL].[2021-08-05].https://support.office.com/zh-cn/access.

[26] 郭芬，陆芳，林育蓓，等.多媒体技术及应用[M].北京：电子工业出版社，2018.

[27] 王中生，高加琼.多媒体技术及应用[M].3版.北京：清华大学出版社，2015.

[28] 许华虎，杜明，余俊，等.多媒体应用系统技术学习指导及习题解析[M].北京：机械工业出版社，2009.

[29] 刘西杰，张婷.HTML CSS JavaScript 网页制作从入门到精通[M].3版.北京：人民邮电出版社.2016.

[30] 余乐.网页设计与网站建设[M].北京：清华大学出版社.2017.

[31] KUROSE J F，ROSS K W.计算机网络——自顶向下方法与Internet特色[M].陈鸣，译.3版.[M].北京：机械工业出版社，2005.

[32] STALLINGS W.密码编码学与网络安全——原理与实践[M].孟庆树，王丽娜，傅建明，等译.4版.北京：电子工业出版社，2006.

[33] 林柏钢.网络与信息安全教程[M].北京：机械工业出版社，2005.

[34] 肖军模，刘军，周海刚.网络信息安全[M].北京：机械工业出版社，2006.

[35] 赵欢，骆嘉伟，徐红云，等.大学计算机基础——计算机科学概论[M].北京：人民邮电出版社，2007.

[36] HETLAND M L.Python 基础教程(修订版)[M].司威，译.2版.北京：人民邮电出版社，2017.

[37] 蒋加伏，唐文胜.大学计算机基础[M].北京：北京邮电出版社，2006.

[38] 卢湘鸿，彭小宁.文科计算机教程[M].北京：高等教育出版社，2008.

[39] FOROUZAN B A. 计算机科学导论[M]. 刘艺，译. 北京：机械工业出版社，2008.
[40] WING J M. Computational thinking[J]. Communications of the ACM，2006，49(3)：33-35.
[41] 周志华. 机器学习[M]. 北京：清华大学出版社，2016.
[42] 吴宁川. 人工智能过去 60 年沉浮史，未来 60 年将彻底改变人类[EB/OL].（2016-04-03）[2021-08-05]. http://www.tmtpost.com/1666616.html
[43] iOS 官网[EB/OL]. [2021-08-05]. https://www.apple.com/cn/ios.
[44] 张艳，姜薇，孙晋非，等. 大学计算机基础[M]. 北京：清华大学出版社，2016.
[45] 区块链百科[EB/OL].（2020-10-22）[2021-10-05]. https://baike.baidu.com/item/区块链/13465666.
[46] 华为高斯. 华为 openGauss 数据类型[EB/OL].（2020-06-01）[2021-08-05]. https://www.modb.pro/db/30384.
[47] 华为高斯. 华为 openGauss 模式匹配操作符[EB/OL].（2020-06-01）[2021-08-05]. https://www.modb.pro/db/30407.
[48] 严蔚敏，吴伟民. 数据结构(C 语言版). [M]. 北京：清华大学出版社，2011.
[49] WEISS M A. 数据结构与算法分析[M]. 冯舜玺，译. 北京：机械工业出版社，2016.
[50] 嵩天，礼欣，黄天羽. Python 语言程序设计基础[M]. 2 版. 北京：高等教育出版社，2017.
[51] 马晓星，刘譞哲，谢冰，等. 软件开发方法发展回顾与展望[J]. 软件学报，2019，30(1)：3-21.
[52] 徐平江，赵东艳，邵瑾. 中国软件行业标准现状分析[J]. 中国标准化，2021(15)：122-131.
[53] ASHENHURST R L，GRAHAM S. ACM 图灵奖演讲集——前 20 年(1966—1985)[M]. 苏运霖，等译. 北京：电子工业出版社，2005.
[54] 朱建明，高胜，段美姣，等. 区块链技术与应用[M]. 北京：机械工业出版社，2018.
[55] 徐红云，解晓萌，郭芬，等. 大学计算机基础教程[M]. 3 版. 北京：清华大学出版社，2018.
[56] 徐红云，解晓萌，郭芬，等. 大学计算机基础实验指导与习题集[M]. 3 版. 北京：清华大学出版社.